Excel 公式与函数大辞典（第2版）

■ 宋翔 编著

人民邮电出版社
北京

图书在版编目（CIP）数据

Excel 公式与函数大辞典 / 宋翔编著. -- 2 版.
北京 : 人民邮电出版社, 2025. 1. -- ISBN 978-7-115
-64584-5

Ⅰ. TP391.13

中国国家版本馆 CIP 数据核字第 2024HG0358 号

内容提要

本书共 13 章，第 1 章介绍公式和函数的基础知识；第 2~12 章从函数功能、函数格式、参数说明、注意事项、Excel 版本提醒、案例应用、交叉参考等方面，全面细致地介绍 Excel 公式和函数的使用方法、实际应用和操作技巧；最后一章将公式和函数的应用延伸到条件格式、数据验证和图表中。本书共有 420 余个应用案例，涉及多种工作场景，读者可以根据这些案例举一反三，将相关公式和函数应用到自己的工作中，快速提高 Excel 实际应用能力。

本书内容全面、案例丰富，既可以作为速查工具手册，又可以作为函数应用案例宝典，适合所有想要学习 Excel 公式和函数的读者阅读。

◆ 编　　著 宋　翔
　 责任编辑 马雪伶
　 责任印制 胡　南

◆ 人民邮电出版社出版发行　　北京市丰台区成寿寺路 11 号
　 邮编 100164　　电子邮件 315@ptpress.com.cn
　 网址 https://www.ptpress.com.cn
　 文畅阁印刷有限公司印刷

◆ 开本：880×1230 1/32
　 印张：14.625　　2025 年 1 月第 2 版
　 字数：522 千字　　2025 年 1 月河北第 1 次印刷

定价：79.90 元

读者服务热线：(010) 81055410　印装质量热线：(010) 81055316
反盗版热线：(010) 81055315
广告经营许可证：京东市监广登字 20170147 号

感谢您选择了《Excel公式与函数大辞典（第2版）》！本书第1版得到了广大读者的好评和支持，第2版对第1版中的内容进行了全面更新，并对章节进行了调整和优化。本书基于Excel 2021进行讲解，并增加了对Excel 2019和Excel 2021中新增函数的详细介绍和案例。

本书不但详细介绍每个Excel函数的功能、格式、参数、注意事项等，还提供大量的应用案例。本书将函数的理论知识与实际应用紧密联系在一起，不仅是一本函数速查工具手册，还是一本函数应用案例宝典。

本书没有赘述录入函数时的重复操作，而是将更多的篇幅用于函数基本用法、操作技巧和实际应用的介绍，实用性更强。为了使初学者毫无障碍地阅读，本书第1章详细介绍公式和函数的基础知识，以便读者可以快速掌握公式和函数的基本操作与常用技巧。

内容组织结构

本书共13章，第1章介绍基础知识，第2~12章介绍Excel中各种类型的函数，最后一章介绍在条件格式、数据验证和图表中使用公式和函数的方法和技巧。本书在讲解函数时使用相对固定的结构，以便于读者阅读和学习。完整的结构包含以下7个部分。

函数功能：函数的功能或用途。

函数格式：函数的语法结构。

参数说明：函数中各个参数的详细说明。

注意事项：使用函数时可能出现的错误或需要注意的问题。

案例应用：在实际应用中使用函数完成工作的方法和技巧。

Excel版本提醒：很多函数是在不同的版本中新增的，为了使内容具有更好的参考性，本书在适当的地方会注明新增函数适用于哪些Excel版本。

交叉参考：很多案例涉及不止一个函数，为了便于读者快速参阅这些函数的用法，在“交叉参考”中会注明案例用到的函数在本书中的位置。

此外，本书在函数格式和应用案例的讲解过程中还会穿插一些提示或技巧的介绍，作为对正文内容的补充。

使用约定

软件版本

本书讲解的操作主要基于Excel 2021进行，由于该版本的界面、环境与Excel 2010/2013/2016/2019等版本并无太大区别，因此这些操作基本也适用于其他Excel版本。

键盘指令

使用键盘上的按键完成操作时，如果只需要按一个键，则用与键盘上该按键名称相同的英文单词或字母表示，例如“按【Enter】键”；如果需要同时按几个键才能执行操作，则使用加号连接需要按的每一个键表示，例如“按【Ctrl+Shift+Enter】组合键”。

Excel函数及其参数、单元格地址等的描述方法

本书中出现的函数名和单元格地址全部使用大写英文字母表示，函数的参数全部使用小写英文字母表示。函数的参数分为必需参数和可选参数两种类型，多数为必需参数，因此在讲解参数时只在可选参数名的右侧注明“（可选）”。

附赠资源

本书附赠以下资源。

- 本书案例的源文件。
- Excel函数速查工具。
- Excel公式与函数应用疑难问答速查手册电子书。
- Excel数据透视表应用电子书。
- Excel VBA程序开发电子书。
- Word/Excel/PowerPoint/Windows多媒体教学视频。
- Word/Excel/PowerPoint办公文档模板。

读者可以加入专为本书创建的读者QQ群（群号：910743271），从群文件中下载本书的附赠资源。

更多支持

如果您在使用本书的过程中遇到问题，可以通过以下方式与作者联系。

- 微博：@宋翔book。
- 作者QQ：188171768。加QQ时请注明“读者”以验证身份。
- 读者QQ群：910743271。加群时请注明“读者”以验证身份。如果群内成员数量已经达到上限，请在加群时查看群资料中注明的新群号，或者留意加群时反馈给您的验证消息。

目录

第1章 公式和函数基础

第2章 数学和三角函数

第3章 日期和时间函数

第1章　公式和函数基础

本章将介绍公式和函数的基础知识和基本操作，包括公式的基本概念、单元格的引用样式、输入和编辑公式、在公式中使用函数和名称、输入和编辑数组公式、创建引用其他工作表和工作簿中数据的公式、排查和处理公式错误，以及使用公式的一些技巧等。

1.1　了解公式

本节将介绍公式的基本概念，包括公式的组成部分、在公式中使用的运算符类型及其运算优先级、在公式中使用的数据类型及其相互转换、公式的类型，以及Excel在公式和函数方面的限制等。

1.1.1　公式的组成部分

Excel中的每一个公式都以等号（=）开始，在等号的右侧输入公式的内容。下面是公式的一些示例。

```
=(A1+A2)*5
=SUM(A1:A6)
=MID("Excel",2,3)
```

在公式中主要包含以下几类元素。

1. 常量

常量是固定不变的值，可以是文本或数字。"Excel"、"部门"、168等都是常量，文本需要放在一对英文半角双引号中。

2. 单元格引用

单元格引用是使用列标（A、B、C等英文字母）和行号（1、2、3等数字）的组合形式来表示单元格在工作表中的位置，在公式中使用单元格引用来获取单元格中的内容，可以是单个单元格（如A1）或单元格区域（如B2:D6）。

引用的内容可以位于公式所在的工作表，也可以位于其他工作表或其他工作簿。当被公式引用的单元格中的内容发生改变时，公式的运算结果默认会自动随之更新。

3. 函数

Excel内置了大量的函数，使用它们可以实现很多复杂且专业的运算。例如，SUM函数用于计算数字之和，DAYS函数用于计算两个日期之间的天数，PMT函数用于计算贷款的每期还款额，DEC2BIN函数用于将十进制数转换为二进制数。

4. 运算符

运算符用于将公式中的各个元素连接在一起并执行相应的运算，+（加）、-（减）、*（乘）、/（除）等都是Excel中的运算符。不同的运算符具有不同的优先级，优先级决定公式中各个元素执行运算的次序。

5. 小括号

运算符的优先级自动决定运算的次序，而使用小括号可以人为改变运算的次序，这意味着可以提前执行优先级较低的运算。

1.1.2 运算符及其优先级

运算符用于连接公式中的各个元素并执行相应的运算。不同类型的运算符具有不同的运算优先级，Excel会按照运算优先级的高低依次执行运算。在Excel中有4类运算符，每个类别及其包含的运算符如表1-1所示，它们在表中按照运算优先级从高到低的顺序排列。

当一个公式包含多种运算符时，默认按照运算优先级从高到低的顺序执行运算。对于具有相同运算优先级的多个运算符，默认按照从左到右的顺序执行运算。

表1-1 Excel中的运算符

运算符类型	运算符	说明	示例
引用运算符	冒号（:）	区域运算符，创建对从左上角单元格到右下角单元格区域的引用	=SUM(A1:B6) 计算以A1单元格为左上角、B6单元格为右下角所组成的单元格区域的总和
	逗号（,）	联合运算符，将多个引用合并为一个引用	=SUM(A1:B6,D3:D7) 计算两个不连续区域的总和
	空格（ ）	交叉运算符，创建对两个引用中重叠部分的引用	=SUM(A1:B3 B2:C5) 计算两个区域中重叠的单元格（即B2和B3）的总和
算术运算符	–	负数	=–6*15
	%	百分比	=5*16%
	^	乘方	=2^3–1
	*和/	乘法和除法	=7*8/3
	+和–	加法和减法	=2+6–5
文本连接运算符	&	将两个值连接在一起	="Excel"&"2023" ="20"&"23"
比较运算符	=、<、<=、>、>=和<>	比较两个值，比较的结果是一个逻辑值	=A1=A2 =A1<=A2

在公式中使用小括号可以改变运算符的默认优先级，强制优先级较低的运算提前执行。例如，下面的公式先执行加法运算，然后执行乘法和除法运算。

=(10+5)*4/2

1.1.3 数据类型及其相互转换

Excel为不同的数据类型提供了相应的存储、运算和处理方式，了解这些数据类型，可以更好地在公式中使用它们并减少错误。在Excel中有以下几种数据类型。

- 文本：中文汉字、英文字母、各种类型的符号都是文本。在公式中输入文本时，需要将文本放到一对英文半角双引号中。
- 数值：表示具体的大小并参与数学运算。在公式中直接输入的数字被当作数值处理。如果将数字放到一对英文半角双引号中，则该数字被当作文本处理，这种数字称为文本型数字。
- 逻辑值：只有TRUE和FALSE。
- 错误值：常见的有#DIV/0!、#NUM!、#VALUE!、#REF!、#NAME?、#N/A和#NULL!7个。

提示

日期和时间是数值的一种特殊形式，其在本质上也属于数值类型。

不同类型的数据在单元格中默认具有不同的对齐方式，如文本左对齐，数值右对齐，逻辑值和错误值居中对齐，如图1-1所示。

	A	B	C	D
1	文本	数值	逻辑值	错误值
2	Excel	168	TRUE	#NUM!
3	你好	2023年9月	FALSE	#VALUE!

图1-1

某些数据类型之间可以相互转换。例如，可以将文本型数字或逻辑值转换为数值，或者反方向转换。

1. 在文本型数字和数值之间转换

可以使用以下3种方法将文本型数字转换为数值。

- 使用错误检查功能。如果将数字以文本格式输入单元格中，则在单元格的左上角会显示一个绿色三角形图标。单击该单元格将显示![]按钮，单击该按钮，在弹出的菜单中选择【转换为数字】命令，如图1-2所示。

	A	B	C	D
1	2023			

以文本形式存储的数字
转换为数字(C)
有关此错误的帮助
忽略错误
在编辑栏中编辑(F)
错误检查选项(O)...

图1-2

- 使用四则运算。如果A1单元格包含文本型数字，则可以使用以下任意一个公式将其转换为数值。最后一个公式“=--A1”的完整形式是“=0-(-A1)”。

```
=A1*1
=A1/1
=A1+0
=A1-0
=--A1
```

- 使用VALUE函数。如果A1单元格包含文本型数字，则可以使用以下公式将其转换为数值。

```
=VALUE(A1)
```

除了将文本型数字转换为数值之外，还可以将数值转换为文本型数字，只需将数值与一个空字符连接在一起即可。空字符是一对不包含任何内容的英文半角双引号。

```
=A1&""
```

2. 在逻辑值和数值之间转换

在Excel中，将逻辑值与数值或在两个逻辑值之间进行算术运算（加、减、乘、除、乘方等），可将逻辑值转换为数值，逻辑值TRUE等价于1，逻辑值FALSE等价于0。

```
TRUE*1=1
FALSE*1=0
TRUE+TRUE=2
TRUE-TRUE=0
FALSE+TRUE=1
FALSE-TRUE=-1
```

在公式中进行条件判断时，对两个值进行比较会返回一个逻辑值，也可以将数值本身看作逻辑值，它们的对应关系如下。

- 所有非0数值等价于逻辑值TRUE。
- 0等价于逻辑值FALSE。

当一个工作表中包含多种数据类型时，它们会按照以下规则进行排序。

```
数值<文本<逻辑值
```

同一种数据类型内部的排序规则如下。

- 数值按照数字的大小进行排序：负数<0<正数。
- 文本按照英文字母的排列顺序进行排序：A<B<C<…X<Y<Z。
- 逻辑值FALSE小于TRUE。
- 错误值不参与排序。
- 任何数据类型与错误值进行比较都返回错误值。

1.1.4 普通公式和数组公式

在A1和A2之外的单元格中输入如下普通公式，然后按【Enter】键，将在对应单元格中显示计算结果。

```
=A1+A2
```

在Excel中还有另外一类公式，输入这类公式后需要按【Ctrl+Shift+Enter】组合键，这类公式是数组公式。Excel会自动在数组公式的两侧添加一对大括号，如图1-3所示。

{=SUM((B2:B11>800)*B2:B11)}

E1 {=SUM((B2:B11>800)*B2:B11)}

	A	B	C	D	E
1	姓名	销量		大于800的销量总和	1800
2	马健	700			
3	张华	700			
4	林宏	700			
5	谢华	600			
6	孙冰	700			
7	唐丹	600			
8	罗昂	700			
9	郭丹	700			
10	宋宏	900			
11	杨健	900			

图1-3

注意 本书后续内容涉及数组公式时不再给出大括号，以免读者手动输入大括号导致公式出错。

数组公式的更多内容请参考1.5节。

1.1.5 最大字符数、数字精度、函数的参数个数和嵌套层数等的限制

Excel对在单元格和公式中包含的最大字符数、数字精度、函数的参数个数和嵌套层数等方面都有一些限制，如表1-2所示。

表1-2 Excel对最大字符数、数字精度、函数的参数数量和嵌套层数等的限制

功能	最大限制
一个单元格包含的最大字符个数	32767个
一个公式包含的最大字符个数	8192个
在单元格中输入的最大正数	9.99999999999999E+307
在单元格中输入的最大负数	-9.99999999999999E+307
数字精度的最大位数	15位，超过15位的部分自动变为0
函数包含的最大参数个数	255个
函数嵌套的最大层数	64层

1.2 输入和编辑公式

本节将介绍公式的基本操作，包括输入和修改公式、移动和复制公式、删除公式、更改公式的计算方式等，并对单元格的引用样式和引用类型进行介绍。

1.2.1 单元格的引用样式

Excel工作表区域的顶部显示A、B、C等大写英文字母，它们分别标识工作表的每一列，这些英文字母称为列标。Excel工作表区域的左侧显示1、2、

3等数字，它们分别标识工作表的每一行，这些数字称为行号。每个单元格在工作表中的位置（或称地址）由其所在列的列标和所在行的行号表示，列标在前，行号在后。使用列标和行号表示单元格地址的方式称为A1引用样式，使用该引用样式表示单元格地址的示例如表1-3所示。

表1-3　A1引用样式

使用A1引用样式的单元格地址	说明
A2	引用位于A列第2行的单元格
B1:C6	引用由B列第 1 行和C列第6行组成的单元格区域
6:6	引用第6行中的所有单元格
3:6	引用第3~6行中的所有单元格
C:C	引用C列中的所有单元格
A:C	引用A~C列中的所有单元格

提示

从Excel 2007开始，一个工作表最多可以包含1048576行和16384列，行号的范围是1~1048576，列标的范围是A~XFD。

R1C1是Excel中的另一种单元格引用样式，该引用样式使用数字同时表示行和列，行号在前，列号在后。使用R1C1引用样式表示单元格地址的示例如表1-4所示。

表1-4　R1C1引用样式

使用R1C1引用样式的单元格地址	说明
R2C1	引用位于第1列第2行的单元格
R1C2:R6C3	引用由第2列第 1 行和第3列第6行组成的单元格区域
R6	引用第6行中的所有单元格
R3:R6	引用第3~6行中的所有单元格
C3	引用第3列中的所有单元格
C1:C3	引用第1~3列中的所有单元格

提示

无论是A1引用样式还是R1C1引用样式，都有相对引用、绝对引用和混合引用3种引用类型。前面介绍的A1引用样式是相对引用类型的表示方法，而R1C1引用样式是绝对引用类型的表示方法。相对引用、绝对引用和混合引用的更多内容请参考1.2.5小节。

可以根据个人习惯，在A1引用样式和R1C1引用样式之间切换，操作步骤如下。

1 在Excel中单击【文件】按钮，然后选择【选项】命令。如果未显示【选项】命令，则可以单击【更多】后再进行选择。

2 在打开的【Excel选项】对话框的【公式】选项卡中选中【R1C1引用样式】复选框，将使用R1C1引用样式，未选中该复选框则使用A1引用样式，如图1-4所示。

3 单击【确定】按钮，关闭【Excel选项】对话框。

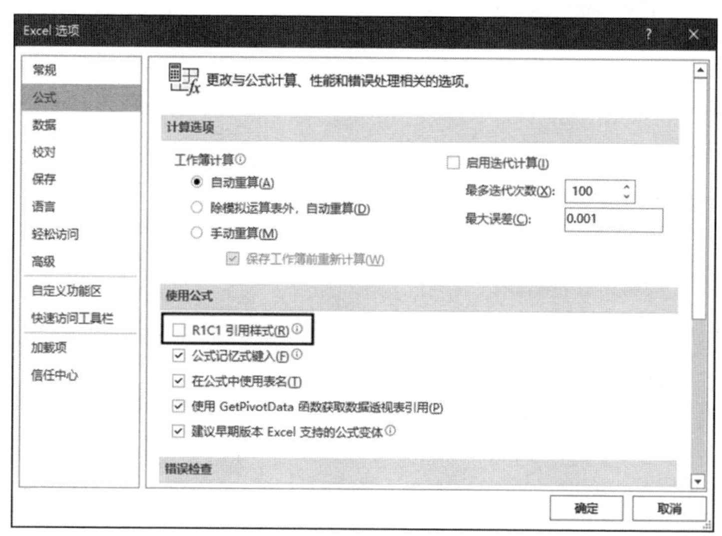

图1-4

1.2.2 输入公式

输入公式的基本流程如下。

1 选择一个或多个单元格。

2 输入一个等号。

3 在等号的右侧输入公式的内容。

4 按【Enter】键或【Ctrl+Shift+Enter】组合键。

输入公式时，Excel窗口底部的状态栏左侧会显示当前的输入模式，有以下几种。

- 就绪：未输入任何内容时处于“就绪”模式。
- 输入：一旦在单元格中输入内容，将进入“输入”模式，如图1-5所示。在该模式下，如果按键盘上的方向键或按【Enter】键，将结束公式的输入。
- 点：如果在公式中需要输入函数参数的位置或在运算符后面按键盘上的方向键，则将进入“点”模式，如图1-6所示。在该模式下，当前选中的单元格的边框显示为虚线，该单元格的地址被自动添加到公式中。使用鼠标单击或按方向键进行移动可以更改输入公式中的单元格地址。

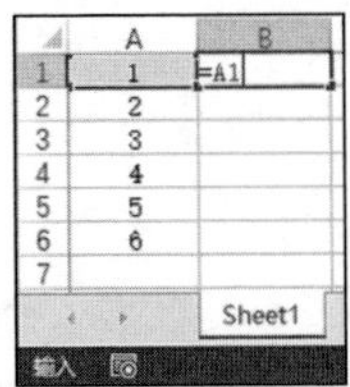

图1-5

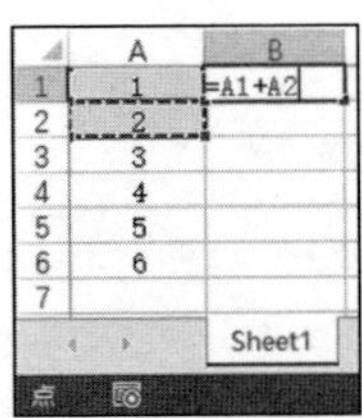

图1-6

- 编辑：在上述任意一种模式下按【F2】键，将进入“编辑”模式。在该模式下使用鼠标单击或按方向键，可以定位到公式中的任意位置，以便修改公式，如图1-7所示。

注意 如果在公式中没有输入配对的括号，则在按【Enter】键时会显示类似于图1-8所示的更正建议，然而此建议并非总是对的。例如，图中的公式是希望为A1+A2添加一对小括号使其优先计算，但是更正建议却将小括号添加到了整个公式的最外面，显然是错的。

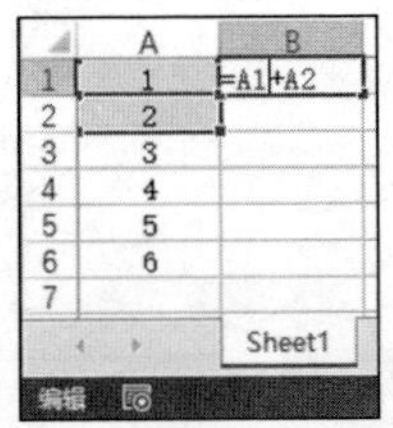

图1-7

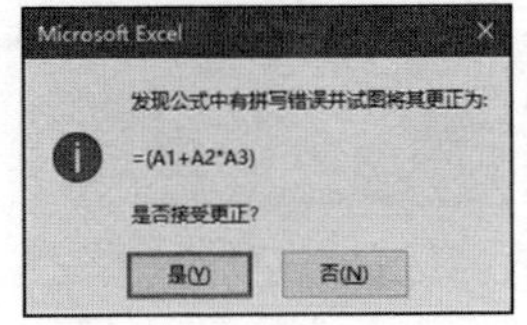

图1-8

1.2.3 修改公式

如需对单元格中的现有公式进行修改而非重新输入，可以使用以下几种方法。

- 双击包含公式的单元格。
- 选择公式所在的单元格，然后按【F2】键。
- 选择包含公式的单元格，然后单击工作表区域上方的编辑栏。

无论使用哪种方法，都会进入“编辑”模式。如果在该模式下按【Esc】键，则将放弃当前所做的所有修改并退出“编辑”模式。如需使用新的公式替换原有公式，可以选择公式所在的单元格，然后输入新的公式。

1.2.4 移动公式

可以使用以下方法将公式从一个单元格移动到另一个单元格，公式中的单元格地址不会改变。

- 单击公式所在的单元格，此时单元格

四周会显示一个加粗的方框。将鼠标指针移动到方框的任意一个边框上，当鼠标指针变为十字箭头时，按住鼠标左键并将其拖动到目标单元格，然后释放鼠标左键。

- 右击公式所在的单元格，在弹出的菜单中选择【剪切】命令（或按【Ctrl+X】组合键），然后右击目标单元格并选择【粘贴】命令（或按【Ctrl+V】组合键）。

1.2.5 复制公式和单元格引用类型

复制公式的操作方法与移动公式类似，但是涉及的问题却比移动公式多。在了解复制公式前，需要了解单元格地址的引用类型。1.2.1小节介绍的单元格引用样式影响的是单元格地址的表示方式，而此处所说的单元格引用类型影响的是复制公式时单元格地址是否自动发生改变。

单元格引用类型有3种：相对引用、绝对引用和混合引用。在工作表中选择一个单元格时，在名称框中会显示该单元格的相对引用，如图1-9所示的“A1”。

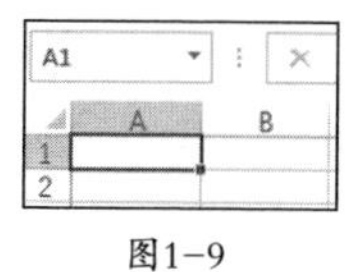

图1-9

如果在单元格地址的列标和行号之前各添加一个$符号，则将相对引用变为绝对引用，例如$A$1。如果只为列标或行号其中之一添加$符号，则是混合引用，例如A$1或$A1。改变单元格引用类型时，无须手动添加或删除$符号，只需选择公式中需要改变的单元格地址，然后反复按【F4】键，即可在3种引用类型之间循环切换。

1.2.1小节介绍的在R1C1引用样式中表示的单元格地址是绝对引用。如需在R1C1引用样式中表示单元格地址的相对引用，可以为字母R和C右侧表示行、列的数字添加中括号。例如，B1单元格中的公式是“=A1+A2”，其中的A1和A2是相对引用。如果将该公式转换为R1C1引用样式的表示方法，则该公式会变为以下形式。

```
=RC[-1]+R[1]C[-1]
```

R和C右侧的数字是相对于公式所在单元格的偏移量，正数表示下方或右侧的单元格，负数表示上方或左侧的单元格。如果是同行或同列的单元格，则省略R或C右侧的数字。在上面的公式中，RC[−1]表示引用的是与B1单元格同行但位于其左侧一列的单元格，所以字母C右侧的数字是−1。R[1]C[−1]表示引用的是位于B1单元格下面一行、左侧一列的单元格，所以字母R右侧的数字是1，字母C右侧的数字是−1。

与移动公式的方法类似，可以使用

以下几种方法复制公式。

- 如果使用拖动鼠标的方法复制公式，需要在拖动过程中按住【Ctrl】键。到达目标单元格后，先释放鼠标左键，再释放【Ctrl】键。
- 右击公式所在的单元格，在弹出的菜单中选择【复制】命令（或按【Ctrl+C】组合键），然后右击目标单元格并选择【粘贴】命令（或按【Ctrl+V】组合键）。
- 如需将公式复制到相邻的多个单元格中，可以先选择公式所在的单元格，然后将鼠标指针指向该单元格的右下角，当鼠标指针变为十字形状时，按住鼠标左键并向其他单元格拖动，公式会被复制到鼠标拖动过的单元格。

根据复制公式后所在的单元格与原有公式所在单元格的偏移距离，Excel会自动调整复制后的公式中的相对引用的单元格地址，而绝对引用始终保持不变。

例如，B1单元格包含公式“=A1+A2”，当把B1单元格中的公式复制到B2单元格时，由于B2单元格位于B1单元格的下一行，因此公式中的单元格地址的行号会自动加1，原来的A1变为A2，原来的A2变为A3。由于B1和B2位于同一列，因此列标保持不变。复制后的公式变为“=A2+A3”。

如果将B1单元格中的公式复制到C2单元格，由于C2单元格与B1单元格既不同列也不同行，因此会同时调整公式中单元格地址的列标和行号。

如果只想改变列标或行号其中之一，则可以使用混合引用。例如，如果B1单元格包含公式“=A$1+A$2”，将该公式复制到C2单元格后，只会调整列标而行号不变，因为行号前添加了$符号，对行的部分是绝对引用。

1.2.6 删除公式

如需删除一个单元格中的公式，只需选择该单元格，然后按【Delete】键。如果选择一个单元格并按【Delete】键后，显示图1-10所示的提示信息，则说明当前单元格中的公式不是孤立的，而是一个占据着多个单元格的数组公式。如需删除这类公式，可以先选择数组公式占据的所有单元格，然后按【Delete】键。

图1-10

技巧 如果无法确定数组公式占据了哪些单元格，则可以选择数组公式所在的其中一个单元格，然后按【Ctrl+/】组合键，Excel会自动选中数组公式占据的所有单元格。

1.2.7 更改公式的计算方式

在Excel中输入公式后，Excel会自动对公式执行计算并显示计算结果。修改公式中的数据时，Excel会自动更新计算结果。Excel提供了3种计算方式，用户可以随时在它们之间切换。

1. 自动计算

前文介绍的就是Excel的自动计算，这是Excel默认的计算方式。如需使用这种计算方式，可以在功能区的【公式】选项卡中单击【计算选项】按钮，然后在弹出的菜单中选择【自动】命令，如图1−11所示。

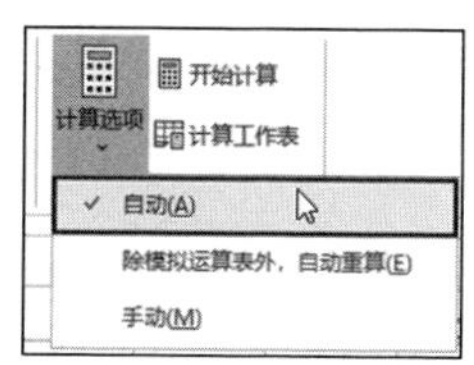

图1−11

2. 手动计算

如果希望由自己控制何时对工作表中的公式执行计算，则可以在单击【计算选项】按钮后弹出的菜单中选择【手动】命令。使用手动计算时，如果工作表中存在未计算的公式，则会在状态栏中显示“计算”字样，此时可以使用以下几种方法对公式执行计算。

- 在功能区的【公式】选项卡中单击【开始计算】按钮，或按【F9】键，则打开的工作簿中，所有工作表中的公式将执行计算。
- 在功能区的【公式】选项卡中单击【计算工作表】按钮，或按【Shift+F9】组合键，将计算当前工作表中的公式。
- 按【Ctrl+Alt+F9】组合键，则打开的工作簿中，所有工作表中的公式将执行计算（无论公式是否需要计算）。

3. 不计算数据表

如果工作表中包含一个或多个可能导致重新计算速度下降的模拟运算表，则可以在图1−11所示的菜单中选择【除模拟运算表外，自动重算】命令，Excel会在执行计算时跳过模拟运算表中的所有公式。

1.3 在公式中使用函数

本节将介绍Excel函数的基本概念和基本操作，包括函数的类型、参数以及输入方法等。

1.3.1 为何使用函数

假设想计算A1、A2、A3这3个单元格中的数字总和，可以编写下面的公式。

```
=A1+A2+A3
```

如果想计算A1、A2、A3、A4、A5、A6这6个单元格中的数字总和，可以将上面的公式修改为以下形式。

```
=A1+A2+A3+A4+A5+A6
```

假设接下来想计算A1~A100这100个单元格中的数字总和，如果仍然使用上面的方法，在公式中输入100个单元格的地址和99个加号，既费时，又很容易出错。使用SUM函数会使这项工作变得非常简单，如下所示。

```
=SUM(A1:A100)
```

在使用SUM函数的公式中，只需输入一个函数名，以及需要计算的单元格范围的起始单元格和终止单元格的地址。如果以后需要计算的单元格范围有所调整，只需修改公式中的起止单元格地址。

在公式中使用函数的另一个优点是，可以完成很多特定的计算，这些计算通常很难或无法通过在公式中输入计算项和运算符来实现。

1.3.2 函数的类型

Excel内置了几百个函数，它们分别用于执行不同类型的计算，如表1−5所示。

表1−5 Excel中的函数类型和功能

函数类型	函数功能
数学和三角函数	执行数学计算，包括常规计算和三角函数方面的计算
日期和时间函数	对日期和时间执行计算与格式设置
逻辑函数	设置判断条件，使公式更智能
文本函数	提取和格式化文本
查找和引用函数	查找和定位匹配的数据
信息函数	判断数据的数据类型，并返回特定信息
统计函数	对数据执行统计和分析
财务函数	计算财务数据
工程函数	处理工程数据
数据库函数	计算以数据库表形式组织的数据
多维数据集函数	处理多维数据集中的数据
Web函数	与网络数据交互
加载宏和自动化函数	通过加载宏提供的函数扩展Excel函数的功能
兼容性函数	这些函数已被重命名后的函数代替，保留它们是为了兼容Excel早期版本

1.3.3 函数的参数

所有函数的基本结构相同，每个函数都由一个函数名、一对小括号以及位于小括号中的一个或多个参数组成，各个参数之间使用英文半角逗号分隔，形式如下。

```
函数名(参数1,参数2,参数3)
```

在公式中输入的函数名不区分大小写。但是使用英文小写输入函数名时，如果输入的名称正确，则在按【Enter】键后，函数名会自动转换为英文大写。

参数为函数提供需要处理的数据，大部分函数都带有参数。每个函数的参数个数不尽相同，少则一个，多则五六个。函数的参数可以具有不同的形式，可以是常量形式的数值或文本，也可以是单元格引用，还可以是另一个函数或表达式。当一个函数作为另一个函数的参数时，将这种结构称为函数嵌套。

函数的参数分为必需和可选两类。

- 必需参数：需要指定该类参数的值。
- 可选参数：可以不指定该类参数的值。当不指定该类参数的值时，将自动使用Excel为该参数设置的默认值。

如果未指定可选参数的值，而该参数后面还有其他参数并且需要为其设置值，则必须在该可选参数的后面输入一个英文半角逗号。例如，OFFSET函数有5个参数，前3个参数是必需参数，后两个参数是可选参数。如果未指定第4个参数而指定了第5个参数，必须保留第4个参数与第5个参数之间的英文半角逗号。

```
=OFFSET(A1,1,1,,3)
```

1.3.4 在公式中输入函数

在Excel中输入函数有多种方法，它们适用于不同的情况。在单元格中输入等号后，可以单击名称框右侧的下拉按钮，在打开的列表中选择常用函数，如图1-12所示。

如果大概知道函数的英文拼写，则可以在等号后输入函数名的首字母，此时会弹出一个列表，其中显示所有以该字母作为名称首字母的函数，如图1-13所示。Excel会根据用户输入的函数名的详细程度，缩小显示在列表中的函数范围。使用方向键在列表中选择要使用的函数，然后按【Tab】键即可将所选函数添加到公式中。

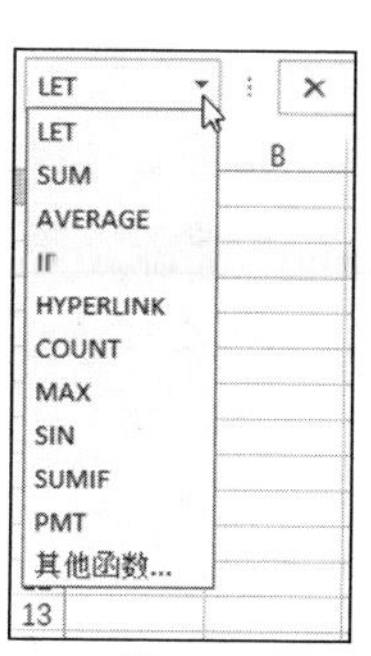

图1-12

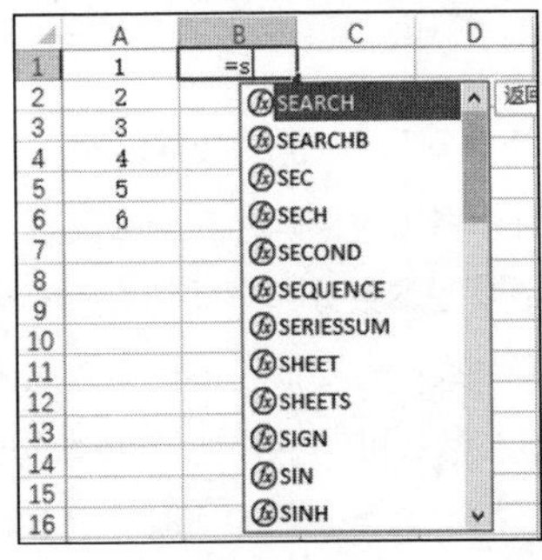

图1-13

将函数添加到公式后，Excel会在函数名的右侧添加一个左括号，并在函数名的下方显示函数的参数信息，加粗显示的参数是当前需要设置的参数，位于中括号内的参数是可选参数，如图1-14所示。

	A	B	C	D
1	1	=SUM(		
2	2	SUM(**number1**, [number2], ...)		
3	3			
4	4			
5	5			
6	6			

图1-14

依次为各个参数指定所需的值，可以是常量、单元格引用、另一个函数或表达式。本例使用SUM函数计算A1:A6单元格区域中的数字之和，所以将“A1:A6”作为一个整体指定为SUM函数的第一个参数，如图1-15所示。设置好参数后，输入一个右括号，然后按【Enter】键，将显示计算结果。

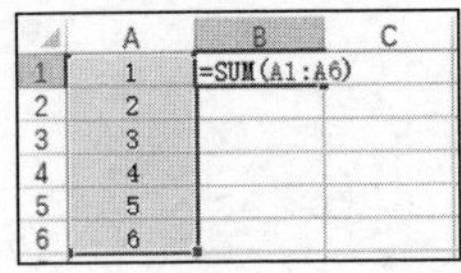

图1-15

如果不知道函数的名称，只知道想要实现的功能，则可以单击编辑栏左侧的【插入函数】按钮fx，打开【插入函数】对话框。在【搜索函数】文本框中输入希望实现的计算功能，然后单击【转到】按钮，将在下方的列表框中显示匹配的函数。用户也可以在【或选择类别】下拉列表中选择特定的函数类别，然后选择所需的函数，如图1-16所示。

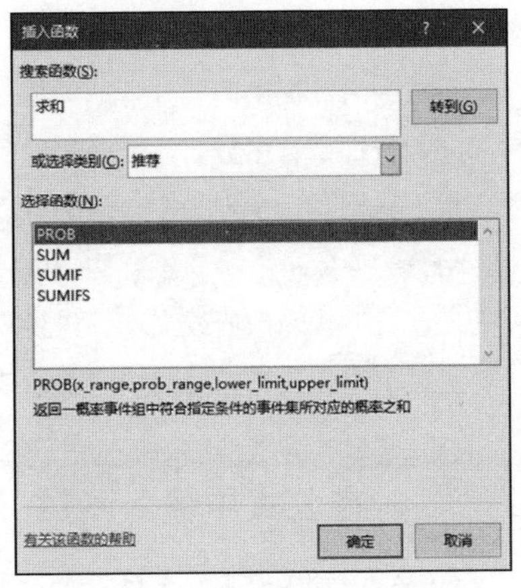

图1-16

选择函数后，单击【确定】按钮，将打开【函数参数】对话框，如图1-17所示。每个文本框对应于函数的一个参数，可在各个文本框中设置参数的值（可以手动输入；也可以单击文本框右侧的按钮，然后在工作表中选择单元格或单元格区域）。在对话框的中间位置可预览设置参数值后的计算结果，如果确认无误，则可单击【确定】按钮，关闭【函数参数】对话框。

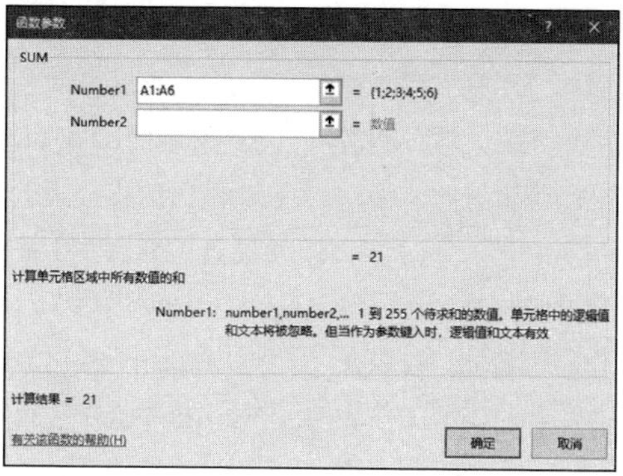

函数参数

SUM

Number1 A1:A6 = {1;2;3;4;5;6}

Number2 = 数值

= 21

计算单元格区域中所有数值的和

Number1: number1,number2,... 1 到 255 个待求和的数值。单元格中的逻辑值和文本将被忽略。但当作为参数键入时，逻辑值和文本有效

计算结果 = 21

有关该函数的帮助(H)

确定 取消

图1-17

1.4 在公式中使用名称

用户可以为常量、单元格引用或整个公式创建名称，以后可以使用名称代替相应对象。这样不仅可以缩短公式的长度，还使公式更易于理解，而且Excel中的某些功能（例如宏表函数）也需要借助名称才能实现。本节将介绍创建和使用名称的方法。

1.4.1 名称的作用范围

在Excel中可以创建工作表级名称和工作簿级名称，它们具有不同的作用范围。工作表级的名称只能在创建该名称的工作表中使用，无法在其他工作表中使用。这意味着可以在不同工作表中创建相同的名称，各个名称分属于各个工作表，彼此之间互不干扰。工作簿级的名称可以在工作簿中的任意一个工作表中使用。

创建的工作表级名称和工作簿级名称可以同名，但是在工作表中使用相应名称时，实际上使用的是工作表级的名称，而非工作簿级的名称。

1.4.2 命名单元格或单元格区域

在工作表中选择一个单元格或单元格区域后，在名称框中会显示相应地址。在实际应用中，可以为单元格地址创建一个有意义的名称来增加公式的可读性。例如，将A1:A100单元格区域命名为“销量”，以后在公式中就可以使用“销量”代替A1:A100，使公式的含义更清晰。创建名称有以下几种方法。

1. 使用名称框

创建名称的最简单方法是使用名称框。选择需要命名的单元格区域，然后单击名称框，使其处于编辑状态，输入名称后按【Enter】键。

使用该方法创建的名称是工作簿级名称。如需创建工作表级名称，可以在名称框中输入名称时添加对当前工作表的引用，形式如下（假设当前工作表是Sheet1）。

```
Sheet1!销量
```

2. 使用【新建名称】对话框

选择需要命名的单元格区域，然后在功能区的【公式】选项卡中单击【定义名称】按钮，打开【新建名称】对话框，如图1-18所示。在【名称】文本框中输入名称，然后在【范围】下拉列表中选择名称的作用范围，还可以在【批注】文本框中输入名称的说明信息。设置完成后，单击【确定】按钮。

商品编号	单价	数量	折扣	打折后的价格
1	81	35	7	1984.5
2	71	16	7	795.2
3	95	16	8	1216
4	59	28	7	1156.4
5	77	26	5	1001
6	86	13	8	894.4
7	58	39	9	2035.8
8	58	20	6	696
9	98	29	8	2273.6
10	86	28	8	1926.4

图1-18

3. 根据所选内容自动创建名称

如果选择的单元格区域的顶部或左侧包含标题，则可以自动将该标题创建为单元格区域的名称。例如，选择图1-19所示的B1:D11单元格区域，然后在功能区的【公式】选项卡中单击【根据所选内容创建】按钮，打开【根据所选内容创建名称】对话框。由于标题位于B1:D11单元格区域的第一行，因此在该对话框中选中【首行】复选框。单击【确定】按钮，自动将每列顶部的标题创建为名称。

商品编号	单价	数量	折扣	打折后的价格
1	81	35	7	1984.5
2	71	16	7	795.2
3	95	16	8	1216
4	59	28	7	1156.4
5	77	26	5	1001
6	86	13	8	894.4
7	58	39	9	2035.8
8	58	20	6	696
9	98	29	8	2273.6
10	86	28	8	1926.4

图1-19

创建名称后，可以在功能区的【公式】选项卡中单击【名称管理器】按钮，打开【名称管理器】窗口。在该窗口中可以按不同范围查看名称、修改名称对应的单元格区域、删除名称等，如图1-20所示。

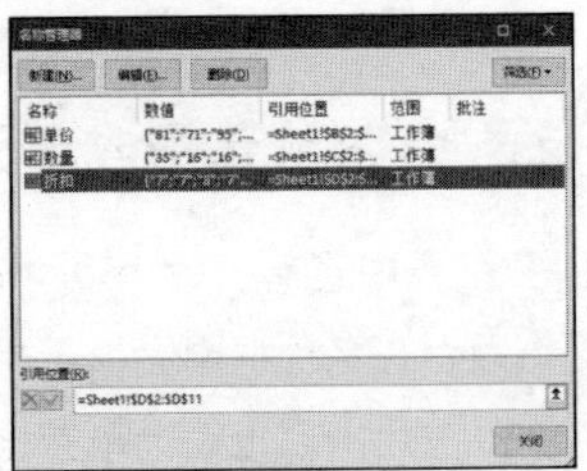

图1-20

1.4.3 命名公式

在一些实际应用中，可能需要为公式创建名称。例如，在制作图表时，为了实现图表的一些动态功能，需要为公式创建名称。在功能区的【公式】选项卡中单击【定义名称】按钮，打开【新建名称】对话框，在【名称】文本框中输入名称，然后在【引用位置】文本框中输入所需的公式，如图1-21所示。

=OFFSET($A$1,0,0,COUNTA($A:$A))

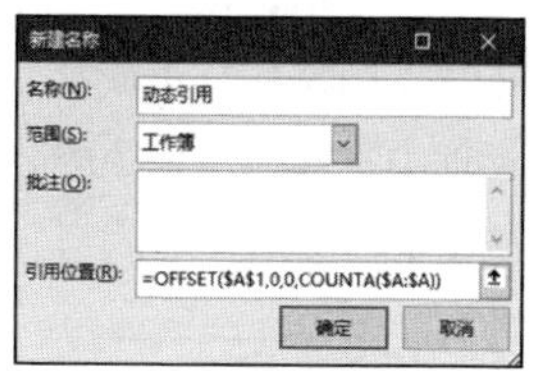

图1-21

提示

在【引用位置】文本框中单击后按【F2】键，将进入“编辑”模式，此时可以使用方向键移动光标到公式中的任意位置，然后修改公式，与在单元格中编辑数据的操作相同。

1.4.4 命名常量

可以为需要在公式中频繁使用的复杂数字或文本创建名称，以后就可以使用该名称代替特定的数字或文本，从而减少输入量。打开【新建名称】对话框，在【名称】文本框中输入名称，然后在【引用位置】文本框中输入等号，再输入所需的常量值，最后单击【确定】按钮，如图1-22所示。

图1-22

1.4.5 将名称应用到公式中

创建名称后，可以在输入公式时应用名称。如果在创建名称前已经输入好公式，则可以使用名称替换公式中的相应内容。

1. 在输入公式时应用名称

如果已经创建了名称，则在公式中输入函数时所弹出的列表中也会包含已创建的名称，选择所需的名称，即可将其添加到公式中。除此之外，还有如下两种输入名称的方法。

- 在功能区的【公式】选项卡中单击【用于公式】按钮，然后在弹出的菜单中选择需要使用的名称，如图1-23所示。

- 在功能区的【公式】选项卡中单击【用于公式】按钮，然后在弹出的菜单中选择【粘贴名称】命令，在打开的对话框中选择需要使用的名称并单击【确定】按钮。

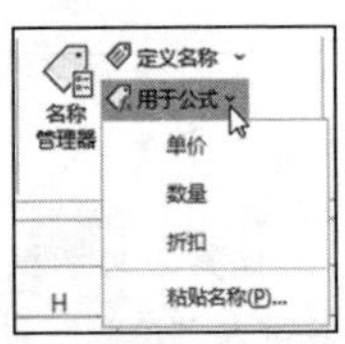

图1-23

2. 使用名称替换公式中的内容

如果在输入好公式后才创建名称，则需要用户执行一些操作来使用名称替换公式中的相应内容。假设为公式“=SUM(A1:A10)”中的A1:A10单元格区域创建了名为“销量”的名称，使用该名称替换公式中的A1:A10的操作步骤如下。

1 选择公式所在的单元格。

2 在功能区的【公式】选项卡中单击【定义名称】按钮的下拉按钮，然后在弹出的菜单中选择【应用名称】命令，如图1-24所示。

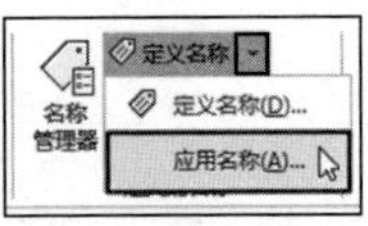

图1-24

3 在打开的【应用名称】对话框的列表框中选择【销量】，然后单击【确定】按钮，如图1-25所示。

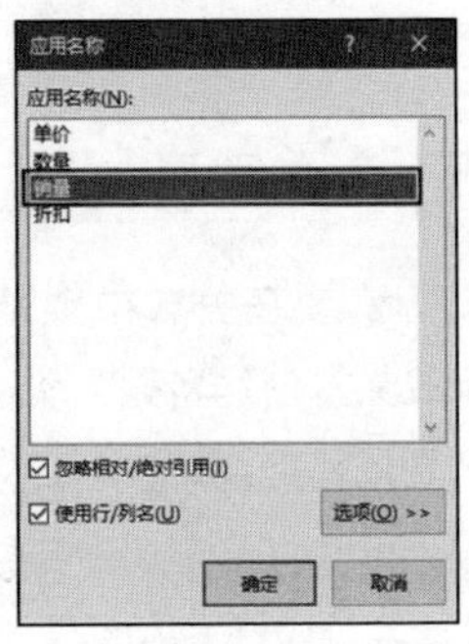

图1-25

1.5 使用数组公式

在一些复杂应用中，数组公式可能是完成计算任务的唯一途径。虽然有时可以使用普通公式完成相同任务，但是使用数组公式往往可以显著缩短公式的长度，并减少中间公式。本节将介绍数组公式的基本概念和操作方法。

1.5.1 数组的类型

Excel中的数组是指排列在一行、一列或多行多列中的数据的集合。将数组中的每个数据称为数组元素，数组元素的数据类型可以是数值、文本、逻辑值、错误值等Excel支持的数据类型。

按照数组维数的不同，可将数组分为以下两类。

- 一维数组：数组元素排列在一行或一

列的数组是一维数组。数组元素排列在一行的数组是水平数组，数组元素排列在一列的数组是垂直数组。

- 二维数组：数组元素排列在多行多列的数组是二维数组。

数组的尺寸是指数组各行各列包含的元素个数。一行N列的一维水平数组的尺寸是$1 \times N$，一列N行的一维垂直数组的尺寸是$N \times 1$，M行N列的二维数组的尺寸是$M \times N$。

按照数组的存在形式，可将数组分为以下3类。

- 常量数组：常量数组是在公式中直接输入数组元素，并使用一对大括号将这些元素包围起来。如果数组元素是文本型数据，则需要使用英文半角双引号包围每一个数组元素。为常量数组创建名称后，不但可以简化输入，还可以在数据验证、条件格式等无法直接使用常量数组的情况下使用名称。
- 区域数组：区域数组是公式中的单元格区域引用，例如公式“=SUM(A1:B10)”中的A1:B10就是区域数组。
- 内存数组：内存数组是在公式的计算过程中，由中间步骤返回的多个计算结果临时组成的数组，将作为一个整体继续参与下一步计算。内存数组只存在于内存中。

无论哪种类型的数组，数组中的元素都遵循以下格式：水平数组的各个元素之间使用英文半角逗号分隔，垂直数组的各个元素之间使用英文半角分号分隔。如图1-26所示，在A1:F1单元格区域中有一个一维水平常量数组。如需输入该数组，可以选择A1:F1单元格区域，然后按【F2】键进入“编辑”模式，输入以下公式，最后按【Ctrl+Shift+Enter】组合键。

```
={1,2,3,4,5,6}
```

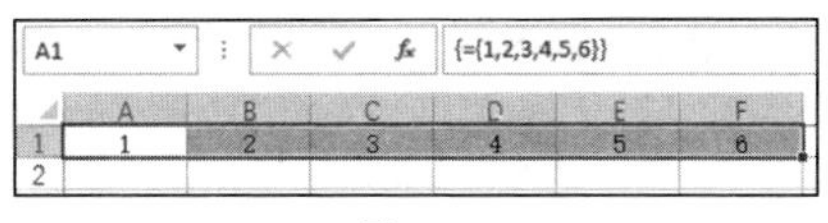

图1-26

如图1-27所示，A1:A6单元格区域中包含的是一个一维垂直常量数组，公式如下。

```
={"A";"B";"C";"D";"E";"F"}
```

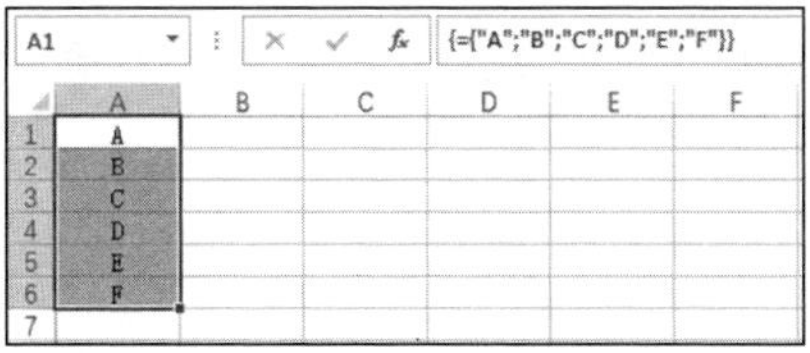

图1-27

1.5.2 数组的运算方式

本小节介绍的数组的运算方式是使用运算符对常量数组中的元素进行的直接运算，目的是让读者更好地了解数组和常量，以及数组和数组之间的运算规律。区域数组和内存数组也具有类似的运算方式。由于数组元素可以是Excel支持的任何数据类型，因此数组元素具有与普通数据相同的运算特性。例如，数值型和逻辑型的数组元素可以进行加、减、乘、除等算术运算，文本型的数组元素可以进行字符串连接运算。

1. 数组与单个值之间的运算

数组与单个值运算时，数组中的每个元素都与该值进行运算，最后返回与原数组同方向、同尺寸的数组。下面的公式计算一个一维水平数组与10之和，将每个元素与10相加，最后仍然返回一个一维水平数组。

```
={1,2,3,4,5,6}+10
```

返回结果如下。

```
={11,12,13,14,15,16}
```

2. 同方向一维数组之间的运算

如果同方向的两个一维数组具有相同的元素个数，则对两个数组中对应位置上的两个元素进行运算，最后返回与这两个数组同方向、同尺寸的一维数组。

```
={1,2,3}+{4,5,6}
```

返回结果如下。

```
={5,7,9}
```

相当于以下数组。

```
={1+4,2+5,3+6}
```

如果同方向的两个一维数组具有不同的元素个数，则多出的元素位置将返回#N/A错误值。

```
={1,2,3}+{4,5}
```

返回结果如下。

```
={5,7,#N/A}
```

3. 不同方向一维数组之间的运算

两个不同方向的一维数组进行运算后，将返回一个二维数组。如果一个数组是尺寸为$1\times N$的水平数组，另一个数组是尺寸为$M\times 1$的垂直数组，这两个数组运算后返回的是一个尺寸为$M\times N$的二维数组。第一个数组中的每个元素分别与第二个数组中的第一个元素进行运算；完成后，第一个数组中的每个元素再分别与第二个数组中的第二个元素进行运算；以此类推，直到与第二个数组中的所有元素都进行了运算为止。

```
={1,2,3,4}+{5;6}
```

返回结果如下。

```
={6,7,8,9;7,8,9,10}
```

4. 一维数组与二维数组之间的运算

如果一维数组的尺寸与二维数组同方向上的尺寸相同，则对该方向上对应位置上的两个元素进行运算。对尺寸为$M\times N$的二维数组而言，可与$M\times 1$或$1\times N$的一维数组进行运算，返回一个尺寸为$M\times N$的二维数组。

```
={1,2,3}+{1,2,3;4,5,6}
```

返回结果如下。

```
={2,4,6;5,7,9}
```

如果一维数组与二维数组在同方向上的尺寸不同，则多出的元素位置将返回#N/A错误值。

={1,2,3}+{1,2;4,5}

返回结果如下。

={2,4,#N/A;5,7,#N/A}

5. 二维数组之间的运算

如果两个二维数组具有相同的尺寸，则对两个数组中对应位置上的两个元素进行运算，最后返回与两个数组同尺寸的二维数组。

={1,2,3;4,5,6}+{1,1,1;2,2,2}

返回结果如下。

={2,3,4;6,7,8}

如果两个二维数组的尺寸不同，则多出的元素位置将返回#N/A错误值。

={1,2,3;4,5,6}+{1,1;2,2}

返回结果如下。

={2,3,#N/A;6,7,#N/A}

1.5.3 输入和编辑数组公式

输入数组公式时需要按【Ctrl+Shift+Enter】组合键结束，Excel会自动添加一对大括号将整个公式包围起来，Excel计算引擎将对公式执行多项计算。然而，并非所有执行多项计算的公式都必须以数组公式的方式输入，在SUMPRODUCT、MMULT、LOOKUP等函数中使用数组并返回单个计算结果时，无须使用数组公式即可执行多项计算。

如果数组公式只占据一个单元格，则修改该数组公式的方法与修改普通公式没有区别。如需修改占据多个单元格的数组公式，需要先选择数组公式占据的整个单元格区域，然后按【F2】键，进入“编辑”模式后进行修改，最后按【Ctrl+Shift+Enter】组合键完成修改。

技巧 选择数组公式占据的单元格区域有两种方法。单击数组公式所在区域中的任意一个单元格，然后按【Ctrl+/】组合键；单击数组公式所在区域中的任意一个单元格，然后按【F5】键，在【定位】对话框中单击【定位条件】按钮，再在【定位条件】对话框中选中【当前数组】单选钮，最后单击【确定】按钮，如图1-28所示。

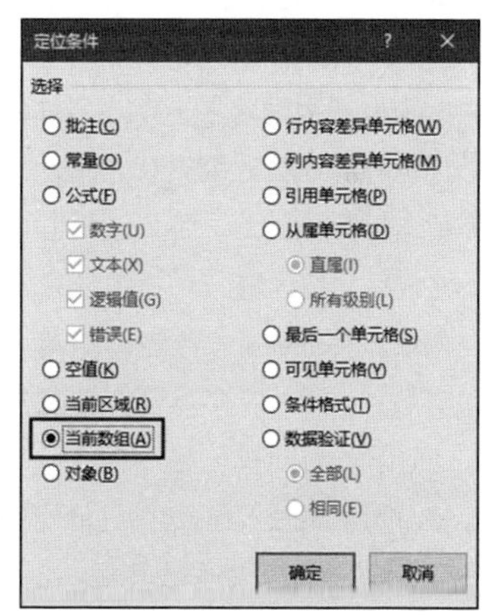

图1-28

如图1-29所示，在F1单元格中输入下面的数组公式，然后按【Ctrl+Shift+Enter】组合键，计算所有商品的总价。如果不使用数组公式，则需要两步计算才能完成：首先计算每个商品的总价，然后对各个商品的总价求和。

```
=SUM(B2:B6*C2:C6)
```

F1 {=SUM(B2:B6*C2:C6)}

	A	B	C	D	E	F
1	商品	单价	数量		所有商品总价：	390
2	饮料	6	10			
3	香肠	15	10			
4	牛奶	5	10			
5	酒水	10	10			
6	精盐	3	10			

图1－29

1.6 在公式中引用非当前工作表中的数据

在很多情况下，在公式中参与计算的数据可能来自其他工作表或工作簿，此时需要了解正确的语法才能引用所需的数据。本节将介绍在公式中引用其他工作表或工作簿中数据的方法。

1.6.1 引用其他工作表中的数据

如需在公式中引用同一个工作簿中其他工作表中的数据，需要在公式中的单元格地址的左侧添加工作表名称和一个英文半角感叹号，格式如下。

```
=工作表名称!单元格地址
```

如果不想手动输入工作表名称和感叹号，也可以在公式编辑状态下，使用鼠标单击工作表标签，然后选择其中的单元格或单元格区域。

例如，在Sheet2工作表的A1单元格中包含数值168，现在想要在该工作簿Sheet1工作表的A1单元格中输入一个公式，来计算Sheet2工作表中A1单元格中的数值与5的乘积，操作步骤如下。

1 选择Sheet1工作表中的A1单元格，然后输入等号。

2 单击Sheet2工作表标签，然后单击该工作表中的A1单元格。

3 输入公式的剩余部分，然后按【Enter】键，将在Sheet1工作表A1单元格中显示计算结果。本例将创建以下公式。

```
=Sheet2!A1*5
```

注意 当工作表名称以数字开头或名称中包含空格、特殊字符（如$、%、#等）时，在创建跨工作表引用公式时，必须将工作表名称放在一对半角单引号中，例如“=' 2'!A1*5”。修改工作表名称时，公式中的工作表名称会自动随之更新。

1.6.2 引用其他工作簿中的数据

如需在公式中引用其他工作簿中的数据，需要添加数据所在的工作簿名称，并将其放在一对中括号中，格式如下。

=[工作簿名称]工作表名称!单元格地址

如果工作簿或工作表的名称中包含空格、特殊字符或名称以数字开头，则需要将工作簿名称和工作表名称同时放在一对单引号中，格式如下。

='[工作簿名称]工作表名称'!单元格地址

在公式中引用的工作簿处于打开状态时，输入工作簿的名称即可。如果工作簿处于关闭状态，则需要输入工作簿的完整路径。如果路径中存在空格，则需要使用一对单引号将叹号左侧的所有内容包围起来，格式如下。

='工作簿路径[工作簿名称]工作表名称'!单元格地址

如图1-30所示，公式中引用的是名为“销售数据”的工作簿Sheet2工作表中的A1单元格，计算该单元格中的数据与5的乘积。

=[销售数据.xlsx]Sheet2!A1*5

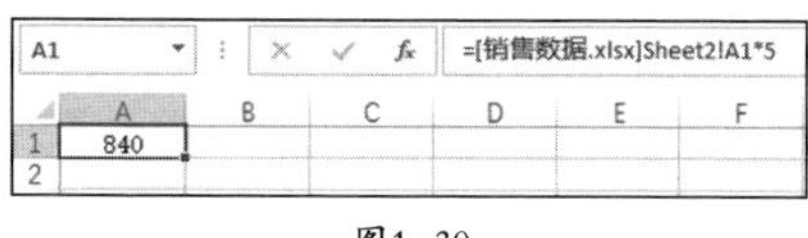

图1-30

> **技巧** 创建跨工作簿引用公式时，可以先打开要引用的工作簿，这样在公式中输入它的名称即可；关闭该工作簿后，工作簿的路径会自动添加到公式中，省去手动输入的麻烦。

1.6.3 引用多个相邻工作表中相同单元格区域的数据

通过三维引用可以创建引用多个相邻的工作表中相同单元格区域的公式，而无须分别为每一个工作表中的单元格区域重复编写类似的代码。创建对多个相邻工作表中相同单元格区域的三维引用的格式如下。

起始工作表的名称:终止工作表的名称!单元格地址

下面的公式计算Sheet1、Sheet2和Sheet3这3个工作表中A1:A10单元格区域中的数值之和。

=SUM(Sheet1:Sheet3!A1:A10)

如果不使用三维引用，则需要编写更长的公式。

=SUM(Sheet1!A1:A10,Sheet2!A1:A10,Sheet3!A1:A10)

下面这些Excel函数支持跨多个工作表的三维引用：SUM、AVERAGE、AVERAGEA、COUNT、COUNTA、MAX、MAXA、MIN、MINA、PRODUCT、STDEV.P、STDEV.S、STDEVA、STDEVPA、VAR.P、VAR.S、VARA和VARPA。

当改变与公式中引用的多个工作表对应的工作表范围的起始或终止工作表，或在多个工作表中添加或删除工作表时，Excel会自动调整公式中引用的多个工作表的起止范围以及其中包含的工作表。

使用下面的公式可以引用当前工作簿中除了当前工作表之外的其他工作

表，通配符“*”表示公式所在的工作表之外的所有其他工作表的名称。

```
=SUM('*'!A1:A10)
```

1.6.4 更新公式中引用其他工作簿中的数据

创建引用其他工作簿中数据的公式后，如果该工作簿中的数据发生变化，可以激活公式所在的工作簿，然后在功能区的【数据】选项卡中单击【编辑链接】按钮，再在打开的【编辑链接】对话框中单击【更新值】按钮，将数据的最新变化反映到引用该数据的公式中，如图1-31所示。

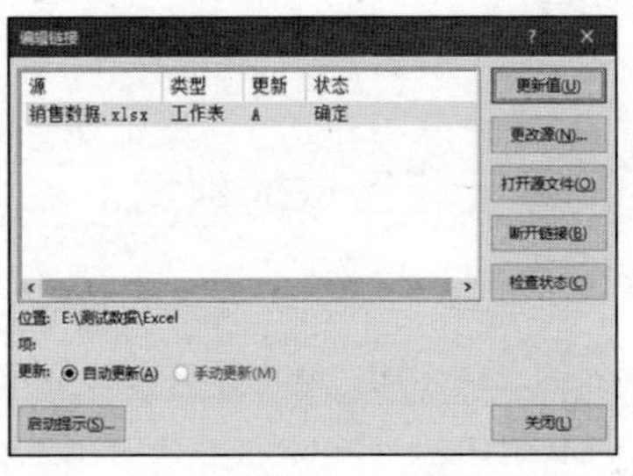

图1-31

如果改变公式中引用的工作簿的名称或位置，则在打开包含该公式的工作簿时，将显示图1-32所示的提示信息。为了使公式能够正常工作，可以单击【编辑链接】按钮，然后在打开的对话框中单击【更改源】按钮，重新选择公式中引用的工作簿。

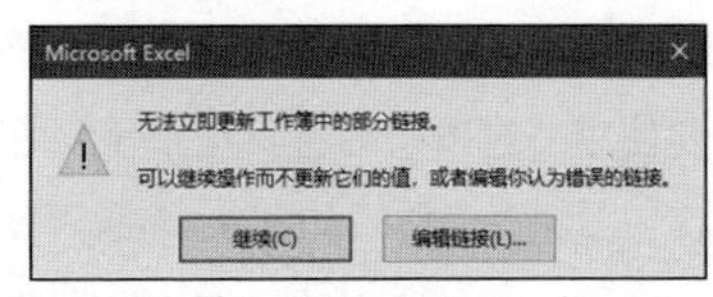

图1-32

注意 当打开的工作簿包含引用其他工作簿中数据的公式，并且该数据所在的工作簿未打开时，将在功能区的下方显示安全警告信息，只有单击其中的【启用内容】按钮，才能使用外部工作簿中的数据更新公式。

如果不再需要从其他工作簿获取数据的最新变化，则可以在【编辑链接】对话框中单击【断开链接】按钮，断开公式与其他工作簿的关联。

1.7 排查公式错误的常用工具

在Excel中编写公式很容易出现各种各样的错误，Excel提供的一些工具可以帮助用户更容易地找到错误根源。本节将介绍在Excel中排查公式错误的常用工具。

1.7.1 使用公式错误检查器

如果Excel检测到单元格中包含错误，会在单元格的左上角显示一个绿色三角形图标，单击该单元格将显示按钮。单击该按钮将显示图1-33所示的菜单，其中包含错误检查和处理的相关命令。

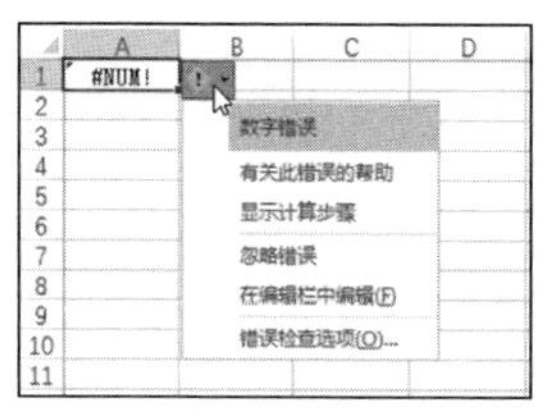

图1-33

菜单顶部显示的是错误的类型（此处是“数字错误”），菜单中的其他命令的含义如下。

- 有关此错误的帮助：打开【帮助】窗格并显示错误的帮助主题。
- 显示计算步骤：通过分步计算检查出错的位置。
- 忽略错误：不处理单元格中的错误，并隐藏单元格左上角的绿色三角形图标。
- 在编辑栏中编辑：进入“编辑”模式，在编辑栏中修改单元格中的内容。
- 错误检查选项：打开【Excel选项】对话框的【公式】选项卡，在此处设置检查错误的规则，如图1-34所示。如需启用Excel错误检查功能，必须选中【允许后台错误检查】复选框。

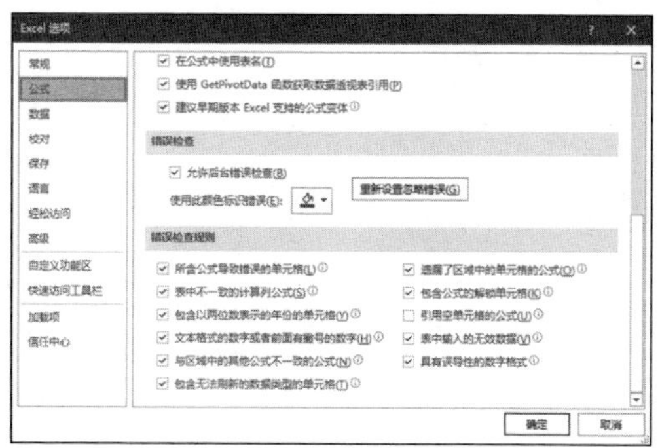

图1-34

1.7.2 追踪单元格之间的关系

几乎所有公式都涉及单元格引用，当彼此相关的多个公式出现错误时，找到错误的源头可能会比较棘手。利用“追踪单元格”功能，可以清楚地知道公式中引用了哪些单元格以及这些单元格之间的从属关系。使用该功能前需要了解以下3个概念。

- 引用单元格：被公式引用的单元格。例如，B1单元格包含公式“=A1+A2”，A1和A2就是B1单元格的引用单元格，更确切的术语是“直接引用单元格”。如果A1单元格还包含公式“=A3*A4”，则A3和A4是A1单元格的直接引用单元格，是B1单元格的间接引用单元格，因为它们通过A1单元格才与B1单元格建立了联系，所以是一种间接的关联。

- 从属单元格：公式所在的单元格。例如，B1单元格包含公式“=A1+A2”，B1就是A1和A2单元格的从属单元格。与引用单元格类似，从属单元格也可分为直接和间接两种。
- 错误单元格：在公式中直接或间接引用的、包含错误的单元格。

如需追踪引用单元格，需要先单击公式所在的单元格，然后在功能区的【公式】选项卡中单击【追踪引用单元格】按钮，将自动在该公式引用的所有单元格与公式所在的单元格之间绘制箭头，所有箭头同时指向公式所在的单元格，如图1–35所示。如果存在间接引用单元格，则可以再次单击【追踪引用单元格】按钮，将显示间接引用单元格，如图1–36所示。

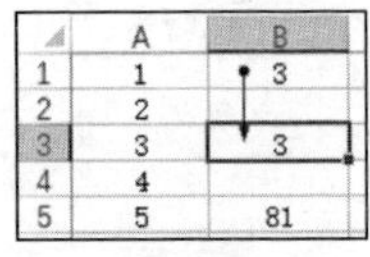

图1–35

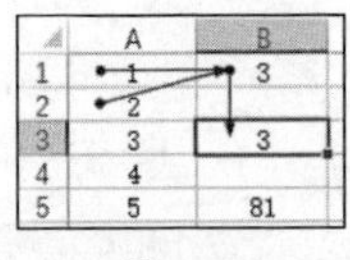

图1–36

如果公式引用了其他工作表中的单元格，则将显示虚线箭头和工作表图标，如图1–37所示。双击箭头并在打开的【定位】对话框中双击目标位置，即可自动切换至目标工作表并选中公式引用的单元格。

如需查看引用单元格的从属单元格，需要先选择一个引用单元格，然后在功能区的【公式】选项卡中单击【追踪从属单元格】按钮，将从活动单元格显示一个指向从属单元格的箭头，如图1–38所示。

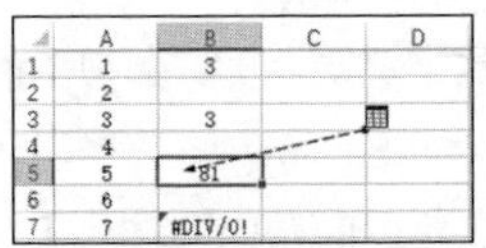

图1–37

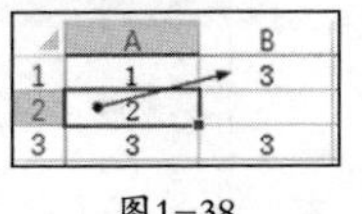

图1–38

当公式返回错误值时，为了追踪错误来源，可以单击错误值所在的单元格，然后在功能区的【公式】选项卡中单击【错误检查】按钮的下拉按钮，在弹出的菜单中选择【追踪错误】命令，将显示箭头，箭头从与产生错误值相关的单元格指向错误值所在的单元格，如图1–39所示。

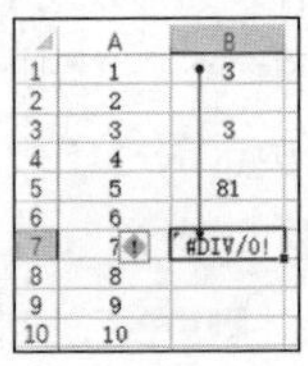

图1–39

如需去除追踪单元格时显示的箭头，可以在功能区的【公式】选项卡中单击【删除箭头】按钮。

1.7.3 监视单元格中的内容

如需追踪其他工作表中的单元格，可以将这些单元格中的数据添加到监视窗口中，以便于监视，操作步骤如下。

1 在功能区的【公式】选项卡中单击【监视窗口】按钮，打开【监视窗口】对话框，然后单击【添加监视】按钮，如图1-40所示。

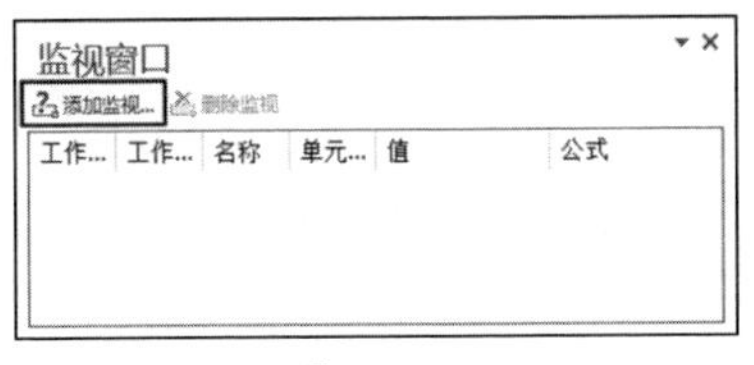

图1-40

2 在打开的【添加监视点】对话框的文本框中输入或在工作表中单击需要监视的单元格，然后单击【添加】按钮，如图1-41所示。

图1-41

3 在第2步中设置的单元格将被添加到【监视窗口】对话框中，Excel会对该单元格进行监视并显示最新数据，如图1-42所示。

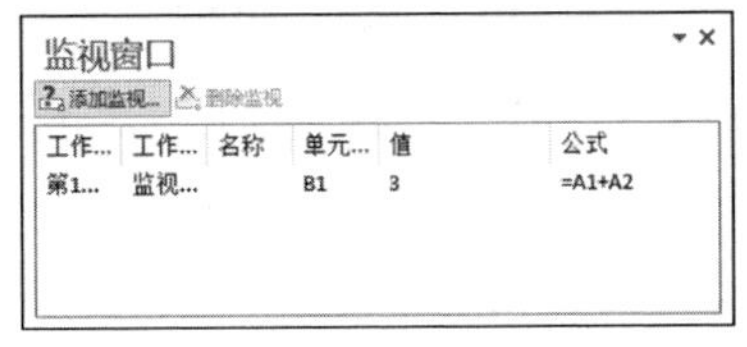

图1-42

如需删除正在监视的对象，可以在【监视窗口】对话框中选择该对象，然后单击【删除监视】按钮。

1.7.4 使用“公式求值”功能

使用Excel中的“公式求值”功能，可以对复杂公式执行分步计算，以便更容易地发现公式中的问题。

如需使用该功能，需要选择公式所在的单元格，然后在功能区的【公式】选项卡中单击【公式求值】按钮，打开【公式求值】对话框。每单击一次【求值】按钮，Excel会计算公式中的一个部分，下画线标出了当前准备计算的部分，如图1-43所示。计算方向是从左到右依次执行，直到得出公式的最终结果。完成整个公式的计算后，可以单击【重新启动】按钮，重新对公式执行分步计算。

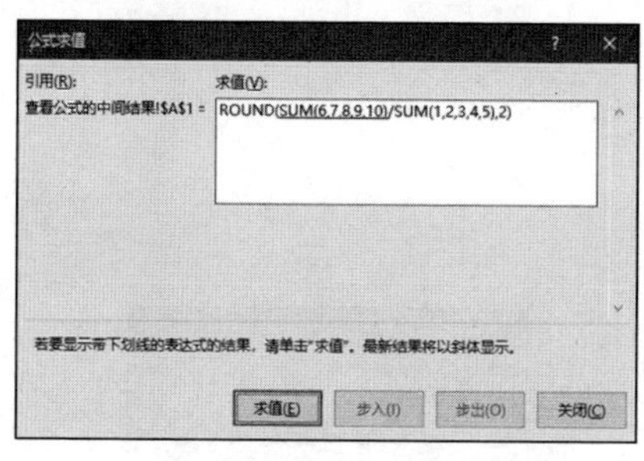

图1-43

当公式包含多个计算项且其中有单元格引用时，【步入】按钮会变为可用状态。单击该按钮，将显示分步计算中当前显示下划线部分的值。如果下划线部分包含公式，则会显示具体的公式。单击【步出】按钮，可以从步入的下划线部分返回整个公式的分步计算。

1.8 公式常见错误和解决方法

本节将介绍使用公式时的一些常见错误和解决方法。

1.8.1 单元格自动被#填满

在单元格中输入公式后，单元格可能会被一串#填满，出现这种情况主要有以下两个原因。

- 单元格的宽度无法容纳位数较多的数值。
- 单元格中包含一个无效的日期或时间。

第一个原因的解决方法是增加单元格的宽度。第二个原因的解决方法是修改日期或时间，使其在Excel允许的有效范围内，在Excel中不能使用1900年之前的日期和负日期。

1.8.2 空白但非空的单元格

有些单元格看似不包含任何内容，但是使用ISBLANK函数或COUNTA函数编写检测这类单元格的公式时，这些看似空白的单元格仍会被计算在内，这意味着这些单元格中包含一些看不见的内容。

例如，在B1单元格中输入用于判断A1单元格是否包含内容的公式，如果包含内容则显示“有内容”，否则显示“没有内容”，如图1-44所示。

```
=IF(A1<>"","有内容","没有内容")
```

当A1单元格看上去没有内容时，B1单元格显示“没有内容”。但是在C1单元格中使用ISBLANK函数检测A1单元格是否为空时，显示逻辑值FALSE，说明A1单元格不为空，即包含内容，如图1-45所示。

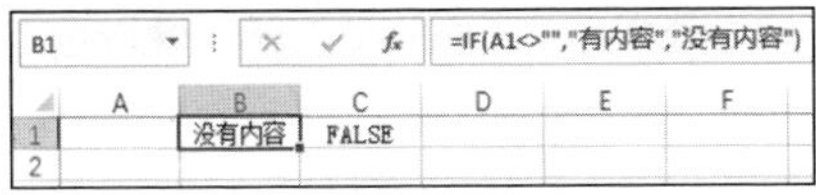

图1-44

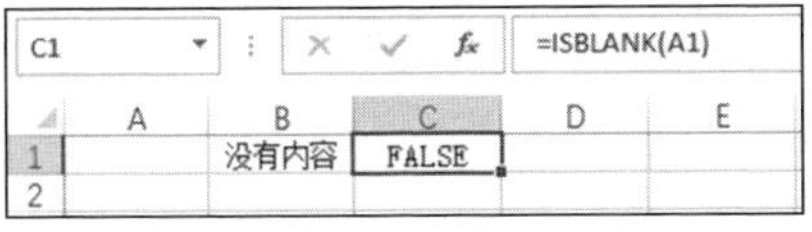

图1-45

""表示0个字符长度的文本，即空文本。虽然空文本在单元格中不会显示出来，但是Excel会认为单元格包含内容。" "表示1个字符长度的空格。如果未在单元格中输入任何内容，或是按【Delete】键执行删除单元格的操作，此时单元格才真正不包含任何内容，是“真空”状态。

注意 在Excel中处理空文本或包含空格的单元格时需要格外小心，因为它们可能会导致不易察觉的错误。

1.8.3 显示值和实际值

如图1-46所示，A1、A2和A3这3个单元格包含相同的公式“=1/3”，将这3个单元格中的数值设置为保留5位小数，然后在A4单元格中使用SUM函数计算A1:A3单元格区域中的数字之和。计算结果本应是0.99999，但是得到的却是1，存在误差。

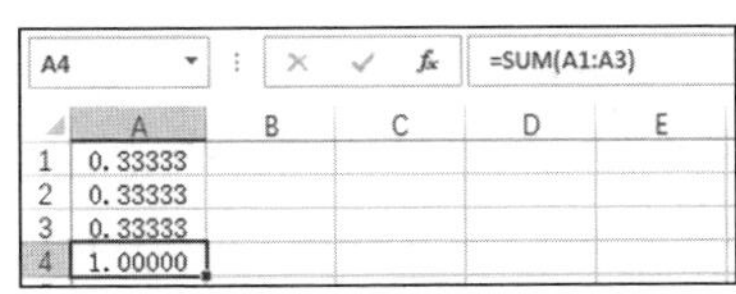

图1-46

出现误差的原因是，公式使用的是A1:A3单元格区域中的真实值而非显示值进行计算，相当于计算3个1/3的总和，而不是计算3个0.33333的总和。为A1、A2和A3这3个单元格设置数字格式时，只是改变了3个单元格中数字的形式，并未改变数字的真实大小。

如需使用单元格中的显示值作为计算依据，可以在【Excel选项】对话框的【高级】选项卡中选中【将精度设为所显示的精度】复选框，如图1-47所示。

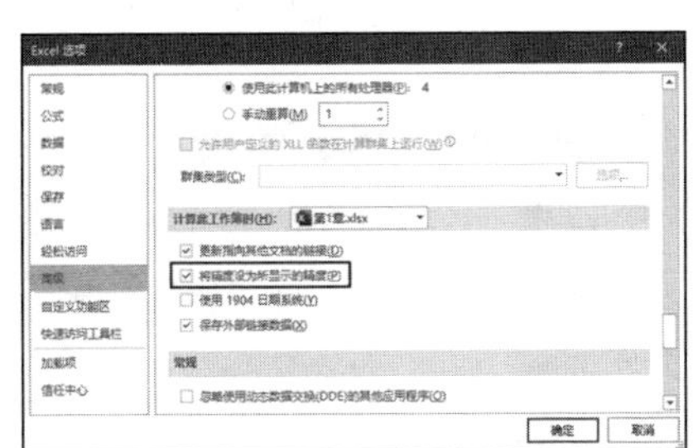

图1-47

注意 谨慎使用【将精度设为所显示的精度】功能，因为它会改变单元格中的值。例如，单元格包含数字1.685，如果将单元格的数字格式设置为保留两位小数，则在启用【将精度设为所显示的精度】功能之后，1.685会变成1.69，关闭该功能也无法恢复为1.685。

解决计算误差的更好方法是使用ROUND函数，它允许用户设置需要保留的小数位数。对上面的示例而言，可以在A1:A3单元格区域中使用以下公式，将由“1/3”计算得到的结果保留5位小数，然后使用SUM函数进行求和即可得到准确结果。

```
=ROUND(1/3,5)
```

1.8.4 返回错误值

谁都无法保证在Excel中输入的公式永远不会出错。公式出错时，会在单元格中显示一个表示错误类型的错误值。表1-6列出了Excel中几种常见的错误值，它们都以#开头，通过这些错误值可以大致判断错误的类型和产生原因。

表1-6 Excel中常见的错误值

错误值	说明
#DIV/0!	除以0时，将出现该类错误
#NUM!	如果在公式或函数中使用无效的数值，将出现该类错误
#VALUE!	在公式或函数中使用的参数或操作数的类型错误时，将出现该类错误
#REF!	单元格引用无效时，将出现该类错误
#NAME?	Excel无法识别公式中的文本时，将出现该类错误
#N/A	数值对函数或公式不可用时，将出现该类错误
#NULL!	如果指定两个并不相交的区域的交点，将出现该类错误

1. #DIV/0!错误及解决方法

如果在公式中包含除以0的运算，则会出现#DIV/0!错误，具体原因如下。

- 公式的除数中包含0。
- 公式中的除数包含值为0的单元格或空白单元格。

解决方法：检查公式中是否包含除数为0的情况。如果除数是一个空白单元格，也会将其当作0处理。可以通过修改单元格中的数据或单元格的引用来更正该错误。

2. #NUM!错误及解决方法

如果使用无效数值，则会出现#NUM!错误，具体原因如下。

- 函数的参数为无效数值，例如公式“=SQRT(-9)”或“=LARGE(A1:A3,5)”。
- 使用迭代算法的函数且该函数无法得到计算结果，例如IRR函数和RATE函数。
- 公式的计算结果超出Excel对数值大小的限制范围。

解决方法：确保输入的参数是有效参数；检查公式的计算结果是否超出Excel对数值大小的限制范围。

3. #VALUE!错误及解决方法

如果参数的数据类型不正确，则会出现#VALUE!错误，具体原因如下。

- 设置的参数的数据类型不正确，例如公式“=SUM("a","b")”会返回#VALUE!错误值，这是因为SUM函数的参数必须是数值或文本型数字。
- 应该使用单个值时却使用了一组值。
- 输入或编辑数组公式时，未按【Ctrl+Shift+Enter】组合键。

解决方法：确保函数的参数使用正确的数据类型；检查公式中的引用范围或数据个数是否正确；确保在输入数组公式时按【Ctrl+Shift+Enter】组合键。

4. #REF!错误及解决方法

如果使用无效的单元格引用，则会出现#REF!错误，具体原因如下。

- 公式中引用的单元格被删除。例如，A1单元格包含公式“=B1+C1”。如果将B1单元格删除，则会返回#REF!错误值。
- 复制公式后，公式中的单元格引用变为无效。例如，B2单元格包含公式“=A1”，如果将该公式复制到B1单元格，则会返回#REF!错误值。这是因为B1单元格在B2单元格上一行，由于相对引用的关系，需要调整公式中的A1单元格引用，但是A1单元格的上一行位于工作表之外，因此是无效的引用。
- 剪切一个单元格，并将其粘贴到公式中引用的单元格中，该公式将返回#REF!错误值。

解决方法：撤销已删除的在公式中引用的单元格；确保引用的单元格位于工作表的有效范围内。

5. #NULL!错误及解决方法

如果使用空格运算符连接两个不相交的单元格区域，则会出现#NULL!错误。

解决方法：确保两个区域有重叠部分，或者使用其他的引用运算符连接两个区域。

6. #NAME?错误及解决方法

如果Excel无法识别公式中的文本，则会出现#NAME?错误，具体原因如下。

- 在公式中输入的文本无法被Excel识别为函数或已定义的名称，并且文本没有放在一对双引号中。
- 在公式中使用了未安装的加载项中的函数。

解决方法：如果想要输入的是函数或已定义名称，则确保拼写正确；如果输入的是文本常量，则应将其放在一对双引号中；如需使用加载项中的函数，需要先在Excel中安装该加载项，然后使用其中的函数。

7. #N/A错误及解决方法

如果公式无法返回有效的值，则会出现#N/A错误。使用LOOKUP、VLOOKUP等函数查找数据时，如果找不到匹配的数据，则会返回#N/A错误值。

解决方法：修改LOOKUP、VLOOKUP等函数的参数，确保可以获得有效的查找结果。

1.8.5 循环引用

如果在公式中引用了本公式所在的单元格，按【Enter】键后，将显示图1-48所示的提示信息，提示循环引用的错误。此时需要修改公式中的单元格引用，否则公式的计算结果是0。

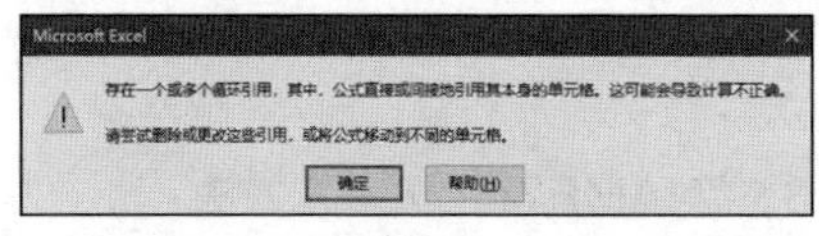

图1-48

有时可以利用循环引用来解决一些计算问题。如需使用循环引用，需要启用迭代计算功能，操作步骤如下。

1 在Excel中单击【文件】按钮，然后选择【选项】命令。如果未显示【选项】命令，则可以单击【更多】后再进行选择。

2 在打开的【Excel选项】对话框的【公式】选项卡中选中【启用迭代计算】复选框，如图1-49所示。然后修改【最多迭代次数】文本框中的数字，该数字表示需要进行迭代计算的次数。设置【最大误差】的值可以控制迭代计算的精确度，数字越小，精确度越高。

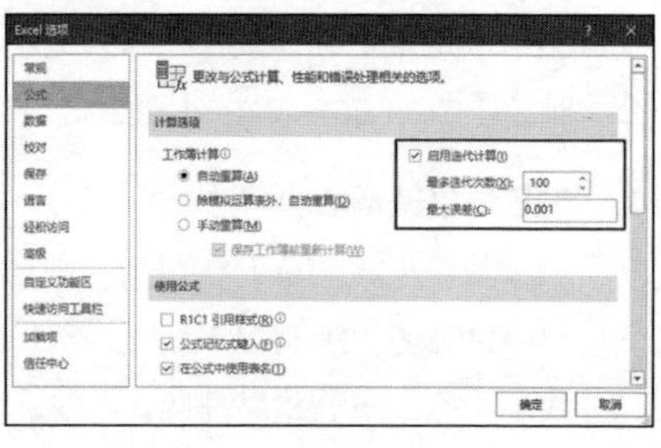

图1-49

1.9 公式使用技巧

本节将介绍在使用公式时的一些实用技巧。

1.9.1 将同一个公式一次性输入多个单元格中

如需快速在多个单元格中输入同一个公式，需要先选择这些单元格，然后按【F2】键，进入“编辑”模式后输入所需的公式，最后按【Ctrl+Enter】组合键。

1.9.2 显示公式而不是值

如需查看工作表中的所有公式，可以在功能区的【公式】选项卡中单击【显示公式】按钮，效果如图1-50所示。再次单击该按钮，将隐藏公式并显示公式的计算结果。

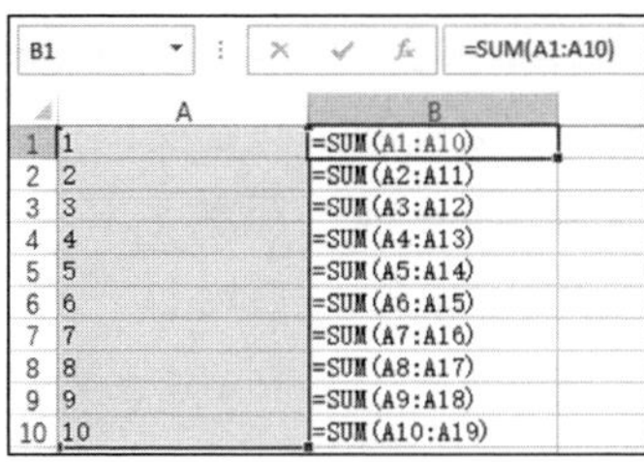

图1-50

1.9.3 查看公式的中间结果

编写复杂公式时，可能需要一边编写公式，一边测试公式中的各个部分是否能够得到预期的结果，此时可以使用【F9】键。

例如，在工作表中选择一个空白单元格，按【F2】键后输入以下公式，编辑栏中的公式如图1-51所示。

=ROUND(SUM(6,7,8,9,10)/SUM(1,2,3,4,5),2)

=ROUND(SUM(6,7,8,9,10)/SUM(1,2,3,4,5),2)

图1-51

在编辑栏中选中公式中的“SUM(6,7,8,9,10)”部分，然后按【F9】键，选中的部分将被其计算结果所替换，如图1-52所示。

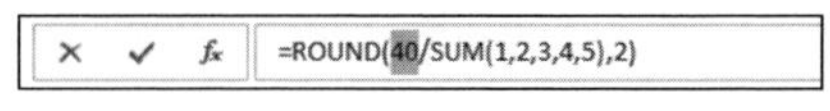

图1-52

使用相同的方法，可以继续测试公式中其他部分的计算结果，直到得出公式的最终结果。

如果在上述操作过程中一直没有按过【Enter】键，则可以按【Esc】键撤销上述操作，并恢复完整的公式。

1.9.4 将公式转换为固定值

如果公式不再改动，则可以将公式转换为固定值，这样可以避免以后由于误操作而导致公式出错。将公式转换为固定值方法如下。

- 选择公式所在的单元格，然后在编辑栏中选中整个公式，先按【F9】键，再按【Enter】键。
- 选择公式所在的单元格，按【Ctrl+C】组合键复制该公式，然后右击该单元格并在弹出的菜单中选择【粘贴选项】中的【值】命令。

1.9.5 复制公式时不使用相对引用

复制公式时，复制后的公式中的相对引用会自动调整其偏移量。如果只想原样复制公式而不改变其中相对引用的单元格地址，则可以使用以下方法。

1 选择公式所在的单元格，然后在编辑栏中选中整个公式。

2 按【Ctrl+C】组合键复制公式，然后按【Esc】键退出“编辑”模式。

3 选择放置公式的目标单元格，然后按【Ctrl+V】组合键，将复制的公式粘贴到该单元格中。

1.9.6 隐藏公式

隐藏公式是指在选择包含公式的单元格时，在编辑栏中不显示该单元格中的公式。实现该功能的操作步骤如下。

1 选择包含公式的单元格或单元格区域，然后右击选区，在弹出的菜单中选择【设置单元格格式】命令。

2 在打开的【设置单元格格式】对话框的【保护】选项卡中选中【隐藏】复选框，然后单击【确定】按钮，如图1−53所示。

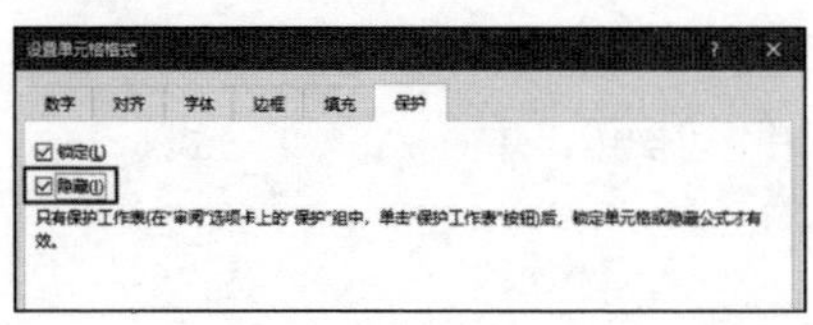

图1−53

3 在功能区的【审阅】选项卡中单击【保护工作表】按钮，然后在打开的对话框中输入密码，如图1−54所示。单击【确定】按钮后，再次输入相同的密码并单击【确定】按钮。

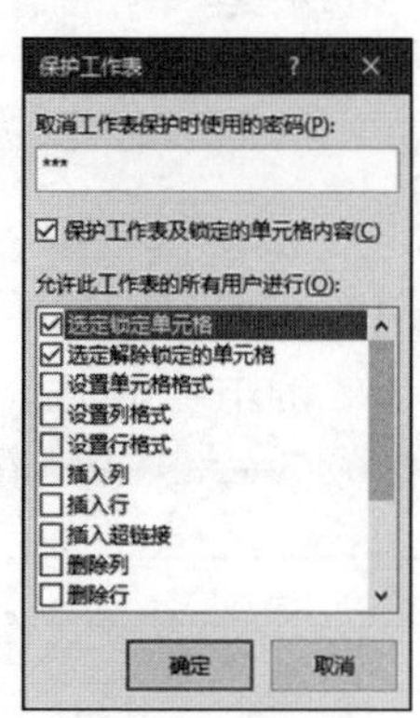

图1−54

选择步骤1中包含公式的单元格时，编辑栏中不会显示该单元格中的公式，如图1−55所示。

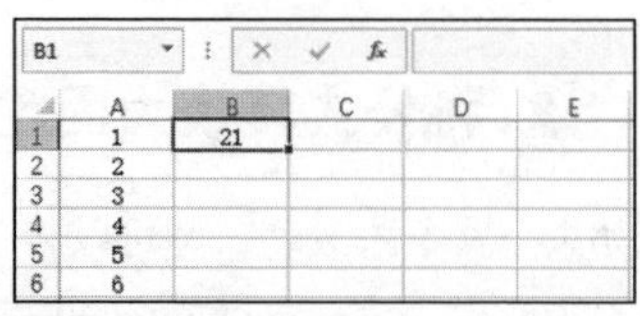

图1−55

如需重新显示单元格中的公式，可以在功能区的【审阅】选项卡中单击【撤销工作表保护】按钮，然后输入正确的密码并单击【确定】按钮。

1.9.7 禁止用户修改公式

为了防止因意外修改公式而导致错误，可以锁定包含公式的单元格，禁止对公式进行修改。与隐藏公式的方法类似，禁止修改包含公式的单元格也需要为工作表设置密码保护，操作步骤如下。

1 单击工作表区域左上角的斜三角形图标◢，选中工作表中的所有单元格，然后右击选区，在弹出的菜单中选择【设置单元格格式】命令。

2 在打开的【设置单元格格式】对话框的【保护】选项卡中取消选中【锁定】复选框，然后单击【确定】按钮。

3 按【F5】键，打开【定位】对话框，单击【定位条件】按钮，打开【定位条件】对话框，选中【公式】单选钮及其下方的4个复选框，然后单击【确定】按钮，如图1-56所示。

4 此时将自动选中所有包含公式的单元格，如图1-57所示。再次打开【设置单元格格式】对话框，在【保护】选项卡中选中【锁定】复选框，然后单击【确定】按钮。最后为工作表设置密码保护即可。

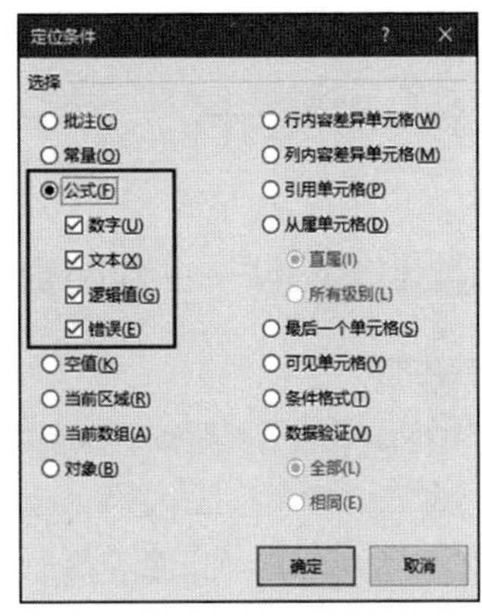

图1-56

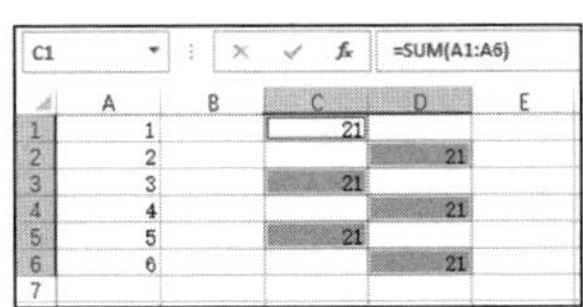

	A	B	C	D	E
1	1		21		
2	2			21	
3	3		21		
4	4			21	
5	5		21		
6	6			21	
7					

图1-57

第2章　数学和三角函数

Excel中的数学和三角函数主要用于数学和三角函数方面的计算，其中的数学计算可以分为常规计算、舍入和取整、指数和对数、阶乘和矩阵以及其他一些计算。本章将介绍数学和三角函数的基本用法和实际应用。

2.1　常规计算

2.1.1　SIGN——判断数字的符号

函数功能

SIGN函数用于判断数字的符号，并返回一个代表数字符号的数字。如果数字大于0，则返回1；如果数字等于0，则返回0；如果数字小于0，则返回-1。

函数格式

```
SIGN(number)
```

参数说明

number：需要判断符号的数字。

注意事项

参数必须是数值类型或可转换为数值的数据，否则SIGN函数将返回#VALUE!错误值。

案例 01　检测商品销量是否达标

本例效果如图2-1所示，在D2单元格中输入以下公式并按【Enter】键，然后将该公式向下复制到D10单元格。如果计算结果是1或0，则表示实际销量大于或等于预计销量，说明商品销量达标；如果计算结果是-1，则表示实际销量小于预计销量，说明商品销量未达标。

```
=SIGN(C2-B2)
```

D2　=SIGN(C2-B2)

	A	B	C	D	E
1	商品编号	预计销量	实际销量	是否达标	
2	1	166	139	-1	
3	2	141	191	1	
4	3	180	176	-1	
5	4	105	128	1	
6	5	130	126	-1	
7	6	147	117	-1	
8	7	159	128	-1	
9	8	188	114	-1	
10	9	189	201	1	

图2-1

2.1.2 ABS——计算数字的绝对值

函数功能

ABS函数用于返回数字的绝对值，一个数字的绝对值是该数字不带正负号的形式。

函数格式

ABS(number)

参数说明

number：需要返回绝对值的数字。

注意事项

参数必须是数值类型或可转换为数值的数据，否则ABS函数将返回#VALUE!错误值。

案例 02 计算两地温差

本例效果如图2-2所示，在D2单元格中输入以下公式并按【Enter】键，然后将该公式向下复制到D10单元格，计算北京和上海两地的温差。

=ABS(C2-B2)

D2　=ABS(C2-B2)

	A	B	C	D	E
1	日期	北京	上海	两地温差	
2	2023/9/1	29	27	2	
3	2023/9/2	26	33	7	
4	2023/9/3	27	33	6	
5	2023/9/4	22	29	7	
6	2023/9/5	26	29	3	
7	2023/9/6	27	32	5	
8	2023/9/7	28	25	3	
9	2023/9/8	27	34	7	
10	2023/9/9	26	32	6	

图2-2

2.1.3 SUM——计算数字之和

函数功能

SUM函数用于计算数字的总和。

函数格式

SUM(number1,[number2],…)

参数说明

number1：需要求和的第1个数字。

number2,…（可选）：需要求和的第2~255个数字。

注意事项

❶ 如果使用常量作为SUM函数的参数，则常量必须是数值类型或可转换为数值的数据，否则SUM函数将返回#VALUE!错误值。

❷ 如果使用单元格引用或数组作为SUM函数的参数，则单元格引用或数组中的值必须是数值类型，其他类型的值将被忽略。

案例03 汇总两种商品的销售额

本例效果如图2-3所示，在F1单元格中输入以下公式并按【Enter】键，计算电视和手机两种商品的销售额总和。

```
=SUM(B2:B11,C2:C11)
```

F1 =SUM(B2:B11,C2:C11)

	A	B	C	D	E	F
1	日期	销售额(电视)	销售额(手机)		电视和手机的总销售额	10448580
2	2023年1月	563600	379590			
3	2023年2月	619260	460380			
4	2023年3月	889480	237800			
5	2023年4月	752150	301130			
6	2023年5月	871910	161200			
7	2023年6月	957100	152130			
8	2023年7月	707100	385540			
9	2023年8月	639780	339470			
10	2023年9月	763860	189150			
11	2023年10月	772020	305930			

图2-3

案例04 汇总大于150000的总销售额

本例效果如图2-4所示，在E1单元格中输入以下数组公式并按【Ctrl+Shift+Enter】组合键，汇总金额大于150000元的所有人员的总销售额。

```
=SUM((B2:B10>150000)*B2:B10)
```

E1 {=SUM((B2:B10>150000)*B2:B10)}

	A	B	C	D	E	F
1	姓名	销售额		大于150000的销售额总和	740490	
2	刘树梅	173660				
3	袁芳	136660				
4	薛力	113570				
5	胡伟	131430				
6	蒋超	198970				
7	刘力平	134380				
8	朱红	180690				
9	邓苗	130060				
10	姜然	187170				

图2-4

公式解析

首先判断B2:B10单元格区域中单元格的值是否大于150000，得到一个包含逻辑值TRUE和FALSE的数组；然后将此数组与B2:B10单元格区域中对应单元格的值相乘，得到一个包含符合条件的销售额与0组成的数组；最后使用SUM函数对该数组求和，即可得到符合条件的总销售额。

案例05 统计销售部女员工的人数

本例效果如图2-5所示，在F1单元格中输入以下数组公式并按【Ctrl+Shift+Enter】组合键，计算销售部女员工的人数。

```
=SUM((B2:B17="女")*(C2:C17="销售部"))
```

F1 {=SUM((B2:B17="女")*(C2:C17="销售部"))}

	A	B	C	D	E	F
1	姓名	性别	部门		销售部女员工人数	4
2	刘树梅	女	人力部			
3	袁芳	女	销售部			
4	薛力	男	人力部			
5	胡伟	男	人力部			
6	蒋超	男	销售部			
7	刘力平	男	销售部			
8	朱红	女	销售部			
9	邓苗	女	工程部			
10	姜然	男	销售部			
11	郑华	男	工程部			
12	何贝贝	女	工程部			
13	郭静纯	女	销售部			
14	陈义军	男	销售部			
15	陈喜娟	女	工程部			
16	育奇	男	工程部			
17	韩梦佼	女	销售部			

图2-5

公式解析

在SUM函数中包含两个数组，第一个数组判断B2:B17单元格区域中的值是否为“女”，第二个数组判断C2:C17单元格区域中的值是否为“销售部”，两个数组包含的都是逻辑值TRUE和FALSE。将两个数组相乘，以便将其中的逻辑值TRUE和FALSE转换为1和0；最后使用SUM函数对数组中的1求和，计算结果就是女员工的人数。

2.1.4 PRODUCT——计算数字之积

函数功能

PRODUCT函数用于计算数字的乘积。

函数格式

PRODUCT(number1,[number2],…)

参数说明

number1：需要求积的第1个数字。

number2,…（可选）：需要求积的第2~255个数字。

注意事项

❶ 如果使用常量作为PRODUCT函数的参数，则常量必须是数值类型或可转换为数值的数据，否则PRODUCT函数将返回#VALUE!错误值。

❷ 如果使用单元格引用或数组作为PRODUCT函数的参数，则单元格引用或数组中的值必须是数值类型，其他类型的值将被忽略。

案例06 计算每种商品打折后的价格（PRODUCT+ROUND）

本例效果如图2-6所示，在E2单元格中输入以下公式并按【Enter】键，然后将该公式向下复制到E10单元格，计算每种商品打折后的价格并保留两位小数。

=ROUND(PRODUCT(B2:D2)/10,2)

E2 =ROUND(PRODUCT(B2:D2)/10,2)

	A	B	C	D	E	F
1	商品编号	单价	数量	折扣	打折后的价格	
2	1	9.89	18	5.3	94.35	
3	2	12.24	20	8.5	208.08	
4	3	12.58	16	5.9	118.76	
5	4	7.43	12	8.5	75.79	
6	5	11.81	17	5.5	110.42	
7	6	12.55	15	7.7	144.95	
8	7	12.33	17	7.9	165.59	
9	8	11.54	19	8.5	186.37	
10	9	13.55	18	5.6	136.58	

图2-6

交叉参考

ROUND函数请参考2.2.3小节。

2.1.5 SQRT——计算平方根

函数功能

SQRT函数用于计算数字的平方根。

函数格式

```
SQRT(number)
```

参数说明

number：需要计算平方根的数字。

注意事项

参数必须是数值类型或可转换为数值的数据，否则SQRT函数将返回#VALUE!错误值。如果参数是负数，则SQRT函数将返回#NUM!错误值。

案例07 计算正方形的边长

本例效果如图2-7所示，在B2单元格中输入以下公式并按【Enter】键，根据B1单元格中的正方形面积计算出其边长。

```
=SQRT(B1)
```

B2 =SQRT(B1)

	A	B	C	D	E
1	正方形面积	225			
2	正方形边长	15			

图2-7

2.1.6 MOD——返回商的余数

函数功能

MOD函数用于返回两数相除的余数。

函数格式

```
MOD(number,divisor)
```

参数说明

number：被除数。

divisor：除数。如果该参数是0，则MOD函数将返回#DIV/0!错误值。

注意事项

❶ 所有参数都必须是数值类型或可转换为数值的数据，否则MOD函数将返回#VALUE!错误值。

❷ MOD函数计算结果的正负号与除数的正负号相同。

案例08 判断是否是闰年（MOD+IF+OR+AND）

本例效果如图2-8所示，在B2单元格中输入公式并按【Enter】键，判断B1单元格中的年份是否是闰年。闰年的判定条件：年份能被4整除而不能被100整除，或者能被400整除。

=IF(OR(AND(MOD(B1,4)=0,MOD(B1,100)<>0),MOD(B1,400)=0),"是闰年","不是闰年")

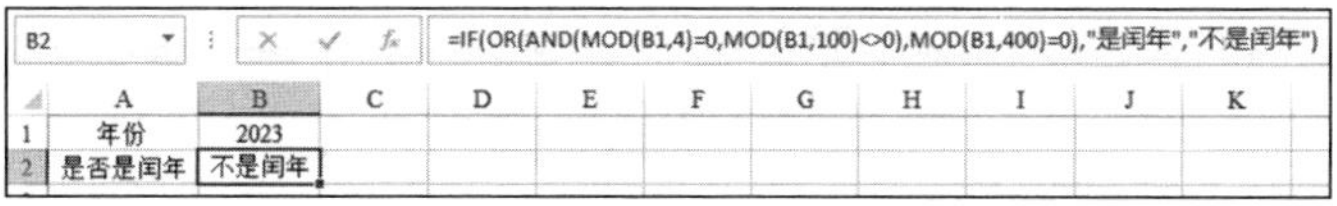

B2　=IF(OR(AND(MOD(B1,4)=0,MOD(B1,100)<>0),MOD(B1,400)=0),"是闰年","不是闰年")

	A	B
1	年份	2023
2	是否是闰年	不是闰年

图2-8

公式解析

公式OR(AND(MOD(B1,4)=0,MOD(B1,100)<>0),MOD(B1,400)=0)包括两部分，一部分使用AND函数判断“年份能被4整除而不能被100整除”条件是否成立，另一部分使用OR函数判断“年份能被4整除而不能被100整除”或“能被400整除”条件是否有一个成立。最后使用IF函数根据判断结果返回“是闰年”或“不是闰年”。

案例09 分别汇总奇数月和偶数月的销量（MOD+SUM+IF+ROW）

本例效果如图2-9所示，在E1单元格中输入以下数组公式并按【Ctrl+Shift+Enter】组合键，然后将该公式向下复制到E2单元格，分别计算奇数月和偶数月的总销量。

=SUM(IF(MOD(ROW($B$2:$B$13),2)=ROW()-1,$B$2:$B$13,0))

E1　{=SUM(IF(MOD(ROW($B$2:$B$13),2)=ROW()-1,$B$2:$B$13,0))}

	A	B	C	D	E
1	销售日期	销量		奇数月销量	930
2	2023年1月	139		偶数月销量	855
3	2023年2月	191			
4	2023年3月	176			
5	2023年4月	128			
6	2023年5月	126			
7	2023年6月	117			
8	2023年7月	128			
9	2023年8月	114			
10	2023年9月	189			
11	2023年10月	151			
12	2023年11月	172			
13	2023年12月	154			

图2-9

公式解析

首先使用公式MOD(ROW($B$2:$B$13),2)=ROW()-1判断B2:B13单元格区域中的每行是否是偶数行，其中ROW()是公式所在的行，即第1行，ROW()-1返回0。根据判断结果，如果是偶数行，则返回该行B列中的数据；如果是奇数行，则返回0。本例中偶数行中的数据是奇数月的销量。最后使用SUM函数对返回的奇数月的销量求和即可。同理，计算偶数月销量的公式与奇数月销量的公式相同，只是判断奇偶数时有细微变化，E1单元格中的公式填充到E2后，原本的ROW()-1返回0变成返回1，因为在E2单元格中ROW()返回2。

交叉参考

IF函数请参考第4章。

OR函数请参考第4章。

AND函数请参考第4章。

SUM函数请参考2.1.3小节。

ROW函数请参考第6章。

2.1.7 QUOTIENT——返回商的整数部分

函数功能

QUOTIENT函数用于返回商的整数部分。

函数格式

```
QUOTIENT(numerator,denominator)
```

参数说明

numerator：被除数。

denominator：除数。如果该参数是0，则QUOTIENT函数将返回#DIV/0!错误值。

注意事项

所有参数都必须是数值类型或可转换为数值的数据，否则QUOTIENT函数将返回#VALUE!错误值。

案例 10 统计预算内可购买的各类办公用品的数量

本例效果如图2-10所示，在D2单元格中输入以下公式并按【Enter】键，然后将该公式向下复制到D8单元格，计算预算内可购买的各类办公用品的数量。

```
=QUOTIENT(C2,B2)
```

D2 =QUOTIENT(C2,B2)

	A	B	C	D	E
1	办公用品	单价	预算	预计购买数量	
2	书桌	150	1900	12	
3	书架	80	500	6	
4	书柜	230	2500	10	
5	电脑桌	110	1000	9	
6	转椅	70	1500	21	
7	沙发	380	3000	7	
8	茶几	75	1000	13	

图2-10

2.1.8 GCD——计算最大公约数

函数功能

GCD函数用于计算两个或多个整数的最大公约数。最大公约数是指能同时将两个或多个数字整除的最大整数。

函数格式

```
GCD(number1,[number2],…)
```

参数说明

number1：需要计算最大公约数的第1个数字。如果参数包含小数，则只保留其整数部分。

number2,…（可选）：需要计算最大公约数的第2~255个数字。如果参数包含小数，则只保留其整数部分。

注意事项

❶ 所有参数都必须是数值类型或可转换为数值的数据，否则GCD函数将返回#VALUE!错误值。

❷ 如果参数小于0，则GCD函数将返回#NUM!错误值。

案例 11 计算最大公约数

本例效果如图2-11所示，在E1单元格中输入以下公式并按【Enter】键，计算B列中所有数字的最大公约数。

=GCD(B2:B8)

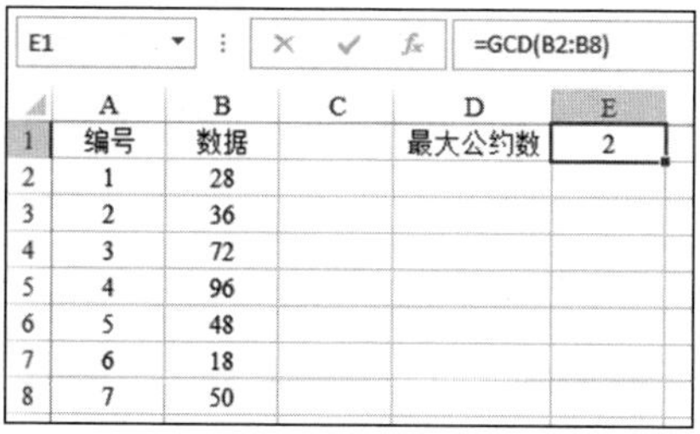

E1 =GCD(B2:B8)

	A	B	C	D	E
1	编号	数据		最大公约数	2
2	1	28			
3	2	36			
4	3	72			
5	4	96			
6	5	48			
7	6	18			
8	7	50			

图2-11

2.1.9 LCM——计算最小公倍数

函数功能

LCM函数用于计算两个或多个整数的最小公倍数。最小公倍数是指在同时是两个或多个数字的整数倍的数字中最小的那个数字。

函数格式

LCM(number1,[number2],…)

参数说明

number1：需要计算最小公倍数的第1个数字。如果参数包含小数，则只保留其整数部分。

number2,…（可选）：需要计算最小公倍数的第2~255个数字。如果参数包含小数，则只保留其整数部分。

注意事项

❶ 所有参数都必须是数值类型或可转换为数值的数据，否则LCM函数将返回#VALUE!错误值。

❷ 如果参数小于0，则LCM函数将返回#NUM!错误值。

案例 12 计算最小公倍数

本例效果如图2-12所示，在E1单元格中输入以下公式并按【Enter】键，计算B列中所有数字的最小公倍数。

=LCM(B2:B8)

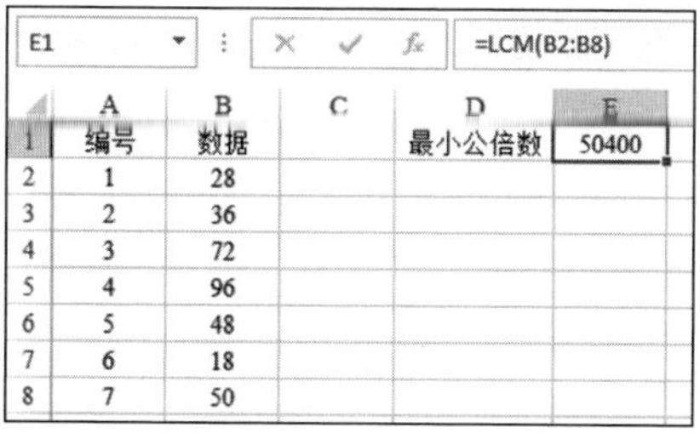

E1 =LCM(B2:B8)

	A	B	C	D	E
1	编号	数据		最小公倍数	50400
2	1	28			
3	2	36			
4	3	72			
5	4	96			
6	5	48			
7	6	18			
8	7	50			

图2-12

2.1.10 SUMIF——根据指定条件对单元格求和

函数功能

SUMIF函数用于计算单元格区域中满足指定条件的所有数字之和。

函数格式

SUMIF(range,criteria,[sum_range])

参数说明

range：需要进行条件判断的单元格区域，文本和空值将被忽略。

criteria：需要判断的条件，可以是数字、文本或表达式，例如，16、"16"、">16"、"图书"或">"&A1。

sum_range（可选）：需要根据条件判断结果进行计算的单元格区域。如果省略该参数，则对range指定的单元格区域进行计算。

注意事项

❶ 当criteria包含比较运算符时，必须将运算符放在一对英文半角双引号中。

❷ 可以在criteria中使用问号（?）和星号（*）两种通配符，问号匹配任意单个字符，星号匹配任意多个字符。例如，查找单元格结尾包含“商场”的所有内容，可以表示为“"*商场"”。如需查找问号或星号，需要在问号或星号之前输入一个波形符（~）。

❸ sum_range可以只写出区域左上角的单元格，SUMIF函数会自动从该单元格延伸到与range大小和形状相同的区域范围。例如，公式SUMIF(A1:B5,">3",B2)中的sum_range是一个单元格B2，它相当于B2:C6单元格区域，整个公式等同于SUMIF(A1:B5,">3",B2:C6)。

❹ range和sum_range必须是单元格区域，不能是数组。

案例13 计算某部门所有员工的年薪总和

本例效果如图2-13所示，在G1单元格中输入以下公式并按【Enter】键，计算工程部所有员工的年薪总和。

=SUMIF(B2:B14,"工程部",D2:D14)

G1　=SUMIF(B2:B14,"工程部",D2:D14)

	A	B	C	D	E	F	G
1	姓名	部门	职位	年薪		工程部年薪总和	1056000
2	刘树梅	人力部	普通职员	144000			
3	袁芳	销售部	高级职员	180000			
4	薛力	人力部	高级职员	252000			
5	胡伟	人力部	部门经理	324000			
6	蒋超	销售部	部门经理	324000			
7	刘力平	后勤部	部门经理	324000			
8	朱红	后勤部	普通职员	324000			
9	邓苗	工程部	普通职员	324000			
10	姜然	财务部	部门经理	348000			
11	郑华	工程部	普通职员	360000			
12	何贝贝	工程部	高级职员	372000			
13	郭静纯	销售部	高级职员	432000			
14	陈义军	销售部	普通职员	468000			

图2-13

案例14 计算销售额位于前两名和后两名员工的销售额总和（SUMIF+LARGE+SMALL）

本例效果如图2-14所示，在E1单元格中输入公式并按【Enter】键，计算销售额位于前两名和后两名员工的销售额总和。

=SUMIF(B2:B10,">"&LARGE(B2:B10,3))+SUMIF(B2:B10,"<"&SMALL(B2:B10,3))

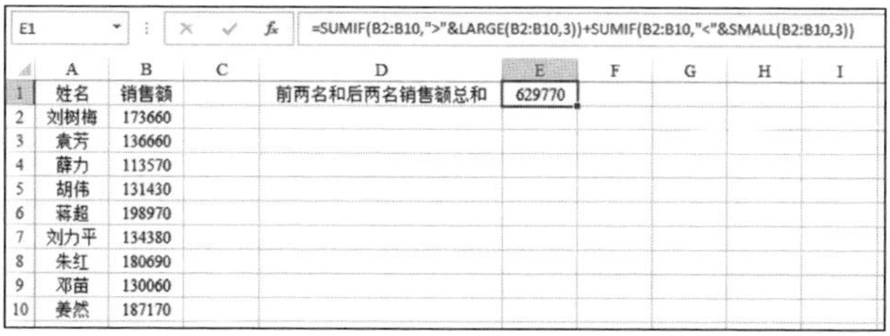

E1 =SUMIF(B2:B10,">"&LARGE(B2:B10,3))+SUMIF(B2:B10,"<"&SMALL(B2:B10,3))

	A	B	C	D	E	F	G	H	I
1	姓名	销售额		前两名和后两名销售额总和	629770				
2	刘树梅	173660							
3	袁芳	136660							
4	薛力	113570							
5	胡伟	131430							
6	蒋超	198970							
7	刘力平	134380							
8	朱红	180690							
9	邓苗	130060							
10	姜然	187170							

图2-14

公式解析

公式中的第1个SUMIF函数使用">"&LARGE(B2:B10,3)作为判断条件，表示大于B2:B10单元格区域中第3大的数据，即区域中最大的两个数据；同理，第2个SUMIF函数使用"<"&SMALL(B2:B10,3)作为判断条件，表示小于B2:B10单元格区域中倒数第3小的数据，即区域中最小的两个数据。

交叉参考

LARGE函数请参考第8章。

SMALL函数请参考第8章。

2.1.11 SUMIFS——根据指定的多个条件对单元格求和

函数功能

SUMIFS函数用于计算单元格区域中同时满足多个条件的所有数字之和。

函数格式

SUMIFS(sum_range,criteria_range1,criteria1,[criteria_range2],[criteria2],…)

参数说明

sum_range：需要求和的单元格区域。

criteria_range1：需要作为条件进行判断的第1个单元格区域。

criteria1：需要进行判断的第1个条件，可以是数字、文本或表达式。例如，16、"16"、">16"、"图书"或">"&A1。

criteria_range2,…（可选）：需要作为条件进行判断的第2~127个单元格区域。

criteria2,…（可选）：需要进行判断的第2~127个条件，可以是数字、文本或表达式。

注意事项

❶ 如果在SUMIFS函数中设置了多个条件，则只对sum_range中同时满足所有条件的单元格求和。

❷ 可以在criteria中使用问号（?）和星号（*）两种通配符，用法与SUMIF函数中的相同。

❸ sum_range和criteria_range指定的单元格区域的大小和形状必须相同，否则将导致公式出错。

案例15 汇总指定销售额范围内的总销售额

本例效果如图2-15所示，在E1单元格中输入以下公式并按【Enter】键，计算销售额在150000到250000之间的总销售额。

```
=SUMIFS(B2:B10,B2:B10,">=
150000",B2:B10,"<=250000")
```

E1 =SUMIFS(B2:B10,B2:B10,">=150000",B2:B10,"<=250000")

	A	B	C	D	E	F	G
1	姓名	销售额		汇总15000~25000销售额	591980		
2	刘树梅	267460					
3	袁芳	100450					
4	薛力	125180					
5	胡伟	263650					
6	蒋超	143050					
7	刘力平	123610					
8	朱红	207520					
9	邓苗	197840					
10	姜然	186620					

图2-15

2.1.12 SUMPRODUCT——计算各个数组元素的乘积之和

函数功能

SUMPRODUCT函数用于计算各个数组中对应元素的乘积之和。该函数先对各组数字中对应位置上的数字进行乘法运算，然后计算所有乘积之和。

函数格式

```
SUMPRODUCT(array1,[array2],[array3],…)
```

参数说明

array1：需要计算的第1个数组。如果只有一个参数，则SUMPRODUCT函数将计算该参数中所有元素的总和。

array2,array3,…（可选）：需要计算的第2~255个数组。

注意事项

❶ 如果不止一个参数，则每个参数的数组维数必须相同，否则SUMPRODUCT函数将返回#VALUE!错误值。例如，如果第1个参数是A1:A5，则第2个参数不能是B1:B6，因为第2个参数和第1个参数包含的行数不同。

❷ 如果参数包含非数值类型的数据，则将它们当作0处理。

案例16 计算商品打折后的总价格（SUMPRODUCT+ROUND）

本例效果如图2-16所示，在G1单元格中输入公式并按【Enter】键，计算商品打折后的总价格。

=ROUND(SUMPRODUCT(B2:B10,C2:C10,D2:D10)/10,2)

G1 =ROUND(SUMPRODUCT(B2:B10,C2:C10,D2:D10)/10,2)

	A	B	C	D	E	F	G
1	商品编号	单价	数量	折扣		所有商品打折后的总价格	1240.89
2	1	9.89	18	5.3			
3	2	12.24	20	8.5			
4	3	12.58	16	5.9			
5	4	7.43	12	8.5			
6	5	11.81	17	5.5			
7	6	12.55	15	7.7			
8	7	12.33	17	7.9			
9	8	11.54	19	8.5			
10	9	13.55	18	5.6			

图2-16

交叉参考

ROUND函数请参考2.2.3小节。

案例17 统计销售部女员工人数

本例效果如图2-17所示，在F1单元格中输入以下公式并按【Enter】键，计算销售部女员工的总人数。

=SUMPRODUCT((B2:B17="女")*1,(C2:C17="销售部")*1)

F1 =SUMPRODUCT((B2:B17="女")*1,(C2:C17="销售部")*1)

	A	B	C	D	E	F	G	H
1	姓名	性别	部门		销售部女员工人数	4		
2	刘树梅	女	人力部					
3	袁芳	女	销售部					
4	薛力	男	人力部					
5	胡伟	男	人力部					
6	蒋超	男	销售部					
7	刘力平	男	销售部					
8	朱红	女	销售部					
9	邓苗	女	工程部					
10	姜然	男	销售部					
11	郑华	男	工程部					
12	何贝贝	女	工程部					
13	郭静纯	女	销售部					
14	陈义军	男	销售部					
15	陈喜娟	女	工程部					
16	育奇	男	工程部					
17	韩梦佼	女	销售部					

图2-17

公式解析

在SUMPRODUCT函数中包含两个数组，第1个数组判断B2:B17单元格区域中的值是否是“女”，第2个数组判断C2:C17单元格区域中的值是否是“销售部”，判断结果是两个包含逻辑值的数组。为了让两个数组可以参与计算，需要将每个数组乘以1，以便将数组中的逻辑值TRUE转换为1，将逻辑值FALSE转换为0。

2.1.13 SUMSQ——计算数字的平方和

函数功能

SUMSQ函数用于计算数字的平方和。

函数格式

SUMSQ(number1,[number2],…)

➲ 参数说明

number1：需要求平方和的第1个数字。

number2,…（可选）：需要求平方和的第2~255个数字。例如，以下两个公式的计算结果相同，都计算A1、B1和C1这3个单元格中的值的平方和。

```
=SUMSQ(A1,B1,C1)
=SUMSQ(A1:C1)
```

➲ 注意事项

❶ 所有参数都必须是数值类型或可转换为数值的数据，否则SUMSQ函数将返回#VALUE!错误值。

❷ 如果SUMSQ函数的参数是单元格引用或数组，则参数必须是数值类型，其他类型的值将被忽略。

案例18 计算直角三角形斜边的长度（SUMSQ+SQRT）

本例效果如图2-18所示，在B3单元格中输入以下公式并按【Enter】键，根据B1和B2单元格中给定的直角三角形两个直角边的值，计算直角三角形斜边的长度。

```
=SQRT(SUMSQ(B1,B2))
```

B3 =SQRT(SUMSQ(B1,B2))

	A	B	C
1	直角三角形第一条直角边的长度	9	
2	直角三角形第二条直角边的长度	12	
3	直角三角形斜边的长度	15	

图2-18

➲ 交叉参考

SQRT函数请参考2.1.5小节。

2.1.14 SUMXMY2——计算两个数组中对应值之差的平方和

➲ 函数功能

SUMXMY2函数用于计算两个数组中对应值之差的平方和。

➲ 函数格式

```
SUMXMY2(array_x,array_y)
```

➲ 参数说明

array_x：第1个数值区域。

array_y：第2个数值区域。

➲ 注意事项

❶ 如果参数包含非数值类型的数据，则SUMXMY2函数将忽略这些值。例如，SUMXMY2({1,1},{3,4})的计算结果是13；而SUMXMY2({1,TRUE},{3,4})的计算结果是4，因为在第1个参数中有一个逻辑值TRUE，所以会忽略该值。

❷ 如果两个参数的元素数量不同，则SUMXMY2函数将返回#N/A错误值。

案例19 计算两个数组中对应值之差的平方和

本例效果如图2-19所示，在E1单元格中输入以下公式并按【Enter】键，计算两个数组中对应值之差的平方和。

=SUMXMY2(A2:A10,B2:B10)

E1 =SUMXMY2(A2:A10,B2:B10)

	A	B	C	D	E
1	数组1	数组2		两个数组对应值之差的平方和	104
2	5	9			
3	10	7			
4	7	9			
5	1	4			
6	4	8			
7	4	1			
8	6	2			
9	7	7			
10	4	9			

图2-19

2.1.15 SUMX2MY2——计算两个数组中对应值的平方差之和

函数功能

SUMX2MY2函数用于计算两个数组中对应值的平方差之和。

函数格式

SUMX2MY2(array_x,array_y)

参数说明

array_x：第1个数值区域。

array_y：第2个数值区域。

注意事项

① 如果参数包含非数值类型的数据，则SUMX2MY2函数将忽略这些值。

② 如果两个参数的元素数量不同，则SUMX2MY2函数将返回#N/A错误值。

案例20 计算两个数组中对应值的平方差之和

本例效果如图2-20所示，在E1单元格中输入以下公式并按【Enter】键，计算两个数组中对应值的平方差之和。

=SUMX2MY2(A2:A10,B2:B10)

E1 =SUMX2MY2(A2:A10,B2:B10)

	A	B	C	D	E
1	数组1	数组2		两个数组对应值的平方差之和	-118
2	5	9			
3	10	7			
4	7	9			
5	1	4			
6	4	8			
7	4	1			
8	6	2			
9	7	7			
10	4	9			

图2-20

2.1.16 SUMX2PY2——计算两个数组中对应值的平方和之和

函数功能

SUMX2PY2函数用于计算两个数组中对应值的平方和之和。

函数格式

```
SUMX2PY2(array_x,array_y)
```

参数说明

array_x：第1个数值区域。

array_y：第2个数值区域。

注意事项

① 如果参数包含非数值类型的数据，则SUMX2PY2函数将忽略这些值。

② 如果两个参数的元素数量不同，则SUMX2PY2函数将返回#N/A错误值。

案例 21 计算两个数组中对应值的平方和之和

本例效果如图2-21所示，在E1单元格中输入以下公式并按【Enter】键，计算两个数组中对应值的平方和之和。

```
=SUMX2PY2(A2:A10,B2:B10)
```

E1 =SUMX2PY2(A2:A10,B2:B10)

	A	B	C	D	E
1	数组1	数组2		两个数组对应值的平方和之和	734
2	5	9			
3	10	7			
4	7	9			
5	1	4			
6	4	8			
7	4	1			
8	6	2			
9	7	7			
10	4	9			

图2-21

2.1.17 SERIESSUM——计算基于公式的幂级数之和

函数功能

SERIESSUM函数用于计算基于以下公式的幂级数之和。

$$SERIES(x,n,m,a)=a_1x^n+a_2x^{(n+m)}+a_3x^{(n+2m)}+\cdots+a_ix^{(n+(i-1)m)}$$

函数格式

```
SERIESSUM(x,n,m,coefficients)
```

参数说明

x：幂级数的输入值。

n：x的首项乘幂。

m：级数中每一项的乘幂n的步长增加值。

coefficients：一系列与x各级乘幂相乘的系数，该参数的值的数量决定幂级数的项数。

注意事项

所有参数都必须是数值类型或可转换为数值的数据，否则SERIESSUM函数将返回#VALUE!错误值。

案例22 计算自然对数的底数e的近似值

本例效果如图2-22所示，在E5单元格中输入以下公式并按【Enter】键，计算自然对数的底数e的近似值。

=SERIESSUM(E1,E2,E3,B2:B11)

提示

E4单元格中的值是使用EXP(1)公式计算得到的；A列和B列中的数据行越多，SERIESSUM函数返回的值越精确。

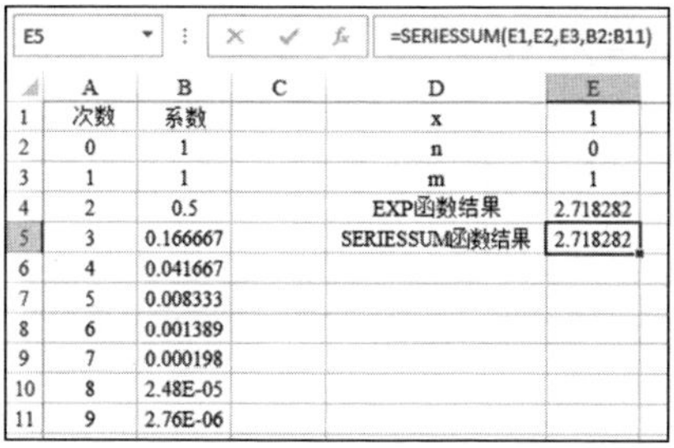

E5 =SERIESSUM(E1,E2,E3,B2:B11)

	A	B	C	D	E
1	次数	系数		x	1
2	0	1		n	0
3	1	1		m	1
4	2	0.5		EXP函数结果	2.718282
5	3	0.166667		SERIESSUM函数结果	2.718282
6	4	0.041667			
7	5	0.008333			
8	6	0.001389			
9	7	0.000198			
10	8	2.48E-05			
11	9	2.76E-06			

图2-22

2.2 舍入和取整

2.2.1 INT——返回小于或等于原数字的最大整数

➲ 函数功能

INT函数用于将数字向下舍入到最接近的整数，无论原数字是正数还是负数，舍入后都将得到小于或等于原数字的最大整数。

➲ 函数格式

INT(number)

➲ 参数说明

number：需要向下舍入取整的数字。

➲ 注意事项

参数必须是数值类型或可转换为数值的数据，否则INT函数将返回#VALUE!错误值。

案例23 汇总整数金额（INT+SUM）

本例效果如图2-23所示，在E1单元格中输入以下数组公式并按【Ctrl+Shift+Enter】组合键，计算营业额中整数金额的总和。

=SUM(INT(B2:B11))

E1 {=SUM(INT(B2:B11))}

	A	B	C	D	E
1	日期	营业额		5月上旬营业额	50713
2	5月1日	3907.49			
3	5月2日	6728.58			
4	5月3日	1758.17			
5	5月4日	3838.53			
6	5月5日	9678.57			
7	5月6日	7597.58			
8	5月7日	4736.51			
9	5月8日	3748.55			
10	5月9日	6731.26			
11	5月10日	1992.69			

图2-23

交叉参考

SUM函数请参考2.1.3小节。

2.2.2 TRUNC——返回数字的整数部分或按指定位数返回数字

函数功能

TRUNC函数用于返回数字的整数部分（截去小数部分），或按指定位数返回数字。

函数格式

```
TRUNC(number,[num_digits])
```

参数说明

number：需要截去小数部分的数字。

num_digits（可选）：需要取整的精度，省略该参数时其默认值是0，表示只保留数字的整数部分。该参数大于0时，表示要保留的小数位数；该参数小于0时，表示要保留的整数位数。例如，TRUNC(43.21,1)的计算结果是43.2，TRUNC(43.21,−1)的计算结果是40。

注意事项

❶ 所有参数都必须是数值类型或可转换为数值的数据，否则TRUNC函数将返回#VALUE!错误值。

❷ TRUNC函数与INT函数都可以返回整数，功能上类似，但是它们在处理负数时不同。例如，TRUNC(−3.6)返回−3；而INT(−3.6)返回−4，因为−4是小于−3.6的最大整数。

案例 24 汇总金额只保留一位小数（TRUNC+SUM）

本例效果如图2−24所示，在E1单元格中输入以下数组公式并按【Ctrl+Shift+Enter】组合键，汇总5月上旬的营业额。汇总前先将所有金额只保留一位小数，然后求和。

```
=SUM(TRUNC(B2:B11,1))
```

E1 {=SUM(TRUNC(B2:B11,1))}

	A	B	C	D	E	F
1	日期	营业额		5月上旬营业额	7470.1	
2	5月1日	712.87				
3	5月2日	697.92				
4	5月3日	819.38				
5	5月4日	899.34				
6	5月5日	569.88				
7	5月6日	683.76				
8	5月7日	539.77				
9	5月8日	802.67				
10	5月9日	917.64				
11	5月10日	827.45				

图2−24

2.2.3 ROUND——按指定位数对数字四舍五入

函数功能

ROUND函数用于按照指定的位数对数字进行四舍五入。

函数格式

ROUND(number,num_digits)

参数说明

number：需要四舍五入的数字。

num_digits：需要四舍五入的位数。如果该参数大于0，则四舍五入到指定的小数位；如果该参数等于0，则四舍五入到最接近的整数；如果该参数小于0，则四舍五入到指定的整数位。

ROUND函数在num_digits参数取不同值时的返回值如表2-1所示。

表2-1 num_digits参数值与ROUND函数的返回值

需要舍入的数字	num_digits参数值	ROUND函数的返回值
123.456	2	123.46
123.456	1	123.5
123.456	0	123
123.456	−1	120
123.456	−2	100

注意事项

❶ 所有参数都必须是数值类型或可转换为数值的数据，否则ROUND函数将返回#VALUE!错误值。

❷ 可以省略num_digits，但是必须输入一个英文半角逗号作为占位符，此时该参数的值默认为0。例如，ROUND(123.456,)与ROUND(123.456,0)等效。

案例25 将金额取整舍入到百位（ROUND+SUM）

本例效果如图2-25所示，在E1单元格中输入以下数组公式并按【Ctrl+Shift+Enter】组合键，将金额取整舍入到百位。

=SUM(ROUND(B2:B11,-2))

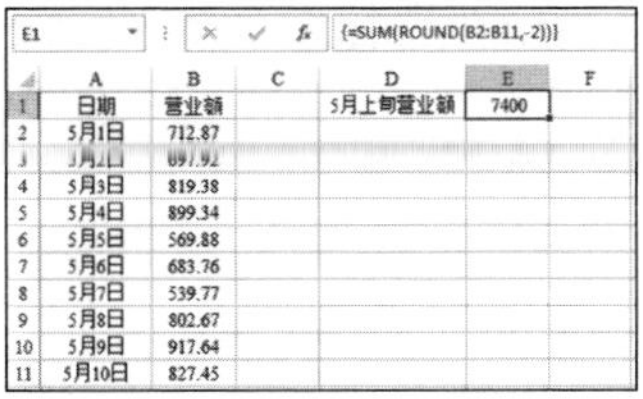

图2-25

交叉参考

SUM函数请参考2.1.3小节。

2.2.4 ROUNDDOWN——向绝对值减小的方向舍入数字

➲ 函数功能

ROUNDDOWN函数用于按照指定的位数向绝对值减小的方向舍入数字。

➲ 函数格式

```
ROUNDDOWN(number,num_digits)
```

➲ 参数说明

number：需要舍入的数字。

num_digits：需要舍入的位数。如果该参数大于0，则舍入到指定的小数位；如果该参数等于0，则舍入到最接近的整数；如果该参数小于0，则舍入到指定的整数位。

ROUNDDOWN函数在num_digits参数取不同值时的返回值如表2-2所示。

▼ 表2-2　num_digits参数值与ROUNDDOWN函数的返回值

需要舍入的数字	num_digits参数值	ROUNDDOWN函数的返回值
123.456	2	123.45
123.456	1	123.4
123.456	0	123
123.456	−1	120
123.456	−2	100

➲ 注意事项

❶ 所有参数都必须是数值类型或可转换为数值的数据，否则ROUNDDOWN函数将返回#VALUE!错误值。

❷ 可以省略num_digits，但是必须输入一个英文半角逗号作为占位符，此时该参数的值默认为0。例如，ROUNDDOWN(123.456,)与ROUNDDOWN(123.456,0)等效。

案例 26 汇总金额忽略分位（ROUNDDOWN+SUM）

本例沿用2.2.2小节TRUNC函数的案例，使用ROUNDDOWN函数也可以得到相同的计算结果，如图2-26所示，在E1单元格中输入以下数组公式并按【Ctrl+Shift+Enter】组合键。

```
=SUM(ROUNDDOWN(B2:B11,1))
```

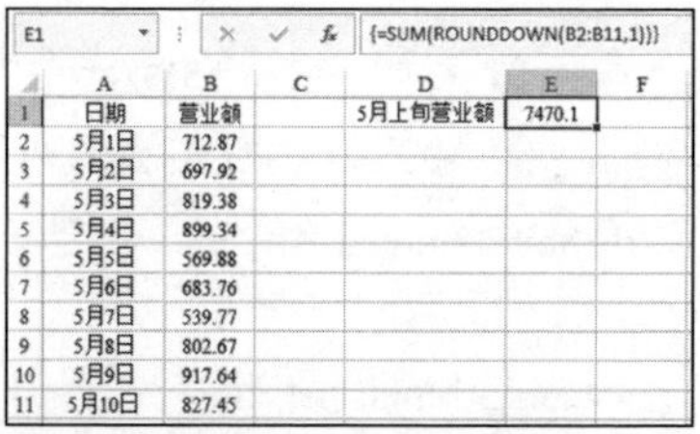

E1　{=SUM(ROUNDDOWN(B2:B11,1))}

	A	B	C	D	E	F
1	日期	营业额		5月上旬营业额	7470.1	
2	5月1日	712.87				
3	5月2日	697.92				
4	5月3日	819.38				
5	5月4日	899.34				
6	5月5日	569.88				
7	5月6日	683.76				
8	5月7日	539.77				
9	5月8日	802.67				
10	5月9日	917.64				
11	5月10日	827.45				

图2-26

➲ 交叉参考

SUM函数请参考2.1.3小节。

2.2.5 ROUNDUP——向绝对值增大的方向舍入数字

函数功能

ROUNDUP函数用于按照指定位数向绝对值增大的方向舍入数字。

函数格式

ROUNDUP(number,num_digits)

参数说明

number：需要舍入的数字。

num_digits：需要舍入的位数。如果该参数大于0，则舍入到指定的小数位；如果该参数等于0，则舍入到最接近的整数；如果该参数小于0，则舍入到指定的整数位。

ROUNDUP函数在num_digits参数取不同值时的返回值如表2-3所示。

表2-3 num_digits参数值与ROUNDUP函数的返回值

需要舍入的数字	num_digits参数值	ROUNDUP函数的返回值
123.456	2	123.46
123.456	1	123.5
123.456	0	124
123.456	−1	130
123.456	−2	200

注意事项

❶ 所有参数都必须是数值类型或可转换为数值的数据，否则ROUNDUP函数将返回#VALUE!错误值。

❷ 可以省略num_digits，但是必须输入一个英文半角逗号作为占位符，此时该参数的值默认为0。例如，ROUNDUP(123.456,)与ROUNDUP(123.456,0)等效。

案例27 计算书吧费用（ROUNDUP+HOUR+MINUTE）

本例效果如图2-27所示，在D2单元格中输入以下公式并按【Enter】键，然后将该公式向下复制到D9单元格，计算书吧费用。计费方式：超过半小时按1小时计算，未超过半小时按半小时计算。计费标准为10元/小时。

=ROUNDUP((HOUR(C2-B2)*60+MINUTE(C2-B2))/30,0)*5

D2 =ROUNDUP((HOUR(C2-B2)*60+MINUTE(C2-B2))/30,0)*5

	A	B	C	D	E	F	G	H
1	客户编号	开始时间	结束时间	费用		计费标准	10元/小时	
2	001	12:55	14:30	20				
3	002	10:38	16:10	60				
4	003	8:38	11:40	30				
5	004	9:36	19:14	100				
6	005	11:45	21:26	100				
7	006	9:43	13:40	40				
8	007	16:29	19:46	35				
9	008	18:46	20:21	20				

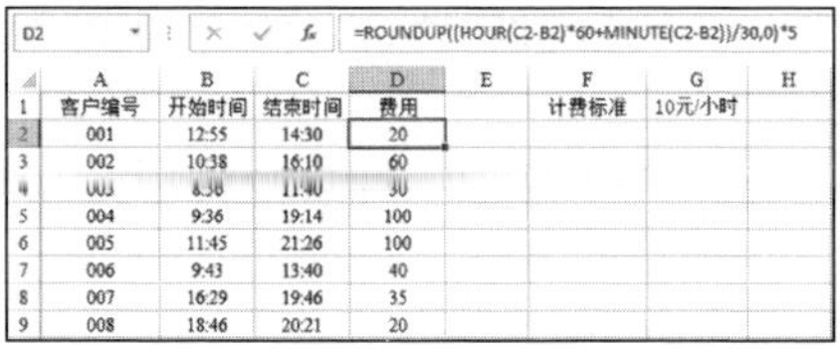

图2-27

公式解析

以D2单元格为例，首先使用C列的时间

减去B列的时间，得到在书吧停留的时长。然后使用HOUR和MINUTE两个函数提取出时长中的小时和分钟，将小时乘以60换算为分钟，并与提取出的分钟相加，得到在书吧停留时长共95分钟。再将其除以30并使用ROUNDUP函数进行舍入，由于将ROUNDUP函数的第2个参数设置为0，因此将得到的商3.17舍入到大于该数字的最小整数，即舍入到4。最后将其乘以每半小时书吧的费用5元（10元÷2），即可得到最终的书吧费用20元。

交叉参考

HOUR函数请参考第3章。

MINUTE函数请参考第3章。

2.2.6 MROUND——将数字舍入到指定倍数

函数功能

MROUND函数用于按照指定的基数将数字舍入到最接近的倍数。

函数格式

```
MROUND(number,multiple)
```

参数说明

number：需要舍入的数字。

multiple：基数。

MROUND函数在multiple参数取不同值时的返回值如表2-4所示。

表2-4 multiple参数值与MROUND函数的返回值

需要舍入的数字	multiple参数值	MROUND函数的返回值
7	3	6
8	3	9
8.3	0.5	8.5
−9	−4	−8
−9	4	#NUM!

注意事项

❶ 所有参数都必须是数值类型或可转换为数值的数据，否则MROUND函数将返回#VALUE!错误值。

❷ number和multiple的正负符号必须一致，否则MROUND函数将返回#NUM!错误值。

❸ 如果number除以multiple的余数大于或等于multiple的一半，MROUND函数将向绝对值增大的方向舍入。

案例28 计算商品运送车次

本例效果如图2-28所示，在B3单元格中输入公式并按【Enter】键，计算商品运送车次。运送规定：每50件商品装一辆车；如果最后剩余的商品不足25件，则通过人工送达（不计车次），否则再派一辆车运送。

=MROUND(B1,B2)/B2

B3 =MROUND(B1, B2)/B2

	A	B	C	D	E
1	需要运送的商品总数	462			
2	每车可装载商品数量	50			
3	需要多少车次运送	9			

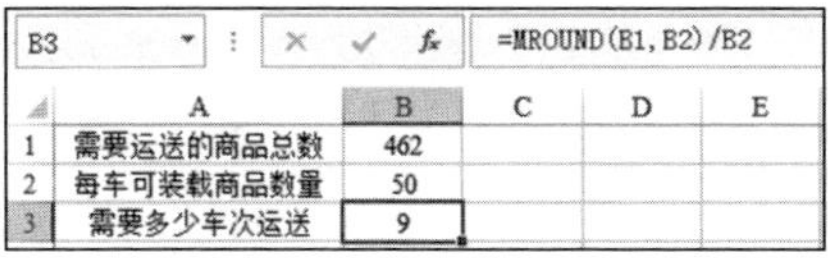

图2-28

2.2.7 CEILING——向绝对值增大的方向将数字舍入到指定倍数

函数功能

CEILING函数用于向绝对值增大的方向将数字舍入到指定基数的倍数。

函数格式

CEILING(number,significance)

参数说明

number：需要舍入的数字。

significance：基数。

CEILING函数在significance参数取不同值时的返回值如表2-5所示。

表2-5 significance参数值与CEILING函数的返回值

需要舍入的数字	significance参数值	CEILING函数的返回值
7	3	9
13	5	15
8.3	0.5	8.5
9	4	12
9	-4	#NUM!
-9	4	-8
-9	-4	-12

注意事项

❶ 所有参数都必须是数值类型或可转换为数值的数据，否则CEILING函数将返回#VALUE!错误值。

❷ 如果number和significance的正负号一致，CEILING函数会将number向绝对值增大的方向舍入。

❸ 如果number为正significance为负，CEILING函数将返回#NUM!错误值。

❹ 如果number为负significance为正，CEILING函数会将number向绝对值减小的方向舍入。

❺ 如果number正好是significance的倍数，则不进行舍入。

案例29 计算书吧费用（CEILING+HOUR+MINUTE）

在2.2.5小节的案例中，使用ROUNDUP函数计算书吧费用，使用CEILING函数也可以实现相同的功能，如图2–29所示。在D2单元格中输入以下公式并按【Enter】键，然后将该公式向下复制到D9单元格。

```
=CEILING(HOUR(C2-B2)*60+MINUTE(C2-B2),30)/30*5
```

D2 =CEILING(HOUR(C2-B2)*60+MINUTE(C2-B2),30)/30*5

	A	B	C	D	E	F	G	H
1	客户编号	开始时间	结束时间	费用		计费标准	10元/小时	
2	001	12:55	14:30	20				
3	002	10:38	16:10	60				
4	003	8:56	11:40	30				
5	004	9:36	19:14	100				
6	005	11:45	21:26	100				
7	006	9:43	13:40	40				
8	007	16:29	19:46	35				
9	008	18:46	20:21	20				

图2–29

公式解析

本例将CEILING函数的第2个参数设置为30分钟，然后将每个客户在书吧的时长以30作为基数，并向绝对值增大的方向舍入到30的倍数。例如，第1个客户在书吧的时长是95分钟，使用CEILING函数以30作为基数对该数字进行舍入，得到的是120；然后将其除以30再乘以每半小时的费用5元，即可得到最终的费用20元。

交叉参考

HOUR函数请参考第3章。

MINUTE函数请参考第3章。

2.2.8 CEILING.PRECISE——向算术值增大的方向将数字舍入到指定倍数

函数功能

CEILING.PRECISE函数用于向算术值增大的方向将数字舍入到指定基数的倍数。

函数格式

```
CEILING.PRECISE(number,[significance])
```

参数说明

number：需要舍入的数字。

significance（可选）：基数。如果省略该参数，则其默认值是1。

CEILING.PRECISE函数在significance参数取不同值时的返回值如表2–6所示。

表2–6 significance参数值与CEILING.PRECISE函数的返回值

需要舍入的数字	significance参数值	CEILING.PRECISE函数的返回值
9	4	12
9	−4	12
−9	4	−8
−9	−4	−8

➲ **注意事项**

❶ 所有参数都必须是数值类型或可转换为数值的数据，否则CEILING.PRECISE函数将返回#VALUE!错误值。

❷ 无论number和significance的正负号是否一致，CEILING.PRECISE函数都会将number向算术值增大的方向舍入。

❸ 如果number正好是significance的倍数，则不进行舍入。

2.2.9 CEILING.MATH——向绝对值或算术值增大的方向将数字舍入到指定倍数

➲ **函数功能**

CEILING.MATH函数用于向绝对值或算术值增大的方向将数字舍入到指定基数的倍数。

➲ **函数格式**

CEILING.MATH(number,[significance],[mode])

➲ **参数说明**

number：需要舍入的数字。

significance（可选）：基数。省略该参数时，如果number大于0，则该参数的默认值为1；如果number小于0，则该参数的默认值为-1。

mode（可选）：该参数只影响负数的舍入方式。当number小于0时，如果mode等于0，则number向算术值增大的方向舍入；否则number向绝对值增大的方向舍入。省略mode参数时其默认值是0。

CEILING.MATH函数在significance和mode参数取不同值时的返回值如表2-7所示。

▼ **表2-7 significance和mode参数值与CEILING.MATH函数的返回值**

需要舍入的数字	significance参数值	mode参数值	CEILING.MATH函数的返回值
9	4	0	12
9	-4	0	12
-9	4	0	-8
-9	-4	0	-8
9	4	非0	12
9	-4	非0	12
-9	4	非0	-12
-9	-4	非0	-12

➲ **注意事项**

❶ 所有参数都必须是数值类型或可转换为数值的数据，否则CEILING.MATH函数将返回#VALUE!错误值。

❷ 无论number和significance的正负号是否一致，CEILING.MATH函数都

会将number向绝对值或算术值增大的方向舍入。

③ 如果number正好是significance的倍数，则不进行舍入。

Excel版本提醒

CEILING.MATH是Excel 2013中新增的函数，不能在Excel 2013之前的版本中使用。

2.2.10 FLOOR——向绝对值减小的方向将数字舍入到指定倍数

函数功能

FLOOR函数用于向绝对值减小的方向将数字舍入到指定基数的倍数。

函数格式

```
FLOOR(number,significance)
```

参数说明

number：需要舍入的数字。

significance：基数。

FLOOR函数在significance参数取不同值时的返回值如表2-8所示。

表2-8 significance参数值与FLOOR函数的返回值

需要舍入的数字	significance参数值	FLOOR函数的返回值
7	3	6
13	5	10
8.3	0.5	8
9	4	8
9	−4	#NUM!
−9	4	−12
−9	−4	−8

注意事项

① 所有参数都必须是数值类型或可转换为数值的数据，否则FLOOR函数将返回#VALUE!错误值。

② 如果number和significance的正负号一致，FLOOR函数会将number向绝对值减小的方向舍入。

③ 如果number为正significance为负，FLOOR函数将返回#NUM!错误值。

④ 如果number为负significance为正，FLOOR函数会将number向绝对值增大的方向舍入。

⑤ 如果number正好是significance的倍数，则不进行舍入。

案例30 计算员工提成奖金

本例效果如图2-30所示，在C2单元格中输入以下公式并按【Enter】键，然后将该公式向下复制到C10单元格，根据B列的销售额计算员工的提成奖金。提成奖金计算规则：每3000元提成200元，剩余金额小于3000元时忽略不计。

```
=FLOOR(B2,3000)/3000*200
```

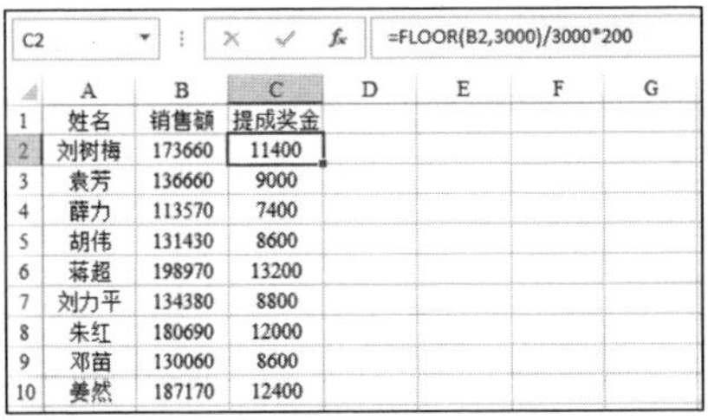

C2 =FLOOR(B2,3000)/3000*200

	A	B	C	D	E	F	G
1	姓名	销售额	提成奖金				
2	刘树梅	173660	11400				
3	袁芳	136660	9000				
4	薛力	113570	7400				
5	胡伟	131430	8600				
6	蒋超	198970	13200				
7	刘力平	134380	8800				
8	朱红	180690	12000				
9	邓苗	130060	8600				
10	姜然	187170	12400				

图2-30

2.2.11 FLOOR.PRECISE——向算术值减小的方向将数字舍入到指定倍数

函数功能

FLOOR.PRECISE函数用于向算术值减小的方向将数字舍入到指定基数的倍数。

函数格式

```
FLOOR.PRECISE(number,[significance])
```

参数说明

number：需要舍入的数字。

significance（可选）：基数。如果省略该参数，则其默认值是1。

FLOOR.PRECISE函数在significance参数取不同值时的返回值如表2-9所示。

表2-9 significance参数值与FLOOR.PRECISE函数的返回值

需要舍入的数字	significance参数值	FLOOR.PRECISE函数的返回值
9	4	8
9	-4	8
-9	4	-12
-9	-4	-12

注意事项

❶ 所有参数都必须是数值类型或可转换为数值的数据，否则FLOOR.PRECISE函数将返回#VALUE!错误值。

❷ 无论number和significance的正负号是否一致，FLOOR.PRECISE函数都会将number向算术值减小的方向舍入。

❸ 如果number正好是significance的倍数，则不进行舍入。

2.2.12 FLOOR.MATH——向绝对值或算术值减小的方向将数字舍入到指定倍数

➲ 函数功能

FLOOR.MATH函数用于向绝对值或算术值减小的方向将数字舍入到指定基数的倍数。

➲ 函数格式

```
FLOOR.MATH(number,[significance],[mode])
```

➲ 参数说明

number：需要舍入的数字。

significance（可选）：基数。省略该参数时，如果number大于0，则该参数的默认值为1；如果number小于0，则该参数的默认值为-1。

mode（可选）：该参数只影响负数的舍入方式。当number小于0时，如果mode等于0，则number向算术值减小的方向舍入；否则number向绝对值减小的方向舍入。省略mode参数时其默认值是0。

FLOOR.MATH函数在significance和mode参数取不同值时的返回值如表2-10所示。

▼ 表2-10　significance和mode参数值与FLOOR.MATH函数的返回值

需要舍入的数字	significance参数值	mode参数值	FLOOR.MATH函数的返回值
9	4	0	8
9	-4	0	8
-9	4	0	-12
-9	-4	0	-12
9	4	非0	8
9	-4	非0	8
-9	4	非0	-8
-9	-4	非0	-8

➲ 注意事项

❶ 所有参数都必须是数值类型或可转换为数值的数据，否则FLOOR.MATH函数将返回#VALUE!错误值。

❷ 无论number和significance的正负号是否一致，FLOOR.MATH函数都会将number向绝对值或算术值减小的方向舍入。

❸ 如果number正好是significance的倍数，则不进行舍入。

Excel版本提醒

FLOOR.MATH是Excel 2013中新增的函数，不能在Excel 2013之前的版本中使用。

2.2.13 EVEN——向绝对值增大的方向将数字舍入到最接近的偶数

➲ 函数功能

EVEN函数用于向绝对值增大的方向将数字舍入到最接近的偶数。

➲ 函数格式

EVEN(number)

➲ 参数说明

number：需要舍入的数字。

EVEN函数在number参数取不同值时的返回值如表2-11所示。

▼ 表2-11 number参数值与EVEN函数的返回值

number参数值	EVEN函数的返回值
3	4
2	2
0	0
2.3	4
−2.3	−4

➲ 注意事项

❶ number必须是数值类型或可转换为数值的数据，否则EVEN函数将返回#VALUE!错误值。

❷ 如果number是偶数，则不进行舍入。

案例 31 男员工随机抽奖（EVEN+INDEX+RANDBETWEEN）

本例效果如图2-31所示，在E1单元格中输入以下公式并按【Enter】键，随机抽取A列中的一名男员工的姓名，所有男员工都位于偶数行。

=INDEX(A1:A10,EVEN(RANDBETWEEN(1,10)))

E1 =INDEX(A1:A10,EVEN(RANDBETWEEN(1,10)))

	A	B	C	D	E	F	G	H
1	姓名	性别		中奖者	蒋超			
2	薛力	男						
3	袁芳	女						
4	胡伟	男						
5	刘树梅	女						
6	蒋超	男						
7	朱红	女						
8	刘力平	男						
9	邓苗	女						
10	姜然	男						

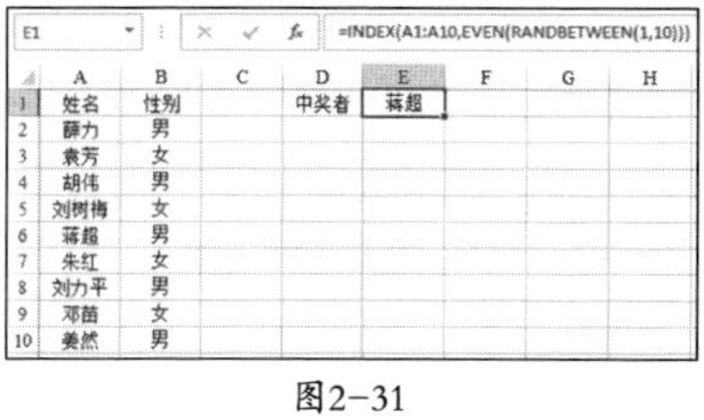

图2-31

公式解析

首先使用RANDBETWEEN函数从1~10这10个数字中随机抽取一个，然后使用EVEN函数判断抽取的数字是否是偶数，这是因为男员工都在偶数行。如果抽取出的数字是偶数，则使用INDEX函数从A列中与该数字对应的行中提取男员工的姓名；如果抽取出的数字不是偶数，则先使用EVEN函数将其舍入到最接近的偶数，然后从A列提取男员工的姓名。

➲ 交叉参考

INDEX函数请参考第6章。

RANDBETWEEN函数请参考2.6.10小节。

2.2.14 ODD——向绝对值增大的方向将数字舍入到最接近的奇数

➲ 函数功能

ODD函数用于向绝对值增大的方向将数字舍入到最接近的奇数。

➲ 函数格式

```
ODD(number)
```

➲ 参数说明

number：需要舍入的数字。

ODD函数在number参数取不同值时的返回值如表2-12所示。

▼表2-12 number参数值与ODD函数的返回值

number参数值	ODD函数的返回值
3	3
2	3
0	1
2.3	3
−2.3	−3

➲ 注意事项

❶ number必须是数值类型或可转换为数值的数据，否则ODD函数将返回#VALUE!错误值。

❷ 如果number是奇数，则不进行舍入。

案例32 女员工随机抽奖（ODD+INDEX+RANDBETWEEN）

本例效果如图2-32所示，在E1单元格中输入以下公式并按【Enter】键，随机抽取A列中的一名女员工的姓名，所有女员工都位于奇数行。

```
=INDEX(A1:A10,ODD(RANDBETWEEN(2,9)))
```

E1　=INDEX(A1:A10,ODD(RANDBETWEEN(2,9)))

	A	B	C	D	E	F	G	H
1	姓名	性别		中奖者	刘树梅			
2	薛力	男						
3	袁芳	女						
4	胡伟	男						
5	刘树梅	女						
6	蒋超	男						
7	朱红	女						
8	刘力平	男						
9	邓苗	女						
10	姜然	男						

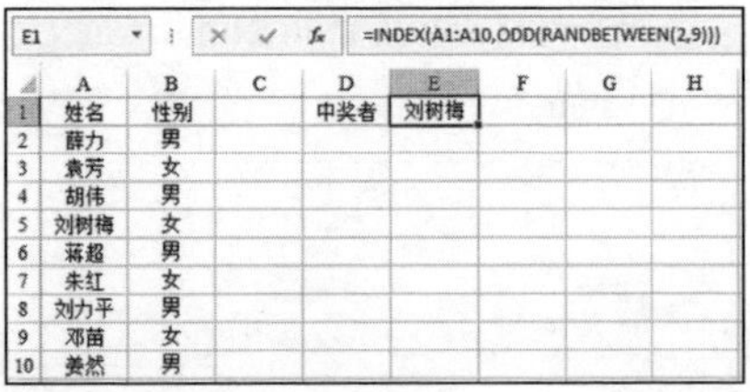

图2-32

公式解析

首先使用RANDBETWEEN函数从2~9这8个数字中随机抽取一个，然后使用ODD函数判断抽取的数字是否是奇数，这是因为女员工都在奇数行。如果抽取出的数字是奇数，则使用INDEX函数从A列中与该数字对应的行中提取女员工的姓名；如果抽取出的数字不是奇数，则先使用ODD函数将其舍入到最接近的奇数，然后从A列提取女员工的姓名。

本例与上一个案例中的公式类似，区别在于RANDBETWEEN函数的参数设置不同。本例在生成随机数时，必须避免生成数字1和10。这是因为如果生成1，则公式ODD(1)返回1，而第1行并非员工姓名；如果生成10，则公式ODD(10)返回11，而第11行没有数据，这将导致INDEX函数返回错误值。基于以上原因，本例使用数字2~9作为RANDBETWEEN函数的参数。

交叉参考

INDEX函数请参考第6章。

RANDBETWEEN函数请参考2.6.10小节。

2.3 指数和对数

2.3.1 POWER——计算数字的乘幂

函数功能

POWER函数用于计算数字的乘幂。

函数格式

```
POWER(number,power)
```

参数说明

number：底数。

power：指数。

注意事项

❶ 所有参数都必须是数值类型或可转换为数值的数据，否则POWER函数将返回#VALUE!错误值。

❷ 两个参数可以是任意实数。当power的值是小数时，表示计算的是开方。由于开偶数次方时的底数必须大于0，因此当number小于0且power是小数时，POWER函数将返回#NUM!错误值。

❸ 可以使用“^”运算符代替POWER函数。例如，2^3相当于POWER(2,3)。

案例33 计算各个数字的倒数之和（POWER+SUM）

本例效果如图2-33所示，在D1单元格中输入数组公式并按【Ctrl+Shift+Enter】

组合键，计算A1:A10单元格区域中各个数字的倒数之和。

```
=SUM(POWER(A1:A10,-1))
```

D1 {=SUM(POWER(A1:A10,-1))}

	A	B	C	D	E	F
1	9		倒数之和	2.895634921		
2	7					
3	8					
4	2					
5	6					
6	2					
7	8					
8	1					
9	10					
10	8					

图2–33

➲ 交叉参考

SUM函数请参考2.1.3小节。

2.3.2 EXP——计算自然对数的底数e的*n*次幂

➲ 函数功能

EXP函数用于计算e的*n*次幂，它是计算自然对数的LN函数的反函数。常数e约等于2.718281828，是自然对数的底数。

➲ 函数格式

```
EXP(number)
```

➲ 参数说明

number：底数e的指数。

➲ 注意事项

参数必须是数值类型或可转换为数值的数据，否则EXP函数将返回#VALUE!错误值。

案例 34 计算自然对数的底数e的*n*次幂

本例效果如图2–34所示，在B2单元格中输入以下公式并按【Enter】键，然后将该公式向下复制到B10单元格，计算自然对数的底数e的*n*次幂。

```
=EXP(A2)
```

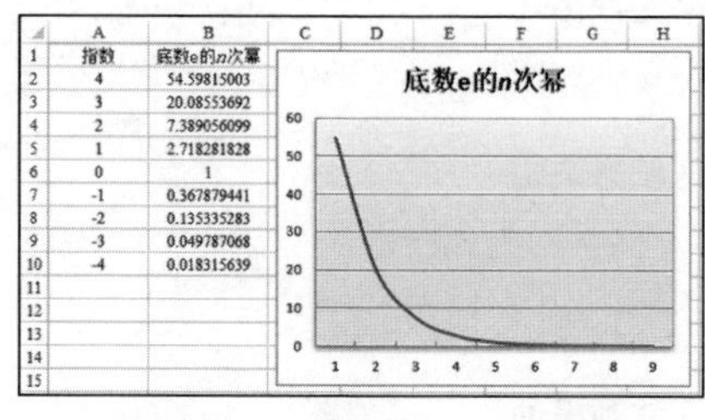

	A	B
1	指数	底数e的n次幂
2	4	54.59815003
3	3	20.08553692
4	2	7.389056099
5	1	2.718281828
6	0	1
7	-1	0.367879441
8	-2	0.135335283
9	-3	0.049787068
10	-4	0.018315639

图2–34

2.3.3 LN——计算自然对数

➲ 函数功能

LN函数用于计算自然对数（以常数e为底数的对数）。LN函数是EXP函数的反函数，这意味着LN函数计算的是EXP函数中的指数。

➲ **函数格式**

LN(number)

➲ **参数说明**

number：需要计算自然对数的数字，其值必须大于0。

➲ **注意事项**

参数必须是数值类型或可转换为数值的数据，否则LN函数将返回#VALUE!错误值。

案例 35 **计算数字的自然对数**

本例效果如图2-35所示，在B2单元格中输入以下公式并按【Enter】键，然后将公式向下复制到B10单元格，计算数字的自然对数。

=LN(A2)

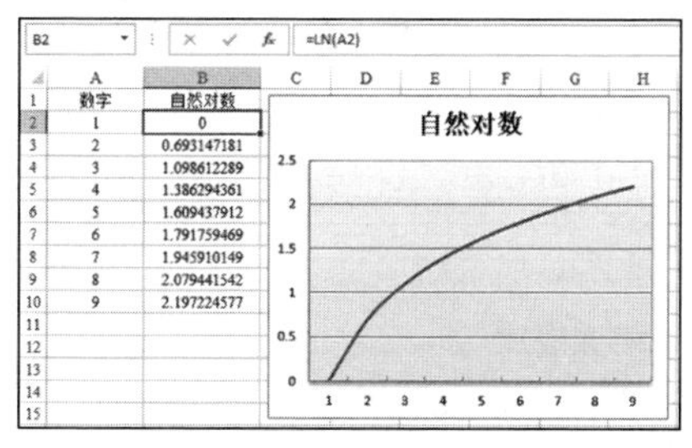

数字	自然对数
1	0
2	0.693147181
3	1.098612289
4	1.386294361
5	1.609437912
6	1.791759469
7	1.945910149
8	2.079441542
9	2.197224577

图2-35

2.3.4 LOG——计算以指定数字为底的对数

➲ **函数功能**

LOG函数用于计算以指定数字为底的对数。

➲ **函数格式**

LOG(number,[base])

➲ **参数说明**

number：需要计算对数的数字，其值必须大于0。

base（可选）：对数的底数。如果省略该参数，则其默认值是10。

➲ **注意事项**

所有参数都必须是数值类型或可转换为数值的数据，否则LOG函数将返回#VALUE!错误值。

案例 36 **计算以2为底的对数**

本例效果如图2-36所示，在B2单元格中输入公式并按【Enter】键，然后将该公式向下复制到B10单元格，计算以2为底的对数。

=LOG(A2,2)

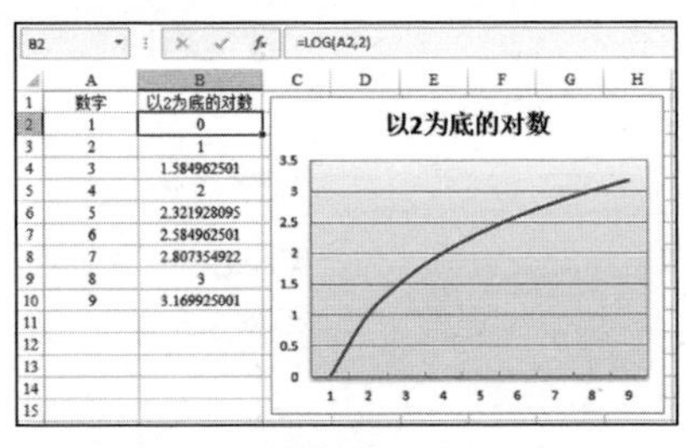

	A	B
1	数字	以2为底的对数
2	1	0
3	2	1
4	3	1.584962501
5	4	2
6	5	2.321928095
7	6	2.584962501
8	7	2.807354922
9	8	3
10	9	3.169925001

图2-36

2.3.5 LOG10——计算以10为底的对数

函数功能

LOG10函数用于计算以10为底的对数。

函数格式

```
LOG10(number)
```

参数说明

number：需要计算对数的数字，其值必须大于0。

注意事项

参数必须是数值类型或可转换为数值的数据，否则LOG10函数将返回#VALUE!错误值。

案例37 计算以10为底的对数

本例效果如图2-37所示，在B2单元格中输入以下公式并按【Enter】键，然后将该公式向下复制到B10单元格，计算以10为底的对数。

```
=LOG10(A2)
```

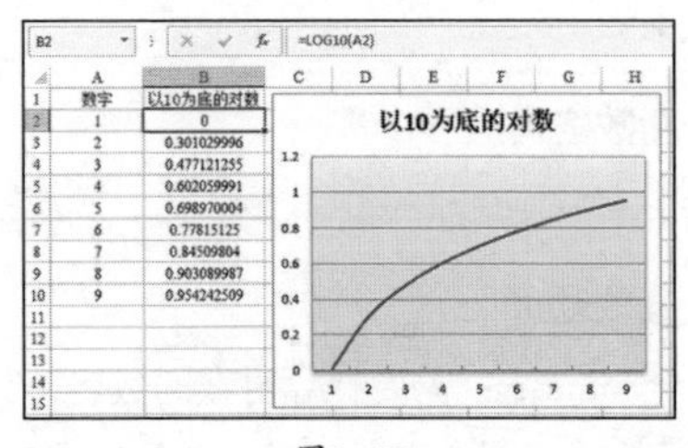

	A	B
1	数字	以10为底的对数
2	1	0
3	2	0.301029996
4	3	0.477121255
5	4	0.602059991
6	5	0.698970004
7	6	0.77815125
8	7	0.84509804
9	8	0.903089987
10	9	0.954242509

图2-37

2.4 阶乘和矩阵

2.4.1 COMBIN——计算给定数目对象的组合数

函数功能

COMBIN函数用于计算从给定数目的对象集合中提取若干对象的组合数。

➲ **函数格式**

COMBIN(number,number_chosen)

➲ **参数说明**

number：项目的数量。

number_chosen：每一组合中项目的数量。

➲ **注意事项**

❶ 所有参数都必须是数值类型或可转换为数值的数据，否则COMBIN函数将返回#VALUE!错误值。

❷ 所有参数都必须大于或等于0，并且number不能小于number_chosen，否则COMBIN函数将返回#NUM!错误值。

❸ 如果参数包含小数，则COMBIN函数只保留其整数部分而截去小数部分。

案例38 计算公司知识竞赛对局次数

本例效果如图2-38所示，在B3单元格中输入以下公式并按【Enter】键，计算公司知识竞赛对局次数。

=COMBIN(B1,B2)

B3 =COMBIN(B1,B2)

	A	B	C	D	E
1	参赛人数	20			
2	每局人数	2			
3	比赛总局数	190			

图2-38

2.4.2 COMBINA——计算给定数目对象具有重复项的组合数

➲ **函数功能**

COMBINA函数用于计算从给定数目的对象集合中提取若干对象的具有重复项的组合数。

➲ **函数格式**

COMBINA(number,number_chosen)

➲ **参数说明**

number：项目的数量。

number_chosen：每一组合中项目的数量。

➲ **注意事项**

❶ 所有参数都必须是数值类型或可转换为数值的数据，否则COMBINA函数将返回#VALUE!错误值。

❷ 所有参数都必须大于或等于0，并且number不能小于number_chosen，否则COMBINA函数将返回#NUM!错误值。

❸ 如果参数包含小数，则COMBINA函数只保留其整数部分而截去小数部分。

Excel版本提醒

COMBINA是Excel 2013中新增的函数，不能在Excel 2013之前的版本中使用。

2.4.3 FACT——计算数字的阶乘

函数功能

FACT函数用于计算数字的阶乘。一个数字的阶乘表示的是从1到该数字的连续整数相乘，例如6的阶乘是1×2×3×4×5×6。

函数格式

```
FACT(number)
```

参数说明

number：需要计算阶乘的数字。

注意事项

❶ 参数必须是数值类型或可转换为数值的数据，否则FACT函数将返回#VALUE!错误值。

❷ 如果参数小于0，则FACT函数将返回#NUM!错误值。

❸ 当参数是0或1时，FACT函数的返回值都是1。

❹ 当参数是数组形式时，FACT函数只返回该数组中第一个元素的阶乘。例如，FACT({3,4,5,6})的计算结果是6，即第一个元素3的阶乘。如果在该公式的外层加上SUM函数，则将计算数组中各个元素阶乘后的总和，此时SUM(FACT({3,4,5,6}))的计算结果是870，即先计算4个数字的阶乘，然后将得到的结果相加。

案例 39 计算10~20的连乘

本例效果如图2-39所示，在B1单元格中输入以下公式并按【Enter】键，计算10到20之间的数字连乘。

```
=FACT(20)/FACT(9)
```

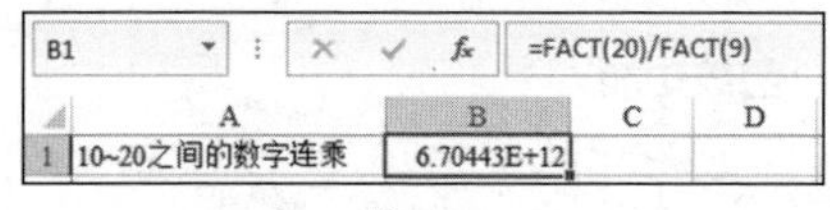

图2-39

2.4.4 FACTDOUBLE——计算数字的双阶乘

函数功能

FACTDOUBLE函数用于计算数字的双阶乘。双阶乘分为两种情况，如果计算阶乘的数字是奇数，则计算1到该数字之间所有奇数的乘积；如果计算阶乘的数字是偶数，则计算1到该数字之间所有偶数的乘积。

函数格式

```
FACTDOUBLE(number)
```

参数说明

number：需要计算双阶乘的数字。

注意事项

❶ 参数必须是数值类型或可转换为

数值的数据，否则FACTDOUBLE函数将返回#VALUE!错误值。

❷ 如果参数小于0，则FACTDOUBLE函数将返回#NUM!错误值。

案例 40　计算1到36之间所有偶数的乘积

本例效果如图2-40所示，在B1单元格中输入以下公式并按【Enter】键，计算1到36之间所有偶数的乘积。

=FACTDOUBLE(36)

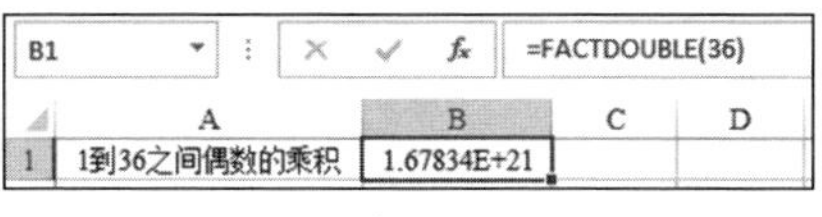

图2-40

2.4.5 MULTINOMIAL——计算多个数字总和的阶乘与这些数字阶乘的比值

➲ 函数功能

MULTINOMIAL函数用于计算多个数字总和的阶乘与这些数字阶乘的比值。

➲ 函数格式

MULTINOMIAL(number1,[number2],⋯)

➲ 参数说明

number1：需要计算的第1个数字。

number2,⋯（可选）：需要计算的第2~255个数字。

➲ 注意事项

❶ 所有参数都必须是数值类型或可转换为数值的数据，否则MULTINOMIAL函数将返回#VALUE!错误值。

❷ 如果参数小于0，则MULTINOMIAL函数将返回#NUM!错误值。

案例 41　计算人员分组问题

本例效果如图2-41所示，在E1单元格中输入以下公式并按【Enter】键，计算将40人分为5组且每组设有特定人数的情况下的分组方案总数。

=MULTINOMIAL(B3,B4,B5,B6,B7)

E1　=MULTINOMIAL(B3,B4,B5,B6,B7)

	A	B	C	D	E
1	总人数	40		有多少种分组方案	4.23482E+24
2	分组数	5			
3	第一组人数	8			
4	第二组人数	7			
5	第三组人数	6			
6	第四组人数	9			
7	第五组人数	10			

图2-41

2.4.6 MDETERM——计算数组的矩阵行列式的值

➲ 函数功能

MDETERM函数用于计算一个数组的矩阵行列式的值。矩阵的行列式值由数组中的各个元素计算而来。对一个3行、3列的数组A1:C3，其行列式的值定义如下：MDETERM(A1:C3)=A1*(B2*C3−B3*C2)+A2*(B3*C1−B1*C3)+A3*(B1*C2−B2*C1)。矩阵的行列式值常用于求解多元联立方程组。

➲ 函数格式

```
MDETERM(array)
```

➲ 参数说明

array：需要计算的数组。

➲ 注意事项

❶ 如果参数中的单元格为空或包含文本，或者行数和列数不相等，则MDETERM函数将返回#VALUE!错误值。

❷ MDETERM函数的精确度可以达到16位有效数字。

案例42 求解二元联立方程组

本例效果如图2−42所示，在B7和B8单元格中分别输入以下公式并按【Enter】键，计算A2:A3单元格区域中二元方程组中的x_1和x_2的解。

```
=MDETERM(C2:D3)/MDETERM(F2:G3)
=MDETERM(C5:D6)/MDETERM(F5:G6)
```

B7 =MDETERM(C2:D3)/MDETERM(F2:G3)

	A	B	C	D	E	F	G	H
1	二元方程组		x_1			x_2		
2	$3x_1+4x_2=4$		4	4		3	4	
3	$4x_1-x_2=18$		18	-1		4	-1	
4								
5			3	4		3	4	
6			4	18		4	-1	
7	x_1的值：	4						
8	x_2的值：	-2						

图2−42

2.4.7 MINVERSE——计算数组的逆矩阵

➲ 函数功能

MINVERSE函数用于计算行数和列数相等的数组矩阵的逆矩阵。与求行列式的值一样，计算逆矩阵常用于求解多元联立方程组。矩阵与其逆矩阵相乘将得到单位矩阵：对角线的值为1，其他值为0。

➲ 函数格式

```
MINVERSE(array)
```

➲ 参数说明

array：需要计算的数组。

➲ 注意事项

❶ 如果参数中的单元格为空或包含文本，或者行数和列数不相等，则MINVERSE函数将返回#VALUE!错误值。

❷ 对于一些不能求逆的矩阵，MINVERSE函数将返回#NUM!错误值。

❸ MINVERSE函数的精确度可以达到16位有效数字。

❹ 对于返回结果为数组的公式，必须以数组公式的形式输入，即按【Ctrl+Shift+Enter】组合键结束公式的输入。

案例43 求解多元联立方程组（MINVERSE+MMULT）

本例效果如图2-43所示，选择B6:B8单元格区域，然后输入以下数组公式并按【Ctrl+Shift+Enter】组合键，计算A2:A4单元格区域中三元方程组中的*x*、*y*、*z*的解。

=MULT(MINVERSE(D2:F4),G2:G4)

B6 {=MMULT(MINVERSE(D2:F4),G2:G4)}

	A	B	C	D	E	F	G
1	三元方程组			x	y	z	方程右侧数值
2	2x+7y-3z=20		第一个方程的系数：	2	7	-3	20
3	3x+2y-z=25		第二个方程的系数：	3	2	-1	25
4	5x-3y+4z=15		第三个方程的系数：	5	-3	4	15
5							
6	x的值：	7.5					
7	y的值：	-2.5					
8	z的值：	-7.5					

图2-43

交叉参考

MMULT函数请参考2.4.8小节。

2.4.8 MMULT——计算两个数组的矩阵乘积

函数功能

MMULT函数用于计算两个数组的矩阵乘积。

函数格式

MMULT(array1,array2)

参数说明

array1和array2：需要计算的两个数组。结果矩阵的行数与array1的行数相同，结果矩阵的列数与array2的列数相同。

注意事项

❶ 所有参数都必须是数值类型或可转换为数值的数据，否则MMULT函数将返回#VALUE!错误值。

❷ array1的列数必须与array2的行数相同，否则MMULT函数将返回#VALUE!错误值。

❸ 对于返回结果为数组的公式，必须以数组公式的形式输入，即按【Ctrl+Shift+Enter】组合键结束公式的输入。

案例44 计算商品在不同单价下的销售额

本例效果如图2-44所示，A列为商品的销售日期，B列为销量。F2和G2单元格中显示了同一种商品的两种不同单价。选择D2:E11单元格区域，然后输入数组公式并按【Ctrl+Shift+Enter】组合键，计算商品在两种不同单价下的销售额。

=MMULT(B2:B11,F2:G2)

	A	B	C	D	E	F	G
1	销售日期	销量		第一种单价的销售额	第二种单价的销售额	第一种单价	第二种单价
2	2023年1月	139		187650	222400	1350	1600
3	2023年2月	191		257850	305600		
4	2023年3月	176		237600	281600		
5	2023年4月	128		172800	204800		
6	2023年5月	126		170100	201600		
7	2023年6月	117		157950	187200		
8	2023年7月	128		172800	204800		
9	2023年8月	114		153900	182400		
10	2023年9月	189		255150	302400		
11	2023年10月	151		203850	241600		

图2-44

案例 45 提取空调的最大销量（MMULT+MAX+N+TRANSPOSE）

本例效果如图2-45所示，在E1单元格中输入以下数组公式并按【Ctrl+Shift+Enter】组合键，提取空调的最大销量。

```
=MAX(MMULT(N(A2:A10="空调"),TRANSPOSE((B2:B10)*(A2:A10="空调"))))
```

E1 {=MAX(MMULT(N(A2:A10="空调"),TRANSPOSE((B2:B10)*(A2:A10="空调"))))}

	A	B	C	D	E	F	G	H	I	J
1	商品	销量		空调的最大销量	191					
2	电视	139								
3	空调	191								
4	空调	176								
5	电视	128								
6	空调	117								
7	电视	128								
8	电视	114								
9	空调	189								
10	空调	151								

图2-45

公式解析

首先判断A列中有哪些单元格是“空调”，返回一个包含逻辑值的数组；然后使用N函数将其转换为包含1和0的数组，将其作为MMULT函数的第一个参数；接着使用TRANSPOSE函数将公式(B2:B10)*(A2:A10="空调")返回的垂直数组转换为水平数组，并将其作为MMULT函数的第二个参数，以便与第一个参数中的数组相乘；最后使用MAX函数从MMULT函数返回的数组中提取最大值，即空调的最大销量。

交叉参考

MAX函数请参考第8章。

TRANSPOSE函数请参考第6章。

2.4.9 MUNIT——返回指定维度的单位矩阵

函数功能

MUNIT函数用于返回指定维度的单位矩阵。

函数格式

```
MUNIT(dimension)
```

参数说明

dimension：需要返回的单位矩阵的维度，必须是一个大于0的整数。

注意事项

如果参数小于或等于0，则MUNIT函数将返回#VALUE!错误值。

Excel版本提醒

MUNIT是Excel 2013中新增的函数，不能在Excel 2013之前的版本中使用。

2.5 三角函数

2.5.1 DEGREES——将弧度转换为角度

➲ 函数功能

DEGREES函数用于将弧度转换为角度。

➲ 函数格式

DEGREES(angle)

➲ 参数说明

angle：需要转换为角度的弧度值。

➲ 注意事项

参数必须是数值类型或可转换为数值的数据，否则DEGREES函数将返回#VALUE!错误值。

案例 46 根据弧长和半径计算角度（DEGREES+ROUND）

本例效果如图2-46所示，在C2单元格中输入以下公式并按【Enter】键，然后将该公式向下复制到C10单元格，根据给定的弧长和半径计算角度。

=ROUND(DEGREES(A2/B2),2)

C2 =ROUND(DEGREES(A2/B2),2)

	A	B	C	D	E	F	G
1	弧长	半径	角度				
2	93	58	91.87				
3	55	67	47.03				
4	68	62	62.84				
5	71	66	61.64				
6	86	96	51.33				
7	95	85	64.04				
8	86	84	58.66				
9	88	65	77.57				
10	95	90	60.48				

图2-46

2.5.2 RADIANS——将角度转换为弧度

➲ 函数功能

RADIANS函数用于将角度转换为弧度。

➲ 函数格式

RADIANS(angle)

➲ 参数说明

angle：需要转换为弧度的角度值。

➲ 注意事项

参数必须是数值类型或可转换为数值的数据，否则RADIANS函数将返回#VALUE!错误值。

案例 47 根据角度和半径计算弧长（RADIANS+ROUND）

本例效果如图2-47所示，在C2单元格中输入公式并按【Enter】键，然后将该公式向下复制到C10单元格，根据给定的角度和半径计算弧长。

=ROUND(RADIANS(A2)*B2,2)

C2 =ROUND(RADIANS(A2)*B2,2)

	A	B	C	D	E	F	G
1	角度	半径	弧长				
2	93	58	94.14				
3	55	67	64.32				
4	68	62	73.58				
5	71	66	81.79				
6	86	96	144.09				
7	95	85	140.94				
8	86	84	126.08				
9	88	65	99.83				
10	95	90	149.23				

图2-47

2.5.3 SIN——计算给定角度的正弦值

➲ 函数功能

SIN函数用于计算给定角度的正弦值。

➲ 函数格式

SIN(number)

➲ 参数说明

number：需要计算正弦值的角度，以弧度表示。

➲ 注意事项

❶ 参数必须是数值类型或可转换为数值的数据，否则SIN函数将返回#VALUE!错误值。

❷ 如果参数的单位是“度”，则需要将其乘以PI()/180或使用RADIANS函数将其转换为弧度。

案例 48 计算给定角度的正弦值（SIN+ROUND）

本例效果如图2-48所示，在B2单元格中输入以下公式并按【Enter】键，然后将该公式向下复制到B10单元格，计算给定角度的正弦值。

=ROUND(SIN(A2),3)

B2 =ROUND(SIN(A2),3)

	A	B	C	D	E	F
1	弧度	正弦值				
2	0	0				
3	0.785	0.707				
4	1.571	1				
5	2.356	0.707				
6	3.142	0				
7	3.927	-0.707				
8	4.712	-1				
9	5.498	-0.707				
10	6.283	0				

图2-48

2.5.4 ASIN——计算数字的反正弦值

➲ 函数功能

ASIN函数用于计算数字的反正弦值。

➲ **函数格式**

ASIN(number)

➲ **参数说明**

number：需要计算反正弦值的数字，即角度的正弦值。

➲ **注意事项**

❶ 参数必须是数值类型或可转换为数值的数据，否则ASIN函数将返回#VALUE!错误值。

❷ 参数的取值范围必须是-1~1，否则ASIN函数将返回#NUM!错误值。

❸ 如果要以“度”为单位表示结果，则需要将结果乘以180/PI()或使用DEGREES函数将其转换为角度。

案例 49 计算数字的反正弦值（ASIN+ROUND）

本例效果如图2-49所示，在B2单元格中输入以下公式并按【Enter】键，然后将该公式向下复制到B12单元格，计算数字的反正弦值。

=ROUND(ASIN(A2),3)

B2 =ROUND(ASIN(A2),3)

	A	B	C	D	E	F
1	正弦值	反正弦值				
2	-1	-1.571				
3	-0.966	-1.309				
4	-0.866	-1.047				
5	-0.707	-0.785				
6	-0.5	-0.524				
7	0	0				
8	0.5	0.524				
9	0.707	0.785				
10	0.866	1.047				
11	0.966	1.309				
12	1	1.571				

图2-49

2.5.5 SINH——计算数字的双曲正弦值

➲ **函数功能**

SINH函数用于计算数字的双曲正弦值。

➲ **函数格式**

SINH(number)

➲ **参数说明**

number：需要计算双曲正弦值的数字。

➲ **注意事项**

❶ 参数必须是数值类型或可转换为数值的数据，否则SINH函数将返回#VALUE!错误值。

❷ 如果参数的单位是“度”，则需要将其乘以PI()/180或使用RADIANS函数将其转换为弧度。

案例 50 计算数字的双曲正弦值（SINH+ROUND）

本例效果如图2-50所示，在B2单元格中输入公式并按【Enter】键，然后将该

公式向下复制到B8单元格，计算数字的双曲正弦值。

```
=ROUND(SINH(A2),3)
```

B2 =ROUND(SINH(A2),3)

	A	B	C	D	E	F
1	弧度	双曲正弦值				
2	-3.142	-11.553				
3	-2.094	-3.997				
4	-1.047	-1.249				
5	0	0				
6	1.047	1.249				
7	2.094	3.997				
8	3.142	11.553				

图2-50

2.5.6 ASINH——计算数字的反双曲正弦值

函数功能

ASINH函数用于计算数字的反双曲正弦值。

函数格式

```
ASINH(number)
```

参数说明

number：需要计算反双曲正弦值的数字。

注意事项

参数必须是数值类型或可转换为数值的数据，否则ASINH函数将返回#VALUE!错误值。

案例51 计算数字的反双曲正弦值（ASINH+ROUND）

本例效果如图2-51所示，在B2单元格中输入以下公式并按【Enter】键，然后将该公式向下复制到B8单元格，计算数字的反双曲正弦值。

```
=ROUND(ASINH(A2),3)
```

B2 =ROUND(ASINH(A2),3)

	A	B	C	D	E	F
1	双曲正弦值	反双曲正弦值				
2	-11.553	-3.142				
3	-3.997	-2.094				
4	-1.249	-1.047				
5	0	0				
6	1.249	1.047				
7	3.997	2.094				
8	11.553	3.142				

图2-51

2.5.7 COS——计算给定角度的余弦值

函数功能

COS函数用于计算给定角度的余弦值。

函数格式

```
COS(number)
```

参数说明

number：需要计算余弦值的角度，以弧度表示。

注意事项

❶ 参数必须是数值类型或可转换

为数值的数据，否则COS函数将返回#VALUE!错误值。

❷ 如果参数的单位是“度”，则需要将其乘以PI()/180或使用RADIANS函数将其转换为弧度。

案例 52 计算给定角度的余弦值（COS+ROUND）

本例效果如图2-52所示，在B2单元格中输入以下公式并按【Enter】键，然后将该公式向下复制到B10单元格，计算给定角度的余弦值。

=ROUND(COS(A2),3)

B2 =ROUND(COS(A2),3)

	A	B	C	D	E	F
1	弧度	余弦值				
2	0	1				
3	0.785	0.707				
4	1.571	0				
5	2.356	-0.707				
6	3.142	-1				
7	3.927	-0.707				
8	4.712	0				
9	5.498	0.707				
10	6.283	1				

图2-52

2.5.8 ACOS——计算数字的反余弦值

➲ 函数功能

ACOS函数用于计算数字的反余弦值。反余弦值是角度，它的余弦值是数字。返回的角度值以弧度表示，范围是0~π。

➲ 函数格式

ACOS(number)

➲ 参数说明

number：需要计算反余弦值的数字，即角度的余弦值。

➲ 注意事项

❶ 参数必须是数值类型或可转换为数值的数据，否则ACOS函数将返回#VALUE!错误值。

❷ 参数的取值范围必须是-1~1，否则ACOS函数将返回#NUM!错误值。

❸ 如果要以“度”为单位表示结果，则需要将结果乘以180/PI()或使用DEGREES函数将其转换为角度。

案例 53 计算数字的反余弦值（ACOS+ROUND）

本例效果如图2-53所示，在B2单元格中输入公式并按【Enter】键，然后将该公式向下复制到B12单元格，计算数字的反余弦值。

=ROUND(ACOS(A2),3)

	A	B	C	D	E	F
1	余弦值	反余弦值				
2	-1	3.142				
3	-0.966	2.88				
4	-0.866	2.618				
5	-0.707	2.356				
6	-0.5	2.094				
7	0	1.571				
8	0.5	1.047				
9	0.707	0.786				
10	0.866	0.524				
11	0.966	0.262				
12	1	0				

B2 =ROUND(ACOS(A2),3)

图2-53

2.5.9 COSH——计算数字的双曲余弦值

函数功能

COSH函数用于计算数字的双曲余弦值。

函数格式

```
COSH(number)
```

参数说明

number：需要计算双曲余弦值的数字。

注意事项

❶ 参数必须是数值类型或可转换为数值的数据，否则COSH函数将返回#VALUE!错误值。

❷ 如果参数的单位是“度”，则需要将其乘以PI()/180或使用RADIANS函数将其转换为弧度。

案例54 计算数字的双曲余弦值（COSH+ROUND）

本例效果如图2-54所示，在B2单元格中输入以下公式并按【Enter】键，然后将该公式向下复制到B8单元格，计算数字的双曲余弦值。

```
=ROUND(COSH(A2),3)
```

	A	B	C	D	E	F
1	弧度	双曲余弦值				
2	-3.142	11.597				
3	-2.094	4.12				
4	-1.047	1.6				
5	0	1				
6	1.047	1.6				
7	2.094	4.12				
8	3.142	11.597				

B2 =ROUND(COSH(A2),3)

图2-54

2.5.10 ACOSH——计算数字的反双曲余弦值

函数功能

ACOSH函数用于计算数字的反双曲余弦值。

函数格式

```
ACOSH(number)
```

➲参数说明

number：需要计算反双曲余弦值的数字。

➲注意事项

❶ 参数必须是数值类型或可转换为数值的数据，否则ACOSH函数将返回#VALUE!错误值。

❷ 参数必须大于或等于1，否则ACOSH函数将返回#NUM!错误值。

案例55 计算数字的反双曲余弦值（ACOSH+ROUND）

本例效果如图2-55所示，在B2单元格中输入以下公式并按【Enter】键，然后将该公式向下复制到B10单元格，计算数字的反双曲余弦值。

=ROUND(ACOSH(A2),3)

B2 =ROUND(ACOSH(A2),3)

	A	B	C	D	E	F
1	双曲余弦值	反双曲余弦值				
2	1	0				
3	1.14	0.523				
4	1.325	0.786				
5	1.6	1.047				
6	2.509	1.571				
7	4.122	2.094				
8	5.323	2.356				
9	6.891	2.618				
10	11.592	3.142				

图2-55

2.5.11 TAN——计算给定角度的正切值

➲函数功能

TAN函数用于计算给定角度的正切值。

➲函数格式

TAN(number)

➲参数说明

number：需要计算正切值的角度，以弧度表示。

➲注意事项

❶ 参数必须是数值类型或可转换为数值的数据，否则TAN函数将返回#VALUE!错误值。

❷ 如果参数的单位是“度”，则需要将其乘以PI()/180或使用RADIANS函数将其转换为弧度。

案例56 计算给定角度的正切值（TAN+ROUND）

本例效果如图2-56所示，在B2单元格中输入公式并按【Enter】键，然后将该公式向下复制到B12单元格，计算给定角度的正切值。

=ROUND(TAN(A2),3)

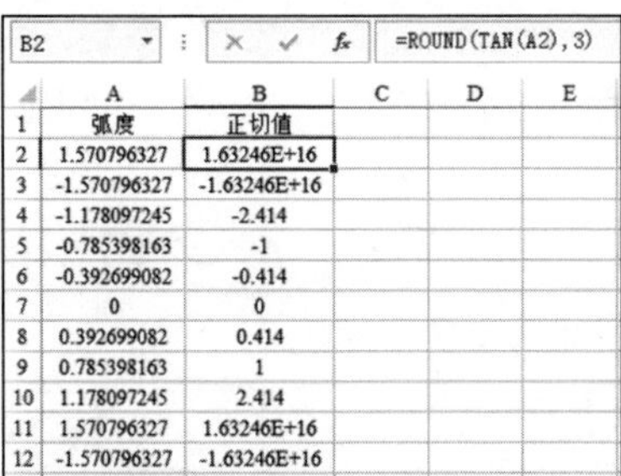

B2 =ROUND(TAN(A2),3)

	A	B	C	D	E
1	弧度	正切值			
2	1.570796327	1.63246E+16			
3	-1.570796327	-1.63246E+16			
4	-1.178097245	-2.414			
5	-0.785398163	-1			
6	-0.392699082	-0.414			
7	0	0			
8	0.392699082	0.414			
9	0.785398163	1			
10	1.178097245	2.414			
11	1.570796327	1.63246E+16			
12	-1.570796327	-1.63246E+16			

图2-56

2.5.12 ATAN——计算数字的反正切值

函数功能

ATAN函数用于计算数字的反正切值。

函数格式

```
ATAN(number)
```

参数说明

number：需要计算反正切值的数字，即角度的正切值。

注意事项

❶ 参数必须是数值类型或可转换为数值的数据，否则ATAN函数将返回#VALUE!错误值。

❷ 如果要以“度”为单位表示结果，则需要将结果乘以180/PI()或使用DEGREES函数将其转换为角度。

案例57 计算数字的反正切值（ATAN+ROUND）

本例效果如图2-57所示，在B2单元格中输入以下公式并按【Enter】键，然后将该公式向下复制到B8单元格，计算数字的反正切值。

```
=ROUND(ATAN(A2),3)
```

B2 =ROUND(ATAN(A2),3)

	A	B	C	D	E	F
1	正切值	反正切值				
2	-5.671	-1.396				
3	-2.747	-1.222				
4	-1	-0.785				
5	0	0				
6	0.577	0.523				
7	2.747	1.222				
8	5.671	1.396				

图2-57

2.5.13 TANH——计算数字的双曲正切值

函数功能

TANH函数用于计算数字的双曲正切值。

➲ **函数格式**

TANH(number)

➲ **参数说明**

number：需要计算双曲正切值的数字。

➲ **注意事项**

❶ 参数必须是数值类型或可转换为数值的数据，否则TANH函数将返回#VALUE!错误值。

❷ 如果参数的单位是“度”，则需要将其乘以PI()/180或使用RADIANS函数将其转换为弧度。

案例58 计算数字的双曲正切值（TANH+ROUND）

本例效果如图2-58所示，在B2单元格中输入以下公式并按【Enter】键，然后将该公式向下复制到B8单元格，计算数字的双曲正切值。

=ROUND(TANH(A2),3)

B2 =ROUND(TANH(A2),3)

	A	B	C	D	E	F
1	弧度	双曲正切值				
2	-3.142	-0.996				
3	-2.094	-0.97				
4	-1.047	-0.781				
5	0	0				
6	1.047	0.781				
7	2.094	0.97				
8	3.142	0.996				

图2-58

2.5.14 ATANH——计算数字的反双曲正切值

➲ **函数功能**

ATANH函数用于计算数字的反双曲正切值。

➲ **函数格式**

ATANH(number)

➲ **参数说明**

number：需要计算反双曲正切值的数字。

➲ **注意事项**

❶ 参数必须是数值类型或可转换为数值的数据，否则ATANH函数将返回#VALUE!错误值。

❷ 参数的取值范围必须是-1~1，否则ATANH函数将返回#NUM!错误值。

案例59 计算数字的反双曲正切值（ATANH+ROUND）

本例效果如图2-59所示，在B2单元格中输入公式并按【Enter】键，然后将该公式向下复制到B8单元格，计算数字的反双曲正切值。

=ROUND(ATANH(A2),3)

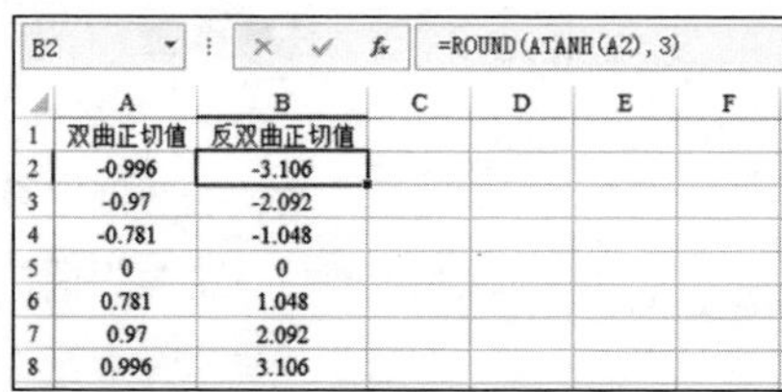

B2 =ROUND(ATANH(A2),3)

	A	B	C	D	E	F
1	双曲正切值	反双曲正切值				
2	-0.996	-3.106				
3	-0.97	-2.092				
4	-0.781	-1.048				
5	0	0				
6	0.781	1.048				
7	0.97	2.092				
8	0.996	3.106				

图2-59

2.5.15 ATAN2——计算给定坐标的反正切值

函数功能

ATAN2函数用于计算给定的x与y坐标值的反正切值。反正切的角度值等于x轴与通过原点和给定坐标点(x_num,y_num)的直线之间的夹角。计算结果为正表示从x轴逆时针旋转的角度，计算结果为负表示从x轴顺时针旋转的角度。

函数格式

```
ATAN2(x_num,y_num)
```

参数说明

x_num：点的x坐标。

y_num：点的y坐标。

注意事项

❶ 参数必须是数值类型或可转换为数值的数据，否则ATAN2函数将返回#VALUE!错误值。

❷ 如果两个参数都是0，则ATAN2函数将返回#DIV/0!错误值。

❸ 如果要以“度”为单位表示结果，则需要将结果乘以180/PI()或使用DEGREES函数将其转换为角度。

案例 60 计算给定坐标的反正切值

本例效果如图2-60所示，在C2单元格中输入以下公式并按【Enter】键，计算给定坐标（A列和B列）的反正切值。

```
=ATAN2(A2,B2)
```

C2 =ATAN2(A2,B2)

	A	B	C	D	E
1	x坐标	y坐标	反正切值		
2	5	5	0.785398163		
3	4	1	0.244978663		
4	4	5	0.896055385		
5	1	1	0.785398163		
6	1	3	1.249045772		
7	3	2	0.588002604		
8	0	5	1.570796327		
9	5	2	0.380506377		
10	0	1	1.570796327		

图2-60

2.5.16 ACOT——计算数字的反余切值

➲函数功能

ACOT函数用于计算数字的反余切值。

➲函数格式

ACOT(number)

➲参数说明

number：需要计算反余切值的数字，即角度的余切值。

➲注意事项

❶ 参数必须是数值类型或可转换为数值的数据，否则ACOT函数将返回#VALUE!错误值。

❷ 如果要以“度”为单位表示结果，则需要将结果乘以180/PI()或使用DEGREES函数将其转换为角度。

Excel版本提醒

ACOT是Excel 2013中新增的函数，不能在Excel 2013之前的版本中使用。

案例61 计算数字的反余切值（ACOT+ROUND）

本例效果如图2-61所示，在B2单元格中输入以下公式并按【Enter】键，然后将该公式向下复制到B8单元格，计算数字的反余切值。

=ROUND(ACOT(A2),3)

B2 =ROUND(ACOT(A2),3)

	A	B	C	D	E	F
1	余切值	反余切值				
2	-5.671	2.967				
3	-2.747	2.792				
4	-1	2.356				
5	0	1.571				
6	0.577	1.047				
7	2.747	0.349				
8	5.671	0.175				

图2-61

2.5.17 ACOTH——计算数字的反双曲余切值

➲函数功能

ACOTH函数用于计算数字的反双曲余切值。

➲函数格式

ACOTH(number)

➲参数说明

number：需要计算反双曲余切值的数字。

➲注意事项

❶ 参数必须是数值类型或可转换为数值的数据，否则ACOTH函数将返回#VALUE!错误值。

❷ 如果参数的绝对值小于或等于1，则ACOTH函数将返回#NUM!错误值。

Excel版本提醒

ACOTH是Excel 2013中新增的函数，不能在Excel 2013之前的版本中使用。

案例 62 计算数字的反双曲余切值（ACOTH+ROUND）

本例效果如图2-62所示，在B2单元格中输入以下公式并按【Enter】键，然后将该公式向下复制到B8单元格，计算数字的反双曲余切值。

```
=ROUND(ACOTH(A2),3)
```

B2 =ROUND(ACOTH(A2),3)

	A	B	C	D	E	F
1	余切值	反双曲余切值				
2	-5.671	-0.178				
3	-2.747	-0.382				
4	-1.235	-1.126				
5	3.456	0.298				
6	1.235	1.126				
7	2.747	0.382				
8	5.671	0.178				

图2-62

2.5.18 COT——计算给定角度的余切值

函数功能

COT函数用于计算给定角度的余切值。

函数格式

```
COT(number)
```

参数说明

number：需要计算余切值的角度，以弧度表示。

注意事项

❶ 参数必须是数值类型或可转换为数值的数据，否则COT函数将返回#VALUE!错误值。

❷ 如果参数的绝对值大于或等于2^{27}，则COT函数将返回#NUM!错误值；如果参数等于0，则COT函数将返回#DIV/0!错误值。

❸ 如果参数的单位是“度”，则需要将其乘以PI()/180或使用RADIANS函数将其转换为弧度。

Excel版本提醒

COT是Excel 2013中新增的函数，不能在Excel 2013之前的版本中使用。

案例 63 计算给定角度的余切值

本例效果如图2-63所示，在B2单元格中输入公式并按【Enter】键，然后将该公式向下复制到B11单元格，计算给定角度的余切值。

```
=COT(A2)
```

	A	B	C	D
1	弧度	余切值		
2	1.570796327	6.12574E-17		
3	-1.570796327	-6.12574E-17		
4	-1.178097245	-0.414213562		
5	-0.785398163	-1		
6	-0.392699082	-2.414213562		
7	0.392699082	2.414213562		
8	0.785398163	1		
9	1.178097245	0.414213562		
10	1.570796327	6.12574E-17		
11	-1.570796327	-6.12574E-17		

B2 =COT(A2)

图2-63

2.5.19 COTH——计算数字的双曲余切值

函数功能

COTH函数用于计算数字的双曲余切值。

函数格式

COTH(number)

参数说明

number：需要计算双曲余切值的角度，以弧度表示。

注意事项

❶ 参数必须是数值类型或可转换为数值的数据，否则COTH函数将返回#VALUE!错误值。

❷ 如果参数的绝对值大于或等于2^{27}，则COTH函数将返回#NUM!错误值。

❸ 如果参数的单位是“度”，则需要将其乘以PI()/180或使用RADIANS函数将其转换为弧度。

Excel版本提醒

COTH是Excel 2013中新增的函数，不能在Excel 2013之前的版本中使用。

案例64 计算数字的双曲余切值（COTH+ROUND）

本例效果如图2-64所示，在B2单元格中输入以下公式并按【Enter】键，然后将该公式向下复制到B8单元格，计算数字的双曲余切值。

```
=ROUND(COTH(A2),3)
```

	A	B	C	D	E	F
1	弧度	双曲余切值				
2	-5.671	-1				
3	-2.747	-1.008				
4	-1.235	-1.185				
5	3.456	1.002				
6	1.235	1.185				
7	2.747	1.008				
8	5.671	1				

B2 =ROUND(COTH(A2),3)

图2-64

2.5.20 SEC——计算给定角度的正割值

➲ 函数功能

SEC函数用于计算给定角度的正割值。

➲ 函数格式

```
SEC(number)
```

➲ 参数说明

number：需要计算正割值的角度，以弧度表示。

➲ 注意事项

❶ 参数必须是数值类型或可转换为数值的数据，否则SEC函数将返回#VALUE!错误值。

❷ 如果参数的绝对值大于或等于2^{27}，则SEC函数将返回#NUM!错误值。

❸ 如果参数的单位是“度”，则需要将其乘以PI()/180或使用RADIANS函数将其转换为弧度。

➲ Excel版本提醒

SEC是Excel 2013中新增的函数，不能在Excel 2013之前的版本中使用。

案例 65 计算给定角度的正割值（SEC+ROUND）

本例效果如图2-65所示，在B2单元格中输入以下公式并按【Enter】键，然后将该公式向下复制到B11单元格，计算给定角度的正割值。

```
=ROUND(SEC(A2),3)
```

B2 =ROUND(SEC(A2),3)

	A	B	C	D	E
1	弧度	正割值			
2	1.570796327	1.63246E+16			
3	-1.570796327	1.63246E+16			
4	-1.178097245	2.613			
5	-0.785398163	1.414			
6	-0.392699082	1.082			
7	0.392699082	1.082			
8	0.785398163	1.414			
9	1.178097245	2.613			
10	1.570796327	1.63246E+16			
11	-1.570796327	1.63246E+16			

图2-65

2.5.21 SECH——计算给定角度的双曲正割值

➲ 函数功能

SECH函数用于计算给定角度的双曲正割值。

➲ 函数格式

```
SECH(number)
```

➲ 参数说明

number：需要计算双曲正割值的角度，以弧度表示。

➲ 注意事项

❶ 参数必须是数值类型或可转换为数值的数据，否则SECH函数将返回#VALUE!错误值。

❷ 如果参数的绝对值大于或等于2^{27}，则SECH函数将返回#NUM!错误值。

③ 如果参数的单位是“度”，则需要将其乘以PI()/180或使用RADIANS函数将其转换为弧度。

➲ Excel版本提醒

SECH是Excel 2013中新增的函数，不能在Excel 2013之前的版本中使用。

案例 66 计算给定角度的双曲正割值（SECH+ROUND）

本例效果如图2-66所示，在B2单元格中输入以下公式并按【Enter】键，然后将该公式向下复制到B11单元格，计算给定角度的双曲正割值。

```
=ROUND(SECH(A2),3)
```

B2 =ROUND(SECH(A2),3)

	A	B	C	D	E
1	弧度	双曲正割值			
2	1.570796327	0.399			
3	-1.570796327	0.399			
4	-1.178097245	0.562			
5	-0.785398163	0.755			
6	-0.392699082	0.928			
7	0.392699082	0.928			
8	0.785398163	0.755			
9	1.178097245	0.562			
10	1.570796327	0.399			
11	-1.570796327	0.399			

图2-66

2.5.22 CSC——计算给定角度的余割值

➲ 函数功能

CSC函数用于计算给定角度的余割值。

➲ 函数格式

```
CSC(number)
```

➲ 参数说明

number：需要计算余割值的角度，以弧度表示。

➲ 注意事项

① 参数必须是数值类型或可转换为数值的数据，否则CSC函数将返回#VALUE!错误值。

② 如果参数的绝对值大于或等于2^{27}，则CSC函数将返回#NUM!错误值；如果参数等于0，则COT函数将返回#DIV/0!错误值。

③ 如果参数的单位是“度”，则需要将其乘以PI()/180或使用RADIANS函数将其转换为弧度。

➲ Excel版本提醒

CSC是Excel 2013中新增的函数，不能在Excel 2013之前的版本中使用。

案例 67 计算给定角度的余割值（CSC+ROUND）

本例效果如图2-67所示，在B2单元格中输入以下公式并按【Enter】键，然后将该公式向下复制到B11单元格，计算给定角度的余割值。

```
=ROUND(CSC(A2),3)
```

	A	B	C	D	E
1	弧度	余割值			
2	1.570796327	1			
3	-1.570796327	-1			
4	-1.178097245	-1.082			
5	-0.785398163	-1.414			
6	-0.392699082	-2.613			
7	0.392699082	2.613			
8	0.785398163	1.414			
9	1.178097245	1.082			
10	1.570796327	1			
11	-1.570796327	-1			

图2-67

2.5.23 CSCH——计算给定角度的双曲余割值

➲ 函数功能

CSCH函数用于计算给定角度的双曲余割值。

➲ 函数格式

```
CSCH(number)
```

➲ 参数说明

number：需要计算双曲余割值的角度，以弧度表示。

➲ 注意事项

❶ 参数必须是数值类型或可转换为数值的数据，否则CSCH函数将返回#VALUE!错误值。

❷ 如果参数的绝对值大于或等于2^{27}，则CSCH函数将返回#NUM!错误值。

❸ 如果参数的单位是“度”，则需要将其乘以PI()/180或使用RADIANS函数将其转换为弧度。

➲ Excel版本提醒

CSCH是Excel 2013中新增的函数，不能在Excel 2013之前的版本中使用。

案例68 计算给定角度的双曲余割值（CSCH+ROUND）

本例效果如图2-68所示，在B2单元格中输入以下公式并按【Enter】键，然后将该公式向下复制到B11单元格，计算给定角度的双曲余割值。

```
=ROUND(CSCH(A2),3)
```

	A	B	C	D	E
1	弧度	双曲余割值			
2	1.570796327	0.435			
3	-1.570796327	-0.435			
4	-1.178097245	-0.68			
5	-0.785398163	-1.151			
6	-0.392699082	-2.482			
7	0.392699082	2.482			
8	0.785398163	1.151			
9	1.178097245	0.68			
10	1.570796327	0.435			
11	-1.570796327	-0.435			

图2-68

2.6 其他计算

2.6.1 PI——返回圆周率π的值

函数功能

PI函数用于返回圆周率π的值3.14159265358979，精确到小数点后14位。

函数格式

PI()

参数说明

该函数没有参数。

案例69 计算圆周长（PI+ROUND）

本例效果如图2-69所示，在B2单元格中输入以下公式并按【Enter】键，然后将该公式向下复制到B10单元格，根据给定的半径计算圆周长。

=ROUND(2*PI()*A2,2)

B2 =ROUND(2*PI()*A2,2)

	A	B	C	D	E	F
1	半径	圆周长				
2	58	364.42				
3	67	420.97				
4	62	389.56				
5	66	414.69				
6	96	603.19				
7	85	534.07				
8	84	527.79				
9	65	408.41				
10	90	565.49				

图2-69

2.6.2 SQRTPI——计算某数与π的乘积的平方根

函数功能

SQRTPI函数用于计算某数与π的乘积的平方根。

函数格式

SQRTPI(number)

参数说明

number：需要与π相乘的数字。

注意事项

❶ 参数必须是数值类型或可转换为数值的数据，否则SQRTPI函数将返回#VALUE!错误值。

❷ 如果参数小于0，则SQRTPI函数将返回#NUM!错误值。

案例70 计算圆周率倍数的平方根

本例效果如图2-70所示，A列为圆周率的倍数，在B2单元格中输入公式并按

【Enter】键，然后将该公式向下复制到B6单元格，计算圆周率倍数的平方根。

```
=SQRTPI(A2)
```

	A	B	C	D
1	倍数	圆周率倍数的平方根		
2	1	1.772453851		
3	2	2.506628275		
4	3	3.069980124		
5	4	3.544907702		
6	5	3.963327298		

图2-70

2.6.3 SUBTOTAL——返回指定区域的分类汇总结果

函数功能

SUBTOTAL函数用于计算数据的分类汇总。

函数格式

```
SUBTOTAL(function_num,ref1,[ref2],…)
```

参数说明

function_num：需要对数据进行汇总的方式，该参数的取值范围是1~11（包含隐藏值）或101~111（忽略隐藏值），如表2-13所示。

ref1：需要进行分类汇总的第1个区域。

ref2,…（可选）：需要进行分类汇总的第2~254个区域。

表2-13 function_num参数的取值与对应函数

function_num 包含隐藏值	function_num 忽略隐藏值	对应函数	函数功能
1	101	AVERAGE	统计平均值
2	102	COUNT	统计数值单元格数
3	103	COUNTA	统计非空单元格数
4	104	MAX	统计最大值
5	105	MIN	统计最小值
6	106	PRODUCT	求积
7	107	STDEV	统计标准偏差
8	108	STDEVP	统计总体标准偏差
9	109	SUM	求和
10	110	VAR	统计方差
11	111	VARP	统计总体方差

注意事项

❶ function_num必须是数值类型或可转换为数值的数据，其取值范围必须是1~11或101~111，否则SUBTOTAL函数将返回#VALUE!错误值。

❷ 如果SUBTOTAL函数计算的区域中存在隐藏行（使用功能区或鼠标快捷菜单中的【隐藏行】命令），

则当function_num的值是1~11时，SUBTOTAL函数在计算时仍然包括这些被隐藏行中的数据；而function_num的值是101~111时，SUBTOTAL函数不会计算隐藏行中的数据。

❸ SUBTOTAL函数只适用于数据列或垂直区域。当function_num的值是101~111且引用了多列时，如果对其中的某些列设置了隐藏，则这些隐藏列不会影响SUBTOTAL函数的计算结果，即SUBTOTAL函数仍然对包括隐藏列在内的所有列执行计算。

❹ SUBTOTAL函数的参数ref1, ref2,…支持二维引用，但是不支持三维引用。如果是三维引用，SUBTOTAL函数将返回#VALUE!错误值。

案例71 汇总某部门员工工资情况（一）

本例效果如图2-71所示，A1:D14单元格区域中有14行数据，其中的第2、4、5、7、8、9、10、11、12行被隐藏。在G1单元格中输入以下公式并按【Enter】键，计算图中显示的4行数据中销售部员工的年薪总和。

=SUBTOTAL(109,D3:D14)

G1 =SUBTOTAL(109,D3:D14)

	A	B	C	D	E	F	G
1	姓名	部门	职位	年薪		销售部员工年薪总和	702000
3	袁芳	销售部	高级职员	90000			
6	蒋超	销售部	部门经理	162000			
13	郭静纯	销售部	高级职员	216000			
14	陈义军	销售部	普通职员	234000			

图2-71

注意 若将公式改为=SUBTOTAL(9,D3:D14)，则在求和时会将隐藏的行计算在内。

案例72 设置不间断序号

本例效果如图2-72所示，在A2单元格中输入以下公式并按【Enter】键，然后将该公式向下复制到A14单元格，当筛选数据区域时，A列中的编号会自动更新，使编号始终保持连贯。

=SUBTOTAL(103,$B$2:B2)

A2 =SUBTOTAL(103,$B$2:B2)

	A	B	C	D	E	F	G
1	编号	姓名	部门	职位	年薪		
2	1	刘树梅	人力部	普通职员	72000		
8	2	朱红	后勤部	普通职员	162000		
9	3	邓苗	工程部	普通职员	162000		
11	4	郑华	工程部	普通职员	180000		
14	5	陈义军	销售部	普通职员	234000		

图2-72

提示 由于筛选操作导致的隐藏并非使用隐藏命令进行的隐藏，因此此时SUBTOTAL函数的第一个参数的两种取值具有相同的效果，即本例也可以使用以下公式。

=SUBTOTAL(3,$B$2:B2)

2.6.4 AGGREGATE——返回指定区域的分类汇总结果

➲ 函数功能

AGGREGATE函数用于计算数据的分类汇总，它是一个类似于SUBTOTAL函数但是功能更强大的函数。

➲ 函数格式

AGGREGATE(function_num,options,ref1,[ref2],…)

➲ 参数说明

function_num：需要对数据进行汇总的方式，该参数的取值范围是1~19，如表2-14所示。

▼ **表2-14 function_num参数的取值与对应函数**

function_num参数值	对应函数	函数功能
1	AVERAGE	统计平均值
2	COUNT	统计数值单元格数
3	COUNTA	统计非空单元格数
4	MAX	统计最大值
5	MIN	统计最小值
6	PRODUCT	求积
7	STDEV.S	统计标准偏差
8	STDEV.P	统计总体标准偏差
9	SUM	求和
10	VAR.S	统计方差
11	VAR.P	统计总体方差
12	MEDIAN	统计中值
13	MODE.SNGL	统计出现次数最多的值
14	LARGE	统计第*k*个最大值
15	SMALL	统计第*k*个最小值
16	PERCENTILE.INC	统计第*k*个百分点的值
17	QUARTILE.INC	统计四分位数
18	PERCENTILE.EXC	统计第*k*个百分点的值
19	QUARTILE.EXC	统计四分位数

options：需要在函数的计算区域中忽略哪些值，该参数的取值范围是0~7，如表2-15所示。

▼ **表2-15 options参数的取值及说明**

options参数值	说明
0或省略	忽略嵌套SUBTOTAL和AGGREGATE函数
1	忽略隐藏行、嵌套SUBTOTAL和AGGREGATE函数

续表

options参数值	说明
2	忽略错误值、嵌套SUBTOTAL和AGGREGATE函数
3	忽略隐藏行、错误值、嵌套SUBTOTAL和AGGREGATE函数
4	忽略空值
5	忽略隐藏行
6	忽略错误值
7	忽略隐藏行和错误值

ref1：需要进行分类汇总的数据区域。

ref2,…（可选）：当function_num取值为14~19时，需要设置ref2的值，此时ref2表示这些函数的第2个参数。

注意事项

❶ 当function_num取值为14~19时，必须设置ref2的值，否则AGGREGATE函数将返回#VALUE!错误值。

❷ 如果AGGREGATE函数的引用中包含AGGREGATE或SUBTOTAL函数，则将忽略这两个函数。

❸ 如果公式中存在一个或多个三维引用，则AGGREGATE函数将返回#VALUE!错误值。

❹ AGGREGATE函数只适用于数据列或垂直区域。

案例73 汇总某部门员工工资情况（二）

本例效果如图2-73所示，A1:D14单元格区域中有14行数据，其中的第2、4、5、7、8、9、10、11、12行被隐藏，D6单元格包含一个错误值，如果使用SUBTOTAL函数统计销售部员工的年薪总和，则会返回错误值。为了不受错误值的干扰，可以使用AGGREGATE函数代替SUBTOTAL函数。在G1单元格中输入以下公式并按【Enter】键，计算图中显示的4行数据中销售部员工的年薪总和。

=AGGREGATE(9,7,D3:D14)

G1 =AGGREGATE(9,7,D3:D14)

	A	B	C	D	E	F	G
1	姓名	部门	职位	年薪		销售部员工年薪总和	540000
3	袁芳	销售部	高级职员	90000			
6	蒋超	销售部	部门经理	#N/A			
13	郭静纯	销售部	高级职员	216000			
14	陈义军	销售部	普通职员	234000			

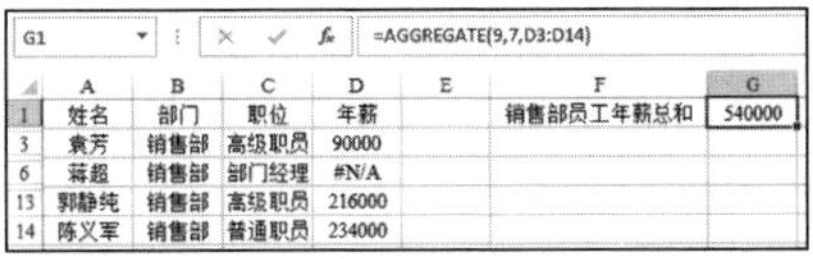

图2-73

公式解析

由于本例的数据区域既包含隐藏行，又包含错误值，因此需要使用AGGREGATE函数避免错误值引发的计算问题，将AGGREGATE函数的第2个参数设置为7，可以忽略隐藏行和错误值。本例需要统计年薪总和，所以需要将第1个参数设置为9，表示使用SUM函数进行计算；最后将第3个参数设置为D3:D14，指定需要汇总的数据范围。

案例 74 统计销售部年薪排名第二的员工姓名（AGGREGATE+INDEX+MATCH）

本例效果如图2-74所示，在G1单元格中输入以下公式并按【Enter】键，统计图中显示的销售部年薪排名第二的员工姓名。

```
=INDEX(A3:A16,MATCH(AGGREGATE(14,7,D3:D16,2),D3:D16,0))
```

G1 =INDEX(A3:A16,MATCH(AGGREGATE(14,7,D3:D16,2),D3:D16,0))

	A	B	C	D	E	F	G	H	I
1	姓名	部门	职位	年薪		年薪排名第二的员工	陈义军		
3	袁芳	销售部	高级职员	90000					
6	蒋超	销售部	部门经理	#N/A					
13	郭静纯	销售部	高级职员	216000					
14	陈义军	销售部	普通职员	234000					
15	高芬	销售部	普通职员	160000					
16	罗斌	销售部	部门经理	280000					

图2-74

公式解析

首先使用AGGREGATE函数统计区域中排在第二的年薪。由于需要统计区域中第二大的值，因此需要将AGGREGATE函数的第1个参数设置为14，表示使用LARGE函数；又由于区域中隐藏了某些行并存在错误值，因此需要将AGGREGATE函数的第2个参数设置为7，即忽略隐藏行和错误值。为了统计区域中第二大的值，需要将LARGE函数的第2个参数设置为2，相当于将AGGREGATE函数的第4个参数设置为2。然后使用MATCH函数在D3:D16单元格区域中查找年薪第二大的值在第几行。最后使用INDEX函数从相应的行中提取员工姓名。

2.6.5 ROMAN——将阿拉伯数字转为罗马数字

➲函数功能

ROMAN函数用于将阿拉伯数字转换为文本格式的罗马数字。

➲函数格式

```
ROMAN(number,[form])
```

➲参数说明

number：需要转换的阿拉伯数字。

form（可选）：用于指定所需的罗马数字类型的数字，该参数的取值与类型如表2-16所示。

表2-16 form参数的取值与类型

form参数值	类型
0、省略、TRUE	经典
1	更简化
2	比1更简化
3	比2更简化
4、FALSE	简化

➲ 注意事项

❶ 所有参数都必须是数值类型或可转换为数值的数据，否则ROMAN函数将返回#VALUE!错误值。

❷ 如果number小于0或大于3999，则ROMAN函数将返回#VALUE!错误值。

案例75 将人员编号转换为罗马数字（ROMAN+CHOOSE）

本例效果如图2-75所示，A列是阿拉伯数字格式的人员编号，选择F2:I10单元格区域，然后输入以下数组公式并按【Ctrl+Shift+Enter】组合键，返回A2:D10单元格区域中的内容，并将A列编号转换为罗马数字。

```
=CHOOSE({1,2,3,4},ROMAN(A2:A10),
B2:B11,C2:C11,D2:D11)
```

F2 {=CHOOSE({1,2,3,4},ROMAN(A2:A10),B2:B11,C2:C11,D2:D11)}

	A	B	C	D	E	F	G	H	I	J
1	编号	姓名	部门	职位		编号	姓名	部门	职位	
2	1	刘树梅	人力部	普通职员		I	刘树梅	人力部	普通职员	
3	2	袁芳	销售部	高级职员		II	袁芳	销售部	高级职员	
4	3	薛力	人力部	高级职员		III	薛力	人力部	高级职员	
5	4	胡伟	人力部	部门经理		IV	胡伟	人力部	部门经理	
6	5	蒋超	销售部	部门经理		V	蒋超	销售部	部门经理	
7	6	刘力平	后勤部	部门经理		VI	刘力平	后勤部	部门经理	
8	7	朱红	后勤部	普通职员		VII	朱红	后勤部	普通职员	
9	8	邓苗	工程部	普通职员		VIII	邓苗	工程部	普通职员	
10	9	姜然	财务部	部门经理		IX	姜然	财务部	部门经理	

图2-75

➲ 交叉参考

CHOOSE函数请参考第6章。

2.6.6 ARABIC——将罗马数字转换为阿拉伯数字

➲ 函数功能

ARABIC函数用于将文本格式的罗马数字转换为阿拉伯数字。

➲ 函数格式

```
ARABIC(text)
```

➲ 参数说明

text：需要转换的罗马数字。

➲ 注意事项

❶ 如果参数是非罗马数字的数字、日期或文本，则ARABIC函数将返回#VALUE!错误值。

❷ 参数的最大长度是255个字符，所以可以返回的最大数字是255000。

➲ Excel版本提醒

ARABIC是Excel 2013中新增的函数，不能在Excel 2013之前的版本中使用。

2.6.7 BASE——在不同数制之间转换数字

➲ 函数功能

BASE函数用于在不同数制之间转换数字。

➲ 函数格式

BASE(number,radix,[min_length])

➲ 参数说明

number：需要转换数制的数字，必须是大于或等于0且小于2^{53}的整数。

radix：基数，必须是大于或等于2且小于或等于36的整数。

min_length（可选）：指定转换后的字符串的长度，必须是大于或等于0且小于或等于255的整数。

➲ 注意事项

❶ number必须是数值类型或可转换为数值的数据，否则BASE函数将返回#VALUE!错误值。

❷ 如果number、radix或min_length超出各自的有效值范围，则BASE函数将返回#NUM!错误值。

❸ 如果number是小数，则只保留其整数部分。

➲ Excel版本提醒

BASE是Excel 2013中新增的函数，不能在Excel 2013之前的版本中使用。

案例 76 在不同数制之间转换数字

本例效果如图2-76所示，在C2单元格中输入公式并按【Enter】键，然后将该公式向下复制到C7单元格，将A列中的数字转换为不同数制下的数字。如果转换后的数字不到10位，则自动在数字的左侧添加一个或多个0，直到补满10位。

=BASE(A2,B2,10)

C2 =BASE(A2,B2,10)

	A	B	C	D	E
1	数字	基数	转换结果		
2	10	2	0000001010		
3	36	2	0000100100		
4	78	8	0000000116		
5	128	8	0000000200		
6	190	16	00000000BE		
7	255	16	00000000FF		

图2-76

2.6.8 DECIMAL——将非十进制数转换为十进制数

➲ 函数功能

DECIMAL函数用于将非十进制数转换为十进制数。

➲ 函数格式

DECIMAL(text,radix)

➲ 参数说明

text：需要转换的非十进制数。如果是字符串，其长度不能超过255个字符；如果是数字，它必须是大于或等于0且小于2^{53}的整数。

radix：基数，必须是大于或等于2且小于或等于36的整数。

注意事项

如果text或radix超出各自的有效值范围，则DECIMAL函数将返回#NUM!或#VALUE!错误值。

Excel版本提醒

DECIMAL是Excel 2013中新增的函数，不能在Excel 2013之前的版本中使用。

案例77 将给定基数的文本转换为十进制数

本例效果如图2-77所示，在C2单元格中输入以下公式并按【Enter】键，然后将该公式向下复制到C7单元格，将指定数制的文本转换为十进制数。

=DECIMAL(A2,B2)

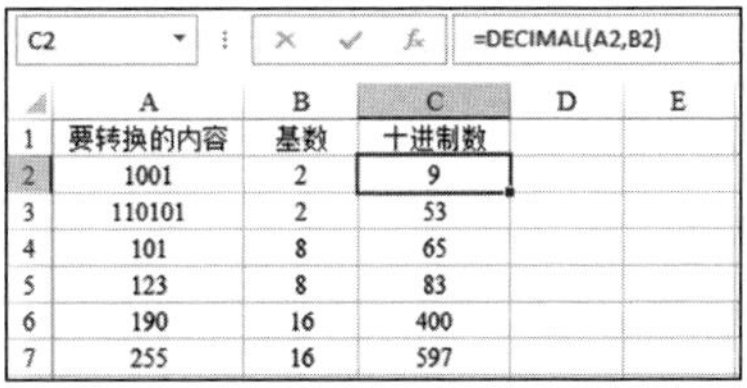

C2 =DECIMAL(A2,B2)

	A	B	C	D	E
1	要转换的内容	基数	十进制数		
2	1001	2	9		
3	110101	2	53		
4	101	8	65		
5	123	8	83		
6	190	16	400		
7	255	16	597		

图2-77

2.6.9 RAND——返回0到1之间的一个随机数

函数功能

RAND函数用于返回一个大于或等于0且小于1的数字。

函数格式

RAND()

参数说明

该函数没有参数。

注意事项

❶ 只要工作簿被重新计算，单元格中的随机数就会自动更新。例如，在工作表中按【F9】键，或者按【F2】键后按【Enter】键，这些操作都会更新单元格中的随机数。

❷ 如需返回一个特定数值范围内的数字，可以使用下面的公式生成大于或等于数字a且小于数字b的随机数。

RAND()*(b-a)+a

案例78 随机显示A~Z中的大写字母（RAND+CHAR+INT）

本例效果如图2-78所示，在A1:D8单元格区域中输入以下公式并按【Ctrl+Enter】组合键，随机显示A~Z中的大写字母。

=CHAR(INT(RAND()*(90-65)+65))

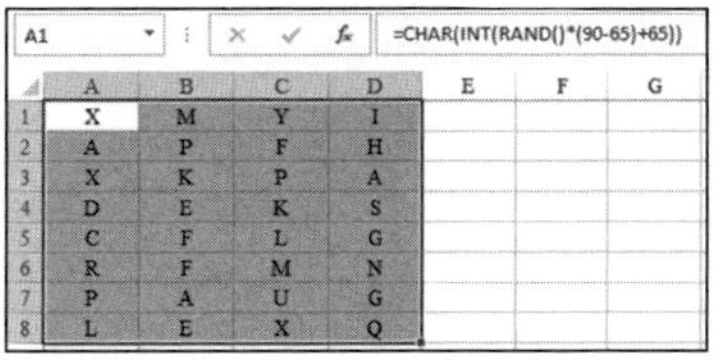

A1 =CHAR(INT(RAND()*(90-65)+65))

	A	B	C	D	E	F	G
1	X	M	Y	I			
2	A	P	F	H			
3	X	K	P	A			
4	D	E	K	S			
5	C	F	L	G			
6	R	F	M	N			
7	P	A	U	G			
8	L	E	X	Q			

图2-78

公式解析

大写字母A对应的美国国家标准研究所（ANSI）编码是65，大写字母Z对应的ANSI编码是90。使用RAND函数可以随机从这两个数字组成的范围内生成一个数字，然后使用INT函数对该数取整，再使用CHAR函数将该数字转换为对应的字母。

> 提示
>
> 使生成的随机内容固定不变有两种方法。如果随机内容位于单元格区域中，则可以先复制该区域，然后右击该区域并选择【选择性粘贴】命令，在打开的对话框中选中【数值】单选钮并单击【确定】按钮；如果随机内容位于一个单元格中，则可以在单击该单元格后按【F2】键，然后按【F9】键，再按【Enter】键。

交叉参考

CHAR函数请参考第5章。

INT函数请参考2.2.1小节。

2.6.10 RANDBETWEEN——返回指定范围内的随机整数

函数功能

RANDBETWEEN函数用于返回一个指定范围内的随机整数。

函数格式

```
RANDBETWEEN(bottom,top)
```

参数说明

bottom：指定范围的最小值。

top：指定范围的最大值。

注意事项

❶ 所有参数都必须是数值类型或可转换为数值的数据，否则RANDBETWEEN函数将返回#VALUE!错误值。

❷ top不能小于bottom，否则RANDBETWEEN函数将返回#NUM!错误值。

❸ 如果参数中包含小数，则在计算时会自动截去小数部分。

❹ 只要工作簿被重新计算，单元格中的随机数就会自动更新。例如，在工作表中按【F9】键，或者按【F2】键后按【Enter】键，这些操作都会更新单元格中的随机数。

案例79 生成1到50之间的随机偶数

本例效果如图2-79所示，在B1单元格中输入以下公式并按【Enter】键，生成1到50之间的随机偶数。

```
=RANDBETWEEN(1,25)*2
```

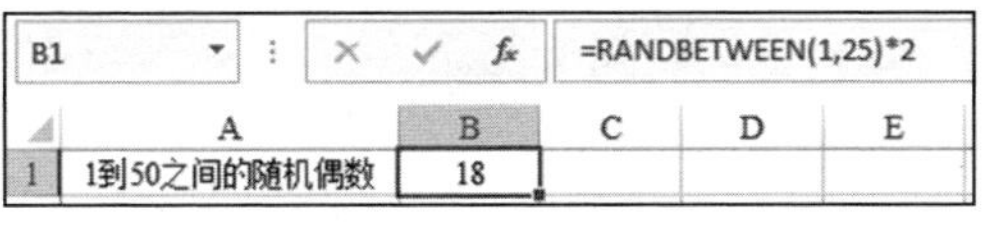

图2-79

2.6.11 RANDARRAY——返回指定行/列数和最值的一组随机数

函数功能

RANDARRAY函数用于返回指定行/列数、最小值和最大值的一组随机数。

函数格式

RANDARRAY([rows],[columns],[min],[max],[whole_number])

参数说明

rows（可选）：填充随机数的行数。

columns（可选）：填充随机数的列数。

min（可选）：返回的随机数的最小值。

max（可选）：返回的随机数的最大值。

whole_number（可选）：指定随机数是整数还是小数，TRUE表示整数，FALSE表示小数。如果省略该参数，则其默认值是FALSE。

注意事项

❶ 前4个参数都必须是数值类型或可转换为数值的数据，最后1个参数可以是逻辑值或数值，否则RANDARRAY函数将返回#VALUE!错误值。

❷ max不能小于min，否则RANDARRAY函数将返回#VALUE!错误值。

❸ 如果rows或columns中包含小数，则在计算时会自动截去小数部分。

❹ 如果将whole_number设置为TRUE，即返回随机整数，则必须将min和max设置为整数，否则RANDARRAY函数将返回#VALUE!错误值。

❺ 省略所有参数时，RANDARRAY函数的功能等同于RAND函数。

❻ 只要工作簿被重新计算，单元格中的随机数就会自动更新。例如，在工作表中按【F9】键，或者按【F2】键后按【Enter】键，这些操作都会更新单元格中的随机数。

Excel版本提醒

RANDARRAY是Excel 2021中新增的函数，不能在Excel 2021之前的版本中使用。

案例80 随机显示A~Z中的大写字母（RANDARRAY+CHAR）

本例与案例78的效果相同，此处使用RANDARRAY函数代替INT和RAND两个函数，并且只需在A1单元格中输入公式，就能自动在A1:D8单元格区域中随机显示A~Z中的大写字母，如图2-80所示。

=CHAR(RANDARRAY(8,4,65,90,TRUE))

A1 =CHAR(RANDARRAY(8,4,65,90,TRUE))

	A	B	C	D	E	F	G	H
1	N	U	V	N				
2	E	B	V	G				
3	K	Z	V	P				
4	M	Z	X	V				
5	Q	F	W	L				
6	W	G	Y	M				
7	K	O	X	A				
8	D	M	D	O				

图2-80

2.6.12 SEQUENCE——返回指定行/列数和增量的一组连续数字

函数功能

SEQUENCE函数用于返回指定行/列数、起始值和增量的一组连续数字。

函数格式

SEQUENCE(rows,[columns],[start],[step])

参数说明

rows：填充随机数的行数。虽然微软官方将该参数指定为“必需”参数，但是实际上可以省略该参数，此时必须至少指定其他3个参数中的一个。

columns（可选）：填充随机数的列数。

start（可选）：随机数的起始值。

step（可选）：后续随机数的增量，可以是正数或负数。

注意事项

❶ 所有参数都必须是数值类型或可转换为数值的数据，否则SEQUENCE函数将返回#VALUE!错误值。

❷ 无论省略哪个参数，其默认值都是1。

❸ 只要工作簿被重新计算，单元格中的随机数就会自动更新。例如，在工作表中按【F9】键，或者按【F2】键后按【Enter】键，这些操作都会更新单元格中的随机数。

Excel版本提醒

SEQUENCE是Excel 2021中新增的函数，不能在Excel 2021之前的版本中使用。

案例81 创建以100为增量的一系列编号

本例效果如图2-81所示，在A1单元格中输入公式并按【Enter】键，将在

A1:A10单元格区域中显示从101开始、增量为100的10个编号。

=SEQUENCE(10,1,101,100)

A1 =SEQUENCE(10,1,101,100)

	A	B	C	D	E	F	G
1	101						
2	201						
3	301						
4	401						
5	501						
6	601						
7	701						
8	801						
9	901						
10	1001						

图2-81

第3章 日期和时间函数

Excel中的日期和时间函数主要用于计算日期和时间，以及设置日期和时间格式。本章将介绍日期和时间函数的基本用法和实际应用。

3.1 了解Excel日期系统

为了在Excel中正确地使用日期和时间函数，本节将介绍Excel处理日期和时间的方式。

3.1.1 Excel提供的两种日期系统

在Excel中有两种日期系统——1900日期系统和1904日期系统，它们具有不同的起始日期。1900日期系统的起始日期是1900年1月1日，1904日期系统的起始日期是1904年1月1日。Windows中的Excel程序默认使用1900日期系统，macOS中的Excel程序默认使用1904日期系统。为了保持兼容性，Windows中的Excel程序也提供了1904日期系统。在Windows中的Excel程序中使用1904日期系统的操作步骤如下。

1 在Excel中单击【文件】按钮，然后选择【选项】命令。如果未显示【选项】命令，则可以单击【更多】后再进行选择。

2 在打开的【Excel选项】对话框的【高级】选项卡中选中【使用1904日期系统】复选框，然后单击【确定】按钮，如图3-1所示。

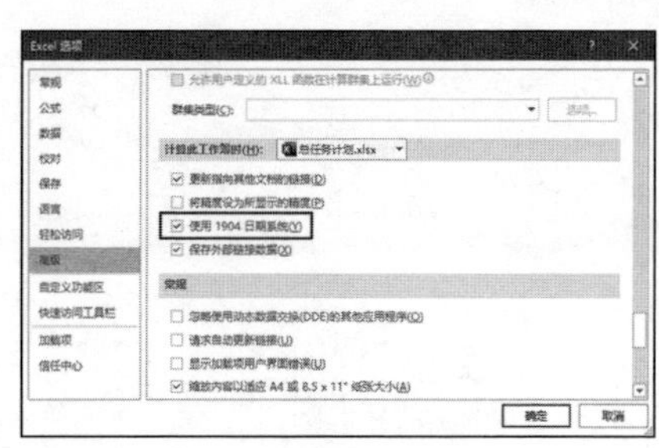

图3-1

两个日期系统的另一个区别是，1904日期系统可以显示负数日期，而1900日期系统不能显示负数日期，负数日期在1900日期系统中显示为一串#。

3.1.2 日期和时间序列号

Excel中的日期和时间本质上也是数值，只不过显示为特定的形式，这意味着Excel中的日期和时间可以像数值一样参与计算。由于日期具有先后顺序，因此每个日期都对应一个序列号，编号1对应第一个日期。在1900日期系统中，将1900年1月1日的日期序列号定义为1，1900年1月2日的序列号就是2，依此类推。

日期序列号是整数，时间的序列号是日期序列号的小数部分，0.5表示一天的一半，即中午12点，例如2.5表示的是1900年1月2日中午12点。一小时的序列号、一分钟的序列号和一秒钟的序列号可以分别使用以下公式计算得到。

=1/24

=1/(24*60)

=1/(24*60*60)

例如，如需计算时间为18:30的序列号，可以将该时间的小时数乘以“1/24”，将该时间的分钟数乘以“1/(24*60)”，然后将两个计算结果相加。

技巧 如需查看日期和时间的序列号，只需在单元格中输入日期和时间，然后将单元格的数字格式设置为【常规】即可。

3.1.3 输入与设置日期和时间

在Excel中输入日期时，需要使用“-”“/”或“年”“月”“日”将表示年、月、日的数字分隔开（可以混合使用“-”和“/”），这样Excel才会将输入的内容正确识别为日期，否则Excel会认为输入的内容是文本或普通数字。

例如，以下几种输入方式都可输入正确的日期：“2023-6-8”“2023/6/8”“2023年6月8日”“2023-6/8”“2023/6-8”。

如需同时输入日期和时间，可以在日期和时间之间添加一个空格。

如需将单元格中的数字转换为日期格式，可以右击该单元格，在弹出的菜单中选择【设置单元格格式】命令，打开【设置单元格格式】对话框，然后在【数字】选项卡的【日期】类别中选择所需的日期格式，如图3-2所示，最后单击【确定】按钮。

图3-2

3.2 返回日期和时间

3.2.1 NOW——返回当前日期和时间

➲ 函数功能

NOW函数用于返回当前日期和时间。

➲ 函数格式

```
NOW()
```

➲ 参数说明

该函数没有参数。

➲ 注意事项

❶ NOW函数返回的是Windows操作系统中设置的日期和时间。

❷ NOW函数返回的日期和时间在工作表重新计算时会进行更新。

案例01 统计员工在职时间（NOW+ROUND+IF）

本例效果如图3-3所示，在D2单元格中输入以下公式并按【Enter】键，然后将该公式向下复制到D10单元格，计算每个员工的在职天数。如果员工未离职，则计算该员工从入职日期到当前日期的天数。

```
=ROUND(IF(C2<>"",C2-B2,NOW()-B2),0)
```

D2　=ROUND(IF(C2<>"",C2-B2,NOW()-B2),0)

	A	B	C	D	E
1	姓名	入职日期	离职日期	在职时间（天）	
2	刘树梅	2012年5月11日		4143	
3	袁芳	2011年8月3日	2017年5月11日	2108	
4	薛力	2016年10月22日	2018年3月25日	519	
5	胡伟	2015年4月9日		3080	
6	蒋超	2013年12月27日	2017年8月22日	1334	
7	邓苗	2012年7月19日		4074	
8	郑华	2011年6月14日	2015年4月12日	1398	
9	何贝贝	2015年8月20日	2018年11月5日	1173	
10	郭静纯	2017年9月13日		2192	

图3-3

公式解析

首先判断C列中的离职日期是否不为空，如果不为空，则使用离职日期减去入职日期得到员工的在职天数；如果离职日期为空，则说明该员工未离职，此时先使用NOW函数返回当前日期，再减去入职日期，得到员工的在职天数。

案例02 元旦倒计时（NOW+TEXT）

本例效果如图3-4所示，在B1单元格中输入以下公式并按【Enter】键，计算当前日期距离元旦的天数。

```
=TEXT("12-31"-TEXT(NOW(),"mm-dd"),"0")+1
```

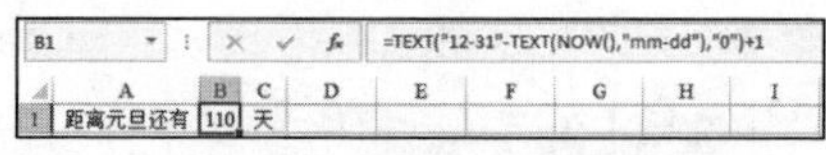

图3-4

公式解析

首先使用NOW函数获得当前日期，然后使用TEXT函数将当前日期设置为“月-日”格式，并使用12月31日减去当前的日期，再使用TEXT函数将得到的差值设置为数字格式。最后加1，因为是按12月31日计算的，而元旦是1月1日，即12月31日的下一天，所以需要加1，得到当前日期距离元旦的天数。

交叉参考

ROUND函数请参考第2章。

IF函数请参考第4章。

TEXT函数请参考第5章。

3.2.2 TODAY——返回当前日期

函数功能

TODAY函数用于返回当前日期。

函数格式

TODAY()

参数说明

该函数没有参数。

注意事项

❶ TODAY函数返回的是Windows操作系统中设置的日期。

❷ TODAY函数返回的日期在工作表重新计算时会进行更新。

案例 03 统计试用期到期的人数（TODAY+COUNTIF）

本例效果如图3-5所示，在F2单元格中输入公式并按【Enter】键，计算试用期已到期的人数，本例假定试用期是两个月。由于F1单元格中的日期是由TODAY计算得到的，而TODAY函数会实时返回系统当前日期，所以读者在自己的计算机中打开本例工作簿时，在F1单元格中会显示与图中不同的日期。

=COUNTIF(C2:C10,"<"&TODAY()-60)

F2 =COUNTIF(C2:C10,"<"&TODAY()

	A	B	C	D	E	F
1	姓名	部门	入职时间		当前时间	2024/3/27
2	刘树梅	人力部	1月12日		试用期到期人数	6
3	袁芳	销售部	1月23日			
4	薛力	人力部	1月19日			
5	胡伟	人力部	2月20日			
6	蒋超	销售部	1月28日			
7	邓苗	工程部	2月17日			
8	郑华	工程部	1月22日			
9	何贝贝	工程部	1月11日			
10	郭静纯	销售部	1月23日			

图3-5

公式解析

首先使用TODAY函数获得当前日期，然后减去60（假定两个月是60天），再与C列中的入职时间进行比较。如果大于入职时间（即时间更晚），则说明该人员试用期已到期。最后使用COUNTIF函数统计符合条件的个数，即试用期到期的人数。

➲ 交叉参考

COUNTIF函数请参考第8章。

3.2.3 DATE——返回指定日期的序列号

➲ 函数功能

DATE函数用于返回指定日期的序列号。

➲ 函数格式

```
DATE(year,month,day)
```

➲ 参数说明

year：表示年的数字。

month：表示月的数字。

day：表示日的数字。

➲ 注意事项

❶ 所有参数都必须是数值类型或可转换为数值的数据，否则DATE函数将返回#VALUE!错误值。

❷ year的取值范围是1900~9999，大于9999将返回#NUM!错误值。month的正常取值范围是1~12，如果大于12，则DATE函数会将其转换到下一年。day的正常取值范围是1~31，如果大于31，则DATE函数会将其转换到下一个月。如果月或日小于1，则DATE函数会将它们转换到上一年或上一个月。例如，DATE函数会将2023年13月识别为2024年1月（13比12大1，多出的1变成下一年的第一个月）；而将2023年0月识别为2022年12月。

案例04 计算2023年星期六的个数（DATE+SUM+N+TEXT+ROW+INDIRECT）

本例效果如图3－6所示，在B1单元格中输入以下数组公式并按【Ctrl+Shift+Enter】组合键，计算2023年星期六的个数。

```
=SUM(N(TEXT(DATE(2023,1,ROW(INDIRECT("1:"&("2023-12-31"-"2023-1-1")))),"AAA")="六"))
```

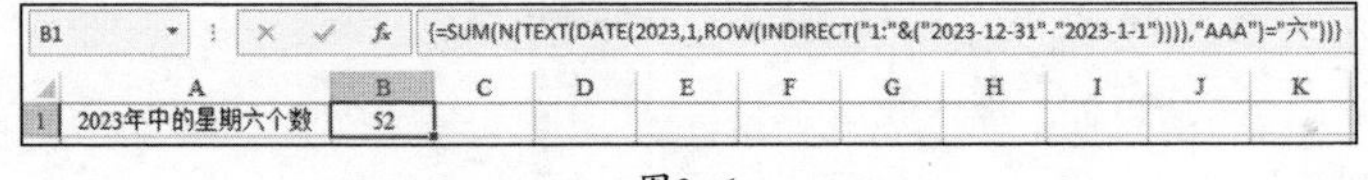

图3－6

公式解析

ROW(INDIRECT())函数返回一个表示天数的1到2023年最后一天的数组，并将该数组中的每一个数字作为DATE函数的第3个参数，组成一个代表2023年每一天日期的数组；接着使用TEXT函数将这些日期设置为以中文汉字表示的星期几，并与“六”进行比较；再使用N函数将比较结果得到的逻辑值转换为数字，如果日期是星期六，则比较结果是TRUE，转换为数字就是1；最后使用SUM函数计算数字1的个数，即星期六的个数。

案例05 计算本月的天数（DATE+TEXT+YEAR+MONTH+TODAY）

本例效果如图3-7所示，在B1单元格中输入以下公式并按【Enter】键，计算本月的天数。

```
=TEXT(DATE(YEAR(TODAY()),MONTH(TODAY())+1,0),"d")
```

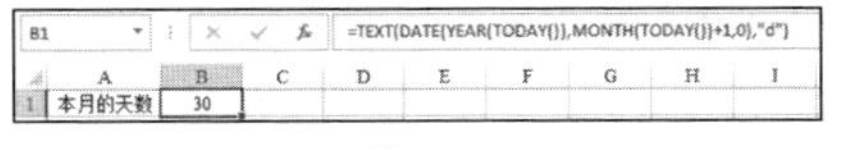

图3-7

公式解析

首先使用YEAR和MONTH函数提取当前日期的年份和月份；然后将月份加1，将日的部分设置为0，表示下个月的第0天，也就相当于当月的最后一天；最后使用TEXT函数将结果设置为以阿拉伯数字显示月的最后一天，即该月的天数。

交叉参考

N函数请参考第7章。

SUM函数请参考第2章。

TEXT函数请参考第5章。

ROW函数请参考第6章。

INDIRECT函数请参考第6章。

YEAR函数请参考3.3.1小节。

MONTH函数请参考3.3.2小节。

TODAY函数请参考3.2.2小节。

3.2.4 TIME——返回指定时间的序列号

函数功能

TIME函数用于返回指定时间的序列号。时间序列号是一个小数，范围是0~0.99999999，表示0:00:00到23:59:59之间的时间。

函数格式

```
TIME(hour,minute,second)
```

参数说明

hour：表示小时的数字，取值范围是0~32767。当该参数的值大于23时，将其除以24，得到的余数将作为小时。

minute：表示分钟的数字，取值范围是0~32767。当该参数的值大于59时，其值将被转换为小时和分钟。

second：表示秒的数字，取值范围是0~32767。当该参数大于59时，其值将被转换为小时、分钟和秒。

注意事项

所有参数都必须是数值类型或可转换为数值的数据，否则TIME函数将返回#VALUE!错误值。

案例 06 安排会议时间（TIME+TEXT+NOW）

本例效果如图3-8所示，在B1单元格中输入以下公式并按【Enter】键，计算从当前时间开始经过3.5小时之后的开会时间。

```
=TEXT(NOW(),"hh:mm")+TIME(3,30,0)
```

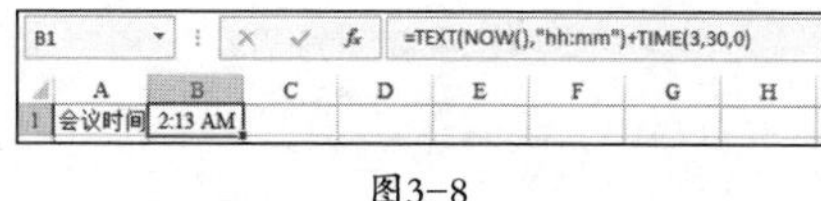
B1 =TEXT(NOW(),"hh:mm")+TIME(3,30,0)

	A	B	C	D	E	F	G	H
1	会议时间	2:13 AM						

图3-8

公式解析

首先使用TEXT函数将由NOW函数返回的当前日期和时间设置为只显示时间，然后将该时间加上由TIME函数创建的3.5小时即可得到3.5小时后的时间。

交叉参考

TEXT函数请参考第5章。

3.3 返回日期和时间的特定部分

3.3.1 YEAR——返回年份

函数功能

YEAR函数用于返回日期中的年份，返回值的范围是1900~9999。

函数格式

```
YEAR(serial_number)
```

参数说明

serial_number：需要提取年份的日期。

注意事项

serial_number表示的日期需要以正确的日期格式输入，或者使用DATE、NOW、TODAY等函数输入，否则YEAR函数将返回#VALUE!错误值。

案例 07 计算2020年之后的员工平均工资（YEAR+ROUND+AVERAGE+IF）

本例效果如图3-9所示，在F1单元格中输入以下数组公式并按【Ctrl+Shift+Enter】组合键，计算2020年之后的员工平均工资。

```
=ROUND(AVERAGE(IF(YEAR(A2:A26)>2020,C2:C26)),-2)
```

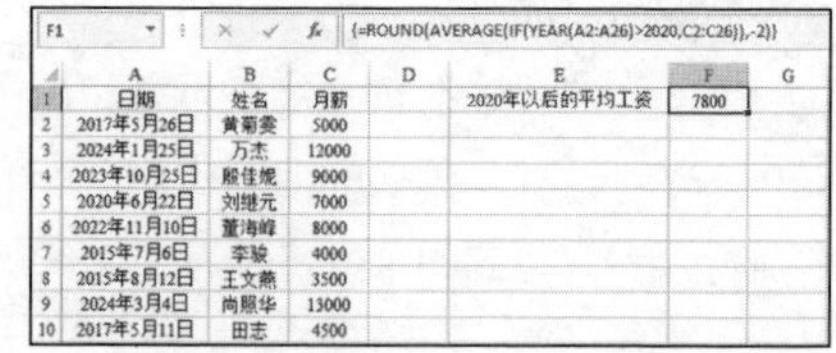
F1 {=ROUND(AVERAGE(IF(YEAR(A2:A26)>2020,C2:C26)),-2)}

	A	B	C	D	E	F	G
1	日期	姓名	月薪		2020年以后的平均工资	7800	
2	2017年5月26日	黄菊雯	5000				
3	2024年1月25日	万杰	12000				
4	2023年10月25日	殷佳妮	9000				
5	2020年6月22日	刘继元	7000				
6	2022年11月10日	董海峰	8000				
7	2015年7月6日	李骏	4000				
8	2015年8月12日	王文燕	3500				
9	2024年3月4日	尚照华	13000				
10	2017年5月11日	田志	4500				

图3-9

公式解析

首先使用YEAR函数提取A列日期中的年；再将提取结果与2020比较，如果大于2020，则返回当前行对应的C列的值（月薪）；然后使用AVERAGE函数对所有大于2020的月薪求平均值；最后使用ROUND函数对结果进行舍入。

交叉参考

ROUND函数请参考第2章。

AVERAGE函数请参考第8章。

IF函数请参考第4章。

3.3.2 MONTH——返回月份

函数功能

MONTH函数用于返回日期中的月份，返回值的范围是1~12。

函数格式

MONTH(serial_number)

参数说明

serial_number：需要提取月份的日期。

注意事项

serial_number表示的日期需要以正确的日期格式输入，或者使用DATE、NOW、TODAY等函数输入，否则MONTH函数将返回#VALUE!错误值。

案例 08 计算本月需要结算的金额（MONTH+TODAY+SUM+IF）

本例效果如图3-10所示，在E1单元格中输入以下数组公式并按【Ctrl+Shift+Enter】组合键，计算本月需要结算的金额。

=SUM(IF(MONTH(A2:A14)=MONTH(TODAY()),B2:B14))

E1 {=SUM(IF(MONTH(A2:A14)=MONTH(TODAY()),B2:B14))}

	A	B	C	D	E	F	G
1	日期	结算金额		本月需要结算的金额	37500		
2	[illegible]	[illegible]					
3	2023年9月15日	1400					
4	2023年9月21日	4000					
5	2023年9月28日	3700					
6	2023年9月16日	4000					
7	2023年9月23日	3800					
8	2023年9月26日	2800					
9	2023年9月17日	3800					
10	2023年9月19日	1200					
11	2023年9月28日	2500					
12	2023年9月28日	2000					
13	2023年9月18日	2400					
14	2023年9月24日	3500					

图3-10

公式解析

首先使用MONTH函数提取A列日期中的月份；然后和使用MONTH函数提取的当前月份进行比较，如果相等，则返回当前行对应的B列单元格中的金额；最后使用SUM函数对返回的所有金额求和。

注意 为了使本例正常工作，A列中的日期是使用TODAY函数+RANDBETWEEN函数创建的，以便在任何时间打开工作簿都能得到正确的计算结果。

案例09 判断是否是闰年（MONTH+IF+DATE+YEAR）

本例效果如图3-11所示，B1单元格中的日期是使用TODAY函数创建的，在B2单元格中输入以下公式并按【Enter】键，判断B1单元格中的日期所属的年份是否是闰年。

```
=IF(MONTH(DATE(YEAR(B1),2,29))=2,
"是","不是")
```

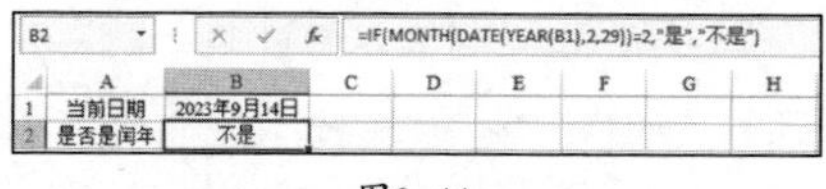

	A	B	C	D	E	F	G	H
1	当前日期	2023年9月14日						
2	是否是闰年	不是						

图3-11

公式解析

首先使用YEAR函数提取B1单元格中的年份，然后使用DATE函数将该年份和2、29组合为一个日期，即当前年份的2月29日。因为闰年2月有29天，如果不是闰年，则2月只有28天。利用DATE函数的自动更正日期错误功能，并使用MONTH函数提取DATE函数产生的日期中的月份。如果是闰年，则提取出的月份等于2；如果不是闰年，则提取出的月份等于3，因为DATE函数会将2月29日自动“进位”到3月1日。最后使用IF函数根据MONTH函数的返回结果显示不同的文本。

交叉参考

IF函数请参考第4章。

SUM函数请参考第2章。

DATE函数请参考3.2.3小节。

TODAY函数请参考3.2.2小节。

3.3.3 DAY——返回日

函数功能

DAY函数用于返回日期中的日，返回值的范围是1~31。

函数格式

```
DAY(serial_number)
```

参数说明

serial_number：需要提取日的日期。

注意事项

serial_number表示的日期需要以正确的日期格式输入，或者使用DATE、NOW、TODAY等函数输入，否则DAY函数将返回#VALUE!错误值。

案例10 计算本月下旬需要结算的金额（DAY+SUM+IF）

本例效果如图3-12所示，在E1单元格中输入数组公式并按【Ctrl+Shift+Enter】组合键，计算本月下旬需要结算的金额。

=SUM(IF(DAY(A2:A14)>20,B2:B14))

E1 | {=SUM(IF(DAY(A2:A14)>20,B2:B14))}

	A	B	C	D	E
1	日期	结算金额		本月下旬需要计算的金额	27200
2	2023年9月17日	2400			
3	2023年9月15日	1400			
4	2023年9月23日	4000			
5	2023年9月24日	3700			
6	2023年9月26日	4000			
7	2023年9月27日	3800			
8	2023年9月20日	2800			
9	2023年9月28日	3800			
10	2023年9月20日	1200			
11	2023年9月15日	2500			
12	2023年9月22日	2000			
13	2023年9月25日	2400			
14	2023年9月27日	3500			

图3-12

公式解析

首先使用DAY函数提取A列日期中的日，然后判断它是否大于20。如果大于20，则说明该日期是本月下旬，此时返回该日期所在行对应的B列中的金额。最后使用SUM函数对返回的所有金额求和。

交叉参考

SUM函数请参考第2章。

IF函数请参考第4章。

3.3.4 WEEKDAY——返回指定日期对应的星期

函数功能

WEEKDAY函数用于返回指定日期对应的星期。

函数格式

WEEKDAY(serial_number,[return_type])

参数说明

serial_number：需要判断星期几的日期。

return_type（可选）：一个决定WEEKDAY函数返回的数字与星期几之间对应关系的数字。WEEKDAY函数在return_type参数取不同值时的返回值如表3-1所示。如果省略该参数，则将星期日指定为每周的第一天。

表3-1 return_type参数值与WEEKDAY函数的返回值

return_type参数值	WEEKDAY函数的返回值
1或默认	数字1（星期日）到数字7（星期六）
2	数字1（星期一）到数字7（星期日）
3	数字0（星期一）到数字6（星期日）

注意事项

serial_number表示的日期需要以正确的日期格式输入，或者使用DATE、NOW、TODAY等函数输入，否则WEEKDAY函数将返回#VALUE!错误值。

案例 11 统计周五的商品销量（WEEKDAY+SUM+IF）

本例效果如图3-13所示，在E1单元格中输入数组公式并按【Ctrl+Shift+Enter】组合键，统计周五的商品销量。

=SUM(IF(WEEKDAY(A2:A14,2)=5,B2:B14))

E1 {=SUM(IF(WEEKDAY(A2:A14,2)=5,B2:B14))}

	A	B	C	D	E	F
1	日期	销量		周五的商品销量	3800	
2	2023年9月5日	2400				
3	2023年9月6日	1400				
4	2023年9月11日	4000				
5	2023年8月31日	3700				
6	2023年9月10日	4000				
7	2023年8月28日	3800				
8	2023年9月6日	2800				
9	2023年9月8日	3800				
10	2023年8月29日	1200				
11	2023年8月28日	2500				
12	2023年8月29日	2000				
13	2023年9月4日	2400				
14	2023年9月6日	3500				

图3-13

公式解析

首先使用WEEKDAY函数提取A列日期中的星期，将WEEKDAY函数的第2个参数设置为2，表示WEEKDAY函数如果返回1，则相当于星期一，如果返回2，则相当于星期二，依此类推。判断WEEKDAY函数的返回值是否等于5，如果是，则说明日期是周五，此时返回B列中与该日期对应的销量。最后使用SUM函数对所有周五的销量求和。

交叉参考

SUM函数请参考第2章。

IF函数请参考第4章。

3.3.5 HOUR——返回小时

函数功能

HOUR函数用于返回时间中的小时，返回值的范围是0~23。

函数格式

HOUR(serial_number)

参数说明

serial_number：需要返回小时的时间。

注意事项

❶ 参数必须是数值类型或可转换为数值的数据，否则HOUR函数将返回#VALUE!错误值。

❷ 如果小时等于或超过24，则HOUR函数将提取实际小时与24的差值。例如，如果时间的小时部分是26，则HOUR函数将返回2。

案例 12 计算用餐时间

本例效果如图3-14所示，在D2单元格中输入以下公式并按【Enter】键，然后将该公式向下复制到D10单元格，计算每位顾客的用餐小时数。

=HOUR(C2-B2)

D2 =HOUR(C2-B2)

	A	B	C	D
1	编号	开始用餐时间	结束用餐时间	用餐小时数
2	1	11:32	12:18	0
3	2	12:34	14:09	1
4	3	10:52	12:15	1
5	4	11:48	13:11	1
6	5	12:53	13:36	0
7	6	11:48	12:55	1
8	7	12:10	13:35	1
9	8	12:48	13:27	0
10	9	11:17	12:26	1

图3-14

3.3.6 MINUTE——返回分钟

函数功能

MINUTE函数用于返回时间中的分钟，返回值的范围是0~59。

函数格式

MINUTE(serial_number)

参数说明

serial_number：需要返回分钟的时间。

注意事项

❶ 参数必须是数值类型或可转换为数值的数据，否则MINUTE函数将返回#VALUE!错误值。

❷ 如果分钟等于或超过60，则MINUTE函数将提取其与60的差值。例如，如果时间的分钟部分是65，则MINUTE函数将返回5。

案例 13 计算用餐的精确时间（HOUR+MINUTE）

本例效果如图3-15所示，在D2单元格中输入以下公式并按【Enter】键，然后将该公式向下复制到D10单元格，计算每位顾客的用餐精确时间（分钟）。

=(HOUR(C2)*60+MINUTE(C2))-(HOUR(B2)*60+MINUTE(B2))

D2 =(HOUR(C2)*60+MINUTE(C2))-(HOUR(B2)*60+MINUTE(B2))

	A	B	C	D	E	F	G
1	编号	开始用餐时间	结束用餐时间	用餐精确时间（分钟）			
2	1	11:32	12:18	46			
3	2	12:34	14:09	95			
4	3	10:52	12:15	83			
5	4	11:48	13:11	83			
6	5	12:53	13:36	43			
7	6	11:48	12:55	67			
8	7	12:10	13:35	85			
9	8	12:48	13:27	39			
10	9	11:17	12:26	69			

图3-15

公式解析

首先使用HOUR和MINUTE函数分别提取C列和B列时间中的小时数和分钟数，将小时数乘以60转换为分钟数；然后加上提取出的分钟数；再使用C列的总分钟数减去B列的总分钟数，得到用餐的精确时间。

3.3.7 SECOND——返回秒

函数功能

SECOND函数用于返回时间中的秒，返回值的范围是0~59。

函数格式

```
SECOND(serial_number)
```

参数说明

serial_number：需要返回秒的时间。

注意事项

❶ 参数必须是数值类型或可转换为数值的数据，否则SECOND函数将返回#VALUE!错误值。

❷ 如果秒数等于或超过60，则SECOND函数将提取其与60的差值。例如，如果时间的秒数部分是63，则SECOND函数将返回3。

案例 14 计算广告播放时长

本例效果如图3-16所示，在D2单元格中输入以下公式并按【Enter】键，然后将该公式向下复制到D10单元格，计算每个广告的播放时长。

```
=SECOND(C2-B2)
```

D2 =SECOND(C2-B2)

	A	B	C	D
1	编号	广告开始时间	广告结束时间	广告播出时长
2	1	11:40:24	11:40:33	9
3	2	11:57:42	11:58:31	49
4	3	11:36:48	11:37:31	43
5	4	11:43:51	11:44:17	26
6	5	11:35:12	11:35:23	11
7	6	12:53:23	12:53:39	16
8	7	11:38:59	11:39:50	51
9	8	11:26:44	11:26:51	7
10	9	11:36:30	11:37:26	56

图3-16

3.4 文本和日期时间格式之间的转换

3.4.1 DATEVALUE——将文本格式的日期转换为序列号

函数功能

DATEVALUE函数用于将文本格式的日期转换为日期序列号。

函数格式

```
DATEVALUE(date_text)
```

参数说明

date_text：文本格式的日期。

注意事项

❶ date_text表示的日期必须放在一对双引号中，否则DATEVALUE函数将返回#VALUE!错误值。

② 输入文本格式日期的年份范围是1900~9999，超出范围将返回#VALUE!错误值。

③ 如果省略date_text中的年份，日期中的年份将默认为当前年份。

案例15 计算两个月之间相差的天数

本例效果如图3-17所示，在D3单元格中输入以下公式并按【Enter】键，然后将该公式向下复制到D14单元格，计算两个月之间相差的天数。

```
=DATEVALUE(A3&B3&C3)-DATEVALUE(A2&B2&C2)
```

D3 =DATEVALUE(A3&B3&C3)-DATEVALUE(A2&B2&C2)

	A	B	C	D
1	年	月	日	相差天数
2	2022年	12月	17日	
3	2023年	1月	28日	42
4	2023年	2月	21日	24
5	2023年	3月	9日	16
6	2023年	4月	5日	27
7	2023年	5月	21日	46
8	2023年	6月	18日	28
9	2023年	7月	29日	41
10	2023年	8月	18日	20
11	2023年	9月	23日	36
12	2023年	10月	28日	35
13	2023年	11月	18日	21
14	2023年	12月	9日	21

图3-17

3.4.2 TIMEVALUE——将文本格式的时间转换为序列号

➲ 函数功能

TIMEVALUE函数用于将文本格式的时间转换为时间序列号。

➲ 函数格式

```
TIMEVALUE(time_text)
```

➲ 参数说明

time_text：文本格式的时间。

➲ 注意事项

time_text必须放在一对双引号中，否则TIMEVALUE函数将返回#VALUE!错误值。

案例16 计算加班费用（TIMEVALUE+SUBSTITUTE+ROUND）

本例效果如图3-18所示，在C2单元格中输入公式并按【Enter】键，然后将该公式向下复制到C10单元格，计算每个员工的加班费。加班费的计算条件是每小时80元。

```
=ROUND(TIMEVALUE(SUBSTITUTE(SUBSTITUTE(B2,"分钟",""),"小时",":"))*24*80,0)
```

C2 =ROUND(TIMEVALUE(SUBSTITUTE(SUBSTITUTE(B2,"分钟",""),"小时",":"))*24*80,0)

	A	B	C
1	姓名	加班时长	加班费
2	黄菊雯	3小时45分钟	300
3	万杰	4小时35分钟	367
4	殷佳妮	2小时14分钟	179
5	刘继元	4小时20分钟	347
6	董海峰	5小时38分钟	451
7	李骏	3小时50分钟	307
8	王文燕	2小时30分钟	200
9	尚照华	4小时25分钟	353
10	田志	3小时17分钟	263

图3-18

公式解析

由于B列中的时间是文本格式且包含“小时”和“分钟”等文字，因此需要先使用SUBSTITUTE函数将“分钟”替换为空；然后使用另一个SUBSTITUTE函数将“小时”替换为“：”；再使用TIMEVALUE函数将文本格式的时间转换为时间序列号，并乘以24将其转换为小时数；最后乘以80，并使用ROUND函数进行取整。

交叉参考

ROUND函数请参考第2章。

SUBSTITUTE函数请参考第5章。

3.5 其他日期函数

3.5.1 DATEDIF——计算两个日期间隔的年数、月数和天数

函数功能

DATEDIF函数用于计算两个日期间隔的年数、月数和天数。在【插入函数】对话框中不显示该函数，需要在公式中手动输入该函数。

函数格式

```
DATEDIF(start_date,end_date,unit)
```

参数说明

start_date：开始日期。

end_date：结束日期。

unit：时间单位，该参数的取值及说明如表3-2所示。

表3-2 unit参数的取值及说明

unit参数值	说明
y	开始日期和结束日期之间的年数
m	开始日期和结束日期之间的月数
d	开始日期和结束日期之间的天数
ym	开始日期和结束日期之间的月数（日期中的年和日都被忽略）
yd	开始日期和结束日期之间的天数（日期中的年被忽略）
md	开始日期和结束日期之间的天数（日期中的年和月被忽略）

注意事项

start_date和end_date表示的日期需要以正确的日期格式输入，或者使用DATE、NOW、TODAY等函数输入，否则DATEDIF函数将返回#VALUE!错误值。

案例17 统计办公用品使用年数（DATEDIF+TODAY）

本例效果如图3-19所示，在C2单元格中输入以下公式并按【Enter】键，然后将该公式向下复制到C8单元格，统计办公用品使用年数。

=DATEDIF(B2,TODAY(),"y")

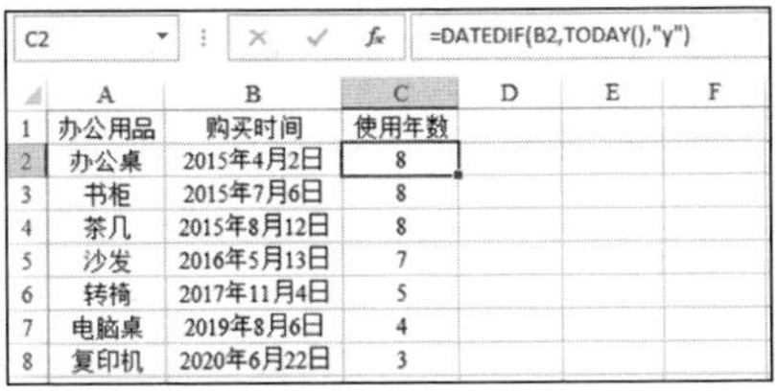

C2 =DATEDIF(B2,TODAY(),"y")

	A	B	C	D	E	F
1	办公用品	购买时间	使用年数			
2	办公桌	2015年4月2日	8			
3	书柜	2015年7月6日	8			
4	茶几	2015年8月12日	8			
5	沙发	2016年5月13日	7			
6	转椅	2017年11月4日	5			
7	电脑桌	2019年8月6日	4			
8	复印机	2020年6月22日	3			

图3-19

3.5.2 DAYS360——以一年360天为基准计算两个日期间隔的天数

函数功能

DAYS360函数用于以一年360天为基准计算两个日期间隔的天数。

函数格式

DAYS360(start_date,end_date,[method])

参数说明

start_date：开始日期。

end_date：结束日期。

method（可选）：一个逻辑值，如果省略该参数或其值是FALSE，则使用美国全国证券交易商协会（NASD）方式计算，否则使用欧洲方式计算。method的取值及说明如表3-3所示。

表3-3 method参数的取值及说明

method参数值	说明
FALSE或省略	NASD方式。如果开始日期是一个月的最后一天，则等于当月的30号。如果结束日期是一个月的最后一天，并且开始日期早于30号，则结束日期等于下一个月的1号，否则结束日期等于当月的30号
TRUE	欧洲方式。开始和结束日期为一个月的31号，都将等于当月的30号

注意事项

start_date和end_date表示的日期需要以正确的日期格式输入，或者使用DATE、NOW、TODAY等函数输入，否则DAYS360函数将返回#VALUE!错误值。

案例18 计算还款天数（一）

本例效果如图3-20所示，在D2单元格中输入公式并按【Enter】键，然后将该公式向下复制到D10单元格，计算还款天数。

```
=DAYS360(B2,C2,FALSE)
```

D2 =DAYS360(B2,C2,FALSE)

	A	B	C	D	E
1	姓名	借款日期	还款日期	还款天数	
2	黄菊雯	2023年11月20日	2023年12月15日	25	
3	万杰	2023年11月20日	2023年12月10日	20	
4	殷佳妮	2023年11月22日	2023年12月18日	26	
5	刘继元	2023年11月25日	2023年12月22日	27	
6	董海峰	2023年11月26日	2023年12月24日	28	
7	李骏	2023年11月30日	2023年12月12日	12	
8	王文燕	2023年12月15日	2023年12月30日	15	
9	尚照华	2023年12月18日	2024年1月27日	39	
10	田志	2023年12月23日	2024年1月15日	22	

图3-20

3.5.3 DAYS——计算两个日期间隔的天数

函数功能

DAYS函数用于计算两个日期间隔的天数。

函数格式

```
DAYS(end_date,start_date)
```

参数说明

end_date：结束日期。

start_date：开始日期。

注意事项

❶ end_date和start_date表示的日期需要以正确的日期格式输入，或者使用DATE、NOW、TODAY等函数输入，否则DAYS函数将返回#VALUE!错误值。

❷ 如果end_date和start_date超出日期的有效范围，则DAYS函数将返回#NUM!错误值。

Excel版本提醒

DAYS函数是Excel 2013中新增的函数，不能在Excel 2013之前的版本中使用。

案例19 计算还款天数（二）

本例效果如图3-21所示，在D2单元格中输入以下公式并按【Enter】键，然后将该公式向下复制到D10单元格，计算还款天数。

```
=DAYS(C2,B2)
```

D2 =DAYS(C2,B2)

	A	B	C	D
1	姓名	借款日期	还款日期	还款天数
2	黄菊雯	2023年11月20日	2023年12月15日	25
3	万杰	2023年11月20日	2023年12月10日	20
4	殷佳妮	2023年11月22日	2023年12月18日	26
5	刘继元	2023年11月25日	2023年12月22日	27
6	董海峰	2023年11月26日	2023年12月24日	28
7	李骏	2023年11月30日	2023年12月12日	12
8	王文燕	2023年12月15日	2023年12月30日	15
9	尚照华	2023年12月18日	2024年1月27日	40
10	田志	2023年12月23日	2024年1月15日	23

图3-21

3.5.4 EDATE——计算与某个日期相隔几个月（之前或之后）的日期

函数功能

EDATE函数用于计算与某个日期相隔几个月（之前或之后）的日期。

函数格式

EDATE(start_date,months)

参数说明

start_date：开始日期。

months：开始日期之前或之后的月数，正数表示之后月数，负数表示之前月数。

注意事项

❶ start_date表示的日期需要以正确的日期格式输入，或者使用DATE、NOW、TODAY等函数输入，否则EDATE函数将返回#VALUE!错误值。

❷ 如果months是小数，则只保留其整数部分。

案例20 计算还款日期（EDATE+TEXT+LEFT+LEN）

本例效果如图3-22所示，在D2单元格中输入以下公式并按【Enter】键，然后将该公式向下复制到D10单元格，计算还款日期。

=TEXT(EDATE(B2,LEFT(C2,LEN(C2)-2)),"yyyy年m月d日")

D2　=TEXT(EDATE(B2,LEFT(C2,LEN(C2)-2)),"yyyy年m月d日")

	A	B	C	D	E	F	G	H
1	姓名	借款日期	借款周期	还款日期				
2	黄菊霙	2023年3月20日	3个月	2023年6月20日				
3	万杰	2023年5月20日	2个月	2023年7月20日				
4	殷佳妮	2023年1月22日	5个月	2023年6月22日				
5	刘继元	2023年8月25日	3个月	2023年11月25日				
6	董海峰	2023年10月26日	4个月	2024年2月26日				
7	李骏	2023年7月30日	3个月	2023年10月30日				
8	王文燕	2023年12月15日	4个月	2024年4月15日				
9	尚照华	2023年9月18日	4个月	2024年1月18日				
10	田志	2023年8月23日	2个月	2023年10月23日				

图3-22

交叉参考

TEXT函数请参考第5章。

LEFT函数请参考第5章。

LEN函数请参考第5章。

3.5.5 DATESTRING——将日期序列号转换为文本格式的日期

函数功能

DATESTRING函数用于将日期序列号转换为文本格式的日期。在【插入函数】对话框中不显示该函数，需要在公式中手动输入该函数。

函数格式

DATESTRING(serial_number)

➲ 参数说明

serial_number：需要转换的日期序列号。

➲ 注意事项

serial_number表示的日期需要以正确的日期格式输入，或者使用DATE、NOW、TODAY等函数输入，否则DATESTRING函数将返回#VALUE!错误值。

案例 21 计算还款日期（DATESTRING+EDATE+LEFT+LEN）

在案例21中，使用TEXT函数对最后的计算结果设置日期格式。本例使用DATESTRING函数实现类似的效果。在D2单元格中输入以下公式并按【Enter】键，然后将该公式向下复制到D10单元格，如图3-23所示。

```
=DATESTRING(EDATE(B2,LEFT(C2,LEN(C2)-2)))
```

D2 =DATESTRING(EDATE(B2,LEFT(C2,LEN(C2)-2)))

	A	B	C	D	E	F	G
1	姓名	借款日期	借款周期	还款日期			
2	黄菊雯	2023年3月20日	3个月	23年06月20日			
3	万杰	2023年5月20日	2个月	23年07月20日			
4	殷佳妮	2023年1月22日	5个月	23年06月22日			
5	刘继元	2023年8月25日	3个月	23年11月25日			
6	董海峰	2023年10月26日	4个月	24年02月26日			
7	李骏	2023年7月30日	3个月	23年10月30日			
8	王文燕	2023年12月15日	4个月	24年04月15日			
9	尚熙华	2023年9月18日	4个月	24年01月18日			
10	田志	2023年8月23日	2个月	23年10月23日			

图3-23

注意 DATESTRING函数返回的日期年份是两位数。

3.5.6 EOMONTH——计算某个日期相隔几个月（之前或之后）的那个月最后一天的日期

➲ 函数功能

EOMONTH函数用于计算某个日期相隔几个月（之前或之后）的那个月最后一天的日期。

➲ 函数格式

```
EOMONTH(start_date,months)
```

➲ 参数说明

start_date：开始日期。

months：开始日期之前或之后的月数，正数表示之后月数，负数表示之前月数。

➲ 注意事项

❶ start_date表示的日期需要以正确的日期格式输入，或者使用DATE、NOW、TODAY等函数输入，否则EOMONTH函数将返回#VALUE!错误值。

❷ 如果months是小数，则只保留其整数部分。

案例22 统计员工的工资结算日期（EOMONTH+TEXT）

本例效果如图3-24所示，在C2单元格中输入以下公式并按【Enter】键，然后将该公式向下复制到C10单元格，统计辞职员工的工资结算日期。公司规定，工资结算在每月1日进行。

=TEXT(EOMONTH(B2,0)+1,"yyyy年m月d日")

C2 =TEXT(EOMONTH(B2,0)+1,"yyyy年m月d日")

	A	B	C	D	E	F	G
1	姓名	辞职日期	工资结算日期				
2	黄菊雯	2023年11月13日	2023年12月1日				
3	万杰	2023年11月11日	2023年12月1日				
4	殷佳妮	2023年11月22日	2023年12月1日				
5	刘继元	2023年11月28日	2023年12月1日				
6	董海峰	2023年10月17日	2023年11月1日				
7	李骏	2023年10月26日	2023年11月1日				
8	王文燕	2023年12月10日	2024年1月1日				
9	尚照华	2023年12月18日	2024年1月1日				
10	田志	2023年12月23日	2024年1月1日				

图3-24

公式解析

由于将EOMONTH函数的第2个参数设置为0，因此EOMONTH函数返回的是B列日期所属月份的最后一天，将结果加1得到的就是下个月的第一天。

交叉参考

TEXT函数请参考第5章。

3.5.7 NETWORKDAYS——计算两个日期间隔的工作日数

函数功能

NETWORKDAYS函数用于计算两个日期间隔的工作日数，不包括周末和指定节假日。

函数格式

NETWORKDAYS(start_date,end_date,[holidays])

参数说明

start_date：开始日期。

end_date：结束日期。

holidays（可选）：需要排除在外的节假日区域，它是除了每周固定的双休日之外的其他节假日。

注意事项

❶ start_date和end_date表示的日期需要以正确的日期格式输入，或者使用DATE、NOW、TODAY等函数输入，否则NETWORKDAYS函数将返回#VALUE!错误值。

❷ 如果省略holidays参数，则表示除了固定的双休日之外，没有其他节假日。

❸ 创建额外的节假日表时，必须确保第一列是日期，第二列是日期的名称，否则NETWORKDAYS函数将返回#VALUE!错误值。

案例 23 计算工程施工天数（一）

本例效果如图3-25所示，在B3单元格中输入以下公式并按【Enter】键，计算工程施工的天数。节假日表位于D2:E6单元格区域。

```
=NETWORKDAYS(B1,B2,D2:D6)
```

B3 =NETWORKDAYS(B1,B2,D2:D6)

	A	B	C	D	E
1	工程开始日期	2023年3月15日		假日表	
2	工程结束日期	2023年10月15日		2023年4月5日	清明节
3	工程施工天数	149		2023年5月1日	劳动节
4				2023年6月22日	端午节
5				2023年9月29日	中秋节
6				2023年10月1日	国庆节

图3-25

3.5.8 NETWORKDAYS.INTL——计算两个日期间隔的工作日数（可自定义周末及其天数）

函数功能

NETWORKDAYS.INTL函数用于计算两个日期间隔的工作日数，可以自定义周末及其天数，以及两个日期之间的假期。

函数格式

```
NETWORKDAYS.INTL(start_date,end_date,
[weekend],[holidays])
```

参数说明

start_date：开始日期。

end_date：结束日期。

weekend（可选）：自定义周末及其天数，但不包括在所有工作日数中的周末，以数值或字符串表示，如表3-4所示。

表3-4 weekend参数的取值及说明

weekend参数值	说明
1或省略	星期六、星期日
2	星期日、星期一
3	星期一、星期二
4	星期二、星期三
5	星期三、星期四
6	星期四、星期五
7	星期五、星期六
11	仅星期日
12	仅星期一
13	仅星期二
14	仅星期三
15	仅星期四
16	仅星期五
17	仅星期六

表3-4第一列是以数字形式设置weekend的值，也可以使用长度为7个字符的字符串设置weekend的值，其中的每个字符代表一周中的一天，从左到右依次为星期一、星期二直到星期日。使用0表示工作日，使用1表示非工作日。例如，如果使用7个1作为weekend的值，则表示每天都不是工作日，此时NETWORKDAYS.INTL函数将返回0。

holidays（可选）：需要排除在外的

节假日区域，它是除了每周固定的双休日之外的其他节假日。

➲ 注意事项

❶ start_date和end_date表示的日期需要以正确的日期格式输入，或者使用DATE、NOW、TODAY等函数输入，否则NETWORKDAYS.INTL函数将返回#VALUE!错误值。

❷ 如果weekend中的字符串长度无效或包含无效字符，则NETWORKDAYS.INTL函数将返回#VALUE!错误值。

❸ 如果省略holidays，则表示除了由weekend指定的双休日之外，没有其他节假日。

❹ 创建额外的节假日表时，必须确保第一列是日期，第二列是日期的名称，否则NETWORKDAYS.INTL函数将返回#VALUE!错误值。

➲ Excel版本提醒

NETWORKDAYS.INTL函数不能在Excel 2007及更低版本中使用。

案例24 计算工程施工天数（二）

本例效果如图3-26所示，在B3单元格中输入以下公式并按【Enter】键，计算工程施工的天数。由于工程时间安排较紧，因此规定每周只有周日一天休息，节假日表位于D2:E6单元格区域。

=NETWORKDAYS.INTL(B1,B2,11,D2:D6)

B3 =NETWORKDAYS.INTL(B1,B2,11,D2:D6)

	A	B	C	D	E	F
1	工程开始日期	2023年3月15日		假日表		
2	工程结束日期	2023年10月15日		2023年4月5日	清明节	
3	工程施工天数	180		2023年5月1日	劳动节	
4				2023年6月22日	端午节	
5				2023年9月29日	中秋节	
6				2023年10月1日	国庆节	

图3-26

公式解析

将NETWORKDAYS.INTL函数的第3个参数设置为11，表示每周只有周日不是工作日，即每周有6天工作日；然后将该函数的第4个参数设置为D2:D6，以排除特定的节假日；最后得到两个日期间隔的工作日总数。

3.5.9 WEEKNUM——返回某个日期在一年中是第几周

➲ 函数功能

WEEKNUM函数用于计算某个日期在一年中是第几周，该函数将1月1日所在的周作为一年中的第一周。

➲ 函数格式

WEEKNUM(serial_num,[return_type])

➲ 参数说明

serial_num：需要计算的日期。

return_type（可选）：确定星期计算从哪一天开始的数字，该参数的取值及说明如表3-5所示。如果省略该参数，则其默认值为1。

▼ 表3-5 return_type参数的取值及说明

return_type参数值	说明
1	星期从星期日开始。星期内的天数从1到7记数
2	星期从星期一开始。星期内的天数从1到7记数

注意事项

serial_number表示的日期需要以正确的日期格式输入，或者使用DATE、NOW、TODAY等函数输入，否则WEEKNUM函数将返回#VALUE!错误值。

案例25 计算本月包含的周数（WEEKNUM+EOMONTH+NOW）

本例效果如图3-27所示，在B1单元格中输入公式并按【Enter】键，计算本月包含的周数。

```
=WEEKNUM(EOMONTH(NOW(),0),2)-WEEKNUM((EOMONTH(NOW(),-1)+1),2)+1
```

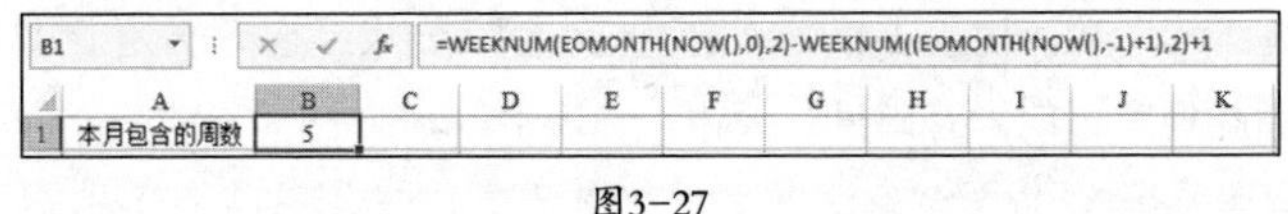

图3-27

公式解析

首先使用EOMONTH函数计算本月最后一天的序列号，并使用WEEKNUM函数计算本月最后一天的周数。再使用一个EOMONTH函数计算上个月最后一天的序列号，将其加1得到本月第一天的序列号，并再使用一个WEEKNUM函数计算本月第一天的周数。最后使用本月最后一天的周数减去本月第一天的周数再加1，得到本月包含的周数。

交叉参考

EOMONTH函数请参考3.5.6小节。

NOW函数请参考3.2.1小节。

3.5.10 ISOWEEKNUM——返回日期在一年中的ISO周数

函数功能

ISOWEEKNUM函数用于计算某个日期在一年中是第几周，该函数将第一个星期四所在周作为一年中的第一周，每周的第一天是星期一。

➲ 函数格式

ISOWEEKNUM(date)

➲ 参数说明

date：需要计算的日期。

➲ 注意事项

date表示的日期需要以正确的日期格式输入，或者使用DATE、NOW、TODAY等函数输入，否则ISOWEEKNUM函数将返回#VALUE!错误值。

➲ Excel版本提醒

ISOWEEKNUM函数是Excel 2013中新增的函数，不能在Excel 2013之前的版本中使用。

3.5.11 WORKDAY——计算与某个日期相隔数个工作日（之前或之后）的日期

➲ 函数功能

WORKDAY函数用于计算与某个日期相隔数个工作日（之前或之后）的日期，不包括周末和指定节假日。

➲ 函数格式

WORKDAY(start_date,days,[holidays])

➲ 参数说明

start_date：开始日期。

days：开始日期之前或之后的工作日的天数，正数表示之后天数，负数表示之前天数。

holidays（可选）：需要排除在外的节假日区域，它是除了每周固定的双休日之外的其他节假日。

➲ 注意事项

❶ start_date表示的日期需要以正确的日期格式输入，或者使用DATE、NOW、TODAY等函数输入，否则WORKDAY函数将返回#VALUE!错误值。

❷ 如果days是小数，则只保留其整数部分。

❸ 如果省略holidays，则表示除了由weekend指定的双休日之外，没有其他节假日。

案例26 计算上门安装日期（WORKDAY+TEXT+LEFT+LEN）

本例效果如图3-28所示，在D2单元格中输入公式并按【Enter】键，然后将该公式向下复制到D10单元格，计算上门安装日期。

```
=TEXT(WORKDAY(B2,LEFT(C2,LEN(C2)-1)),"yyyy年m月d日")
```

D2 =TEXT(WORKDAY(B2,LEFT(C2,LEN(C2)-1)),"yyyy年m月d日")

客户编号	登记日期	间隔日期	上门安装日期
1	2023年11月20日	7天	2023年11月29日
2	2023年11月20日	8天	2023年11月30日
3	2023年11月22日	9天	2023年12月5日
4	2023年11月25日	10天	2023年12月8日
5	2023年11月26日	11天	2023年12月11日
6	2023年11月30日	12天	2023年12月18日
7	2023年12月15日	13天	2024年1月3日
8	2023年12月18日	14天	2024年1月5日
9	2023年12月23日	15天	2024年1月12日

图3-28

➲交叉参考

TEXT函数请参考第5章。

LEFT函数请参考第5章。

LEN函数请参考第5章。

3.5.12 WORKDAY.INTL——计算与某个日期相隔数个工作日（之前或之后）的日期（可自定义周末及其天数）

➲函数功能

WORKDAY.INTL函数用于计算与某个日期相隔数个工作日（之前或之后）的日期，不包括周末和指定节假日。

➲函数格式

```
WORKDAY.INTL(start_date,days,[weekend],[holidays])
```

➲参数说明

start_date：开始日期。

days：开始日期之前或之后的工作日的天数，正数表示之后天数，负数表示之前天数。

weekend（可选）：自定义周末及其天数，不包括在所有工作日数中的周末日，以数值或字符串表示，如表3-6所示。

▼表3-6 weekend参数的取值及说明

weekend参数值	说明
1或省略	星期六、星期日
2	星期日、星期一
3	星期一、星期二
4	星期二、星期三
5	星期三、星期四
6	星期四、星期五
7	星期五、星期六
11	仅星期日
12	仅星期一
13	仅星期二
14	仅星期三
15	仅星期四
16	仅星期五
17	仅星期六

表3-6第一列是以数字形式设置weekend的值，也可以使用长度为7个字符的字符串设置weekend的值，其中的每个字符代表一周中的一天，从左到右依次为星期一、星期二直到星期日。使用0表示工作日，使用1表示非工作日。例如，如果使用7个1作为weekend的值，则表示每天都不是工作日，此时WORKDAY.INTL函数将返回0。

holidays（可选）：需要排除在外的节假日区域，它是除了每周固定的双休日之外的其他节假日。

注意事项

❶ start_date表示的日期需要以正确的日期格式输入，或者使用DATE、NOW、TODAY等函数输入，否则WORKDAY.INTL函数将返回#VALUE!错误值。

❷ 如果days是小数，则只保留其整数部分。

❸ 如果weekend中的字符串长度无效或包含无效字符，则WORKDAY.INTL函数将返回#VALUE!错误值。

❹ 如果省略holidays，则表示除了由weekend指定的双休日之外，没有其他节假日。

❺ 创建额外的节假日表时，必须确保第一列是日期，第二列是日期的名称，否则WORKDAY.INTL函数将返回#VALUE!错误值。

Excel版本提醒

WORKDAY.INTL函数不能在Excel 2007及Excel更低版本中使用。

案例27 计算上门安装日期（WORKDAY.INTL+TEXT+LEFT+LEN）

本例效果如图3-29所示，在D2单元格中输入以下公式并按【Enter】键，然后将该公式向下复制到D10单元格，计算上门安装日期。

```
=TEXT(WORKDAY.INTL(B2,LEFT(C2,LEN(C2)-1),11),"yyyy年m月d日")
```

	A	B	C	D	E	F	G	H	I
1	客户编号	登记日期	间隔日期	上门安装日期					
2	1	2023年11月20日	7天	2023年11月28日					
3	2	2023年11月20日	8天	2023年11月29日					
4	3	2023年11月22日	9天	2023年12月2日					
5	4	2023年11月25日	10天	2023年12月7日					
6	5	2023年11月26日	11天	2023年12月8日					
7	6	2023年11月30日	12天	2023年12月14日					
8	7	2023年12月15日	13天	2023年12月30日					
9	8	2023年12月18日	14天	2024年1月3日					
10	9	2023年12月23日	15天	2024年1月10日					

图3-29

3.5.13 YEARFRAC——计算开始日期到结束日期所经历的天数占全年天数的百分比

函数功能

YEARFRAC函数用于计算开始日期到结束日期所经历的天数占全年天数的百分比。

函数格式

```
YEARFRAC(start_date,end_date,[basis])
```

参数说明

start_date：开始日期。

end_date：结束日期。

basis（可选）：天数基准类型，该参数的取值及说明如表3-7所示。

表3-7　basis参数的取值及说明

basis参数值	说明
0或默认	30/360，一年以360天为准，用NASD方式计算
1	实际天数/当年实际天数，用实际天数除以当年实际天数（即365或366）
2	实际天数/360，用实际天数除以360
3	实际天数/365，用实际天数除以365
4	30/360，一年以360天为准，用欧洲方式计算

注意事项

❶ start_date和end_date表示的日期需要以正确的日期格式输入，或者使用DATE、NOW、TODAY等函数输入，否则YEARFRAC函数将返回#VALUE!错误值。

❷ 如果basis的值小于0或大于4，则YEARFRAC函数将返回#NUM!错误值。

案例28　计算全年盈利额（YEARFRAC+ROUND）

本例效果如图3-30所示，在E2单元格中输入以下公式并按【Enter】键，然后将该公式向下复制到E10单元格，计算全年盈利额。

```
=ROUND(D2/YEARFRAC(B2,C2,1),2)
```

E2　=ROUND(D2/YEARFRAC(B2,C2,1),2)

	A	B	C	D	E
1	姓名	起始日期	截止日期	盈利额	全年盈利额
2	第1分公司	2023年11月20日	2023年12月15日	2810	41026
3	第2分公司	2023年11月20日	2023年12月10日	1140	20805
4	第3分公司	2023年11月22日	2023年12月18日	1510	21198.08
5	第4分公司	2023年11月25日	2023年12月22日	2964	40068.89
6	第5分公司	2023年11月26日	2023年12月24日	1910	24898.21
7	第6分公司	2023年11月30日	2023年12月12日	2083	63357.92
8	第7分公司	2023年12月15日	2023年12月30日	1160	28226.67
9	第8分公司	2023年12月18日	2024年1月27日	2185	19938.13
10	第9分公司	2023年12月23日	2024年1月15日	1314	20852.61

图3-30

交叉参考

ROUND函数请参考第2章。

第4章 逻辑函数

Excel中的逻辑函数主要用于在公式中对条件进行判断，并根据判断结果返回不同的数据，使公式更智能。本章将介绍逻辑函数的基本用法和实际应用。

4.1 逻辑值函数

4.1.1 TRUE——返回逻辑值TRUE

函数功能

TRUE函数用于返回逻辑值TRUE。

函数格式

TRUE()

参数说明

该函数没有参数。

注意事项

可以在单元格或公式中直接输入TRUE，Excel会自动将其转换为逻辑值TRUE。

案例01 判断两列数据是否相同

本例效果如图4-1所示，在C2单元格中输入以下公式并按【Enter】键，然后将该公式向下复制到C8单元格，判断A列数据与B列数据是否相同，相同返回TRUE，不相同返回FALSE。

=A2=B2

C2 =A2=B2

	A	B	C
1	原始数据	录入数据	两列数据是否相同
2	BPO123	BPO123	TRUE
3	JCB134	JcB135	FALSE
4	TYH254	TYh255	FALSE
5	UKH346	UKH346	TRUE
6	TMJ568	TMJ569	FALSE
7	NNT679	NNT679	TRUE
8	GGN482	gGn482	TRUE

图4-1

> 提示
>
> 如需在比较时严格区分英文字母的大小写，可以使用EXACT函数，请参考第5章。

4.1.2 FALSE——返回逻辑值FALSE

函数功能

FALSE函数用于返回逻辑值FALSE。

函数格式

```
FALSE()
```

参数说明

该函数没有参数。

注意事项

可以在单元格或公式中直接输入FALSE，Excel会自动将其转换为逻辑值FALSE。

案例02 计算两列中相同数据的个数

本例效果如图4-2所示，在E1单元格中输入以下数组公式并按【Ctrl+Shift+Enter】组合键，计算A、B两列中相同数据的个数。

```
=SUM((A2:A8=B2:B8)*1)
```

E1 {=SUM((A2:A8=B2:B8)*1)}

	A	B	C	D	E
1	原始数据	录入数据		相同数据的个数	4
2	BPO123	BPO123			
3	JCB134	JcB135			
4	TYH254	TYh255			
5	UKH346	UKH346			
6	TMJ568	TMJ569			
7	NNT679	NNT679			
8	GGN482	gGn482			

图4-2

公式解析

首先使用A2:A8=B2:B8比较A、B两列中的数据，得到一个包含TRUE和FALSE的数组；然后将该数组乘以1，将TRUE和FALSE分别转换为1和0；最后使用SUM函数对1求和，相当于计算1的数量，即相同数据的个数。

使用N函数也可以实现相同的功能，数组公式如下。

```
=SUM(N(A2:A8=B2:B8))
```

交叉参考

SUM函数请参考第2章。

N函数请参考第7章。

4.2 条件判断函数

4.2.1 NOT——对逻辑值求反

函数功能

NOT函数用于对逻辑值求反。如果逻辑值是FALSE，则NOT函数将返回

TRUE；如果逻辑值是TRUE，则NOT函数将返回FALSE。

函数格式

NOT(logical)

参数说明

logical：逻辑值或逻辑值表达式。

注意事项

❶ 参数可以是逻辑值TRUE或FALSE，或者是可以转换为逻辑值的表达式。

❷ 如果参数是文本型数字或文本，则NOT函数将返回#VALUE!错误值。

案例03 计算区域中数字的个数（NOT+SUM+ISERROR）

本例效果如图4-3所示，在F1单元格中输入以下数组公式并按【Ctrl+Shift+Enter】组合键，计算C列包含数字的个数。

=SUM(NOT(ISERROR(NOT(C2:C10)))*1)

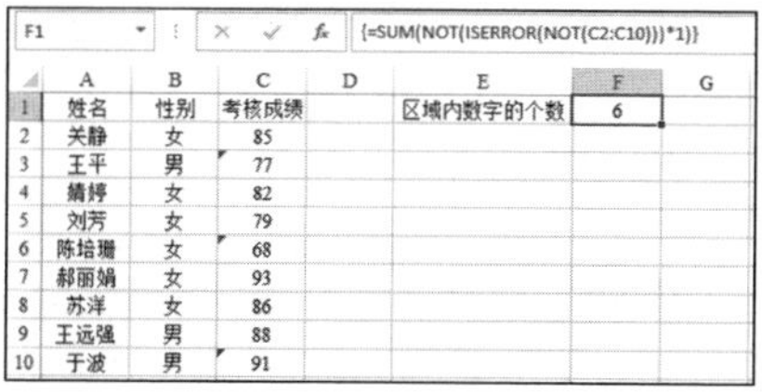

F1 {=SUM(NOT(ISERROR(NOT(C2:C10)))*1)}

	A	B	C	D	E	F	G
1	姓名	性别	考核成绩		区域内数字的个数	6	
2	关静	女	85				
3	王平	男	77				
4	婧婷	女	82				
5	刘芳	女	79				
6	陈培珊	女	68				
7	郝丽娟	女	93				
8	苏洋	女	86				
9	王远强	男	88				
10	于波	男	91				

图4-3

公式解析

由于NOT函数的参数是非逻辑值时会返回错误值，因此ISERROR(NOT(C2:C10))对包含非数字的单元格会返回TRUE，而对包含数字的单元格返回FALSE；然后使用NOT函数对ISERROR函数返回的包含逻辑值的数组求反，并将得到的数组乘以1，可将数组中的每个逻辑值转换为数字1或0；最后使用SUM函数对数字1求和，得到区域中数字的个数。

交叉参考

SUM函数请参考第2章。

ISERROR函数请参考第7章。

4.2.2 AND——判断多个条件是否同时成立

函数功能

AND函数用于判断多个条件是否同时成立，如果所有参数都是逻辑值TRUE，AND函数将返回TRUE，否则AND函数将返回FALSE。

函数格式

AND(logical1,[logical2],…)

参数说明

logical1：需要判断的第1个条件。

logical2,…（可选）：需要判断的第2~255个条件。

➲ 注意事项

❶ 所有参数可以是逻辑值TRUE或FALSE，或者是可以转换为逻辑值的表达式。

❷ 如果参数是文本型数字或文本，则AND函数将返回#VALUE!错误值。

案例04 判断面试人员是否被录取

本例效果如图4-4所示，在E2单元格中输入以下数组公式后按【Ctrl+Shift+Enter】组合键，然后将该公式向下复制到E10单元格，判断面试人员是否被录取，其中TRUE表示录取，FALSE表示未录取。录取条件是3个面试官都认为合格。

```
=AND(B2:D2="合格")
```

E2 {=AND(B2:D2="合格")}

	A	B	C	D	E
1	姓名	面试官一	面试官二	面试官三	是否被录取
2	刘树梅	合格	合格	不合格	FALSE
3	袁芳	不合格	不合格	合格	FALSE
4	薛力	合格	合格	合格	TRUE
5	胡伟	不合格	合格	不合格	FALSE
6	蒋超	合格	合格	合格	TRUE
7	邓苗	合格	合格	合格	TRUE
8	郑华	合格	不合格	合格	FALSE
9	何贝贝	不合格	合格	合格	FALSE
10	郭静纯	合格	合格	合格	TRUE

图4-4

案例05 判断是否为员工发放奖金

本例效果如图4-5所示，在F2单元格中输入公式并按【Enter】键，然后将该公式向下复制到E10单元格，判断是否为员工发放奖金，其中TRUE表示发奖金，FALSE表示不发奖金。发奖金的条件是业绩大于30000并且工龄大于5。

```
=AND(D2>30000,E2>5)
```

F2 =AND(D2>30000,E2>5)

	A	B	C	D	E	F
1	姓名	部门	职位	业绩	工龄	是否发放奖金
2	刘树梅	人力部	普通职员	14400	3	FALSE
3	袁芳	销售部	高级职员	18000	9	FALSE
4	薛力	人力部	高级职员	25200	8	FALSE
5	胡伟	人力部	部门经理	32400	5	FALSE
6	蒋超	销售部	部门经理	32400	10	TRUE
7	邓苗	工程部	普通职员	32400	4	FALSE
8	郑华	工程部	普通职员	36000	11	TRUE
9	何贝贝	工程部	高级职员	37200	5	FALSE
10	郭静纯	销售部	高级职员	43200	2	FALSE

图4-5

4.2.3 OR——判断多个条件中是否至少有一个条件成立

➲ 函数功能

OR函数用于判断多个条件中是否有任意一个条件成立，只要有一个参数是逻辑值TRUE，OR函数就返回TRUE；如果所有参数都是逻辑值FALSE，则OR函数将返回FALSE。

➲ 函数格式

```
OR(logical1,[logical2],…)
```

➲ 参数说明

logical1：需要判断的第1个条件。

logical2,…（可选）：需要判断的第2~255个条件。

注意事项

❶ 所有参数可以是逻辑值TRUE或FALSE，或者是可以转换为逻辑值的表达式。

❷ 如果参数是文本型数字或文本，则OR函数将返回#VALUE!错误值。

案例06 判断身份证号码的长度是否正确（OR+LEN）

本例效果如图4-6所示，在C2单元格中输入以下公式并按【Enter】键，然后将该公式向下复制到C10单元格，判断身份证号码的长度是否正确。判断条件：身份证号码长度只要是15或18位，就认为是正确的。

=OR(LEN(B2:B10)={15,18})

C2 =OR(LEN(@B2:B10)={15,18})

	A	B	C	D	E
1	姓名	身份证号	长度是否正确		
2	刘树梅	******197906132781	TRUE		
3	袁芳	******78012521	FALSE		
4	薛力	******199212133752	TRUE		
5	胡伟	******5304185	FALSE		
6	蒋超	******198803213576	TRUE		
7	邓苗	******72101893	FALSE		
8	郑华	******820525787	TRUE		
9	何贝贝	******19971013476	FALSE		
10	郭静纯	******1989110259	FALSE		

图4-6

公式解析

通过LEN(B2:B10)与常量数组{15,18}进行比较，返回包含逻辑值的数组。然后使用OR函数判断身份证号码长度是否等于15或18中的任意一个，只要等于两者之一，身份证号码的长度就是正确的。

交叉参考

LEN函数请参考第5章。

4.2.4 XOR——判断多个条件中是否有一个条件成立

函数功能

XOR函数用于判断多个条件中是否有一个条件成立。如果所有参数都是逻辑值TRUE或都是逻辑值FALSE，则XOR函数将返回FALSE，否则返回TRUE。

函数格式

XOR(logical1,[logical2],…)

参数说明

logical1：需要判断的第1个条件。

logical2,…（可选）：需要判断的第2~255个条件。

注意事项

❶ 所有参数可以是逻辑值TRUE或FALSE，或者是可以转换为逻辑值的表达式。

❷ 如果参数是文本型数字或文本，则XOR函数将返回#VALUE!错误值。

Excel版本提醒

XOR函数是Excel 2013的新增函数，不能在Excel 2013之前的版本中使用。

4.2.5 IF——根据条件判断结果返回不同的值

➲ 函数功能

IF函数用于根据条件判断结果返回不同的值。

➲ 函数格式

```
IF(logical_test,[value_if_true],[value_if_false])
```

➲ 参数说明

logical_test：需要判断的值或表达式，计算结果是逻辑值TRUE或FALSE。例如，A1>16是一个表达式，如果A1单元格中的值是15，则该表达式的判断结果是FALSE，只有当A1单元格中的值大于16时才返回TRUE。如果logical_test不是表达式而是一个数字，则非0数字等价于TRUE，0等价于FALSE。

value_if_true（可选）：当logical_test的结果是TRUE时返回的值。如果logical_test的结果是TRUE而value_if_true为空，则IF函数将返回0。例如，IF(A1>16,,"小于16")，当A1>16为TRUE时，该公式将返回0，因为value_if_true的位置为空。

value_if_false（可选）：当logical_test的结果是FALSE时返回的值。如果logical_test的结果是FALSE且省略value_if_false，则IF函数将返回FALSE而不是0。但是如果保留value_if_false的逗号分隔符（形如IF(A1>16,"大于16",)，即在value_if_true参数后保留一个逗号），即value_if_false为空，则IF函数将返回0而不是FALSE。

➲ 注意事项

IF函数最多可以嵌套64层，这样可以创建复杂的判断条件。

案例07 评定员工业绩（一）

本例效果如图4-7所示，在E2单元格中输入以下公式并按【Enter】键，然后将该公式向下复制到E10单元格，对员工的业绩进行评定。判断条件：业绩大于30000则评为优秀，否则评为一般。

```
=IF(D2>30000,"优秀","一般")
```

E2 =IF(D2>30000,"优秀","一般")

	A	B	C	D	E	F
1	姓名	部门	职位	业绩	业绩评定	
2	刘树梅	人力部	普通职员	14400	一般	
3	袁芳	销售部	高级职员	18000	一般	
4	薛力	人力部	高级职员	25200	一般	
5	胡伟	人力部	部门经理	32400	优秀	
6	蒋超	销售部	部门经理	32400	优秀	
7	邓苗	工程部	普通职员	32400	优秀	
8	郑华	工程部	普通职员	36000	优秀	
9	何贝贝	工程部	高级职员	37200	优秀	
10	郭静纯	销售部	高级职员	43200	优秀	

图4-7

案例08 计算需要发放奖金的总额（IF+SUM）

本例效果如图4-8所示，在E2单元格中输入以下数组公式并按【Ctrl+Shift+Enter】组合键，计算向所有员工发放奖金的总额。判断条件：业绩大于30000则发奖金600元，否则发奖金300元。

```
=SUM(IF(D2:D10>30000,600,300))
```

G1 {=SUM(IF(D2:D10>30000,600,300))}

	A	B	C	D	E	F	G
1	姓名	部门	职位	业绩		发放奖金的总额	4500
2	刘树梅	人力部	普通职员	14400			
3	袁芳	销售部	高级职员	18000			
4	薛力	人力部	高级职员	25200			
5	胡伟	人力部	部门经理	32400			
6	蒋超	销售部	部门经理	32400			
7	邓苗	工程部	普通职员	32400			
8	郑华	工程部	普通职员	36000			
9	何贝贝	工程部	高级职员	37200			
10	郭静纯	销售部	高级职员	43200			

图4-8

交叉参考

SUM函数请参考第2章。

4.2.6 IFS——从多个条件中返回满足的第一个条件对应的值

函数功能

IFS函数用于从多个条件中返回满足的第一个条件对应的值。需要判断多个条件时，使用IFS函数可以代替多层嵌套的IF函数，使公式更易于理解。

函数格式

IFS(logical_test1,value_if_true1,[logical_test2,value_if_true2],…)

参数说明

logical_test1：需要判断的第1个条件。

value_if_true1：当logical_test的判断结果是TRUE时返回的值。

logical_test2,…（可选）：需要判断的第2~127个条件。

value_if_true2,…（可选）：当第2~127个条件的判断结果是TRUE时返回的值，每一组条件及其返回值必须一一对应。

注意事项

❶ 如果条件的判断结果是文本或文本型数字，则IFS函数将返回#VALUE!错误值。

❷ 如果所有条件都不成立，则IFS函数将返回#N/A错误值。

❸ 如需指定默认返回的值，需要将IFS函数中的最后一个条件设置为TRUE，并为其设置相应的返回值。当其他条件不成立时，就会返回条件设置为TRUE所对应的值。

Excel版本提醒

IFS函数是Excel 2019中新增的函数，不能在Excel 2019之前的版本中使用。

案例 09 评定员工业绩（二）

本例效果如图4-9所示，在E2单元格中输入以下公式并按【Enter】键，然后将该公式向下复制到E10单元格，对员工的业绩进行评定。判断条件：业绩大于40000评为优秀，业绩大于30000评为良好，否则评为一般。

```
=IFS(D2>40000,"优秀",D2>30000,"良好",
TRUE,"一般")
```

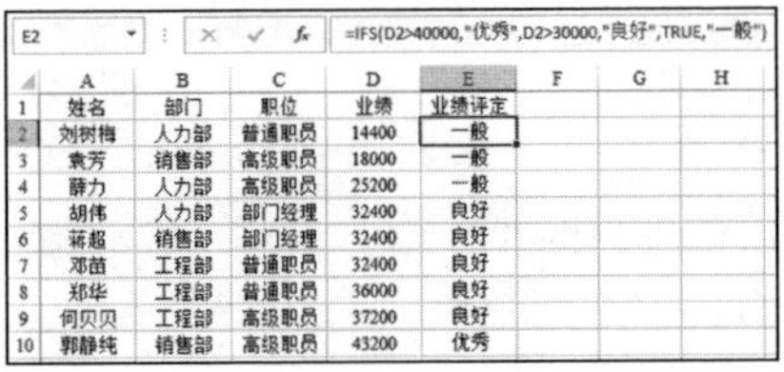

E2 =IFS(D2>40000,"优秀",D2>30000,"良好",TRUE,"一般")

	A	B	C	D	E	F	G	H
1	姓名	部门	职位	业绩	业绩评定			
2	刘树梅	人力部	普通职员	14400	一般			
3	袁芳	销售部	高级职员	18000	一般			
4	薛力	人力部	高级职员	25200	一般			
5	胡伟	人力部	部门经理	32400	良好			
6	蒋超	销售部	部门经理	32400	良好			
7	邓苗	工程部	普通职员	32400	良好			
8	郑华	工程部	普通职员	36000	良好			
9	何贝贝	工程部	高级职员	37200	良好			
10	郭静纯	销售部	高级职员	43200	优秀			

图4-9

4.2.7 SWITCH——返回与指定值相匹配的第一个值所对应的结果

函数功能

SWITCH函数用于返回与指定值相匹配的第一个值所对应的结果。

函数格式

```
SWITCH(value,value1,result1,[
value2,result2]或default,…)
```

参数说明

value：需要检测的值。

value1：需要与value比较的第1个值。

result1：value1等于value时返回的结果。

value2,…（可选）：需要与value比较的第2~126个值。

result2,…（可选）：value2~value126中的某个值等于value时返回对应的结果。

default（可选）：没有任何匹配值时返回的默认值。

注意事项

如果没有任何匹配值，也没有设置default的值，则SWITCH函数将返回#N/A错误值。

Excel版本提醒

SWITCH函数是Excel 2019中新增的函数，不能在Excel 2019之前的版本中使用。

案例 10 自动为商品分类

本例效果如图4-10所示，在B2单元格中输入公式并按【Enter】键，然后将该

公式向下复制到B6单元格，自动为商品分类。

=SWITCH(A2,"牛奶","乳品烘焙","可乐","酒水饮料","大米","米面粮油","薯片","休闲零食","啤酒","酒水饮料")

B2 =SWITCH(A2,"牛奶","乳品烘焙","可乐","酒水饮料","大米","米面粮油","薯片","休闲零食","啤酒","酒水饮料")

	A	B
1	商品名称	类别
2	牛奶	乳品烘焙
3	可乐	酒水饮料
4	大米	米面粮油
5	薯片	休闲零食
6	啤酒	酒水饮料

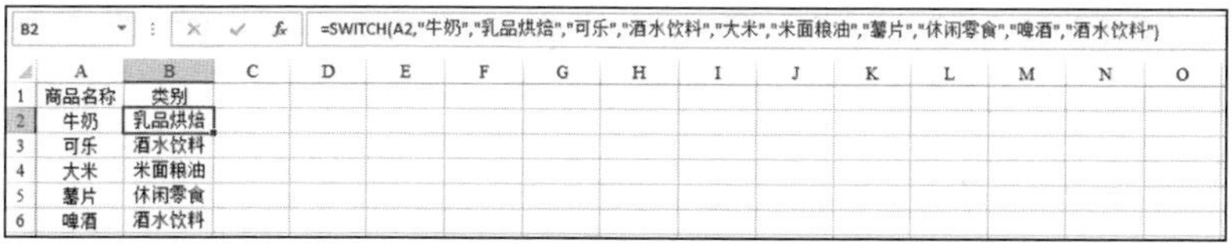

图4-10

4.2.8 IFNA——判断公式是否出现#N/A错误

函数功能

IFNA函数用于判断值是否为#N/A错误值，如果是则返回指定的内容，否则返回该值。

函数格式

IFNA(value,value_if_na)

参数说明

value：需要判断是否是#N/A错误值的值。

value_if_na：当value是#N/A错误值时，希望IFNA函数返回的内容。

Excel版本提醒

IFNA函数是Excel 2013新增的函数，不能在Excel 2013之前的版本中使用。

案例11 根据姓名查找员工所属部门并排错（IFNA+VLOOKUP）

本例效果如图4-11所示，在F2单元格中输入以下公式并按【Enter】键，将根据在F1单元格中输入的员工姓名查找其所属部门。如果输入的姓名未出现在数据区域中，则将在F2单元格中显示“未找到此人”。

=IFNA(VLOOKUP(F1,A2:C10,3,0),"未找到此人")

F2 =IFNA(VLOOKUP(F1,A2:C10,3,0),"未找到此人")

	A	B	C	D	E	F
1	姓名	性别	部门		姓名	周涛
2	李京	女	销售部		部门	未找到此人
3	陈京	女	财务部			
4	马斌	男	技术部			
5	周芙	女	信息部			
6	李健	男	财务部			
7	陈华	女	人力部			
8	郭斌	女	信息部			
9	陈芙	女	销售部			
10	徐飞	女	技术部			

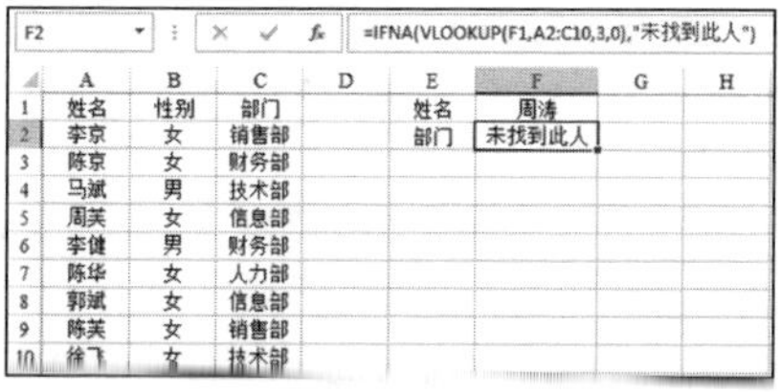

图4-11

交叉参考

VLOOKUP函数请参考第6章。

4.2.9 IFERROR——根据公式结果返回不同内容

函数功能

IFERROR函数用于判断表达式的计算结果是否是错误值，如果是错误值则IFERROR函数将返回指定的值，否则返回公式的计算结果。

函数格式

```
IFERROR(value,value_if_error)
```

参数说明

value：需要判断是否存在错误的表达式。

value_if_error：当value的结果是错误值时返回的值。错误值有7种：#N/A、#VALUE!、#REF!、#DIV/0!、#NUM!、#NAME?和#NULL!。

注意事项

如果value或value_if_error是空单元格，则IFERROR函数将其视为空字符。

案例12 根据编号查找员工信息并排错（IFERROR+VLOOKUP）

本例效果如图4-12所示，在G2和G3单元格中分别输入以下公式并按【Enter】键，将根据G1单元格中输入的编号提取对应的员工姓名和工资。如果输入的编号位未出现在数据区域中，将在单元格中显示“未找到”。

```
=IFERROR(VLOOKUP($G$1,$A$2:$D$11,2,FALSE),"未找到")
=IFERROR(VLOOKUP($G$1,$A$2:$D$11,4,FALSE),"未找到")
```

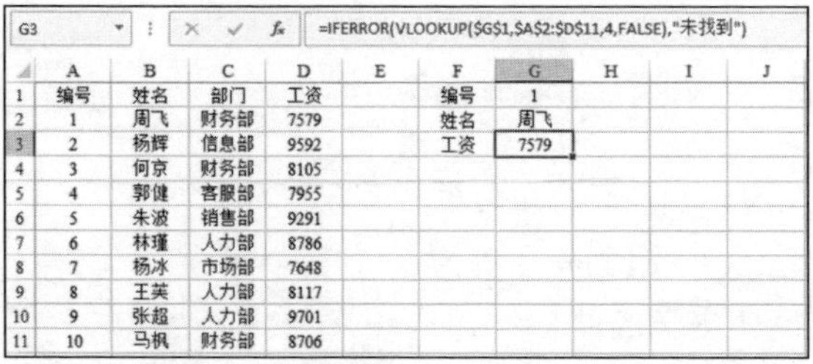

G3　=IFERROR(VLOOKUP($G$1,$A$2:$D$11,4,FALSE),"未找到")

	A	B	C	D	E	F	G	H	I	J
1	编号	姓名	部门	工资		编号	1			
2	1	周飞	财务部	7579		姓名	周飞			
3	2	杨辉	信息部	9592		工资	7579			
4	3	何京	财务部	8105						
5	4	郭健	客服部	7955						
6	5	朱波	销售部	9291						
7	6	林瑾	人力部	8786						
8	7	杨冰	市场部	7648						
9	8	王英	人力部	8117						
10	9	张超	人力部	9701						
11	10	马枫	财务部	8706						

图4-12

交叉参考

IF函数请参考4.2.5小节。

ISERROR函数请参考第7章。

VLOOKUP函数请参考第6章。

第5章　文本函数

Excel中的文本函数主要用于对文本进行各种处理，包括转换字符编码、提取文本内容、合并文本、转换文本格式、查找与替换文本，以及删除无用字符。本章将介绍文本函数的基本用法和实际应用。

5.1　返回字符或字符编码

5.1.1　CHAR——返回与ANSI字符编码对应的字符

➲ 函数功能

CHAR函数用于返回与ANSI字符编码对应的字符。

➲ 函数格式

CHAR(number)

➲ 参数说明

number：ANSI字符编码，取值范围是1~255。

➲ 注意事项

如果参数是小数，则只保留其整数部分。

提示

在计算机中显示的每个字符都有对应的数字编码。例如，大写字母C的编码是67，空格的编码是32。使用编码可以输入字母、数字和其他字符，所有字符的集合称为ANSI字符集，每个字符对应的编码称为ANSI字符编码。

案例01　生成大写字母序列（CHAR+ROW）

本例效果如图5-1所示，在A1单元格中输入以下公式并按【Enter】键，然后将该公式向下复制到A26单元格，将A~Z中的各个大写字母填入每个单元格。

```
=CHAR(ROW()+64)
```

A1　=CHAR(ROW()+64)

	A	B	C	D	E	F
1	A					
2	B					
3	C					
4	D					
5	E					
6	F					
7	G					
8	H					
9	I					
10	J					

图5-1

当超过大写字母Z之后，会在后续的单元格中填入其他字符。使用以下公式将只显示26个大写字母，后续单元格显示空白。

```
=CHAR(IF(ROW()+64<91,ROW()+64,32))
```

公式解析

大写字母Z的ANSI字符编码是90，所以判断当前行号与64的和是否小于91，以便将返回的字符编码控制在90以内。如果等于或大于91，则使用ANSI字符编码32作为CHAR函数的参数，32是空格对应的ANSI字符编码，这样在单元格中只会显示空白。

交叉参考

ROW函数请参考第6章。

IF函数请参考第4章。

5.1.2 UNICHAR——返回与Unicode字符编码对应的字符

函数功能

UNICHAR函数用于返回与Unicode字符编码对应的字符。

函数格式

```
UNICHAR(number)
```

参数说明

number：需要转换为Unicode字符编码的数字。

注意事项

❶ 如果参数是0，则UNICHAR函数将返回#VALUE!错误值。

❷ 如果参数是小数，则只保留其整数部分。

Excel版本提醒

UNICHAR函数是Excel 2013中新增的函数，不能在Excel 2013之前的版本中使用。

5.1.3 CODE——返回与字符对应的ANSI字符编码

函数功能

CODE函数用于返回与字符对应的ANSI字符编码。如果CODE函数的参数是一串字符，则只返回第一个字符的ANSI字符编码。

函数格式

```
CODE(text)
```

参数说明

text：需要转换为ANSI字符编码的文本。

案例 02 判断单元格中的第一个字符是否是字母（CODE+IF+OR+AND）

本例效果如图5-2所示，在B1单元格中输入公式并按【Enter】键，然后将该公式向下复制到B5单元格，判断A列每个单元格中的第一个字符是否是字母。

=IF(OR(AND(CODE(A1)>64,CODE(A1)<91),AND(CODE(A1)>96,CODE(A1)<123)),"是字母","不是字母")

	A	B	C	D	E	F	G	H	I	J	K	L	M	N
1	ab123	是字母												
2	123ab	不是字母												
3	1a2b3	不是字母												
4	a1b23	是字母												
5	学习	不是字母												

图5-2

公式解析

大写字母对应的ANSI字符编码的范围是65~90，小写字母对应的ANSI字符编码的范围是97~122。所以需要判断单元格中的文本的第一个字符是否满足这两个条件之一，如果满足，则说明第一个字符是字母，否则不是字母。两个AND函数定义字符范围是A~Z和a~z。然后用OR函数判断文本对这两个条件是否至少满足一个，即可判断第一个字符是否是字母。

案例03 按照升序排列乱序的字母列表（CODE+CHAR+SMALL+ROW）

本例效果如图5-3所示，选择B1:B10单元格区域，然后输入以下数组公式并按【Ctrl+Shift+Enter】组合键，将A列中的字母在该单元格区域中升序排列。

=CHAR(SMALL(CODE(A1:A10),ROW(1:10)))

	A	B	C	D	E	F	G	H
1	B	A						
2	F	B						
3	C	C						
4	A	F						
5	G	G						
6	Z	G						
7	X	H						
8	M	M						
9	H	X						
10	G	Z						

图5-3

公式解析

首先使用CODE函数获取A1:A10单元格区域中的每个字母的字符编码。然后使用SMALL函数将这些字符编码从小到大排列，ROW(1:10)用于生成{1,2,3,4,5,6,7,8,9,10}常量数组，将其作为SMALL函数的第2个参数进行排序。最后使用CHAR函数将已升序排列的字符编码转换为对应的字母。

交叉参考

CHAR函数请参考5.1.1小节。

ROW函数请参考第6章。

SMALL函数请参考第8章。

5.1.4 UNICODE——返回与字符对应的Unicode字符编码

函数功能

UNICODE函数用于返回与字符对应的Unicode字符编码。如果UNICODE函数的参数是一串字符，则只返回第一个字符的Unicode字符编码。

函数格式

```
UNICODE(text)
```

参数说明

text：需要转换为Unicode字符编码的文本。

注意事项

如果参数是无效数据类型（例如空字符），则UNICODE函数将返回#VALUE!错误值。

Excel版本提醒

UNICODE函数是Excel 2013中新增的函数，不能在Excel 2013之前的版本中使用。

5.2 返回文本内容

5.2.1 LEFT——提取文本左侧指定个数的字符

函数功能

LEFT函数用于提取文本左侧指定个数的字符。

函数格式

```
LEFT(text,[num_chars])
```

参数说明

text：需要提取的文本。

num_chars（可选）：需要提取的字符数。

注意事项

如果num_chars小于0，则LEFT函数将返回#VALUE!错误值。当num_chars大于或等于0时，有以下4种情况。

- 如果num_chars等于0，则LEFT函数将返回空文本。
- 如果省略num_chars，则其默认值是1。
- 如果num_chars大于0，则LEFT函数按照其值提取相应个数的字符。
- 如果num_chars大于文本的总长度，则LEFT函数将返回所有文本。

案例 04 提取地址中的省市名称（LEFT+FIND）

本例效果如图5-4所示，在C2单元格中输入公式并按【Enter】键，然后将该公式向下复制到C5单元格，提取A列地址中的省市名称。

=LEFT(A2,FIND({"市"},A2))

C2 =LEFT(A2,FIND({"市"},A2))

	A	B	C
1	邮寄地址	价格	所属省市地区
2	北京市西城区××路××号	15	北京市
3	河北省邯郸市××路××号	18	河北省邯郸市
4	黑龙江省哈尔滨市××路××号	20	黑龙江省哈尔滨市
5	广东省广州市××路××号	25	广东省广州市

图5-4

公式解析

首先使用FIND函数查找“市”字的位置，然后使用LEFT函数提取“市”字及其左侧的字符。

案例05 统计各地区参会人数（LEFT+SUM）

本例效果如图5-5所示，A列是参会的各地区及公司名称，B列是参会人数，如需统计各地区的参会人数，可以在E1、E2、E3单元格中分别输入以下数组公式。

=SUM((LEFT($A$2:$A$11,2)="北京")*$B$2:$B$11)

=SUM((LEFT($A$2:$A$11,2)="山东")*$B$2:$B$11)

=SUM((LEFT($A$2:$A$11,2)="广东")*$B$2:$B$11)

E1 {=SUM((LEFT($A$2:$A$11,2)="北京")*$B$2:$B$11)}

	A	B	C	D	E	F	G	H
1	地区-公司	参会人数		北京地区	50			
2	北京-方晨金	12		山东地区	32			
3	北京-耀辉	13		广东地区	37			
4	山东-天启琅勃	10						
5	广东-大发广业	11						
6	北京-锦泰伟业	14						
7	广东-联重通	15						
8	山东-富源	15						
9	山东-华茂金业	7						
10	广东-锡泰勃发	11						
11	北京-朗文	11						

图5-5

公式解析

统计“北京地区”的参会总人数的公式位于E1单元格，该公式首先使用LEFT函数提取A2:A11单元格区域中左侧两个汉字并与“北京”比较，结果是一个包含TRUE和FALSE的数组，TRUE的位置对应北京地区的公司；然后将该数组与B2:B11单元格区域相乘，执行乘法运算时，TRUE相当于1，FALSE相当于0；最后使用SUM函数求和，将得到北京地区的参会总人数。其他两个地区参会人数的计算公式与此类似。

本例还可以在E1单元格中输入以下公式，然后将该公式向下复制到E3单元格，将得到同样的结果。

=SUM((LEFT($A$2:$A$11,2)=LEFT(D1,2))*$B$2:$B$11)

交叉参考

FIND函数请参考5.5.2小节。

SUM函数请参考第2章。

5.2.2 LEFTB——提取文本左侧指定字节数的字符

函数功能

LEFTB函数的功能与LEFT函数相同，不过以字节为单位，汉字和全角字符是2个字节，半角字符是1个字节。

函数格式

```
LEFTB(text,[num_bytes])
```

参数说明

text：需要提取的文本。

num_bytes（可选）：需要提取的字符数，以字节计算。

注意事项

如果num_bytes小于0，则LEFTB函数将返回#VALUE!错误值。当num_bytes大于或等于0时，有以下4种情况。

- 如果num_bytes等于0，则LEFTB函数将返回空文本。
- 如果省略num_bytes，则其默认值是2。
- 如果num_bytes大于0，则LEFTB函数按照其值提取相应个数的字符。
- 如果num_bytes大于文本的总长度，则LEFTB函数将返回所有文本。

5.2.3 LEN——计算文本的字符数

函数功能

LEN函数用于计算文本的字符个数。

函数格式

```
LEN(text)
```

参数说明

text：需要计算字符个数的文本。

案例 06 计算单元格中的数字个数（LEN+LENB）

本例效果如图5-6所示，在B2单元格中输入以下公式并按【Enter】键，然后将该公式向下复制到B4单元格，计算A列各个单元格中的数字个数。

```
=LEN(A2)*2-LENB(A2)
```

B2 =LEN(A2)*2-LENB(A2)

	A	B	C	D	E
1	包含数字的内容	数字个数			
2	销售额9600	4			
3	销售额12000	5			
4	销售额250000	6			

图5-6

公式解析

每个汉字占用2个字节，数字或英文字符占用1个字节。首先使用LENB函数计算单元格的总长度（每个汉字占2个字节，每个数字占1个字节）。然后使用LEN函数计算单元格的总长度，但是LEN函数对汉字和数字都按照1个字节计算，所以将LEN函数的计算结果乘以2，再减去LENB函数的计算结果，得到的就是单元格中的数字个数。

如需计算单元格中的汉字个数，可以使用以下公式。

=LENB(A2)-LEN(A2)

案例07 根据身份证号判断性别（LEN+IF+MOD+RIGHT+MID）

本例效果如图5-7所示，A列是每个人的身份证号，在B2单元格中输入以下公式并按【Enter】键，然后将该公式向下复制到B8单元格，根据各个身份证号判断对应的性别。

=IF(MOD(IF(LEN(A2)=15,RIGHT(A2,1),MID(A2,17,1)),2)=0,"女","男")

B2 =IF(MOD(IF(LEN(A2)=15,RIGHT(A2,1),MID(A2,17,1)),2)=0,"女","男")

	A	B	C	D	E	F	G	H	I
1	身份证号	性别							
2	******197906132781	女							
3	******780125261	男							
4	******199212133752	男							
5	******530411385	男							
6	******198803213576	男							
7	******721018923	男							
8	******820525787	男							

图5-7

公式解析

身份证号由15位或18位组成。15位身份证号的最后一位数字和18位身份证号的第17位数字标识性别，奇数表示男性，偶数表示女性。首先在IF函数中使用LEN函数计算身份证号的长度，如果长度是15位，则使用RIGHT函数提取最后1个数字；如果长度不是15位，则使用MID函数从第17位开始提取1个数字。然后使用MOD函数判断提取出的数字是否能被2整除，能整除说明该数字是偶数，这意味着身份证号对应女性，否则对应男性。

交叉参考

LENB函数请参考5.2.4小节。

IF函数请参考第4章。

MOD函数请参考第2章。

RIGHT函数请参考5.2.7小节。

MID函数请参考5.2.5小节。

5.2.4 LENB——计算文本的字节数

➲ 函数功能

LENB函数的功能与LEN函数相同，不过以字节为单位，汉字和全角字符是2个字节，半角字符是1个字节。

➲ 函数格式

```
LENB(text)
```

➲ 参数说明

text：需要计算字节数的文本。

5.2.5 MID——从文本中的指定位置提取指定个数的字符

➲ 函数功能

MID函数用于从文本中的指定位置提取指定个数的字符。

➲ 函数格式

```
MID(text,start_num,num_chars)
```

➲ 参数说明

text：需要提取的文本。

start_num：提取字符的起始位置。

num_chars：需要提取的字符数。

➲ 注意事项

❶ 如果start_num大于文本的总长度，则MID函数将返回空文本。

❷ 如果start_num小于1，则MID函数将返回#VALUE!错误值。

❸ 如果num_chars小于0，则MID函数将返回#VALUE!错误值。

案例 08 提取公司获奖人员姓名（MID+FIND+LEN）

本例效果如图5-8所示，在B2单元格中输入以下公式并按【Enter】键，然后将该公式向下复制到B8单元格，提取冒号右侧的姓名。

```
=MID(A2,FIND("：",A2)+1,LEN(A2))
```

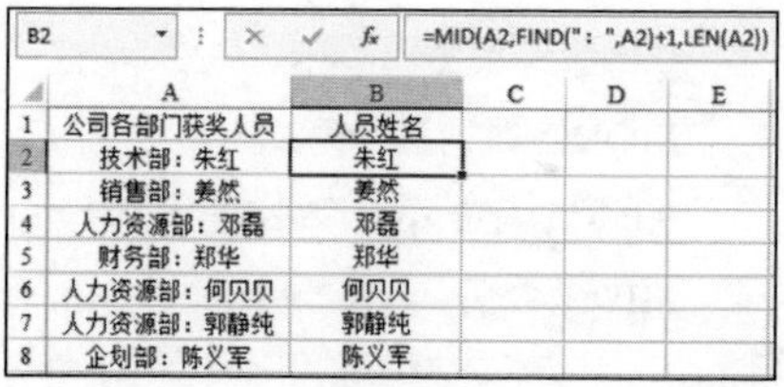

B2　=MID(A2,FIND("：",A2)+1,LEN(A2))

	A	B	C	D	E
1	公司各部门获奖人员	人员姓名			
2	技术部：朱红	朱红			
3	销售部：姜然	姜然			
4	人力资源部：邓磊	邓磊			
5	财务部：郑华	郑华			
6	人力资源部：何贝贝	何贝贝			
7	人力资源部：郭静纯	郭静纯			
8	企划部：陈义军	陈义军			

图5-8

公式解析

由于部门名称和人员姓名之间使用冒号分隔，因此首先使用FIND函数查找冒号的位置，找到后加1即人员姓名第一个汉字的位置。然后使用MID函数从此位置开始提取姓名，由于姓名的字符数可能是2~4个汉字，因此可以直接使用LEN函数计算A列单元格的长度并作为MID函数提取字符的数量，即可提取冒号右侧的所有汉字（也可以将大于或等于4的数字作为MID函数的第3个参数）。

案例09 从身份证号中提取生日（MID+TEXT+IF+LEN）

本例效果如图5-9所示，在C2单元格中输入以下公式并按【Enter】键，然后将该公式向下复制到C8单元格，从身份证号中提取生日。

=TEXT(IF(LEN(B2)=15,"19"&MID(B2,7,6),MID(B2,7,8)),"0000年00月00日")

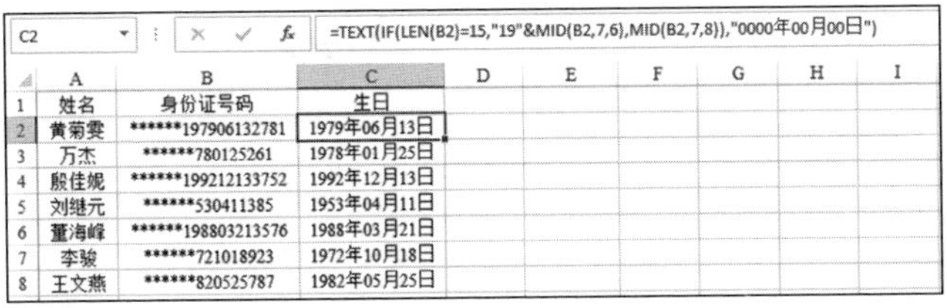

C2 =TEXT(IF(LEN(B2)=15,"19"&MID(B2,7,6),MID(B2,7,8)),"0000年00月00日")

	A	B	C	D	E	F	G	H	I
1	姓名	身份证号码	生日						
2	黄菊雯	******197906132781	1979年06月13日						
3	万杰	******780125261	1978年01月25日						
4	殷佳妮	******199212133752	1992年12月13日						
5	刘继元	******530411385	1953年04月11日						
6	董海峰	******198803213576	1988年03月21日						
7	李骏	******721018923	1972年10月18日						
8	王文燕	******820525787	1982年05月25日						

图5-9

公式解析

本例与判断身份证号对应的性别类似。首先判断身份证位数是15位还是18位，如果是15位，则从第7位开始提取连续的6个数字，并在其前面加上“19”；如果是18位，则从第7位开始提取连续的8个数字。然后使用TEXT函数设置日期格式。

交叉参考

IF函数请参考第4章。

FIND函数请参考5.5.2小节。

LEN函数请参考5.2.3小节。

TEXT函数请参考5.4.14小节。

5.2.6 MIDB——从文本中的指定位置提取指定字节数的字符

函数功能

MIDB函数的功能与MID函数相同，不过以字节为单位，汉字和全角字符是2个字节，半角字符是1个字节。

函数格式

MIDB(text,start_num,num_bytes)

参数说明

text：需要提取的文本。

start_num：提取字符的起始位置。

num_bytes：需要提取的字符数，以字节计算。

注意事项

❶ 如果start_num大于文本的总长

度，则MIDB函数将返回空文本。

② 如果start_num小于1，则MIDB函数将返回#VALUE!错误值。

③ 如果num_bytes小于0，则MIDB函数将返回#VALUE!错误值。

5.2.7 RIGHT——提取文本右侧指定个数的字符

函数功能

RIGHT函数用于提取文本右侧指定个数的字符。

函数格式

```
RIGHT(text,[num_chars])
```

参数说明

text：需要提取的文本。

num_chars（可选）：需要提取的字符数。

注意事项

如果num_chars小于0，则RIGHT函数将返回#VALUE!错误值。当num_chars大于或等于0时，有以下4种情况。

- 如果num_chars等于0，则RIGHT函数将返回空文本。
- 如果省略num_chars，则其默认值是1。
- 如果num_chars大于0，则RIGHT函数按照其值提取相应个数的字符。
- 如果num_chars大于文本的总长度，则RIGHT函数将返回所有文本。

案例10 动态提取公司名称（RIGHT+LEN+FIND）

本例效果如图5-10所示，在C2单元格中输入以下公式并按【Enter】键，然后将该公式向下复制到C11单元格，提取参会的公司名称。

```
=RIGHT(A2,LEN(A2)-FIND("-",A2))
```

C2 =RIGHT(A2,LEN(A2)-FIND("-",A2))

	A	B	C	D	E	F
1	地区-公司	参会人数	参会公司名称			
2	北京-方晨金	12	方晨金			
3	北京-耀辉	13	耀辉			
4	山东-天启琅勃	10	天启琅勃			
5	广东-大发广业	11	大发广业			
6	北京-锦泰伟业	14	锦泰伟业			
7	广东-联重通	15	联重通			
8	山东-富源	15	富源			
9	山东-华茂金业	7	华茂金业			
10	广东-锡泰勃发	11	锡泰勃发			
11	北京-朗文	11	朗文			

图5-10

公式解析

由于公司名称的字数并不固定，因此无法直接使用RIGHT函数从文本右侧提取。本例中的地区和公司名之间使用“-”连接，所以可以使用FIND函数查找该字符的位置，然后使用LEN函数计算地区和公司名称的总长度，再减去查找到的字符的位置得到公司名称的长度，最后使用RIGHT函数提取公司名称。

交叉参考

FIND函数请参考5.5.2小节。

LEN函数请参考5.2.3小节。

5.2.8 RIGHTB——提取文本右侧指定字节数的字符

函数功能

RIGHTB函数的功能与RIGHT函数相同，不过以字节为单位，汉字和全角字符是2个字节，半角字符是1个字节。

函数格式

RIGHTB(text,[num_bytes])

参数说明

text：需要提取的文本。

num_bytes（可选）：需要提取的字符数，以字节计算。

注意事项

如果num_bytes小于0，则RIGHTB函数将返回#VALUE!错误值。当num_bytes大于或等于0时，有以下4种情况。

- 如果num_bytes等于0，则RIGHTB函数将返回空文本。
- 如果省略num_bytes，则其默认值是2。
- 如果num_bytes大于0，则RIGHTB函数按照其值提取相应个数的字符。
- 如果num_bytes大于文本的总长度，则RIGHTB函数将返回所有文本。

5.2.9 REPT——生成重复的字符

函数功能

REPT函数用于按照指定的次数重复显示文本。

函数格式

REPT(text,number_times)

参数说明

text：需要重复显示的文本。

number_times：重复显示的次数。

注意事项

① 如果number_times是0，则REPT函数将返回空文本。

② REPT函数返回的字符数不能超过32767个，否则将返回#VALUE!错误值。

案例11 自动为数字添加星号（REPT+LEN）

本例效果如图5-11所示，在B1单元格中输入公式并按【Enter】键，然后将该公式向下复制到B6单元格，将根据A列数字的不同长度，使用星号自动填充，使B列每个单元格中的内容等长。

=A1&REPT("*",10-LEN(A1))

B1 =A1&REPT("*",10-LEN(A1))

	A	B	C	D	E	F	G
1	1	1*********					
2	12	12********					
3	123	123*******					
4	1234	1234******					
5	12345	12345*****					
6	123456	123456****					

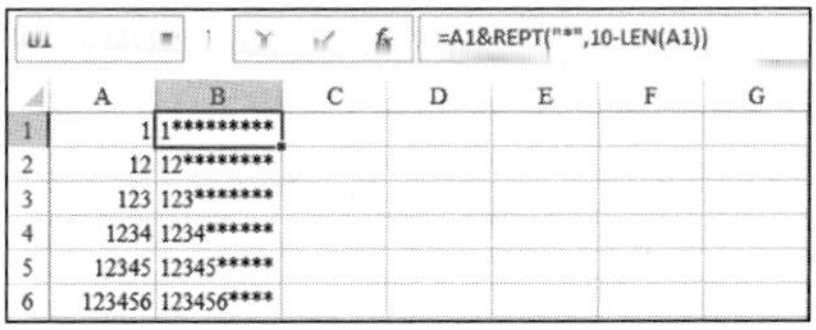

图5-11

公式解析

本例假定每个单元格的长度是10，使用10-LEN(A1)可以得到在A1单元格中需要重复的星号个数，然后使用REPT函数重复该数量的星号，最后将A1单元格与重复后的星号合并。

本例还可以使用以下公式。首先使用REPT函数重复星号10次，得到10个星号。然后将A1单元格中的内容与其合并。最后使用LEFT函数从左侧开始提取前10个字符。

```
=LEFT(A1&REPT("*",10),10)
```

案例12 制作简易的销售图表

本例效果如图5-12所示，在C2单元格中输入以下公式并按【Enter】键，然后将该公式向下复制到C13单元格，使用由字符组成的简易图表来展示销售额。

```
=REPT("r",B2/100000)
```

C2 =REPT("r",B2/100000)

	A	B	C	D	E	F
1	月份	销售额	REPT文本图表			
2	1月	792700	□□□□□□□			
3	2月	611100	□□□□□□			
4	3月	745000	□□□□□□□			
5	4月	793000	□□□□□□□			
6	5月	617700	□□□□□□			
7	6月	618200	□□□□□□			
8	7月	709800	□□□□□□□			
9	8月	775200	□□□□□□□			
10	9月	638900	□□□□□□			
11	10月	581400	□□□□□			
12	11月	528000	□□□□□			
13	12月	598900	□□□□□			

图5-12

注意 要在C列成功显示简易的图表，需将C列的字体格式设置为“Wingdings”。

交叉参考

LEFT函数请参考5.2.1小节。

RIGHT函数请参考5.2.7小节。

5.3 合并文本

5.3.1 CONCATENATE——将多个文本合并在一起

函数功能

CONCATENATE函数用于将两个或多个文本合并到一起，功能与&相同。

函数格式

```
CONCATENATE(text1,[text2],…)
```

➲ 参数说明

text1：需要合并的第1个文本。

text2,⋯（可选）：需要合并的第2~255个文本。

案例13 评定员工考核成绩（CONCATENATE+IF+SUM）

本例效果如图5-13所示，在E2单元格中输入以下公式并按【Enter】键，然后将该公式向下复制到E10单元格，得到每个员工的评定结果。评定标准：员工的3项成绩之和大于240分评定为“优秀”，否则评定为“一般”。

```
=CONCATENATE(SUM(B2:D2)," | ",IF
(SUM(B2:D2)>240,"优秀","一般"))
```

E2　=CONCATENATE(SUM(B2:D2)," | ",IF(SUM(B2:D2)>240,"优秀","一般"))

	A	B	C	D	E
1	姓名	专业知识	实际操作	领导印象	考核成绩
2	黄菊雯	66	91	52	209 | 一般
3	万杰	72	74	57	203 | 一般
4	殷佳妮	56	81	62	199 | 一般
5	刘继元	53	68	66	187 | 一般
6	董海峰	99	90	65	254 | 优秀
7	李骏	83	67	73	223 | 一般
8	王文燕	50	54	68	172 | 一般
9	尚照华	99	77	86	262 | 优秀
10	田志	67	91	75	233 | 一般

图5-13

公式解析

第1个SUM函数求出员工3项考核项目的总分；然后使用IF函数对第2个SUM函数求得的总分进行判断，如果大于240则返回“优秀”，否则返回“一般”；最后使用CONCATENATE函数将两个部分与“|”组合在一起。

➲ 交叉参考

SUM函数请参考第2章。

IF函数请参考第4章。

5.3.2 CONCAT——将来自多个范围的文本合并在一起

➲ 函数功能

CONCAT函数用于将来自多个范围的文本合并在一起。该函数的功能比CONCATENATE函数更强大，因为它可以一次性合并单元格区域中的文本，而无须逐个合并区域中的每个单元格。

➲ 函数格式

```
CONCAT(text1,[text2],⋯)
```

➲ 参数说明

text1：需要合并的第1个文本。

text2,⋯（可选）：需要合并的第2~253个文本。

➲ 注意事项

如果合并后的文本的字符数大于32767，则CONCAT函数将返回#VALUE!错误值。

➲ Excel版本提醒

CONCAT函数是Excel 2019中新增的函数，不能在Excel 2019之前的版本中使用。

案例 14 提取各行中的第一个非0数字

本例效果如图5-14所示，在E1单元格中输入以下公式并按【Enter】键，然后将该公式向下复制到E6单元格，提取各行中的第一个非0数字。

```
=LEFT(--CONCAT(A1:C1))
```

E1 =LEFT(--CONCAT(A1:C1))

	A	B	C	D	E	F
1	0	5	2		5	
2	1	0	5		1	
3	0	6	0		6	
4	2	5	5		2	
5	0	3	0		3	
6	0	2	0		2	

图5-14

公式解析

使用CONCAT函数分别将每行的3个数字合并在一起。由于CONCAT函数返回值是文本类型，因此需为其使用“--”将返回值转换为数值，数值左侧位的0都会被自动删除，直到出现第一个非0数字为止。然后使用LEFT函数从去掉无效0之后的数字左侧提取一位数字即可。

交叉参考

LEFT函数请参考5.2.1小节。

5.3.3 TEXTJOIN——以指定分隔符将来自多个范围的文本合并在一起

函数功能

TEXTJOIN函数用于以指定分隔符将来自多个范围的文本合并在一起。

函数格式

```
TEXTJOIN(delimiter,ignore_empty,text1,
[text2],…)
```

参数说明

delimiter：在合并的各个文本之间添加的分隔符。

ignore_empty：是否忽略空单元格，该参数是TRUE表示忽略空单元格，该参数是FALSE表示不忽略空单元格。

text1：需要合并的第1个文本。

text2,…（可选）：需要合并的第2~252个文本。

注意事项

如果合并后的文本的字符数大于32767，则TEXTJOIN函数将返回#VALUE!错误值。

Excel版本提醒

TEXTJOIN函数是Excel 2019中新增的函数，不能在Excel 2019之前的版本中使用。

案例 15 将数字合并为IP地址

本例效果如图5-15所示，在F1单元格中输入公式并按【Enter】键，然后将该公式向下复制到F10单元格，将每行A~D列中的数字合并为IP地址。

=TEXTJOIN(".",TRUE,A1:D1)

F1 =TEXTJOIN(".",TRUE,A1:D1)

	A	B	C	D	E	F
1	192	168	0	35		192.168.0.35
2	192	168	0	178		192.168.0.178
3	192	168	0	233		192.168.0.233
4	192	168	0	39		192.168.0.39
5	192	168	0	237		192.168.0.237
6	192	168	0	106		192.168.0.106
7	192	168	0	5		192.168.0.5
8	192	168	0	53		192.168.0.53
9	192	168	0	19		192.168.0.19
10	192	168	0	238		192.168.0.238

图5-15

5.3.4 LET函数——创建中间变量以简化公式

➲ 函数功能

LET函数用于创建一个或多个变量，并将指定的值分配给这些变量。之后就可以使用这些变量代替指定的值，以简化公式的输入量并提高计算速度。在LET函数中最多可以创建126个变量。

➲ 函数格式

LET(name1, name_value1, calculation_or_name2, [name_value2, calculation_or_name3] ,…)

➲ 参数说明

name1：第1个变量的名称。

name_value1：第1个变量的值。

calculation_or_name2：使用变量代替实际值进行的计算，或者是需要创建的第2个变量。

name_value2（可选）：第2个变量的值。

calculation_or_name3（可选）：与calculation_or_name2的含义类似。

➲ 注意事项

在LET函数中创建的变量只在LET函数的范围内有效。如果在LET函数范围之外使用该变量，则将返回#NAME?错误值。

➲ Excel版本提醒

LET函数是Excel 2021中新增的函数，不能在Excel 2021之前的版本中使用。

案例16 创建中间变量以简化公式

本例效果如图5-16所示，在G2单元格中输入以下公式并按【Enter】键，根据G1单元格中的姓名查找人员所属的部门，如果未找到此人，则显示“未找到”。

=LET(x,VLOOKUP(G1,A2:D14,2,FALSE),IF(ISNA(x),"未找到",x))

G2 =LET(x,VLOOKUP(G1,A2:D14,2,FALSE),IF(ISNA(x),"未找到",x))

	A	B	C	D	E	F	G	H	I
1	姓名	部门	职位	年薪		姓名	宋翔		
2	刘树梅	人力部	普通职员	72000		部门	未找到		
3	袁芳	销售部	高级职员	90000					
4	薛力	人力部	高级职员	126000					
5	胡伟	人力部	部门经理	162000					
6	蒋超	销售部	部门经理	162000					
7	邓苗	工程部	普通职员	162000					
8	郑华	工程部	普通职员	180000					
9	何贝贝	工程部	高级职员	186000					
10	郭静纯	销售部	高级职员	216000					
11	陈义军	销售部	普通职员	234000					
12	陈春娟	工程部	部门经理	252000					
13	育奇	工程部	普通职员	276000					
14	韩梦佼	销售部	高级职员	294000					

图5-16

公式解析

首先创建一个名为x的变量，并将VLOOKUP(G1,A2:D14,2,FALSE)设置为x的值。然后使用ISNA函数判断x的值是否是#N/A错误值，如果是则返回“未找到”，否则返回x的值，即VLOOKUP(G1,A2:D14,2,FALSE)的结果。

交叉参考

VLOOKUP函数请参考第6章。

IF函数请参考第4章。

ISNA函数请参考第7章。

5.4 转换文本格式

5.4.1 ASC——将全角字符转换为半角字符

函数功能

ASC函数用于将文本中的全角（双字节）字符转换为半角（单字节）字符。

函数格式

ASC(text)

参数说明

text：需要转换的文本。

案例17 计算全、半角混合文本中的字母个数（ASC+LEN+LENB）

本例效果如图5-17所示，在B2单元格中输入以下公式并按【Enter】键，然后将该公式向下复制到B5单元格，计算A列每个单元格中英文字母的个数。

```
=LEN(ASC(A2))*2-LENB(ASC(A2))
```

B2 =LEN(ASC(A2))*2-LENB(ASC(A2))

	A	B	C	D
1	全、半角混合文本	字母个数		
2	Ｗｏｒｄ文档处理	4		
3	Ｅｘｃｅｌ数据计算	5		
4	演示文稿制作Ｐｏｗｅｒpoint	10		
5	办公软件Ｏｆｆｉｃｅ	6		

图5-17

公式解析

本例与前面计算数字个数的案例类似，计算数字个数时的公式是LEN(A2)*2-LENB(A2)。本例由于单元格中包含全角字符，因此需要在LEN函数和LENB函数的内部使用ASC函数，先将单元格中的所有内容转换为半角字符，再计算字母个数。

交叉参考

LEN函数请参考5.2.3小节。

5.4.2 WIDECHAR——将半角字符转换为全角字符

➲ 函数功能

WIDECHAR函数用于将文本中的半角（单字节）字符转换为全角（双字节）字符。

➲ 函数格式

WIDECHAR(text)

➲ 参数说明

text：需要转换的文本。

案例 18 计算全、半角混合文本中的汉字个数（WIDECHAR+LEN+LENB+ASC）

本例效果如图5-18所示，在B2单元格中输入以下公式并按【Enter】键，然后将该公式向下复制到B5单元格，计算A列每个单元格中汉字的个数。

```
=LEN(A2)-(LENB(WIDECHAR(A2))-LENB(ASC(A2)))
```

B2 =LEN(A2)-(LENB(WIDECHAR(A2))-LENB(ASC(A2)))

	A	B	C	D	E	F
1	全、半角混合文本	汉字个数				
2	Ｗｏｒｄ文档处理	4				
3	Ｅｘｃｅｌ数据计算	4				
4	演示文稿制作Ｐｏｗｅｒpoint	6				
5	办公软件Ｏｆｆｉｃｅ	4				

图5-18

公式解析

首先使用LENB(WIDECHAR(A2))计算单元格中所有字符处于全角下的字节数；然后使用LENB(ASC(A2))计算单元格中所有字符处于半角下的字节数，此时虽然按照半角转换，但是每个汉字仍是两个字节；再将两个结果相减，得到单元格中英文字母的数量；最后使用单元格中字符的总长度减去字符的数量，得到汉字的个数。

➲ 交叉参考

ASC函数请参考5.4.1小节。

LEN函数请参考5.2.3小节。

LENB函数请参考5.2.4小节。

5.4.3 PHONETIC——返回文本中的拼音字符

➲ 函数功能

PHONETIC函数用于返回文本中的拼音字符。

➲ 函数格式

PHONETIC(reference)

➲ 参数说明

reference：需要返回拼音字符的文本。

➲ 注意事项

❶ 如果reference是单元格区域，则PHONETIC函数将返回区域左上角单元格中的拼音字符。

❷ 如果reference是不相邻的单元格区域，则PHONETIC函数将返回#N/A错误值。

5.4.4 BAHTTEXT——将数字转换为泰语文本

函数功能

BAHTTEXT函数用于将数字转换为泰语文本并添加后缀“泰铢”。

参数说明

number：需要转换为泰语文本的数字。

函数格式

```
BAHTTEXT(number)
```

5.4.5 DOLLAR——将数字转换为带美元符号的文本

函数功能

DOLLAR函数用于将数字转换为文本格式并添加货币符号，函数的名称及其应用的货币符号由操作系统中的语言设置决定。该函数依照货币格式将小数四舍五入到指定的位数并转换为文本，使用的格式是“($#,##0.00_);($#,##0.00)”。

函数格式

```
DOLLAR(number,[decimals])
```

参数说明

number：需要转换的数字。

decimals（可选）：十进制数的小数位数。如果该参数小于0，则在number的小数点左侧舍入。如果省略该参数，则其默认值是2。

案例19 出口商品价格转换

本例效果如图5-19所示，在C2单元格中输入以下公式并按【Enter】键，然后将该公式向下复制到C7单元格，计算美元商品单价。编写本书时美元兑换人民币的汇率是7.3。

```
=DOLLAR(B2/7.3,2)
```

C2 =DOLLAR(B2/7.3,2)

	A	B	C
1	商品名称	本地单价（元/斤）	出口单价（美元/斤）
2	A类大米	5	$0.68
3	B类大米	4	$0.55
4	C类大米	3	$0.41
5	A类面粉	4.5	$0.62
6	B类面粉	3.5	$0.48
7	C类面粉	2.5	$0.34

图5-19

5.4.6 RMB——将数字转换为带人民币符号的文本

函数功能

RMB函数用于将数字转换为文本格式并添加货币符号，函数的名称及其应用的货币符号由操作系统中的语言设置决定。该函数依照货币格式将小数四舍五入到指定的位数并转换为文本，使用的格式是“($#,##0.00_);($#,##0.00)”。

函数格式

RMB(number,[decimals])

参数说明

number：需要转换的数字。

decimals（可选）：十进制数的小数位数。如果该参数小于0，则在number的小数点左侧舍入。如果省略该参数，则其默认值是2。

案例20 进口商品价格转换

本例效果如图5-20所示，在C2单元格中输入以下公式并按【Enter】键，然后将该公式向下复制到C7单元格，计算人民币商品单价。编写本书时美元兑换人民币的汇率是7.3。

```
=RMB(B2*7.3,2)
```

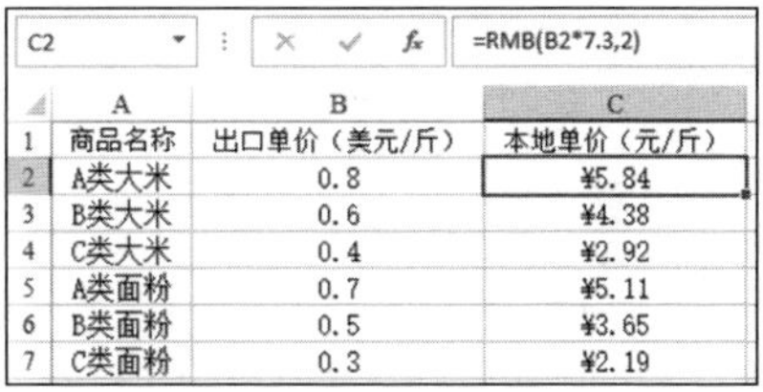

C2 =RMB(B2*7.3,2)

	A	B	C
1	商品名称	出口单价（美元/斤）	本地单价（元/斤）
2	A类大米	0.8	¥5.84
3	B类大米	0.6	¥4.38
4	C类大米	0.4	¥2.92
5	A类面粉	0.7	¥5.11
6	B类面粉	0.5	¥3.65
7	C类面粉	0.3	¥2.19

图5-20

5.4.7 NUMBERSTRING——将数值转换为大写汉字

函数功能

NUMBERSTRING函数用于将数值转换为大写汉字。在【插入函数】对话框中不显示该函数，需要在公式中手动输入该函数。

参数说明

value：需要转换为大写汉字的数值，省略该参数时其默认值是0。

type：转换类型，取值范围是1~3，如表5-1所示。

函数格式

NUMBERSTRING(value,type)

▼ 表5-1 type参数值与NUMBERSTRING函数的返回值

type参数值	转换前的数值	NUMBERSTRING函数的返回值
1	321	三百二十一
2	321	叁佰贰拾壹
3	321	三二一

注意事项

❶ 所有参数都必须是数值类型或可转换为数值的数据，否则NUMBERSTRING函数将返回#VALUE!错误值。

❷ 如果省略type，则NUMBERSTRING函数将返回#NUM!错误值。

案例 21 将销售额转换为中文大写汉字

本例效果如图5-21所示，在D2单元格中输入以下公式并按【Enter】键，然后将该公式向下复制到C138单元格，将C列中的销售额转换为中文大写汉字。

```
=NUMBERSTRING(C2,2)
```

D2 =NUMBERSTRING(C2,2)

	A	B	C	D
1	销售日期	书名	销售额	中文金额
2	2021年3月27日	Exce公式与函数大辞典	811	捌佰壹拾壹
3	2021年3月27日	Exce公式与函数大辞典	513	伍佰壹拾叁
4	2021年3月30日	Word排版技术大全	828	捌佰贰拾捌
5	2021年3月30日	Word排版技术大全	565	伍佰陆拾伍
6	2021年4月1日	Exce公式与函数大辞典	553	伍佰伍拾叁
7	2021年4月1日	Exce公式与函数大辞典	635	陆佰叁拾伍
8	2021年4月2日	Word排版技术大全	533	伍佰叁拾叁
9	2021年4月2日	Word排版技术大全	795	柒佰玖拾伍
10	2021年4月4日	Access数据库宝典	981	玖佰捌拾壹

图5-21

5.4.8 NUMBERVALUE——以与区域设置无关的方式将文本转换为数字

➲函数功能

NUMBERVALUE函数用于以与区域设置无关的方式将文本转换为数字。

➲函数格式

```
NUMBERVALUE(text,[decimal_separator],[group_separator])
```

➲参数说明

text：需要转换为数字的文本。

decimal_separator（可选）：用于分隔结果的整数和小数部分的字符。

group_separator（可选）：用于分隔数字分组的字符。

➲注意事项

❶ 如果省略decimal_separator和group_separator，则使用当前区域设置中的分隔符。

❷ 如果在decimal_separator或group_separator中使用了多个字符，则只使用第一个字符。

❸ 如果text是一个空字符，则NUMBERVALUE函数将返回0。

❹ text中的空格会被忽略，例如“6666”将返回6666。

❺ 如果text中的数组分隔符出现在小数分隔符之前，则将忽略数组分隔符。

❻ 如果text中的数组分隔符出现在小数分隔符之后，则NUMBERVALUE函数将返回#VALUE!错误值。

❼ 如果在text中多次使用小数分隔符，则NUMBERVALUE函数将返回#VALUE!错误值。

➲Excel版本提醒

NUMBERVALUE函数是Excel 2013中新增的函数，不能在Excel 2013之前的版本中使用。

5.4.9 T——将指定内容转换为文本

函数功能

T函数用于将指定内容转换为文本。

函数格式

T(value)

参数说明

value：需要转换的内容。

注意事项

如果value是文本或文本型数字，则T函数将返回原来的值，否则返回空文本。

案例22 为公式添加注释（RMB+T+N）

本例效果如图5-22所示，在C2单元格中输入以下公式并按【Enter】键，然后将该公式向下复制到C7单元格。单击C列包含公式的单元格时，将在编辑栏中显示公式含义的注释，但是单元格中不会显示该信息。

=RMB(B2*7.3,2)&T(N("公式含义：将美元兑换为人民币"))

C2 =RMB(B2*7.3,2)&T(N("公式含义：将美元兑换为人民币"))

	A	B	C	D	E	F	G	H
1	商品名称	出口单价（美元）	本地单价（元）					
2	A类大米	0.8	¥5.84					
3	B类大米	0.6	¥4.38					
4	C类大米	0.4	¥2.92					
5	A类面粉	0.7	¥5.11					
6	B类面粉	0.5	¥3.65					
7	C类面粉	0.3	¥2.19					

图5-22

公式解析

首先将公式的注释作为N函数的参数输入，由于N函数有过滤文本的功能，因此N(文本)会返回0；然后在N函数外面套用T函数，对所有数字进行过滤，T(0)将返回空文本，不会影响公式的计算结果。

交叉参考

N函数请参考第7章。

RMB函数请参考5.4.6小节。

5.4.10 LOWER——将英文字母转换为小写

函数功能

LOWER函数用于将英文字母转换为小写。

➲ 函数格式

LOWER(text)

➲ 参数说明

text：需要转换的文本。

5.4.11 UPPER——将英文字母转换为大写

➲ 函数功能

UPPER函数用于将英文字母转换为大写。

➲ 参数说明

text：需要转换的文本。

➲ 函数格式

UPPER(text)

案例 23 将文本转换为句首字母大写其他字母小写（UPPER+LEFT+LOWER+RIGHT+LEN）

本例效果如图5-23所示，在B1单元格中输入以下公式并按【Enter】键，然后将该公式向下复制到B3单元格，将A列每个单元格中的内容转换为句首字母大写，其他字母小写。

```
=UPPER(LEFT(A1,1))&LOWER(RIGHT(A1,LEN(A1)-1))
```

B1 =UPPER(LEFT(A1,1))&LOWER(RIGHT(A1,LEN(A1)-1))

	A	B	C	D	E	F	G
1	we are the world	We are the world					
2	can you help me	Can you help me					
3	what can I do for you	What can i do for you					

图5-23

公式解析

首先使用UPPER函数将文本的第一个字符转换为大写，然后使用LOWER函数将其他字符转换为小写，接着将除了第一个字符之外的其他字符使用RIGHT和LEN函数提取出来，最后将两个部分组合在一起。

➲ 交叉参考

LOWER函数请参考5.4.10小节。

LEFT函数请参考5.2.1小节。

RIGHT函数请参考5.2.7小节。

5.4.12 PROPER——将每个单词的首字母转换为大写

➲ 函数功能

PROPER函数用于将每个单词的首字母转换为大写，将其他字母转换为小写。

➲ 函数格式

PROPER(text)

➲ 参数说明

text：需要转换英文字母大小写的文本。

案例24 整理人名数据

本例效果如图5-24所示，在C1单元格中输入以下公式并按【Enter】键，然后将该公式向下复制到C8单元格，将B列中的姓名拼音转换为每个拼音首字母大写。

=PROPER(B1)

C1 =PROPER(B1)

	A	B	C	D
1	黄菊雯	huang ju wen	Huang Ju Wen	
2	万杰	wan jie	Wan Jie	
3	殷佳妮	yin jia ni	Yin Jia Ni	
4	刘继元	liu ji yuan	Liu Ji Yuan	
5	董海峰	dong hai feng	Dong Hai Feng	
6	李骏	li jun	Li Jun	
7	王文燕	wang wen yan	Wang Wen Yan	
8	尚照华	shang zhao hua	Shang Zhao Hua	

图5-24

5.4.13 VALUE——将文本型数字转换为数值

函数功能

VALUE函数用于将文本型数字转换为数值。

函数格式

VALUE(text)

参数说明

text：需要转换的文本型数字。

注意事项

如果text是文本，则VALUE函数将返回#VALUE!错误值。

案例25 对文本格式的销售额求和（VALUE+SUM）

本例效果如图5-25所示，在D2单元格中输入以下数组公式并按【Ctrl+Shift+Enter】组合键，计算B列中的文本格式的销售额的总和。

=SUM(VALUE(B2:B7))

D2 {=SUM(VALUE(B2:B7))}

	A	B	C	D	E
1	月份	销售额		上半年销售额	
2	1月	12800		162800	
3	2月	25720			
4	3月	37100			
5	4月	18200			
6	5月	27000			
7	6月	41980			

图5-25

提示

由于SUM函数会将文本格式的单元格引用当作0处理，因此需要先使用VALUE函数将B列中的文本格式的数字转换为数值，然后才能使用SUM函数对这些数据求和。

交叉参考

SUM函数请参考第2章。

5.4.14 TEXT——设置数字格式

➲函数功能

TEXT函数用于设置数字格式并将原内容转换为文本。

➲函数格式

```
TEXT(value,format_text)
```

➲参数说明

value：需要设置格式的数字。

format_text：需要为数字设置格式的格式代码，必须将该参数的值放到一对双引号中。

➲注意事项

❶ TEXT函数的功能与在【设置单元格格式】对话框中设置数字格式类似，但是使用TEXT函数无法设置单元格的字体颜色。

❷ 使用TEXT函数设置的数字将转换为文本。

案例26 以特定的单位显示金额（TEXT+SUM）

本例效果如图5-26所示，在D2单元格中输入以下公式并按【Enter】键，计算1~12月的销售总额并以“百万元”为单位显示。

```
=TEXT(SUM(B2:B13),"#,###.00,, 百万元")
```

D2 =TEXT(SUM(B2:B13),"#,###.00,, 百万元")

	A	B	C	D	E	F	G	H
1	月份	销售额		全年销售总额				
2	1月	792700		8.01 百万元				
3	2月	611100						
4	3月	745000						
5	4月	793000						
6	5月	617700						
7	6月	618200						
8	7月	709800						
9	8月	775200						
10	9月	638900						
11	10月	581400						
12	11月	528000						
13	12月	598900						

图5-26

案例27 将数字转换为电话号码格式

本例效果如图5-27所示，在B2单元格输入以下公式并按【Enter】键，然后将该公式向下复制到B6单元格，将数字转换为电话号码格式。

```
=TEXT(A2,"(0000)0000-0000")
```

B2 =TEXT(A2,"(0000)0000-0000")

	A	B	C	D	E	F
1	转换前	转换后				
2	99887766554	(0998)8776-6554				
3	88776655443	(0887)7665-5443				
4	77665544332	(0776)6554-4332				
5	66554433221	(0665)5443-3221				
6	55443322110	(0554)4332-2110				

图5-27

案例28 自动生成12个月的英文名称（TEXT+ROW）

本例效果如图5-28所示，在A1单元格中输入以下公式并按【Enter】键，然后将该公式向下复制到A12单元格，将自动生成12个月的英文名称。

=TEXT(ROW()&"-1","mmmm")

A1 =TEXT(ROW()&"-1","mmmm")

	A	B	C	D	E	F	G
1	January						
2	February						
3	March						
4	April						
5	May						
6	June						
7	July						
8	August						
9	September						
10	October						
11	November						
12	December						

图5-28

公式解析

使用ROW函数获得当前行的行号，向下复制公式时将自动得到1~12的数字；然后将这些数字分别与“-1”组合为“月-日”形式的日期格式；最后使用TEXT函数获得英文月份名称，只需将TEXT函数的第2个参数设置为“mmmm”。

交叉参考

ROW函数请参考第6章。

5.4.15 FIXED——将数字按照指定的小数位数取整

函数功能

FIXED函数用于将数字按照指定的小数位数取整。通过句号和逗号，以小数格式对该数进行格式设置，并以文本形式返回结果。

函数格式

FIXED(number,[decimals],[no_commas])

参数说明

number：需要舍入并转换为文本的数字。

decimals（可选）：小数位数。

no_commas（可选）：是否允许在返回的结果中添加千分位分隔符。如果该参数是FALSE，则在返回的结果中添加千分位分隔符。

注意事项

① 如果decimals小于0，则在小数点左侧进行舍入。

② 如果省略decimals，则其默认值是2。

案例29 格式化数字格式

本例效果如图5-29所示，在C2单元格中输入公式并按【Enter】键，然后将该公式向下复制到C7单元格，将为B列中的销售额添加千分位分隔符和两位小数。

```
=FIXED(B2,2,FALSE)
```

C2 | =FIXED(B2,2,FALSE)

	A	B	C	D	E
1	月份	销售额	格式化后的金额		
2	1月	792700	792,700.00		
3	2月	611100	611,100.00		
4	3月	745000	745,000.00		
5	4月	793000	793,000.00		
6	5月	617700	617,700.00		
7	6月	618200	618,200.00		

图5-29

提示

本例公式可以简化为=FIXED(B2)，其结果与上面的公式相同。

5.5 查找和替换文本

5.5.1 EXACT——比较两个文本是否相同

函数功能

EXACT函数用于比较两个文本，如果它们完全相同（包括大小写）则返回TRUE，否则返回FALSE。

函数格式

```
EXACT(text1,text2)
```

参数说明

text1：需要比较的第一个文本。

text2：需要比较的第二个文本。

案例 30 核对录入的数据是否正确（EXACT+IF）

本例效果如图5-30所示，在C2单元格中输入以下公式并按【Enter】键，然后将该公式向下复制到C8单元格，检查B列数据是否与A列数据完全相同，完全相同则显示“录入正确”，否则显示“录入有误”。

```
=IF(EXACT(A2,B2),"录入正确","录入有误")
```

C2 | =IF(EXACT(A2,B2),"录入正确","录入有误")

	A	B	C	D	E	F	G	H
1	原始数据	录入数据	检测结果					
2	BPO123	BPO123	录入正确					
3	JCB134	JcB135	录入有误					
4	TYH254	TYh255	录入有误					
5	UKH346	UKH346	录入正确					
6	TMJ568	TMJ569	录入有误					
7	NNT679	NNT679	录入正确					
8	GGN482	gGn482	录入有误					

图5-30

交叉参考

IF函数请参考第4章。

5.5.2 FIND——以字符为单位区分大小写地查找字符的位置

函数功能

FIND函数用于查找字符在文本中第一次出现的位置。

函数格式

FIND(find_text,within_text,[start_num])

参数说明

find_text：需要查找的字符。

within_text：接受查找的文本。

start_num（可选）：查找的起始位置。

注意事项

❶ 如果找不到目标字符，则FIND函数将返回#VALUE!错误值。

❷ 如果start_num小于0或大于文本的总长度，则FIND函数将返回#VALUE!错误值。如果省略start_num，则其默认值是1。

❸ 在find_text中不能使用通配符。

案例31 检查联系地址是否详细（FIND+ISERROR+IF）

本例效果如图5-31所示，在B2单元格中输入以下公式并按【Enter】键，然后将该公式向下复制到B6单元格，判断A列地址的详细程度。判断标准：将地址中包含门牌号的判定为“详细”，否则判定为“不详细”。

=IF(ISERROR(FIND("号",A2)),"不详细","详细")

B2 =IF(ISERROR(FIND("号",A2)),"不详细","详细")

	A	B	C	D	E	F
1	联系地址	地址是否详细				
2	北京市西城区××路××号	详细				
3	河北省邯郸市××路	不详细				
4	黑龙江省哈尔滨市××路	不详细				
5	广东省广州市XX路××号	详细				
6	山东省济南市××路	不详细				

图5-31

公式解析

首先使用FIND函数查找地址中是否包含“号”字，如果找不到该字，则返回错误值，将FIND函数的返回值作为ISERROR函数的参数。如果FIND函数返回错误值，则ISERROR(FIND())将返回TRUE，此时IF函数返回与TRUE对应的部分，即“不详细”。否则IF函数返回与FALSE对应的部分“详细”。

案例32 提取公司名称（FIND+MID）

本例效果如图5-32所示，在B2单元格中输入公式并按【Enter】键，然后将该

公式向下复制到B8单元格，提取位于两个“-”之间的公司名称。

```
=MID(A2,FIND("-",A2)+1,FIND("-",A2,FIND("-",A2)+1)-1-FIND("-",A2))
```

B2　=MID(A2,FIND("-",A2)+1,FIND("-",A2,FIND("-",A2)+1)-1-FIND("-",A2))

	A	B	C	D	E	F	G	H	I
1	地区-公司-人员	公司名称							
2	北京-方晨金-黄菊雯	方晨金							
3	北京-耀辉-万杰	耀辉							
4	山东-天启琅勃-殷佳妮	天启琅勃							
5	广东-大发广业-刘继元	大发广业							
6	北京-锦泰伟业-董海峰	锦泰伟业							
7	广东-联重通-李骏	联重通							
8	山东-富源-王文燕	富源							

图5-32

公式解析

由于公司名称位于两个“-”之间，因此需要使用FIND函数查找每个“-”的位置，然后通过MID函数提取位于两个“-”之间的文本。MID函数的第2个参数FIND("-",A2)+1用于确定从第几个字符开始提取，即第1个“-”的位置加1后的位置就是公司名称的起始位置。MID函数的第3个参数FIND("-",A2,FIND("-",A2)+1)-1-FIND("-",A2)用于确定提取的字符数，其中的FIND("-",A2,FIND("-",A2)+1)用于确定第2个“-”的位置，将该位置减去1再减去第1个“-”的位置，即可得到两个“-”之间的字符数。最后使用MID函数提取。

交叉参考

IF函数请参考第4章。

ISERROR函数请参考第7章。

MID函数请参考5.2.5小节。

5.5.3 FINDB——以字节为单位区分大小写地查找字符的位置

函数功能

FINDB函数与FIND函数的功能相同，不过以字节为单位，汉字和全角字符是2个字节，半角字符是1个字节。

函数格式

```
FINDB(find_text,within_text,[start_num])
```

参数说明

find_text：需要查找的字符。

within_text：接受查找的文本。

start_num（可选）：查找的起始位置，以字节计算。

注意事项

❶ 如果找不到目标字符，则FINDB函数将返回#VALUE!错误值。

❷ 如果start_num小于0或大于文本的总长度，则FINDB函数将返回#VALUE!错误值。如果省略start_num，则其默认值是1。

❸ 在find_text中不能使用通配符。

5.5.4 REPLACE——以字符为单位替换指定位置上的内容

函数功能

REPLACE函数用于以字符为单位替换指定位置上的内容。如果知道要替换的内容所在的位置，则可以使用REPLACE函数。

函数格式

REPLACE(old_text,start_num,num_chars,new_text)

参数说明

old_text：需要替换掉的原内容。

start_num：替换的起始位置。

num_chars：需要替换掉的字符数。

new_text：用于替换原内容的新内容。

注意事项

① 如果start_num或num_chars小于0，则REPLACE函数将返回#VALUE!错误值。

② 如果num_chars等于0，则相当于在start_num表示的字符之前插入新字符。

案例33 电话号码位数升级

本例效果如图5-33所示，在C2单元格中输入以下公式并按【Enter】键，然后将该公式向下复制到C8单元格，将B列中的7位电话号码升级为8位。

=REPLACE(B2,5,0,6)

C2 =REPLACE(B2,5,0,6)

	A	B	C	D
1	姓名	电话	升级后电话	
2	姜然	010-8972534	010-68972534	
3	郑华	010-8972537	010-68972537	
4	何贝贝	010-8972419	010-68972419	
5	郭静纯	010-8972632	010-68972632	
6	陈义军	010-8972861	010-68972861	
7	陈喜娟	010-8972623	010-68972623	
8	育奇	010-8972565	010-68972565	

图5-33

案例34 提取地区和公司名称（REPLACE+LEFT+FIND）

本例效果如图5-34所示，在B2单元格中输入以下公式并按【Enter】键，然后将该公式向下复制到B8单元格，提取A列中的地区和公司名称，并删除它们之间的“-”符号。

=LEFT(REPLACE(A2,3,1,""),FIND("-",REPLACE(A2,3,1,""))-1)

B2 =LEFT(REPLACE(A2,3,1,""),FIND("-",REPLACE(A2,3,1,""))-1)

	A	B	C	D	E	F	G
1	地区-公司-人员	地区公司名称					
2	北京-方晨金-黄菊雯	北京方晨金					
3	北京-耀辉-万杰	北京耀辉					
4	山东-天启琅勃-殷佳妮	山东天启琅勃					
5	广东-大发广业-刘继元	广东大发广业					
6	北京-锦泰伟业-董海峰	北京锦泰伟业					
7	广东-联重通-李骏	广东联重通					
8	山东-富源-王文燕	山东富源					

图5-34

公式解析

由于要提取地区和公司名称，因此需要使用LEFT函数从左侧开始提取第2个“–”符号之前的所有内容；提取出的地区和公司名称之间有一个“–”符号，为了删除该符号，需要使用REPALCE函数将“–”符号替换为空字符。

交叉参考

FIND函数请参考5.5.2小节。

LEFT函数请参考5.2.1小节。

5.5.5 REPLACEB——以字节为单位替换指定位置上的内容

函数功能

REPLACEB函数的功能与REPLACE函数相同，不过以字节为单位，汉字和全角字符是2个字节，半角字符是1个字节。

函数格式

```
REPLACEB(old_text,start_num,num_bytes,new_text)
```

参数说明

old_text：需要替换掉的原内容。

start_num：替换的起始位置。

num_bytes：需要替换掉的字符数，以字节计算。

new_text：用于替换原内容的新内容。

注意事项

❶ 如果start_num或num_chars小于0，则REPLACEB函数将返回#VALUE!错误值。

❷ 如果num_chars等于0，则相当于在start_num表示的字符之前插入新字符。

5.5.6 SEARCH——以字符为单位不区分大小写地查找字符的位置

函数功能

SEARCH函数的功能与FIND函数类似，都是查找某个字符在文本中出现的位置，但是SEARCH函数在查找时不区分英文大小写。

函数格式

```
SEARCH(find_text,within_text,[start_num])
```

参数说明

find_text：需要查找的字符。

within_text：接受查找的文本。

start_num可选：查找的起始位置。

注意事项

❶ 如果找不到目标字符，则SEARCH函数将返回#VALUE!错误值。

② 如果start_num小于0或大于文本的总长度，则SEARCH函数将返回#VALUE!错误值。如果省略start_num，则其默认值是1。

③ 在find_text中可以使用通配符。星号（*）匹配任意多个字符，问号（？）匹配任意单个字符。如需查找星号或问号本身，可以在它们之前输入波形符（~）。

案例35 设置图书分类上架建议（SEARCH+IF+COUNT）

本例效果如图5-35所示，在B2单元格中输入以下公式并按【Enter】键，然后将该公式向下复制到B7单元格，为A列中的图书设置分类上架建议。

=IF(COUNT(SEARCH({"Word","Excel","PowerPoint","Office"},A2))=1,"办公软件","操作系统")

B2 =IF(COUNT(SEARCH({"Word","Excel","PowerPoint","Office"},A2))=1,"办公软件","操作系统")

	A	B	C	D	E	F	G	H	I	J	K
1	书名	上架类别									
2	Word排版技术大全	办公软件									
3	Excel公式与函数大辞典	办公软件									
4	PowerPoint演示文稿制作	办公软件									
5	完全掌握Office 2021	办公软件									
6	Windows 10技术大全	操作系统									
7	Windows 11完全指南	操作系统									

图5-35

公式解析

首先使用SEARCH函数查找常量数组{"Word","Excel","PowerPoint","Office"}中的元素是否在A列的单元格中出现过。只要出现过其中任意一个元素，COUNT函数就会返回1，否则返回为0。如果返回1，则返回IF函数中与TRUE对应的部分“办公软件”，否则返回“操作系统”。

交叉参考

IF函数请参考第4章。

COUNT函数请参考第8章。

5.5.7 SEARCHB——以字节为单位不区分大小写地查找字符的位置

函数功能

SEARCHB函数的功能与SEARCH函数相同，不过以字节为单位，汉字和全角字符是2个字节，半角字符是1个字节。

函数格式

SEARCHB(find_text,within_text,[start_num])

参数说明

find_text：需要查找的字符。

within_text：接受查找的文本。

start_num（可选）：查找的起始位置，以字节计算。

注意事项

① 如果找不到目标字符，则SEARCHB函数将返回#VALUE!错误值。

② 如果start_num小于0或大于文本的总长度，则SEARCHB函数将返回#VALUE!错误值。如果省略start_num，则其默认值是1。

③ 在find_text中可以使用通配符。星号（*）匹配任意多个字符，问号（？）匹配任意单个字符。如需查找星号或问号本身，可以在它们之前输入波形符（~）。

5.5.8 SUBSTITUTE——替换指定内容

函数功能

SUBSTITUTE函数用于使用新的内容替换原有内容。如果知道要替换的是什么内容，则可以使用SUBSTITUTE函数。

函数格式

```
SUBSTITUTE(text,old_text,new_text,
[instance_num])
```

参数说明

text：需要在其中执行替换操作的内容。

old_text：需要替换掉的原内容。

new_text：用于替换原内容的新内容。

instance_num（可选）：如果原内容不止出现一次，则该参数指定替换掉哪一次出现的原内容。如果省略该参数，则所有出现的原内容都会被替换。

案例36 将日期转换为标准格式

本例效果如图5-36所示，在C2单元格中输入以下公式并按【Enter】键，然后将该公式向下复制到C8单元格，将B列中的非标准日期格式转换为标准日期格式。

```
=SUBSTITUTE(B2,".","-")
```

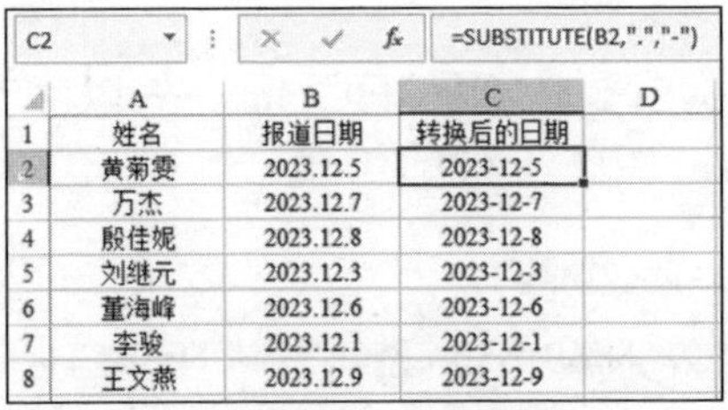

C2 =SUBSTITUTE(B2,".","-")

	A	B	C	D
1	姓名	报道日期	转换后的日期	
2	黄菊雯	2023.12.5	2023-12-5	
3	万杰	2023.12.7	2023-12-7	
4	殷佳妮	2023.12.8	2023-12-8	
5	刘继元	2023.12.3	2023-12-3	
6	董海峰	2023.12.6	2023-12-6	
7	李骏	2023.12.1	2023-12-1	
8	王文燕	2023.12.9	2023-12-9	

图5-36

案例37 格式化公司名称（SUBSTITUTE+REPLACE）

本例效果如图5-37所示，在B2单元格中输入以下公式并按【Enter】键，然后将该公式向下复制到B8单元格，将删除A列各个单元格中的第一个“-”符号，并将第二个“-”符号改为“：”。

=SUBSTITUTE(REPLACE(A2,3,1,""),"-","：")

B2 =SUBSTITUTE(REPLACE(A2,3,1,""),"-","：")

	A	B	C	D	E
1	地区-公司-人员	地区公司名称			
2	北京-方晨金-黄菊雯	北京方晨金：黄菊雯			
3	北京-耀辉-万杰	北京耀辉：万杰			
4	山东-天启琅勃-殷佳妮	山东天启琅勃：殷佳妮			
5	广东-大发广业-刘继元	广东大发广业：刘继元			
6	北京-锦泰伟业-董海峰	北京锦泰伟业：董海峰			
7	广东-联重通-李骏	广东联重通：李骏			
8	山东-富源-王文燕	山东富源：王文燕			

图5-37

交叉参考

REPLACE函数请参考5.5.4小节。

5.6 删除无用字符

5.6.1 CLEAN——删除非打印字符

函数功能

CLEAN函数用于删除文本中不能打印的字符。这些不能打印字符主要是7位ASCII的前32个，值为0~31。

函数格式

CLEAN(text)

参数说明

text：需要删除非打印字符的文本。

案例38 对表格内容排版

本例效果如图5-38所示，A列每个单元格中的内容分为上下两行，在B1单元格中输入以下公式并按【Enter】键，然后将该公式向下复制到B5单元格，将单元格中的两行内容排列到一行。

=CLEAN(A1)

B1 =CLEAN(A1)

	A	B	C	D	E
1	黄菊雯 经理	黄菊雯 经理			
2	殷佳妮 文秘	殷佳妮 文秘			
3	王文燕 经理	王文燕 经理			
4	刘树梅 秘书	刘树梅 秘书			
5	薛力 经理	薛力 经理			

图5-38

5.6.2 TRIM——删除多余空格

函数功能

TRIM函数用于删除文本中多余的空格。多余空格是指除了每两个单词之间的一个空格之外的其他空格。

函数格式

```
TRIM(text)
```

参数说明

text：需要删除多余空格的文本。

案例 39 整理格式不规范的数据（TRIM+CLEAN）

本例效果如图5-39所示，与上一个案例相同，A列是双行显示的人名和职位，B列是使用公式将双行内容改为单行后的结果，但是在B列中存在多余的空格。在C1单元格中输入以下公式并按【Enter】键，然后将该公式向下复制到C5单元格，将使A列中的双行文本显示为单行，并删除人名和职位之间多余的空格。

```
=TRIM(CLEAN(A1))
```

C1 =TRIM(CLEAN(A1))

	A	B	C	D	E
1	黄菊雯 经理	黄菊雯　经理	黄菊雯 经理		
2	殷佳妮 文秘	殷佳妮　文秘	殷佳妮 文秘		
3	王文燕 经理	王文燕　经理	王文燕 经理		
4	刘树梅 秘书	刘树梅　秘书	刘树梅 秘书		
5	薛力 经理	薛力 经理	薛力 经理		

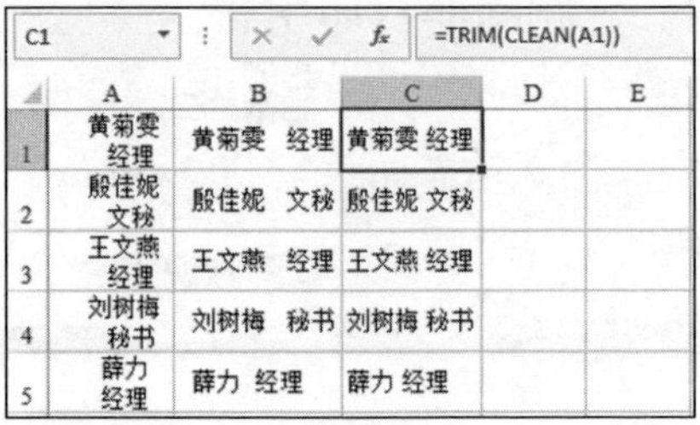

图5-39

交叉参考

CLEAN函数请参考5.6.1小节。

第6章　查找和引用函数

Excel中的查找和引用函数主要用于查找数据、引用数据、排序和筛选数据。如果查找和引用函数与其他函数配合使用，则可发挥更大的作用。本章介绍查找和引用函数的基本用法和实际应用。

6.1　查找数据

6.1.1　CHOOSE——根据序号从列表中选择对应的内容

➲ 函数功能

CHOOSE函数用于根据序号从列表中选择对应的内容。根据参数index_num的值从参数value1,value2,…表示的最多254个数值中选择一个。

➲ 函数格式

CHOOSE(index_num,value1,[value2],…)

➲ 参数说明

index_num：取值范围是1~254。

- 如果index_num是1，则CHOOSE函数将返回value1；如果是2，则CHOOSE函数将返回value2，依此类推。
- 如果index_num小于1或大于列表中最后一个值的序号，则CHOOSE函数将返回#VALUE!错误值。
- 如果index_num是小数，则只保留其整数部分。

value1：第1个值。

value2,…（可选）：第2~254个值。

value参数在公式中的一些常见形式如下。

- 文本形式：=CHOOSE(2,"一车间","二车间","三车间")，该公式返回“二车间”。
- 引用形式：=CHOOSE(2,A1:C1,D2:F3,G1:H4)，该公式返回D2:F3单元格区域。
- 公式形式：=CHOOSE(B5/2,A1*0.5,B1*0.6,C1*0.7)，该公式先计算B5/2的值，然后根据计算结果返回value列表中对应的值。假如B5单元格中的值是4，则公式返回B1*0.6的值。
- 名称形式：=CHOOSE(A1,销量,价格,销售员)，假如A1单元格中的值是3，则公式返回名称是“销售员”对应的单元格引用中的值。
- 函数形式：=CHOOSE(MIN(A1:A3),SUM(A1:C1),SUM(D2:F3),SUM(G1:H4))，该公式先统计A1:A3单元格区域中的最小值，然后根据统计结果来获得对应的区域之和。假如A1、A2和A3

单元格中的值分别是1、2、3，则公式MIN(A1:A3)返回1，最后使用CHOOSE函数返回value参数列表中的第1个值——SUM(A1:C1)。

注意事项

❶ index_num必须是数值类型或可转换为数值的数据，否则CHOOSE函数将返回#VALUE!错误值。

❷ 如果index_num小于1或大于254，则CHOOSE函数将返回#VALUE!错误值。

案例01 评定员工业绩（CHOOSE+IF）

本例效果如图6-1所示，在D2单元格中输入以下公式并按【Enter】键，然后将该公式向下复制到D8单元格，对员工的销售额进行评定。评定条件：销售额大于或等于40000元评为“优秀”，小于30000元评为“一般”，其他销售额评为“良好”。

```
=CHOOSE(IF(C2<30000,1,IF(C2>=40000,3,2)),"一般","良好","优秀")
```

D2 =CHOOSE(IF(C2<30000,1,IF(C2>=40000,3,2)),"一般","良好","优秀")

	A	B	C	D	E	F	G	H	I	J
1	编号	姓名	销售额	业绩评定						
2	1	郝力	35000	良好						
3	2	郭琳	42000	优秀						
4	3	赵爽	29000	一般						
5	4	吴兰兰	57000	优秀						
6	5	刘艺东	38000	良好						
7	6	张铁新	40000	优秀						
8	7	邹广杰	27000	一般						

图6-1

公式解析

本例使用IF函数将单元格中的值与业绩评定标准进行比较，根据结果返回数字1、2或3，然后使用CHOOSE函数根据返回的1~3中的一个数字，返回列表中与编号对应的评定结果。

案例02 重组数据

本例效果如图6-2所示，在F1:I12单元格区域中输入以下数组公式并按【Ctrl+Shift+Enter】组合键，将原始数据区域的各列交换位置，重组数据。

```
=CHOOSE({1,2,3,4},A1:A12,D1:D12,B1:B12,C1:C12)
```

F1 {=CHOOSE({1,2,3,4},A1:A12,D1:D12,B1:B12,C1:C12)}

	A	B	C	D	E	F	G	H	I
1	姓名	部门	职位	年薪		姓名	年薪	部门	职位
2	蒋京	人力部	普通职员	144000		蒋京	144000	人力部	普通职员
3	张静	销售部	高级职员	180000		张静	180000	销售部	高级职员
4	于波	人力部	高级职员	252000		于波	252000	人力部	高级职员
5	王平	人力部	部门经理	324000		王平	324000	人力部	部门经理
6	郭林	销售部	部门经理	324000		郭林	324000	销售部	部门经理
7	王佩	后勤部	部门经理	324000		王佩	324000	后勤部	部门经理
8	吴娟	后勤部	普通职员	324000		吴娟	324000	后勤部	普通职员
9	唐敏	工程部	普通职员	324000		唐敏	324000	工程部	普通职员
10	李美	财务部	部门经理	348000		李美	348000	财务部	部门经理
11	吕伟	工程部	普通职员	360000		吕伟	360000	工程部	普通职员
12	苏洋	工程部	高级职员	372000		苏洋	372000	工程部	高级职员

图6-2

公式解析

由于CHOOSE函数返回的值由其第1个参数决定，因此使用该特性可以很方便地交换单元格区域中各列的位置。对本例来说，CHOOSE函数的第1个参数是一个包含4个数字的常量数组，然后将CHOOSE函数的值列表设置为每个数字想要返回的单元格区域，以此实现交换各列位置的目的。

案例03 在多组销售数据中查找销量（CHOOSE+VLOOKUP+MATCH）

本例效果如图6-3所示，在B12单元格中输入以下公式并按【Enter】键，根据B10和B11单元格中的销售部门和员工姓氏查找对应的销量。A、C、E这3列是各个销售分部的销售员，B、D、F这3列是各个部门不同员工完成的销量。

=VLOOKUP(B11,CHOOSE(MATCH(B10,{"销售一部","销售二部","销售三部"},0),A1:B8,C1:D8,E1:F8),2,0)

B12 =VLOOKUP(B11,CHOOSE(MATCH(B10,{"销售一部","销售二部","销售三部"},0),A1:B8,C1:D8,E1:F8),2,0)

	A	B	C	D	E	F
1	销售一部	销量	销售二部	销量	销售三部	销量
2	黄	550	尚	576	刘	769
3	万	924	田	717	姜	719
4	殷	741	刘	872	郑	744
5	刘	835	袁	798	何	943
6	董	671	薛	711	郭	879
7	李	946	胡	708	陈	667
8	王	720	蒋	840	陈	981
9						
10	销售部门	销售三部				
11	姓氏	刘				
12	销量	769				

图6-3

公式解析

首先使用MATCH函数在由“销售一部”“销售二部”“销售三部”组成的常量数组中查找B10单元格中的部门名称，其结果是1~3中的某个数字；将该结果作为CHOOSE函数的第1个参数，将返回不同的区域；最后使用VLOOKUP函数查找B11单元格在返回的区域的第2列中对应的值。

➲ 交叉参考

IF函数请参考第4章。

VLOOKUP函数请参考6.1.5小节。

MATCH函数请参考6.1.7小节。

6.1.2 LOOKUP——在单行或单列中查找数据（向量形式）

➲ 函数功能

LOOKUP函数用于在一行或一列中查找值，然后返回另一行或另一列中相同位置上的值。

➲ 函数格式

```
LOOKUP(lookup_value,lookup_vector,[result_vector])
```

➲ 参数说明

lookup_value：需要查找的值。如果找不到该值，则返回lookup_vector中小于或等于查找值的最大值。

lookup_vector：接受查找的区域。如果该参数是单元格区域，则必须是单行或单列；如果该参数是数组，则必须是水平或垂直的一维数组。

result_vector（可选）：返回结果值的区域，其大小必须与lookup_vector相同。如果该参数是单元格区域，则必须是单行或单列；如果该参数是数组，则必须是水平或垂直的一维数组。

➲ 注意事项

❶ lookup_vector中的数据必须升序排列，否则LOOKUP函数可能会返回错误的结果。

❷ 如果lookup_value小于lookup_vector中的最小值，则LOOKUP函数将返回#N/A错误值。

❸ lookup_vector和result_vector的方向必须相同。例如，如果lookup_vector是行方向，则result_vector也必须是行方向。

案例04 根据姓名查找员工编号

本例效果如图6-4所示，在E2单元格中输入以下公式并按【Enter】键，根据E1单元格中的姓名查找对应的员工编号。

```
=LOOKUP(E1,B1:B11,A1:A11)
```

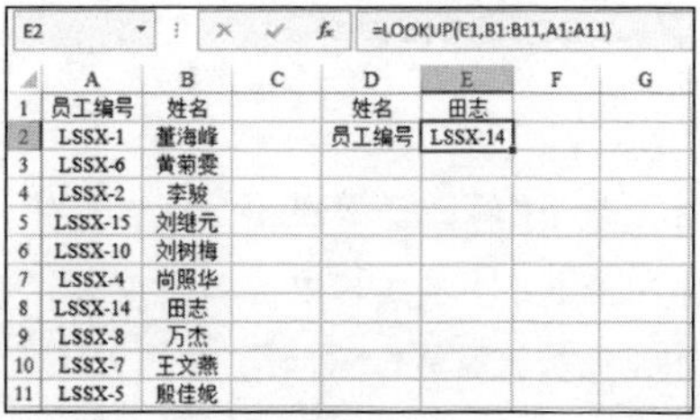

E2 =LOOKUP(E1,B1:B11,A1:A11)

	A	B	C	D	E	F	G
1	员工编号	姓名		姓名	田志		
2	LSSX-1	董海峰		员工编号	LSSX-14		
3	LSSX-6	黄菊雯					
4	LSSX-2	李骏					
5	LSSX-15	刘继元					
6	LSSX-10	刘树梅					
7	LSSX-4	尚照华					
8	LSSX-14	田志					
9	LSSX-8	万杰					
10	LSSX-7	王文燕					
11	LSSX-5	殷佳妮					

图6-4

提示

在6.1.5小节介绍VLOOKUP函数时，有一个使用VLOOKUP函数进行逆向查找的案例。当遇到查找的数据列在右、返回的数据列在左这种情况时，使用LOOKUP函数通常更方便。

案例05 使用LOOKUP函数实现多条件判断

本例效果如图6-5所示，在B3单元格中输入以下公式并按【Enter】键，然后将该公式向下复制到B12单元格，根据D3:E12单元格区域中的得分标准，判断A列数据对应的得分。

=LOOKUP(A3,$D$3:$D$17,$E$3:$E$17)

B3 =LOOKUP(A3, $D$3:$D$17, $E$3:$E$17)

	A	B	C	D	E	F	G
1	实际得分			得分标准			
2	100米用时（秒）	分数		时间（秒）	分数		
3	13.9	85		0	100		
4	13.2	100		13.3	95		
5	15.3	65		13.6	90		
6	13.4	95		13.9	85		
7	16.3	55		14.2	80		
8	16.7	55		14.4	75		
9	14.2	80		14.8	70		
10	14.3	80		15.3	65		
11	15.4	65		15.8	60		
12	15.7	65		16.3	55		

图6-5

注意 为了得到正确的结果，D列中的数据需要升序排列。

案例06 提取文本中的金额（LOOKUP+LEFT+ROW+INDIRECT+LEN）

本例效果如图6-6所示，在B1单元格中输入以下公式并按【Enter】键，然后将该公式向下复制到B5单元格，提取A列中的金额。

=LOOKUP(9E+307,--LEFT(A1,ROW(INDIRECT("1:"&LEN(A1)))))

B1 =LOOKUP(9E+307,--LEFT(A1,ROW(INDIRECT("1:"&LEN(A1)))))

	A	B	C	D	E	F	G	H	I	J
1	0.15元	0.15								
2	150元	150								
3	1500元	1500								
4	15000元	15000								
5	150.15元	150.15								

图6-6

公式解析

首先使用LEN函数获得A1单元格中的字符数，并使用ROW函数搭配INDIRECT函数，返回一个从1到A1单元格字符数的常量数组{1;2;3;4;5}。接着使用LEFT函数依次提取A1单元格左侧的1、2、3、4、5个字符，使用“--”将不是数字的内容转换为错误值，返回一个包含数字和错误值的数组。最后使用LOOKUP函数在返回的数组中查找一个足够大的数字9E+307，返回数组中小于或等于该值的最大值，即A1单元格中的金额。

➲ 交叉参考

LEFT函数请参考第5章。

ROW函数请参考6.2.5小节。

INDIRECT函数请参考6.2.9小节。

LEN函数请参考第5章。

6.1.3 LOOKUP——在单行或单列中查找数据（数组形式）

➲ 函数功能

LOOKUP函数用于在单元格区域或数组的第一行或第一列中查找值，然后返回该单元格区域或数组最后一行或最后一列中相同位置上的值。

➲ 函数格式

```
LOOKUP(lookup_value,array)
```

➲ 参数说明

lookup_value：需要查找的值。如果找不到该值，则返回单元格区域或数组中小于或等于查找值的最大值。

array：接受查找的单元格区域或数组。

➲ 注意事项

❶ array中的数据必须升序排列，否则LOOKUP函数可能会返回错误的结果。

❷ 如果lookup_value小于第一行或第一列中的最小值，则LOOKUP函数将返回#N/A错误值。

❸ 如果array中的列数大于行数，则LOOKUP函数将在array的第一行中查找；如果array中的列数小于或等于行数，则LOOKUP函数将在array的第一列中查找。

案例07 查找员工信息（一）

本例效果如图6-7所示，在G2单元格中输入以下公式并按【Enter】键，查找G1单元格中员工的工资。

```
=LOOKUP(G1,A1:D10)
```

G2 =LOOKUP(G1,A1:D10)

	A	B	C	D	E	F	G
1	姓名	性别	所属部门	基本工资		姓名	时畅
2	刘飞	男	财务部	14000		工资	13000
3	刘佩佩	女	销售部	10500			
4	马春莉	女	技术部	9000			
5	马麟	男	人力部	9500			
6	任丹	女	客服部	10000			
7	时畅	男	技术部	13000			
8	吴建新	男	销售部	10000			
9	殷红霞	女	人力部	12500			
10	张庆梅	女	销售部	11000			

图6-7

6.1.4 HLOOKUP——在区域的行中查找数据

➲函数功能

HLOOKUP函数用于在单元格区域或数组的首行中查找值，然后返回该值在该单元格区域或数组中位于同列其他行中的值。

➲函数格式

HLOOKUP(lookup_value,table_array,row_index_num,[range_lookup])

➲参数说明

lookup_value：需要查找的值。

table_array：接受查找的单元格区域或数组。

row_index_num：返回的值所在的行号。例如，如需返回第2行中的值，则将该参数设置为2。

range_lookup（可选）：查找类型，用于指定精确查找或模糊查找，如表6-1所示。

表6-1 range_lookup参数值与HLOOKUP函数的返回值

range_lookup参数值	HLOOKUP函数的返回值
TRUE或省略	模糊查找，返回小于或等于lookup_value的最大值，且table_array中的数据必须升序排列
FALSE	精确查找，返回table_array中第一个等于lookup_value的值，table_array中的数据无须排序

➲注意事项

❶ 如果lookup_value小于table_array第一行中的最小值，则HLOOKUP函数将返回#N/A错误值。

❷ 如果row_index_num小于1，则HLOOKUP函数将返回#VALUE!错误值；如果row_index_num大于table_array的行数，则HLOOKUP函数将返回#REF!错误值。

❸ 模糊查找时，如果table_array中的数据未升序排列，则HLOOKUP函数可能会返回错误的结果。

❹ 精确查找时，如果在table_array中找到多个匹配的值，则HLOOKUP函数只返回找到的第一个匹配值。如果在table_array中找不到匹配的值，则HLOOKUP函数将返回#N/A错误值。

❺ 精确查找文本时，可以在lookup_value中使用通配符。例如，""*商场""表示查找结尾包含"商场"二字的内容。在问号或星号之前输入波形符（~），表示查找问号或星号本身。

案例08 查找商品在某季度的销量（HLOOKUP+MATCH）

本例效果如图6-8所示，在H3单元格中输入公式并按【Enter】键，查找商品在某季度的销量，B列~E列是商品在各个季度的销量。

=HLOOKUP(H2,A1:E10,MATCH(H1,A1:A10,0))

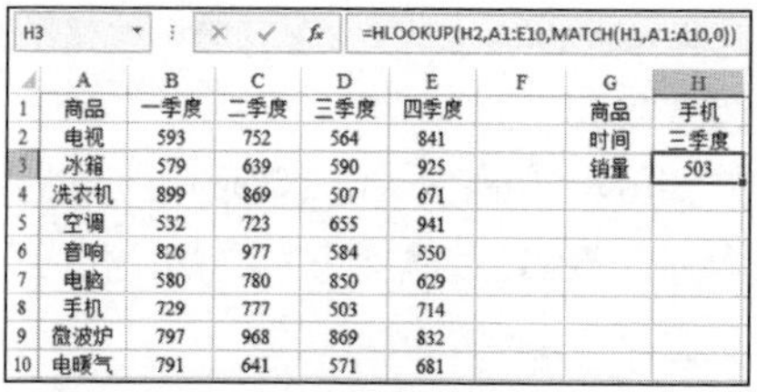

H3 =HLOOKUP(H2,A1:E10,MATCH(H1,A1:A10,0))

	A	B	C	D	E	F	G	H
1	商品	一季度	二季度	三季度	四季度		商品	手机
2	电视	593	752	564	841		时间	三季度
3	冰箱	579	639	590	925		销量	503
4	洗衣机	899	869	507	671			
5	空调	532	723	655	941			
6	音响	826	977	584	550			
7	电脑	580	780	850	629			
8	手机	729	777	503	714			
9	微波炉	797	968	869	832			
10	电暖气	791	641	571	681			

图6-8

公式解析

首先使用MATCH函数查找H1单元格中的“手机”在A列的第几行，将返回的行号作为HLOOKUP函数的第3个参数，使用HLOOKUP函数在A1:E10单元格区域中的第一行查找H2单元格中的“三季度”，从而确定该数据在A1:E10中的哪一列，然后从MATCH函数返回的行的同列中找到所需的销量。

交叉参考

MATCH函数请参考6.1.7小节。

6.1.5 VLOOKUP——在区域的列中查找数据

函数功能

VLOOKUP函数用于在单元格区域或数组的首列中查找值，然后返回该值在该单元格区域或数组中位于同行其他列中的值。

函数格式

VLOOKUP(lookup_value,table_array,

col_index_num,[range_lookup])

参数说明

lookup_value：需要查找的值。

table_array：接受查找的单元格区域或数组。

col_index_num：返回的值所在的列号[①]。例如，如需返回第2列中的值，则将该参数设置为2。

range_lookup（可选）：查找类型，用于指定精确查找或模糊查找，如表6-2所示。

表6-2 range_lookup参数值与VLOOKUP函数的返回值

range_lookup参数值	VLOOKUP函数的返回值
TRUE或省略	模糊查找，返回小于或等于lookup_value的最大值，且table_array中的数据必须升序排列
FALSE	精确查找，返回table_array中第一个等于lookup_value的值，table_array中的数据无须排序

① A列的列号为1，B列的列号为2，C列的列号为3，依此类推。

➲ 注意事项

❶ 如果lookup_value小于table_array第一列中的最小值，则VLOOKUP函数将返回#N/A错误值。

❷ 如果col_index_num小于1，则VLOOKUP函数将返回#VALUE!错误值；如果col_index_num大于table_array的列数，则VLOOKUP函数将返回#REF!错误值。

❸ 模糊查找时，如果table_array中的数据未升序排列，则VLOOKUP函数可能会返回错误的结果。

❹ 精确查找时，如果在table_array中找到多个匹配的值，则VLOOKUP函数只返回找到的第一个匹配值。如果在table_array中找不到匹配的值，则VLOOKUP函数将返回#N/A错误值。

（5）精确查找文本时，可以在lookup_value中使用通配符。例如，“"*商场"”表示查找结尾包含“商场”二字的内容。在问号或星号之前输入波形符（~），表示查找问号或星号本身。

案例09 根据商品名称查找销量

本例效果如图6-9所示，在F2单元格中输入以下公式并按【Enter】键，根据F1单元格中的商品名称查找对应的销量。

```
=VLOOKUP(F1,A1:C10,3,FALSE)
```

F2 =VLOOKUP(F1,A1:C10,3,FALSE)

	A	B	C	D	E	F	G
1	商品	单价	销量		商品	空调	
2	电视	2300	862		销量	883	
3	冰箱	1800	796				
4	洗衣机	2100	929				
5	空调	1500	883				
6	音响	1100	549				
7	电脑	5900	943				
8	手机	1200	541				
9	微波炉	680	726				
10	电暖气	370	964				

图6-9

案例10 根据销量评定员工业绩

本例效果如图6-10所示，在C2单元格中输入以下公式并按【Enter】键，然后将该公式向下复制到C10单元格，根据B列中的销量评定员工的业绩。评定标准：销量小于300评定为“差”，销量在300~600评定为“一般”，销量在600~900评定为“良好”，销量大于900评定为“优秀”。

```
=VLOOKUP(B2,{0,"差";300,"一般";600,
"良好";900,"优秀"},2)
```

C2 =VLOOKUP(B2,{0,"差";300,"一般";600,"良好";900,"优秀"},2)

	A	B	C	D	E	F	G	H	I	J
1	姓名	销量	评定							
2	黄菊雯	204	差							
3	万杰	761	良好							
4	殷佳妮	815	良好							
5	刘继元	733	良好							
6	董海峰	289	差							
7	李骏	304	一般							
8	王文燕	397	一般							
9	尚照华	243	差							
10	田志	602	良好							

图6-10

提示

本例将评定标准创建为一个常量数组，将其作为VLOOKUP函数的查找区域。

案例11 从多个表中计算员工的年终奖（VLOOKUP+IF）

本例效果如图6-11所示，在F2单元格中输入以下公式并按【Enter】键，然后将该公式向下复制到F12单元格，计算每个员工的年终奖。H1:I12单元格区域是两种不同工龄下的员工年终奖发放标准。

```
=VLOOKUP(C2,IF(E2<10,$H$3:$I$5,$H$10:$I$12),2)
```

F2　=VLOOKUP(C2,IF(E2<10,$H$3:$I$5,$H$10:$I$12),2)

	A	B	C	D	E	F	G	H	I
1	姓名	部门	职位	年薪	工龄	年终奖		10年以下工龄	
2	蒋京	人力部	普通职员	72000	3	1000		职位	年终奖金
3	张静	销售部	高级职员	90000	9	1500		部门经理	2000
4	于波	人力部	高级职员	126000	8	1500		高级职员	1500
5	王平	人力部	部门经理	162000	5	2000		普通职员	1000
6	郭林	销售部	部门经理	162000	10	3000			
7	王佩	后勤部	部门经理	162000	14	3000			
8	吴娟	后勤部	普通职员	162000	12	2000		10年以上工龄	
9	唐敏	工程部	普通职员	162000	4	1000		职位	年终奖金
10	李美	财务部	部门经理	174000	3	2000		部门经理	3000
11	吕伟	工程部	普通职员	180000	11	2000		高级职员	2500
12	苏洋	工程部	高级职员	186000	5	1500		普通职员	2000

图6-11

公式解析

首先使用IF函数判断E列中的工龄，如果工龄不到10年，则返回H3:I5单元格区域；如果工龄不低于10年，则返回H10:I12单元格区域。然后使用VLOOKUP函数在IF函数返回的其中一个区域中查找C列员工职位对应的年终奖金。IF函数中引用的两个查找区域必须使用绝对引用，否则将公式向下复制时会出错。

案例12 逆向查找（VLOOKUP+IF）

本例效果如图6-12所示，在E2单元格中输入以下公式并按【Enter】键，根据E1单元格中的姓名查找对应的员工编号。

```
=VLOOKUP(E1,IF({1,0},B1:B11,A1:A11),2,0)
```

E2　=VLOOKUP(E1,IF({1,0},B1:B11,A1:A11),2,0)

	A	B	C	D	E	F	G	H
1	员工编号	姓名		姓名	田志			
2	LSSX-6	黄菊雯		员工编号	LSSX-14			
3	LSSX-8	万杰						
4	LSSX-5	殷佳妮						
5	LSSX-15	刘继元						
6	LSSX-1	董海峰						
7	LSSX-2	李骏						
8	LSSX-7	王文燕						
9	LSSX-4	尚照华						
10	LSSX-14	田志						
11	LSSX-10	刘树梅						

图6-12

公式解析

VLOOKUP函数默认只能在区域或数组的第1列中查找值，然后返回该区域或数组其他列中的值。但是本例要查找的值位于区域的第2列，而要返回的值位于该区域的第1列。为了解决这个问题，可以使用IF函数，将其判断条件设置为包含1和0的常量数组，1对应TRUE，0对应FALSE。判断结果是TRUE时返回B1:B11单元格区域，判断结果是FALSE时返回A1:A11单元格区域，相当于使用IF函数对调了A、B两列数据的位置，并生成了一个新的区域，这样就可以使用VLOOKUP函数在新生成的区域中正常查找数据了。

交叉参考

IF函数请参考第4章。

6.1.6 XLOOKUP——在单行或单列中查找数据并返回一个或多个匹配值

函数功能

XLOOKUP函数用于在单行或单列中查找数据并返回一个或多个匹配的值。

函数格式

XLOOKUP(lookup_value,lookup_array,return_array,[if_not_found],[match_mode],[search_mode])

参数说明

lookup_value：需要查找的值。

lookup_array：接受查找的单元格区域或数组。

return_array：返回值所在的单元格区域或数组。

if_not_found（可选）：如果未找到匹配的值，则返回该参数的值。

match_mode（可选）：查找类型，用于指定精确查找或模糊查找，该参数的取值如表6-3所示。

search_mode（可选）：查找模式，该参数的取值如表6-4所示。

表6-3 match_mode参数值与XLOOKUP函数的返回值

match_mode参数值	XLOOKUP函数的返回值
0或省略	精确查找，如果未找到匹配的值，则返回#N/A错误值
-1	模糊查找，返回小于或等于lookup_value 的最大值，lookup_array中的数据必须升序排列
1	模糊查找，返回大于或等于lookup_value 的最小值，lookup_array中的数据必须降序排列
2	模糊查找，使用通配符?和*进行查找

▼表6-4　search_mode参数的取值及说明

search_mode参数值	说明
1或省略	从第一项开始查找
−1	从最后一项开始反方向查找
2	在升序排列的lookup_array中查找二进制值
−2	在降序排列的lookup_array中查找二进制值

➲ 注意事项

❶ 如果未找到匹配的值，且没有设置if_not_found的值，则XLOOKUP函数将返回#N/A错误值。

❷ 如果将search_mode设置为2或−2，但是未对lookup_array中的数据排序，则将返回无效结果。

➲ Excel版本提醒

XLOOKUP函数是Excel 2021中新增的函数，不能在Excel 2021之前的版本中使用。

案例13　查找员工信息（二）

本例效果如图6−13所示，在B16单元格中输入以下公式并按【Enter】键，查找A16单元格中的员工编号，并返回与该员工相关的一系列信息。

```
=XLOOKUP(A16,A1:A12,B1:F12,"该员工不存在")
```

B16　=XLOOKUP(A16,A1:A12,B1:F12,"该员工不存在")

	A	B	C	D	E	F	G	H	I
1	员工编号	姓名	部门	职位	年薪	工龄			
2	YG001	蒋京	人力部	普通职员	72000	3			
3	YG002	张静	销售部	高级职员	90000	9			
4	YG003	于波	人力部	高级职员	126000	8			
5	YG004	王平	人力部	部门经理	162000	5			
6	YG005	郭林	销售部	部门经理	162000	10			
7	YG006	王佩	后勤部	部门经理	162000	14			
8	YG007	吴娟	后勤部	普通职员	162000	12			
9	YG008	唐敏	工程部	普通职员	162000	4			
10	YG009	李美	财务部	部门经理	174000	3			
11	YG010	吕伟	工程部	普通职员	180000	11			
12	YG011	苏洋	工程部	高级职员	186000	5			
13									
14									
15	员工编号	姓名	部门	职位	年薪	工龄			
16	YG002	张静	销售部	高级职员	90000	9			

图6−13

公式解析

使用XLOOKUP函数在A1:A12单元格区域中查找指定的员工编号，如果该编号存在，则返回与该编号对应的一系列员工信息；如果该编号不存在，则返回“该员工不存在”。

6.1.7　MATCH——返回数据在区域或数组中的位置

➲ 函数功能

MATCH函数用于返回数据在单元格区域或数组中的位置。

➲ 函数格式

```
MATCH(lookup_value,lookup_array,[match_type])
```

➲ 参数说明

lookup_value：需要查找的值。

lookup_array：接受查找的单元格区域或数组。

match_type（可选）：查找类型，用于指定精确查找或模糊查找，如表

6-5所示。

▼ **表6-5 match_type参数值与MATCH函数的返回值**

match_type参数值	MATCH函数的返回值
1或省略	模糊查找，返回小于或等于lookup_value的最大值的位置，lookup_array中的数据必须升序排列
0	精确查找，返回lookup_array中第一个等于lookup_value的值的位置，lookup_array中的数据无须排序
-1	模糊查找，返回大于或等于lookup_value的最小值的位置，lookup_array中的数据必须降序排列

➲ 注意事项

❶ 如果lookup_value是文本，则MATCH函数不区分英文字母的大小写。

❷ 精确查找时，如果在lookup_array中找不到匹配的值，则MATCH函数将返回#N/A错误值。

❸ 模糊查找时，如果lookup_array中的数据未正确排序，则MATCH函数可能会返回错误的结果。

❹ 精确查找文本时，可以在lookup_value中使用通配符。例如，“"*商场"”表示查找结尾包含“商场”二字的内容。在问号或星号之前输入波形符（~），表示查找问号或星号本身。

案例14 不区分大小写查找数据（MATCH+INDEX）

本例效果如图6-14所示，在E2单元格中输入以下公式并按【Enter】键，查找E1单元格中课程名称对应的课时。

```
=INDEX(B2:B9,MATCH(E1,A2:A9,0))
```

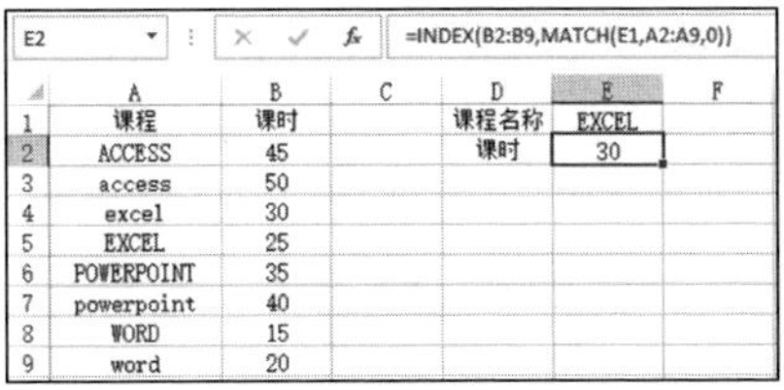

E2 =INDEX(B2:B9,MATCH(E1,A2:A9,0))

	A	B	C	D	E	F
1	课程	课时		课程名称	EXCEL	
2	ACCESS	45		课时	30	
3	access	50				
4	excel	30				
5	EXCEL	25				
6	POWERPOINT	35				
7	powerpoint	40				
8	WORD	15				
9	word	20				

图6-14

公式解析

首先使用MATCH函数查找E1单元格中的值在A2:A9单元格区域中是第几行，然后使用INDEX函数返回该行在B列中的数据。由于MATCH函数不区分大小写，因此它返回的是第一个匹配的值，即A4单元格中的excel。

案例15 区分大小写查找数据（MATCH+INDEX+EXACT）

本例效果如图6-15所示，在E2单元格中输入以下数组公式并按【Ctrl+Shift+Enter】组合键，查找E1单元格中课程名称对应的课时。

```
=INDEX(B2:B9,MATCH(TRUE,EXACT(E1,A2:A9),0))
```

E2 {=INDEX(B2:B9,MATCH(TRUE,EXACT(E1,A2:A9),0))}

	A	B	C	D	E	F	G	H
1	课程	课时		课程名称	EXCEL			
2	ACCESS	45		课时	25			
3	access	50						
4	excel	30						
5	EXCEL	25						
6	POWERPOINT	35						
7	powerpoint	40						
8	WORD	15						
9	word	20						

图6-15

公式解析

本例与上一个案例类似，唯一区别是本例在查找数据时区分大小写。为了达到该目的，可以使用EXACT函数将E1单元格中的值与A2:A9单元格区域中的每个值以区分大小写的方式进行比较，返回一个包含TRUE和FALSE的数组。然后使用MATCH函数在该数组中查找TRUE的位置，该位置就是与E1单元格中的值的大小写完全匹配的值所在的位置。最后使用INDEX函数返回B列中对应的值。

案例16 双重定位查找数据（MATCH+INDEX）

本例效果如图6-16所示，在H2单元格中输入以下公式并按【Enter】键，查找H1单元格中员工姓名对应的部门。

```
=INDEX(A1:E12,MATCH(H1,A1:A12,0),MATCH("部门",A1:E1,0))
```

H2 =INDEX(A1:E12,MATCH(H1,A1:A12,0),MATCH("部门",A1:E1,0))

	A	B	C	D	E	F	G	H	I	J
1	姓名	部门	职位	年薪	工龄		姓名	何贝贝		
2	姜然	人力部	普通职员	72000	3		所在部门	人力部		
3	郑华	销售部	高级职员	90000	9					
4	何贝贝	人力部	高级职员	126000	8					
5	郭静纯	人力部	部门经理	162000	5					
6	陈义军	销售部	部门经理	162000	10					
7	陈喜娟	后勤部	部门经理	162000	14					
8	育奇	后勤部	普通职员	162000	12					
9	韩梦佼	工程部	普通职员	162000	4					
10	殷佳妮	财务部	部门经理	174000	3					
11	刘继元	工程部	普通职员	180000	11					
12	董海峰	人力部	高级职员	186000	5					

图6-16

公式解析

本例使用两个MATCH函数，分别查找H1单元格中员工姓名所在的行号，以及部门所在的列号，然后使用INDEX函数从A1:E12单元格区域中提取行、列交叉位置上的值。

案例17 提取某商品最后一次进货日期（MATCH+TEXT+INDIRECT）

本例效果如图6-17所示，在E1单元格中输入数组公式并按【Ctrl+Shift+Enter】

组合键，提取某商品最后一次进货日期。

=TEXT(INDIRECT("A"&MATCH(1,0/(A:A<>""))),"m月d日")

E1 {=TEXT(INDIRECT("A"&MATCH(1,0/(A:A<>""))),"m月d日")}

	A	B	C	D	E	F	G
1	日期	进货量		最后一次进货日期	9月12日		
2	9月8日	186					
3		277					
4	9月9日	100					
5		288					
6		225					
7	9月10日	131					
8	9月11日	181					
9		185					
10	[illegible]	100					

图6-17

公式解析

首先判断A列中不为空的单元格，返回一个包含TURE和FALSE的数组。然后使用0除以该数组，得到一个包含0和错误值的数组。接着使用MATCH函数在该数组中查找1，由于数组中没有1，且省略了MATCH函数的第3个参数，因此相当于查找小于或等于1的最大值，即查找0。虽然数组中有多个0，但是MATCH函数只返回最后一个0的位置。最后使用INDIRECT函数根据A列和最后一个0的位置返回对应的单元格地址，并使用TEXT函数为日期设置所需的格式。

案例18 从多列数据中查找员工工资（MATCH+INDEX）

本例效果如图6-18所示，在G3单元格中输入以下数组公式并按【Ctrl+Shift+Enter】组合键，从多列数据中查找员工工资。

=INDEX(D2:D12,MATCH(G1&G2,A2:A12&B2:B12,0))

G3 {=INDEX(D2:D12,MATCH(G1&G2,A2:A12 & B2:B12,0))}

	A	B	C	D	E	F	G	H
1	部门	姓名	职位	月薪		部门	工程部	
2	人力部	黄菊雯	普通职员	6000		姓名	尚照华	
3	销售部	万杰	高级职员	7500		月薪	13500	
4	人力部	殷佳妮	高级职员	10500				
5	人力部	刘继元	部门经理	13500				
6	销售部	董海峰	部门经理	13500				
7	后勤部	李骏	部门经理	13500				
8	后勤部	王文燕	普通职员	13500				
9	工程部	尚照华	普通职员	13500				
10	财务部	田志	部门经理	14500				
11	工程部	刘树梅	普通职员	15000				
12	工程部	[illegible]	[illegible]	[illegible]				

图6-18

公式解析

本例使用G1&G2的形式返回“"工程部尚照华"”，并将其用作MATCH函数的第1个参数。为了与第1个参数中的数据相对应，将A、B两列数据合并到一起作为MATCH函数的第2个参数，然后使用MATCH函数在合并后的区域中查找由G1&G2得到的合并后的字符串，最后使用INDEX函数从D列指定行中提取月薪。

交叉参考

INDEX函数请参考6.1.9和6.1.10小节。

EXACT函数请参考第5章。

INDIRECT函数请参考6.2.9小节。

TEXT函数请参考第5章。

6.1.8 XMATCH——返回指定内容在区域或数组中的位置或数量

函数功能

XMATCH函数用于返回指定内容在单元格区域或数组中的位置或数量。

函数格式

```
XMATCH(lookup_value,lookup_array,[match_mode],[search_mode])
```

参数说明

lookup_value：需要查找的值。

lookup_array：接受查找的单元格区域或数组。

match_mode（可选）：查找类型，用于指定精确查找或模糊查找，该参数的取值如表6-6所示。

search_mode（可选）：查找模式，该参数的取值如表6-7所示。

▼ 表6-6 match_mode参数值与XMATCH函数的返回值

match_mode参数值	XMATCH函数的返回值
0或省略	精确查找，如果未找到匹配的值，则返回#N/A错误值
-1	模糊查找，返回小于或等于lookup_value 的最大值的位置，lookup_array中的数据必须升序排列
1	模糊查找，返回大于或等于lookup_value 的最小值的位置，lookup_array中的数据必须降序排列
2	模糊查找，使用通配符？和*进行查找

▼ 表6-7 search_mode参数的取值及说明

search_mode参数值	说明
1或省略	从第一项开始查找
-1	从最后一项开始反方向查找
2	在升序排列的lookup_array中查找二进制值
-2	在降序排列的lookup_array中查找二进制值

注意事项

❶ 如果将match_mode设置为1或-1，但是未对lookup_array中的数据排序，则XMATCH函数可能会返回错误的结果。

❷ 如果将search_mode设置为2或-2，但是未对lookup_array中的数据排序，则XMATCH函数将返回无效结果。

Excel版本提醒

XMATCH函数是Excel 2021中新增的函数，不能在Excel 2021之前的版本中使用。

案例19 统计工龄不低于10年的员工人数

本例效果如图6-19所示，在I1单元格中输入以下公式并按【Enter】键，统计工龄不低于10年的员工人数。

```
=XMATCH(10,F2:F12,1)
```

I1 =XMATCH(10,F2:F12,1)

	A	B	C	D	E	F	G	H	I
1	员工编号	姓名	部门	职位	年薪	工龄		工龄不低于10年的员工人数	4
2	YG006	王佩	后勤部	部门经理	162000	14			
3	YG007	吴娟	后勤部	普通职员	162000	12			
4	YG010	吕伟	工程部	普通职员	180000	11			
5	YG005	郭林	销售部	部门经理	162000	10			
6	YG002	张静	销售部	高级职员	90000	9			
7	YG003	于波	人力部	高级职员	126000	8			
8	YG004	王平	人力部	部门经理	162000	5			
9	YG011	苏洋	工程部	高级职员	186000	5			
10	YG008	唐敏	工程部	普通职员	162000	4			
11	YG001	蒋京	人力部	普通职员	72000	3			
12	YG009	李美	财务部	部门经理	174000	3			

图6-19

公式解析

由于查找的数据是数值，且将match_mode参数设置为1，因此此时XMATCH函数将返回大于或等于lookup_value 的值的数量。

6.1.9 INDEX——返回指定位置上的数据（数组形式）

函数功能

数组形式的INDEX函数用于返回单元格区域或数组中行、列交叉位置上的值。

函数格式

```
INDEX(array,row_num,[column_num])
```

参数说明

array：包含返回值的单元格区域或数组。

row_num：返回值在array中的行号。

column_num（可选）：返回值在array中的列号。

注意事项

row_num和column_num的值不能超出array的范围，否则INDEX函数将返回#REF!错误值。

案例20 查找左侧列中的数据（INDEX+MATCH）

本例效果如图6-20所示，在E2单元格中输入以下公式并按【Enter】键，查找E1单元格中员工姓名对应的员工编号。

```
=INDEX(A1:A11,MATCH(E1,B1:B11,0))
```

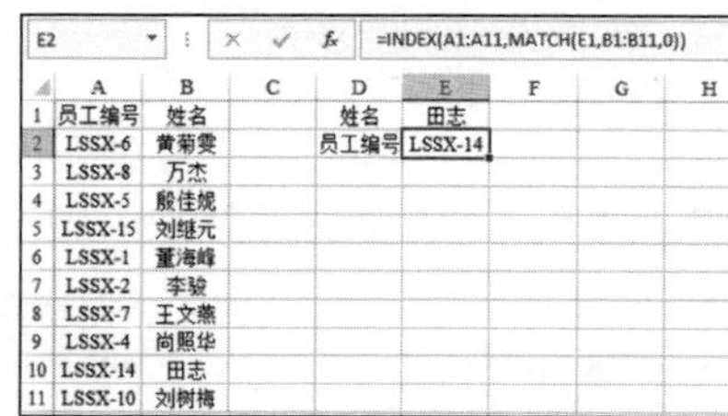

E2 =INDEX(A1:A11,MATCH(E1,B1:B11,0))

	A	B	C	D	E	F	G	H
1	员工编号	姓名		姓名	田志			
2	LSSX-6	黄菊雯		员工编号	LSSX-14			
3	LSSX-8	万杰						
4	LSSX-5	殷佳妮						
5	LSSX-15	刘继元						
6	LSSX-1	董海峰						
7	LSSX-2	李骏						
8	LSSX-7	王文燕						
9	LSSX-4	尚照华						
10	LSSX-14	田志						
11	LSSX-10	刘树梅						

图6-20

公式解析

首先使用MATCH函数查找E1单元格中的值在B列中的行号，然后使用INDEX函数返回该行号在A列中对应单元格的值。

交叉参考

MATCH函数请参考6.1.7小节。

6.1.10 INDEX——返回指定位置上的数据（引用形式）

函数功能

引用形式的INDEX函数用于返回行、列交叉位置上的单元格引用。如果包含多个不连续的单元格区域，则可以选择从哪个单元格区域返回值。

函数格式

```
INDEX(reference,row_num,[column_num],[area_num])
```

参数说明

reference：包含返回值的单元格区域。如果是不连续的单元格区域，则必须将其放在一对小括号中。

row_num：返回值在reference中的行号。

column_num（可选）：返回值在reference中的列号。

area_num（可选）：需要从多个不连续的单元格区域中选择的单元格区域。第一个单元格区域的编号是1，第二个单元格区域的编号是2，依此类推。省略该参数时其默认值是1。

注意事项

❶ 如果row_num或column_num是0，则INDEX函数将返回对整列或整行的引用。

❷ row_num、column_num和area_num的值不能超出reference的范围，否则INDEX函数将返回#REF!错误值。

案例21 提取某区域的销售数据（INDEX+MATCH）

本例效果如图6-21所示，在B10单元格中输入以下公式并按【Enter】键，提取姓名是“田志”的销售员的销量。

```
=INDEX((A1:C7,E1:G7,I1:K7),MATCH(B9,F1:F7,0),3,2)
```

B10 =INDEX((A1:C7,E1:G7,I1:K7),MATCH(B9,F1:F7,0),3,2)

	A	B	C	D	E	F	G	H	I	J	K
1		区域一				区域二				区域三	
2	编号	姓名	销量		编号	姓名	销量		编号	姓名	销量
3	1	黄菊雯	544		6	李骏	882		11	袁芳	675
4	2	万杰	664		7	王文燕	851		12	薛力	590
5	3	殷佳妮	712		8	尚照华	652		13	胡伟	766
6	4	刘继元	795		9	田志	768		14	蒋超	640
7	5	董海峰	841		10	刘树梅	739		15	刘力平	564
8											
9	姓名	田志									
10	销量	768									

图6-21

公式解析

首先使用MATCH函数查找B9单元格中的姓名在F列中的行号，然后使用INDEX函数从联合后的3个区域中的第2个区域返回位于该区域的第3列和返回的行号交叉位置上的值。使用逗号可以将多个区域合并为一个区域，详细内容请参考第1章。

交叉参考

MATCH函数请参考6.1.7小节。

6.2 引用数据

6.2.1 ADDRESS——返回与指定的行号和列号对应的单元格地址

➲ 函数功能

ADDRESS函数用于返回与指定的行号和列号对应的单元格地址。

➲ 函数格式

ADDRESS(row_num,column_num,[abs_num],[a1],[sheet_text])

➲ 参数说明

row_num：单元格地址中的行号。

column_num：单元格地址中的列号。A列的列号为1，B列的列号为2，依此类推。

abs_num（可选）：返回的单元格地址的引用类型，该参数的取值及引用类型如表6-8所示。省略该参数时默认为行和列都使用绝对引用。

a1（可选）：返回的单元格地址的引用样式。如果省略该参数或其值为TRUE，则返回的单元格地址使用A1引用样式；如果该参数是FALSE，则返回的单元格地址使用R1C1引用样式。

sheet_text（可选）：指定作为外部引用的工作表的名称，省略该参数时不使用任何工作表名。

表6-8 abs_num参数的取值及引用类型

abs_num参数值	引用类型
1或省略	绝对引用行和列
2	绝对引用行，相对引用列
3	相对引用行，绝对引用列
4	相对引用行和列

案例22 确定最大销售额的位置（ADDRESS+MAX+IF+ROW）

本例效果如图6-22所示，在E1单元格中输入以下数组公式并按【Ctrl+Shift+Enter】组合键，找出最大销售额所在的单元格地址。

```
=ADDRESS(MAX(IF(B2:B10=MAX(B2:B10),ROW(2:10))),2)
```

E1 {=ADDRESS(MAX(IF(B2:B10=MAX(B2:B10),ROW(2:10))),2)}

	A	B	C	D	E	F	G	H
1	姓名	销售额		最大销售额的位置	$B$6			
2	黄菊雯	8259						
3	万杰	5608						
4	殷佳妮	6723						
5	刘继元	5754						
6	董海峰	9589						
7	李骏	1479						
8	王文燕	9568						
9	尚照华	5431						
10	田志	1380						

图6-22

公式解析

首先使用IF函数判断B2:B10单元格区域中的哪个单元格中的值是该区域中的最大值，并返回该单元格的行号；然后使用ADDRESS函数返回由第2列和最大值所在的行号组成的单元格地址，它就是最大销售额所在的单元格。

案例23 返回当前单元格的列标（ADDRESS+COLUMN+SUBSTITUTE）

本例效果如图6-23所示，在A1单元格中输入以下公式并按【Enter】键，然后将该公式向右填充，返回当前单元格的列标。

```
=SUBSTITUTE(ADDRESS(1,COLUMN(),4),1,"")
```

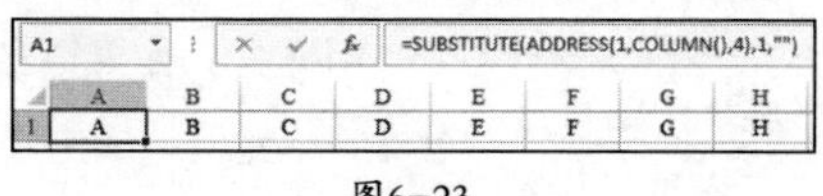

A1 =SUBSTITUTE(ADDRESS(1,COLUMN(),4),1,"")

	A	B	C	D	E	F	G	H
1	A	B	C	D	E	F	G	H

图6-23

公式解析

首先使用ADDRESS函数返回当前单元格的相对引用地址，由于公式位于第1行，因此返回的单元格地址中的行号始终是1；为了在单元格中只显示列标，需要使用SUBSTITUTE函数将单元格地址中的1替换为空，达到删除1的目的。

案例24 跨工作表返回汇总金额（ADDRESS+INDIRECT）

本例效果如图6-24所示，在B2单元格中输入公式并按【Enter】键，从B1单元格的数据验证列表中选择一个工作表名称时，B2单元格将显示所选工作表中的汇总金额。

=TNDIRECT(ADDRESS(10,2,1,1,B1))

	A	B	C	D	E	F	G
1	请选择工作表	表3					
2	汇总金额	5963					

图6-24

公式解析

将B1单元格中显示的名称作为ADDRESS函数的第5个参数，然后从由该名称指定的工作表的第10行第2列的单元格中提取汇总金额。

图6-25所示是包含汇总金额的3个工作表，它们的名称依次是表1、表2、表3。

	A	B
1	姓名	销售额
2	关静	785
3	王平	681
4	婧婷	650
5	时畅	775
6	刘飞	529
7	郝丽娟	741
8	苏洋	708
9	王远强	716
10	总额	5585

	A	B
1	姓名	销售额
2	姜然	579
3	郑华	707
4	何贝贝	699
5	郭静纯	693
6	陈义军	699
7	陈喜娟	843
8	育奇	744
9	韩梦佼	602
10	总额	5566

	A	B
1	姓名	销售额
2	刘树梅	814
3	袁芳	562
4	薛力	864
5	胡伟	685
6	蒋超	694
7	刘力平	875
8	朱红	853
9	邓苗	616
10	总额	5963

图6-25

交叉参考

MAX函数请参考第8章。

ROW函数请参考6.2.5小节。

SUBSTITUTE函数请参考第5章。

COLUMN函数请参考6.2.3小节。

INDIRECT函数请参考6.2.9小节。

6.2.2 AREAS——返回引用中包含的区域个数

函数功能

AREAS函数用于返回引用中包含的区域个数。

函数格式

AREAS(reference)

参数说明

reference：对某个单元格或单元格区域的引用。也可以引用多个单元格区域，但是各区域之间必须用逗号分隔，且每个区域都必须放在一对小括号中。

案例25 统计分公司数量

本例效果如图6-26所示，在B9单元格中输入公式并按【Enter】键，统计分公司数量。

```
=AREAS((A1:A6,B1:B6,C1:C6,D1:D6))
```

B9 =AREAS((A1:A6,B1:B6,C1:C6,D1:D6))

	A	B	C	D	E	F
1	北京分公司	上海分公司	天津分公司	广州分公司		
2	黄菊雯	李骏	袁芳	朱红		
3	万杰	王文燕	薛力	邓苗		
4	殷佳妮	尚照华	胡伟	姜然		
5	刘继元	田志	蒋超	郑华		
6	董海峰	刘树梅	刘力平	何贝贝		
7						
8						
9	分公司数量	4				

图6–26

6.2.3 COLUMN——返回区域首列的列号

函数功能

COLUMN函数用于返回单元格区域首列的列号。

函数格式

```
COLUMN([reference])
```

参数说明

reference（可选）：需要返回首列列号的单元格区域。省略该参数时将返回公式所在单元格的列号。

注意事项

❶ reference不能引用多个单元格区域。

❷ 如果reference引用的是一个单元格区域，并且COLUMN函数作为水平数组输入单元格区域中，则reference中的区域首列的列号将以水平数组返回。

案例26 在一行中快速输入连续的月份（COLUMN+TEXT）

本例效果如图6–27所示，在A1单元格中输入公式并按【Enter】键，然后将该公式向右复制，快速输入连续的月份。

```
=TEXT(COLUMN(),"0月")
```

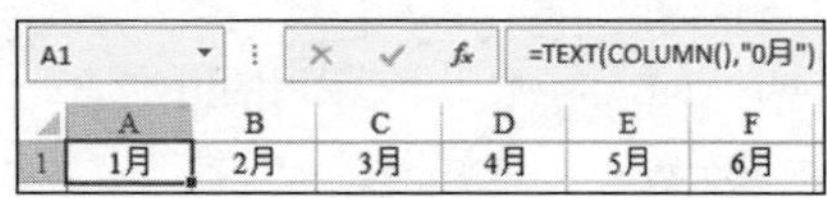

A1 =TEXT(COLUMN(),"0月")

	A	B	C	D	E	F
1	1月	2月	3月	4月	5月	6月

图6–27

案例27 汇总多个列中的销量（COLUMN+SUM+IF+MOD）

本例效果如图6–28所示，在C9单元格中输入数组公式并按【Ctrl+Shift+Enter】组合键，计算各个区域的销量总和。

=SUM(IF(MOD(COLUMN(A:F),2)=0,A2:F7))

C9 | {=SUM(IF(MOD(COLUMN(A:F),2)=0,A2:F7))}

	A	B	C	D	E	F	G	H
1	区域一		区域二		区域三			
2	姓名	销量	姓名	销量	姓名	销量		
3	黄菊雯	544	李骏	882	袁芳	675		
4	万杰	664	王文燕	851	薛力	590		
5	殷佳妮	712	尚照华	652	胡伟	766		
6	刘继元	795	田志	768	蒋超	640		
7	董海峰	841	刘树梅	739	刘力平	564		
8								
9	各区域销量总和		10683					

图6-28

公式解析

由于销量分布在不相邻的多个列中，且这些列是偶数列，因此首先使用COLUMN函数取得A~F列的列号，然后使用MOD函数判断各列的列号是否是偶数，如果是，则使用IF函数返回该偶数列中的数据。最后使用SUM函数对返回的所有数据求和。

交叉参考

TEXT函数请参考第5章。

SUM函数请参考第2章。

IF函数请参考第4章。

MOD函数请参考第2章。

6.2.4 COLUMNS——返回区域的列数

函数功能

COLUMNS函数用于返回单元格区域或数组包含的列数。

参数说明

array：需要计算列数的单元格区域或数组。

函数格式

COLUMNS(array)

案例 28 计算需要扣款的项目数

本例效果如图6-29所示，在C12单元格中输入以下公式并按【Enter】键，计算需要扣款的项目数量。

=COLUMNS(B:G)

C12 | =COLUMNS(B:G)

	A	B	C	D	E	F	G
1	姓名	迟到早退	缺勤	工作失误	住房公积金	五险	个人所得税
2	黄菊雯	150	50		909	897	1395
3	万杰		100	200	[illegible]	[illegible]	[illegible]
4	殷佳妮	30		300	1545	834	408
5	刘继元		50		1512	840	1299
6	董海峰	60		300	1503	468	525
7	李骏	30	150		954	774	870
8	王文燕	120		500	1461	879	1389
9	尚照华		150		1164	501	987
10	田志	90		300	978	537	765
11							
12	需要扣款的项目数量		6				

图6-29

6.2.5 ROW——返回区域首行的行号

➲ 函数功能

ROW函数用于返回单元格区域首行的行号。

➲ 函数格式

```
ROW([reference])
```

➲ 参数说明

reference（可选）：需要返回首行行号的单元格区域。省略该参数时将返回公式所在单元格的行号。

➲ 注意事项

❶ reference不能引用多个单元格区域。

❷ 如果reference引用的是一个单元格区域，并且ROW函数作为垂直数组输入单元格区域中，则reference中的区域首行的行号将以垂直数组返回。

案例 29 在一列中快速输入连续的月份（ROW+TEXT）

本例效果如图6-30所示，在A1单元格中输入以下公式并按【Enter】键，然后将该公式向下复制，快速输入连续的月份。

```
=TEXT(ROW(),"0月")
```

	A	B	C	D	E	F
1	1月					
2	2月					
3	3月					
4	4月					
5	5月					
6	6月					
7	7月					
8	8月					
9	9月					
10	10月					
11	11月					
12	12月					

图6-30

案例 30 定位最后一次销量大于800的日期（ROW+TEXT+INDEX+MAX）

本例效果如图6-31所示，在E1单元格中输入以下数组公式并按【Ctrl+Shift+Enter】组合键，定位最后一次销量大于800的日期。

```
=TEXT(INDEX(A1:A10,MAX((B2:B10>800)*ROW(2:10))),"m月d日")
```

	A	B	C	D	E
1	日期	销量		最后一次销量大于800的日期	9月13日
2	9月7日	961			
3	9月8日	942			
4	9月9日	862			
5	9月10日	861			
6	9月11日	646			
7	9月12日	650			
8	9月13日	803			
9	9月14日	793			
10	9月15日	675			

图6-31

公式解析

首先使用MAX函数判断B2:B10单元格区域中值大于800的单元格，对于值大于800的单元格，将返回其行号，其他单元格则返回0，从而得到一个包含行号和0的数组；然后使用MAX函数从该数组中提取最大值，即最后一次销量大于800的单元格所在的行号，将其作为INDEX函数的参数从A列中提取对应的日期；最后使用TEXT函数为日期设置所需的格式。

案例31 计算员工的最高工资（ROW+MAX+MMULT）

本例效果如图6-32所示，在H1单元格中输入以下数组公式并按【Ctrl+Shift+Enter】组合键，计算扣除所有款项后的员工的最高工资。

```
=MAX(B2:B10-MMULT(C2:E10*1,ROW(1:3)^0))
```

H1 {=MAX(B2:B10-MMULT(C2:E10*1,ROW(1:3)^0))}

	A	B	C	D	E	F	G	H
1	姓名	基本工资	迟到早退	缺勤	工作失误		最高工资	9700
2	黄菊雯	8000	150	50				
3	万杰	10000		100	200			
4	殷佳妮	7500	30		300			
5	刘继元	9500		50				
6	董海峰	7500	60		300			
7	李骏	9000	30	150				
8	王文燕	10000	120		500			
9	尚照华	9000		150				
10	田志	8500	90		300			

图6-32

公式解析

首先使用MMULT函数计算每个员工需要扣除的各种金额总和，C2:E10作为MMULT函数的第1个参数，将其乘以1，以便将区域中的空单元格转换为0，这样才能参与MMULT函数的运算。MMULT函数的第2个参数ROW(1:3)^0返回由3个1组成的1列3行的数组，MMULT函数使用上述两个数组作为参数，将计算出每个员工需要扣除的金额总和，得到1个1列10行的数组。使用B2:B10单元格区域中的数字减去MMULT函数返回的数组，将得到每个员工扣除所有款项后的实际工资。最后使用MAX函数提取其中的最大值，即最高工资。

交叉参考

TEXT函数请参考第5章。

INDEX函数请参考6.1.9和6.1.10小节。

MAX函数请参考第8章。

MMULT函数请参考第2章。

6.2.6 ROWS——返回区域的行数

函数功能

ROWS函数用于返回单元格区域或数组包含的行数。

函数格式

ROWS(array)

➲ 参数说明

array：需要计算行数的单元格区域或数组。

案例 32 计算需要开支的员工人数

本例效果如图6-33所示，在C12单元格中输入以下公式并按【Enter】键，计算需要开支的员工人数。

```
=ROWS(A2:A10)
```

C12 =ROWS(A2:A10)

	A	B	C	D	E	F	G
1	姓名	迟到早退	缺勤	工作失误	住房公积金	五险	个人所得税
2	黄菊雯	150	50		909	897	1395
3	万杰		100	200	1134	867	852
4	殷佳妮	30		300	1545	834	408
5	刘继元		50		1512	840	1299
6	董海峰	60		300	1503	468	525
7	李骏	30	150		954	774	870
8	王文燕	120		500	1461	879	1389
9	尚照华		150		1164	501	987
10	田志	90		300	978	537	765
11							
12	需要开支的员工人数		9				

图6-33

案例 33 计算报价数量（ROWS+COLUMNS）

本例效果如图6-34所示，在G1单元格中输入以下公式并按【Enter】键，计算报价数量。

```
=ROWS(2:9)*COLUMNS(A:D)/2
```

G1 =ROWS(2:9)*COLUMNS(A:D)/2

	A	B	C	D	E	F	G
1	9月份全国手机报价单					报价总数	16
2	北京	上海	天津	广东			
3	1285	1286	1252	1264			
4	重庆	广西	辽宁	吉林			
5	1313	1469	1505	1575			
6	山东	湖北	山西	浙江			
7	1515	1234	1258	1441			
8	湖南	河北	河南	安徽			
9	1431	1502	1371	1278			

图6-34

公式解析

首先使用ROWS函数计算A2:D9单元格区域包含的行数，然后使用COLUMNS函数计算A2:D9单元格区域包含的列数，将行数和列数相乘得到A2:D9单元格区域包含的单元格总数。由于每组报价包含地区和价格两项，因此将结果除以2，得到的就是报价的数量。

案例34 检验日期是否重复（ROWS+IF+MATCH）

本例效果如图6-35所示，在C2单元格中输入以下公式并按【Enter】键，然后将该公式向下复制到C10单元格，检验日期是否重复。

=IF(MATCH(B2,$B$2:$B$10,0)<>ROWS(B$2:B2),"重复","不重复")

C2 =IF(MATCH(B2,$B$2:$B$10,0)<>ROWS(B$2:B2),"重复","不重复")

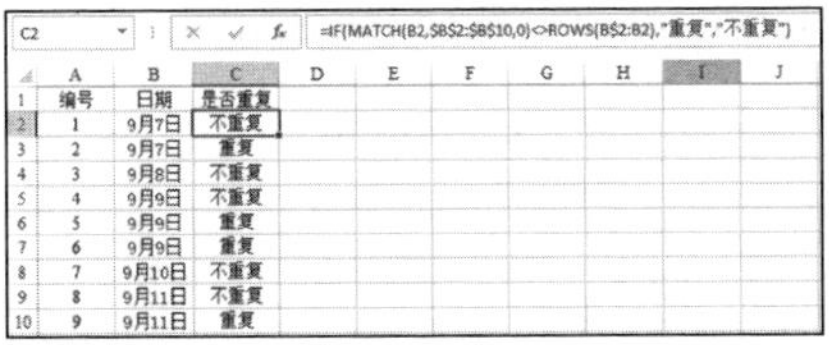

	A	B	C
1	编号	日期	是否重复
2	1	9月7日	不重复
3	2	9月7日	重复
4	3	9月8日	不重复
5	4	9月9日	不重复
6	5	9月9日	重复
7	6	9月9日	重复
8	7	9月10日	不重复
9	8	9月11日	不重复
10	9	9月11日	重复

图6-35

公式解析

使用MATCH函数统计B列日期在B2:B10单元格区域中第一次出现的位置；如果出现的位置不是当前单元格的位置，则说明在此之前该日期曾经出现过，这意味着出现了重复日期。

交叉参考

COLUMNS函数请参考6.2.4小节。

IF函数请参考第4章。

MATCH函数请参考6.1.7小节。

6.2.7 OFFSET——根据指定的偏移量返回新的单元格或区域

函数功能

OFFSET函数用于以指定的引用作为参照，通过指定的偏移量得到新的引用，返回的引用可以是单元格或单元格区域，并可以指定单元格区域的大小。

函数格式

OFFSET(reference,rows,cols,[height],[width])

参数说明

reference：偏移前的原始位置，即参照基点。reference必须是对单元格或相连单元格区域的引用，否则OFFSET函数将返回#VALUE!错误值。

rows：相对于reference的左上角单元格向上或向下偏移的行数。如果该参数大于0，则向下方偏移；如果该参数小于0，则向上方偏移。

cols：相对于reference的左上角单元格向左或向右偏移的列数。如果该参数大于0，则向右侧偏移；如果该参数小于0，则向左侧偏移。

height（可选）：返回的引用区域包含的行数。如果该参数大于0，则返回的区域的行数向下扩展；如果该参数小于0，则返回的区域的行数向上扩展。

width（可选）：返回的引用区域包含的列数。如果该参数大于0，则返回的区域的列数向右扩展；如果该参数小于0，则返回的区域的列数向左扩展。

注意事项

❶ 如果行数和列数的偏移量超出工作表的范围，则OFFSET函数将返回#REF!错误值。

❷ 如果省略row和cols，则其默认值是0，这意味着OFFSET函数不进行任何偏移操作。省略row和cols时，必须保留它们的逗号占位符，例如OFFSET(B2,,,3,4)。

❸ 如果省略height或width，则返回的区域与原区域具有相同的行数和列数。

案例35 查询员工信息（OFFSET+MATCH）

本例效果如图6-36所示，在G2单元格中输入以下公式并按【Enter】键，查询员工信息。

```
=OFFSET(A1,MATCH(G1,A1:A12,0)-1,
MATCH(F2,A1:D1,0)-1)
```

G2 =OFFSET(A1,MATCH(G1,A1:A12,0)-1,MATCH(F2,A1:D1,0)-1)

	A	B	C	D	E	F	G	H	I
1	姓名	部门	职位	月薪		姓名	殷佳妮		
2	黄菊雯	人力部	普通职员	6000		部门	人力部		
3	万杰	销售部	高级职员	7500					
4	殷佳妮	人力部	高级职员	10500					
5	刘继元	人力部	部门经理	13500					
6	董海峰	销售部	部门经理	13500					
7	李骏	后勤部	部门经理	13500					
8	王文燕	后勤部	普通职员	13500					
9	尚照华	工程部	普通职员	13500					
10	田志	财务部	部门经理	14500					
11	刘树梅	工程部	普通职员	15000					
12	袁芳	工程部	高级职员	15500					

图6-36

公式解析

首先使用两个MATCH函数分别查找G1单元格中的姓名和F2单元格中的“部门”在A1:A12和A1:D1两个单元格区域中各自的位置。需要将每个返回值减1，因为查找区域都包含A1，而第一行是标题而非数据。然后使用OFFSET函数以A1单元格为原点，向下并向右偏移由两个MATCH函数返回的值，即可得到所需的内容。

案例36 计算每日累积销量（OFFSET+SUM+ROW）

本例效果如图6-37所示，在C2:C10单元格区域中输入以下公式并按【Ctrl+Enter】组合键，计算每日累积销量。

```
=SUM(OFFSET($B$2,0,0,ROW()-1))
```

C2 =SUM(OFFSET($B$2,0,0,ROW()-1))

	A	B	C	D	E	F	G
1	日期	销量	累积销量				
2	9月20日	219	219				
3	9月21日	397	616				
4	9月22日	206	822				
5	9月23日	402	1224				
6	9月24日	467	1691				
7	9月25日	140	1831				
8	9月26日	418	2249				
9	9月27日	186	2435				
10	9月28日	355	2790				

图6-37

公式解析

首先使用OFFSET函数在不偏移行也不偏移列的情况下，从B2单元格开始向下扩展，动态引用一个区域，该区域的范围是从B2单元格开始一直到当前行减1的位置；然后使用SUM函数对该区域求和，即可计算出到当前日期为止的累计销量。

案例37 汇总最近5天的销量（OFFSET+SUBTOTAL+INDIRECT+MAX+ROW）

本例效果如图6-38所示，在E1单元格中输入以下数组公式并按【Ctrl+Shift+Enter】组合键，汇总最近5天的销量。

```
=SUBTOTAL(9,OFFSET(INDIRECT("B"&MAX((A:A<>"")*ROW(1:1048576))),0,0,-5,1))
```

E1 {=SUBTOTAL(9,OFFSET(INDIRECT("B"&MAX((A:A<>"")*ROW(1:1048576))),0,0,-5,1))}

	A	B	C	D	E	F	G	H	I	J	K
1	日期	销量		最近5天的销量总和	1625						
2	9月20日	219									
3	9月21日	397									
4	9月22日	206									
5	9月23日	402									
6	9月24日	467									
7	9月25日	140									
8	9月26日	418									
9	9月27日	186									
10	9月28日	355									
11	9月29日	348									
12	9月30日	180									
13	10月1日	339									
14	10月2日	498									
15	10月3日	260									

图6-38

公式解析

首先使用(A:A<>"")*ROW(1:1048576)判断A列中不为空的单元格，并将判断结果乘以行号，得到一个包含0和不为空的单元格行号的数组；然后使用MAX函数提取最大值，得到的就是A列中不为空的最后一个单元格的行号；接着使用INDIRECT函数将该行号与字母B组合在一起形成单元格引用，再使用OFFSET函数以最后一个不为空的单元格为原点，向上扩展5行，得到的就是包含日期的最后5行的单元格区域；最后使用SUBTOTAL函数对该区域中的数据求和，即最后5天的销量之和。

注意 由于OFFSET函数返回的区域是三维引用，因此本例需要使用SUBTOTAL函数求和，而SUM函数只能对二维引用求和。

案例38 制作工资条（OFFSET+IF+MOD+ROW+ROUND+COLUMN）

图6-39所示是工资表的原始数据，该数据所在的工作表的名称是“工资表”。现在需要为每个员工创建一个工资条，每个工资条有两行内容：一行是员工的表头信息，所有员工的表头都相同；另一行是员工的工资信息。两个工资条之间有一个空行相隔。

	A	B	C	D	E
1	姓名	部门	基本工资	奖金	实发工资
2	苏洋	人力部	12500	500	13000
3	王远强	销售部	9000	200	9200
4	于波	人力部	12500	300	12800
5	张静	人力部	10500	300	10800
6	凌婉婷	销售部	7500	300	7800
7	郭心冉	后勤部	9500	400	9900
8	时畅	后勤部	11000	100	11100
9	吴娟	工程部	8500	500	9000
10	闫振海	财务部	7500	500	8000

图6-39

本例效果如图6-40所示，在一个新工作表的A1单元格中输入以下公式并按【Enter】键，然后将公式向右和向下复制，自动生成每个员工的工资条。

```
=IF(MOD(ROW(),3),OFFSET(工资表!$A$1,
MOD(ROW()-1,3)*ROUND(ROW()/3,),
COLUMN(A1)-1),"")
```

A1 =IF(MOD(ROW(),3),OFFSET(工资表!$A$1,MOD(ROW()-1,3)*ROUND(ROW()/3,),COLUMN(A1)-1),"")

	A	B	C	D	E	F	G	H	I	J	K	L	M	N
1	姓名	部门	基本工资	奖金	实发工资									
2	苏洋	人力部	12500	500	13000									
3														
4	姓名	部门	基本工资	奖金	实发工资									
5	王远强	销售部	9000	200	9200									
6														
7	姓名	部门	基本工资	奖金	实发工资									
8	于波	人力部	12500	300	12800									
9														
10	姓名	部门	基本工资	奖金	实发工资									
11	张静	人力部	10500	300	10800									
12														
13	姓名	部门	基本工资	奖金	实发工资									
14	凌婉婷	销售部	7500	300	7800									
15														
16	姓名	部门	基本工资	奖金	实发工资									
17	郭心冉	后勤部	9500	400	9900									

图6-40

公式解析

MOD(ROW(),3)是IF函数中的判断条件，用于判断当前行的行号是否能被3整除。如果能整除，则取IF函数的第3个参数的值，即空（""）；如果不能整除，则返回OFFSET(工资表!$A$1,MOD(ROW()−1,3)*ROUND(ROW()/3,),COLUMN(A1)−1)的结果。

在OFFSET(工资表!$A$1,MOD(ROW()−1,3)*ROUND(ROW()/3,),COLUMN(A1)−1)中，使用OFFSET函数对名为“工资表”的工作表中的A1单元格执行偏移操作。其中，MOD(ROW()−1,3)*ROUND(ROW()/3,)返回OFFSET函数的第2个参数的值；MOD(ROW()−1,3)返回数组{0;1;2;0;1;2;0;1;2;…}；ROUND(ROW()/3,)返回数组{0;1;1;1;2;2;2;3;3;…}；公式MOD(ROW()−1,3)*ROUND(ROW()/3,)返回上述两个常量数组的乘积，得到数组{0;1;2;0;2;4;0;3;6;…}；该数组表示目标工作表中不同位置单元格偏移的行数；COLUMN(A1)−1返回OFFSET函数的第3个参数的值，用于确定单元格向右偏移的列数。

总体来说，本例公式是通过OFFSET函数依次提取“工资表”工作表中的数据，然后使用IF函数判断哪行留空，以便作为工资条之间的空行。

交叉参考

MATCH函数请参考6.1.7小节。

SUM函数请参考第2章。

ROW函数请参考6.2.5小节。

SUBTOTAL函数请参考第2章。

INDIRECT函数请参考6.2.9小节。

IF函数请参考第4章。

MOD函数请参考第2章。

ROUND函数请参考第2章。

COLUMN函数请参考6.2.3小节。

6.2.8 TRANSPOSE——转置区域中的行列位置

➲ 函数功能

TRANSPOSE函数用于转置区域或数组中的行列位置，即原区域或数组中的行数据存储到列中，原区域或数组中的列数据存储到行中。

➲ 函数格式

```
TRANSPOSE(array)
```

➲ 参数说明

array：需要转置的单元格区域或数组。

➲ 注意事项

输入包含TRANSPOSE函数的公式时，必须按【Ctrl+Shift+Enter】组合键结束公式的输入。

案例39 转置销售数据区域

本例效果如图6-41所示，在A12:J13单元格区域中输入以下数组公式并按【Ctrl+Shift+Enter】组合键，将原来10行2列的数据转换为2行10列的数据。

```
=TRANSPOSE(A1:B10)
```

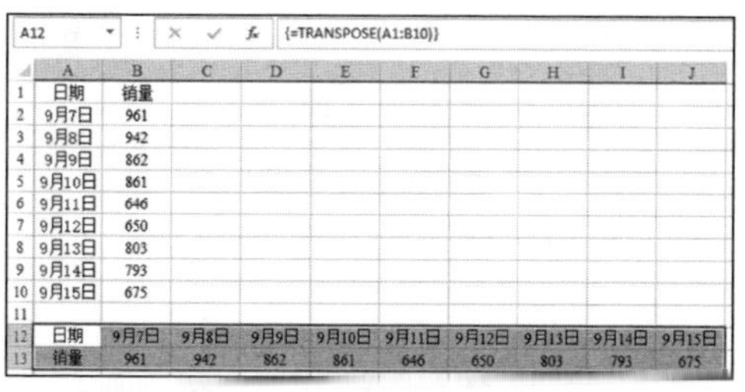

A12 {=TRANSPOSE(A1:B10)}

	A	B	C	D	E	F	G	H	I	J
1	日期	销量								
2	9月7日	961								
3	9月8日	942								
4	9月9日	862								
5	9月10日	861								
6	9月11日	646								
7	9月12日	650								
8	9月13日	803								
9	9月14日	793								
10	9月15日	675								
11										
12	日期	9月7日	9月8日	9月9日	9月10日	9月11日	9月12日	9月13日	9月14日	9月15日
13	销量	961	942	862	861	646	650	803	793	675

图6-41

> **注意** 转置区域后，需要将B12:J12单元格区域的格式设置为日期，否则会显示日期序列号。

6.2.9 INDIRECT——返回由文本指定的引用

函数功能

INDIRECT函数用于返回由文本指定的引用。

函数格式

```
INDIRECT(ref_text,[a1])
```

参数说明

ref_text：对单元格的引用。

a1（可选）：设置ref_text的引用样式类型。如果省略该参数或其值为TRUE，则ref_text使用A1引用样式；如果该参数是FALSE，则ref_text使用R1C1引用样式。

注意事项

❶ 如果出现以下情况，则INDIRECT函数将返回#REF!错误值。

- ref_text不是正确的单元格引用。
- ref_text是对另一个工作簿的外部引用，但是当前未打开该工作簿。
- ref_text表示的单元格区域超过最大行数1048576或最大列数16384（XFD）。

❷ 如果将INDIRECT函数的第1个参数设置为带双引号的单元格引用，则将返回双引号中的单元格中的内容。例如，=INDIRECT("A1")返回A1单元格中的内容。如果在INDIRECT函数的第1个参数中使用不带双引号的单元格引用，则将返回该引用中的引用指向的单元格内容。例如，如果A1单元格中的内容是B1，则=INDIRECT(A1)将返回B1单元格中的内容。

案例 40 统计销量小于600的员工人数（INDIRECT+SUM+COUNTIF）

本例效果如图6-42所示，在D9单元格中输入以下公式并按【Enter】键，统计C2:C7、F2:F7、I2:I7这3个单元格区域中销量小于600的员工人数。

```
=SUM(COUNTIF(INDIRECT({"C3:C7","F3:F7","I3:I7"}),"<600"))
```

D9 =SUM(COUNTIF(INDIRECT({"C3:C7","F3:F7","I3:I7"}),"<600"))

	A	B	C	D	E	F	G	H	I	J	K
1	区域一			区域二			区域三				
2	编号	姓名	销量	编号	姓名	销量	编号	姓名	销量		
3	1	黄菊雯	544	6	李骏	882	11	袁芳	675		
4	2	万杰	664	7	王文燕	851	12	薛力	590		
5	3	殷佳妮	712	8	尚照华	652	13	胡伟	766		
6	4	刘继元	795	9	田志	768	14	蒋超	640		
7	5	董海峰	841	10	刘树梅	739	15	刘力平	564		
8											
9	销量小于600的员工人数			3							

图6-42

公式解析

由于COUNTIF函数只能使用一个单元格区域，因此本例使用INDIRECT函数以文本的形式同时引用3个不相邻的单元格区域，然后使用COUNTIF函数对该引用区域进行条件判断，最后使用SUM函数求和。

案例41 提取多个工作表中的最大值（INDIRECT+SUBTOTAL）

本例效果如图6-43所示，选择A2:A4单元格区域，然后输入以下数组公式并按【Ctrl+Shift+Enter】组合键，从表1、表2和表3中提取各自的最大值，并将它们排列在另一个工作表中。

{=SUBTOTAL(4,INDIRECT({"表1";"表2";"表3"}&"!B2:B9"))}

A2 fx {=SUBTOTAL(4,INDIRECT({"表1";"表2";"表3"}&"!B2:B9"))}

	A	B	C	D	E	F	G	H
1	3个表中的最大值							
2	785							
3	843							
4	875							

图6-43

公式解析

首先使用INDIRECT函数对3个表中的区域进行引用，该引用由一个常量数组{"表1";"表2";"表3"}连接B2:B9单元格区域所组成。通过INDIRECT函数得到3个表中的数据区域，然后使用SUBTOTAL函数统计每个区域中的最大值，并在当前工作表的A2:A4单元格区域中显示3个表中的最大值。

交叉参考

SUM函数请参考第2章。

COUNTIF函数请参考第8章。

SUBTOTAL函数请参考第2章。

6.2.10 FORMULATEXT——返回公式的文本形式

函数功能

FORMULATEXT函数用于返回公式的文本形式。

函数格式

FORMULATEXT(reference)

参数说明

reference：包含公式的单元格或单元格区域。

注意事项

❶ reference可以是当前工作簿或其他已打开工作簿的工作表中的单元格或单元格区域。如果是未打开的工作簿或不存在的工作表，则FORMULATEXT函数将返回#N/A错误值。

❷ 如果reference表示的单元格中不包含公式，或者公式的长度超过8192个字符，则FORMULATEXT函数将返回#N/A错误值。

Excel版本提醒

FORMULATEXT函数是Excel 2013中新增的函数，不能在Excel 2013之前的版本中使用。

案例 42 提取单元格中的公式（一）

本例效果如图6-44所示，在C2单元格中输入以下公式并按【Enter】键，然后将该公式向下复制到C8单元格，提取B列中的公式。

```
=FORMULATEXT(B2)
```

C2 =FORMULATEXT(B2)

	A	B	C
1	公司各部门获奖人员	人员姓名	提取公式
2	技术部：朱红	朱红	=MID(A2,FIND("：",A2)+1,LEN(A2))
3	销售部：姜然	姜然	=MID(A3,FIND("：",A3)+1,LEN(A3))
4	人力资源部：邓磊	邓磊	=MID(A4,FIND("：",A4)+1,LEN(A4))
5	财务部：郑华	郑华	=MID(A5,FIND("：",A5)+1,LEN(A5))
6	人力资源部：何贝贝	何贝贝	=MID(A6,FIND("：",A6)+1,LEN(A6))
7	人力资源部：郭静纯	郭静纯	=MID(A7,FIND("：",A7)+1,LEN(A7))
8	企划部：陈义军	陈义军	=MID(A8,FIND("：",A8)+1,LEN(A8))

图6-44

6.2.11 GETPIVOTDATA——返回数据透视表中的数据

➲ 函数功能

GETPIVOTDATA函数用于返回数据透视表中的数据。

➲ 函数格式

```
GETPIVOTDATA(data_field,pivot_table,[field1,item1,field2,item2],…)
```

➲ 参数说明

data_field：包含需要检索数据的数据字段的名称，必须将其放在一对双引号中。

pivot_table：在数据透视表中对任何单元格、单元格区域或定义的单元格区域的引用，用于确定使用的是哪个数据透视表。

field1,item1,field2,item2,…（可选）：对用于描述需要检索的数据的字段名和项名称，必须将其放置在双引号中。

➲ 注意事项

❶ 如果pivot_table中的内容不在数据透视表区域中，则GETPIVOTDATA函数将返回#REF!错误值。

❷ 如果pivot_table中包含两个或更多个数据透视表区域，则GETPIVOTDATA函数将使用最新创建的数据透视表返回所需数据。

❸ field1,item1,field2,item2,…可以使用任何顺序指定，但是一个相关的字段和项不能与另一个相关的字段和项的位置交叉，否则将返回#REF!错误值。

❹ 如果某个项包含日期，则必须使用日期序列号或DATE函数来表示。

❺ 如果参数中设置的不是可见字段，或是不可见的页字段，则GETPIVOTDATA函数将返回#REF!错误值。

案例 43 使用函数从数据透视表中提取数据

本例效果如图6-45所示，在B14单元格中输入公式并按【Enter】键，从数据透视表中提取北京地区电脑的销售额。

```
=GETPIVOTDATA("销售额",A1,A12,B12,A13,B13)
```

B14 =GETPIVOTDATA("销售额",A1,A12,B12,A13,B13)

	A	B	C	D	E	F
1		城市	值			
2		北京		长春		长沙
3	商品	销售额	本地区市场占有率	销售额	本地区市场占有率	销售额
4	冰箱	1075000	24.21%	980000	19.47%	1199500
5	彩电	1508500	33.98%	1526000	30.32%	1666000
6	电脑	348000	7.84%	756000	15.02%	
7	空调	1372000	30.90%	1523200	30.26%	1299200
8	洗衣机	136000	3.06%	248000	4.93%	374400
9	总计	4439500	100.00%	5033200	100.00%	4539100
10						
11						
12	城市	北京				
13	商品	电脑				
14	销售额	348000				

图6-45

公式解析

由于返回的数据是销售额，因此将GETPIVOTDATA函数的第1个参数设置为“销售额”，如果改用B3单元格，则会返回错误值。GETPIVOTDATA函数的第2个参数可以任意设置，只要其位于数据透视表的数据区域即可。GETPIVOTDATA函数的第3个和第4个参数确定需要查找的数据的行位置，第5个和第6个参数确定需要查找的数据的列位置，它们的交叉位置就是要提取的销售额。

6.2.12 HYPERLINK——为指定内容创建超链接

函数功能

HYPERLINK函数用于创建一个快捷方式，打开存储在网络服务器、Internet或本地硬盘中的文件，还可以建立工作簿内部的跳转位置，但是跳转到的目标位置不能是隐藏的单元格。

函数格式

```
HYPERLINK(link_location,[friendly_name])
```

参数说明

link_location：表示目标文件的完整路径，必须是放在双引号（""）中的文本。

friendly_name（可选）：表示单元格中显示的跳转文本值或数字值。省略该参数时默认其值为link_location参数中设置的完整路径的内容。该内容显示为蓝色、带下划线。

注意事项

① 如果在link_location参数中指定的目标文件或位置不存在或无法访问，则在单击超链接时显示错误信息。

② friendly_name参数可以为数值、文本字符串、名称或包含跳转文本或数值的单元格。

③ 如果friendly_name参数返回一个错误值，那么包含HYPERLINK函数公式的单元格将显示该错误值，而不显示原来作为friendly_name参数的内容。

> 提示
> 若要选定一个包含超链接的单元格并且不跳转到目标文件或位置，则需要单击相应单元格并按住鼠标左键，直到光标形状变为一个十字，然后释放鼠标按键。

案例44 在销售数据表中设置公司邮件地址

本例效果如图6-46所示，在F1单元格中输入以下公式并按【Enter】键，制作一个电子邮件地址的超链接（公式中使用的是虚拟的电子邮箱，如有雷同，纯属巧合。）。

=HYPERLINK("mailto:xshzhg@163.com","电子邮箱")

F1 =HYPERLINK("mailto:xshzhg@163.com","电子邮箱")

	A	B	C	D	E	F	G	H
1	姓名	性别	销量		销售主管联系方式：	电子邮箱		
2	关静	女	968					
3	王平	男	994					
4	婧婷	女	809					
5	时畅	男	758					
6	刘飞	男	586					
7	郝丽娟	女	647					
8	苏洋	女	501					
9	王远强	男	969					
10	于波	男	691					

图6-46

> 注意
> 需要在HYPERLINK函数的第1个参数中包含“mailto:”文本内容，否则指定的邮箱无效。

案例45 自动跳转到数据结尾（HYPERLINK+OFFSET+COUNTA）

本例实现的功能是单击工作表中的超链接，自动选中A列最后一个包含数据的单元格下方的空白单元格，以便用户输入新数据。实现该功能的操作步骤如下。

1 在功能区的【公式】选项卡中单击【定义名称】按钮，在【新建名称】对话框中创建一个名为data的名称，该名称包含以下公式，如图6-47所示。

=OFFSET(Sheet1!$A$1,COUNTA(Sheet1!$A:$A),)

2 单击【确定】按钮，关闭【新建名称】对话框。在任意一个空白单元格（本例是E1单元格）中输入以下公式来创建超链接，如图6-48所示。

=HYPERLINK("#data","跳转到数据结尾")

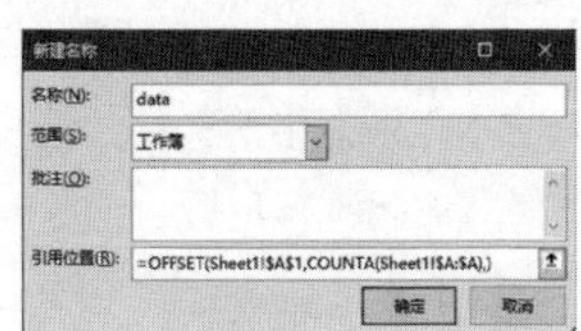

图6-47

E1 =HYPERLINK("#data","跳转到数据结尾")

	A	B	C	D	E	F	G
1	姓名	性别	销量		跳转到数据结尾		
2	关静	女	968				
3	王平	男	994				
4	婧婷	女	809				
5	时畅	男	758				
6	刘飞	男	586				
7	郝丽娟	女	647				
8	苏洋	女	501				
9	王远强	男	969				
10	于波	男	691				

图6-48

3 单击超链接时，将自动跳转到A列最后一行数据的下一个空单元格，本例是A11单元格，如图6-49所示。

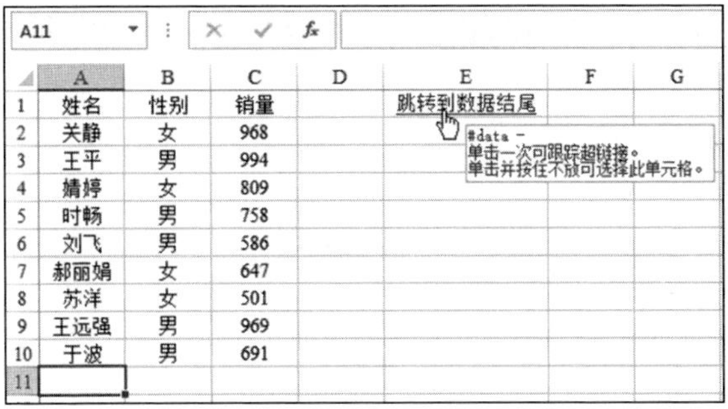

	A	B	C	D	E	F	G
1	姓名	性别	销量		跳转到数据结尾		
2	关静	女	968				
3	王平	男	994				
4	婧婷	女	809				
5	时畅	男	758				
6	刘飞	男	586				
7	郝丽娟	女	647				
8	苏洋	女	501				
9	王远强	男	969				
10	于波	男	691				
11							

图6-49

4 在数据区域中添加新数据后，再次单击超链接，会自动跳转到新增数据下方的空单元格。

6.2.13 RTD——返回支持COM自动化程序的实时数据

函数功能

RTD函数用于从支持COM自动化的程序中检索实时数据。

函数格式

RTD(ProgID,server,topic1,[topic2], …)

参数说明

ProgID：已安装在本地计算机中且经过注册的COM自动化加载宏的ProgID名称，必须将其放在一对双引号（""）中。

server：运行加载宏的服务器名称。如果程序是在本地计算机上运行，则该参数为空，否则将其放在一对双引号（""）中。

topic1：第1个参数。

topic2,…（可选）：第2~253个参数，与第1个参数放在一起表示唯一的实时数据。

注意事项

必须在本地计算机中创建并注册RTD COM自动化加载宏。如果未安装实时数据服务器，则在使用RTD函数时会在单元格中显示错误值。

提示

RTD服务器是指增加用户设置的命令或专用功能，扩展Excel或其他Office组件功能的辅助程序，以便于使用COM加载宏。COM加载宏的文件扩展名是.dll或.exe，它们由Visual Basic创建。

6.3 排序和筛选数据

6.3.1 SORT——对区域中的数据排序

函数功能

SORT函数用于对单元格区域或数组中的内容排序。

函数格式

```
SORT(array,[sort_index],[sort_order],[by_col])
```

参数说明

array：需要排序的单元格区域或数组。

sort_index（可选）：需要排序的行或列。省略该参数时其默认值是1，表示对array中的第一行或第一列排序。

sort_order（可选）：排序顺序，该参数是1时表示升序，该参数是-1时表示降序。省略该参数时其默认值是1。

by_col（可选）：排序方向，该参数是TRUE时表示按列排序，该参数是FALSE时表示按行排序。省略该参数时其默认值是FALSE。

Excel版本提醒

SORT函数是Excel 2021中新增的函数，不能在Excel 2021之前的版本中使用。

案例46 按工龄降序排列员工信息

本例效果如图6-50所示，在H2单元格中输入以下公式并按【Enter】键，按照工龄从高到低的顺序排列员工信息。

```
=SORT(A2:F12,6,-1)
```

H2 =SORT(A2:F12,6,-1)

	A	B	C	D	E	F	G	H	I	J	K	L	M
1	员工编号	姓名	部门	职位	年薪	工龄		员工编号	姓名	部门	职位	年薪	工龄
2	YG001	蒋京	人力部	普通职员	72000	3		YG006	王佩	后勤部	部门经理	162000	14
3	YG002	张静	销售部	高级职员	90000	9		YG007	吴娟	后勤部	普通职员	162000	12
4	YG003	于波	人力部	高级职员	126000	8		YG010	吕伟	工程部	普通职员	180000	11
5	YG004	王平	人力部	部门经理	162000	5		YG005	郭林	销售部	部门经理	162000	10
6	YG005	郭林	销售部	部门经理	162000	10		YG002	张静	销售部	高级职员	90000	9
7	YG006	王佩	后勤部	部门经理	162000	14		YG003	于波	人力部	高级职员	126000	8
8	YG007	吴娟	后勤部	普通职员	162000	12		YG004	王平	人力部	部门经理	162000	5
9	YG008	唐敏	工程部	普通职员	162000	4		YG011	苏洋	工程部	高级职员	186000	5
10	YG009	李美	财务部	部门经理	174000	3		YG008	唐敏	工程部	普通职员	162000	4
11	YG010	吕伟	工程部	普通职员	180000	11		YG001	蒋京	人力部	普通职员	72000	3
12	YG011	苏洋	工程部	高级职员	186000	5		YG009	李美	财务部	部门经理	174000	3

图6-50

6.3.2 SORTBY——以一个或多个行或列作为参照对数据排序

➲ 函数功能

SORTBY函数用于以一个或多个行或列作为参照对数据排序。

➲ 函数格式

SORTBY(array,by_array1,[sort_order1],[by_array2,sort_order2], …)

➲ 参数说明

array：需要排序的单元格区域或数组。

by_array1：排序依据，必须是一行或一列，且数据方向必须与array相同。

sort_order1（可选）：排序顺序，该参数是1时表示升序，该参数是-1时表示降序。省略该参数时其默认值是1。

by_array2, …（可选）：更多排序依据。

sort_order2, …（可选）：与by_array2, …对应的排序顺序。

➲ Excel版本提醒

SORTBY函数是Excel 2021中新增的函数，不能在Excel 2021之前的版本中使用。

案例 47 按部门升序和年薪降序排列员工信息

本例效果如图6-51所示，在H2单元格中输入以下公式并按【Enter】键，先按部门升序排列员工信息，然后对同一个部门中的员工信息按年薪降序排列。

=SORTBY(A2:F12,C2:C12,1,E2:E12,-1)

H2 =SORTBY(A2:F12,C2:C12,1,E2:E12,-1)

	A	B	C	D	E	F	G	H	I	J	K	L	M
1	员工编号	姓名	部门	职位	年薪	工龄		员工编号	姓名	部门	职位	年薪	工龄
2	YG001	蒋京	人力部	普通职员	72000	3		YG009	李美	财务部	部门经理	174000	3
3	YG002	张静	销售部	高级职员	90000	9		YG011	苏洋	工程部	高级职员	186000	5
4	YG003	于波	人力部	高级职员	126000	8		YG010	吕伟	工程部	普通职员	180000	11
5	YG004	王平	人力部	部门经理	162000	5		YG008	唐敏	工程部	普通职员	162000	4
6	YG005	郭林	销售部	部门经理	162000	10		YG006	王佩	后勤部	部门经理	162000	14
7	YG006	王佩	后勤部	部门经理	162000	14		YG007	吴娟	后勤部	普通职员	162000	12
8	YG007	吴娟	后勤部	普通职员	162000	12		YG004	王平	人力部	部门经理	162000	5
9	YG008	唐敏	工程部	普通职员	162000	4		YG003	于波	人力部	高级职员	126000	8
10	YG009	李美	财务部	部门经理	174000	3		YG001	蒋京	人力部	普通职员	72000	3
11	YG010	吕伟	工程部	普通职员	180000	11		YG005	郭林	销售部	部门经理	162000	10
12	YG011	苏洋	工程部	高级职员	186000	5		YG002	张静	销售部	高级职员	90000	9

图6-51

6.3.3 FILTER——根据指定的条件筛选数据

➲ 函数功能

FILTER函数用于根据指定的条件筛选数据。

➲ 函数格式

FILTER(array,include,[if_empty])

➲ 参数说明

array：需要筛选数据的单元格区域或数组。

include：筛选条件，高度或宽度与array相同。

if_empty（可选）：没有满足筛选条件的数据时返回的值。

➲ 注意事项

❶ 如果include包含错误值或其值无法转换为逻辑值，则FILTER函数将返回错误值。

❷ 如果没有任何满足筛选条件的数据，且没有设置if_empty的值，则FILTER函数将返回#CALC!错误。

➲ Excel版本提醒

FILTER函数是Excel 2021中新增的函数，不能在Excel 2021之前的版本中使用。

案例48 提取工程部中的员工信息并按工龄降序排列

本例效果如图6-52所示，在H2单元格中输入以下公式并按【Enter】键，提取工程部中的员工信息并按工龄降序排列。

```
=SORT(FILTER(A2:F12,C2:C12="工程部"),6,-1)
```

H2 =SORT(FILTER(A2:F12,C2:C12="工程部"),6,-1)

	A	B	C	D	E	F	G	H	I	J	K	L	M
1	员工编号	姓名	部门	职位	年薪	工龄		员工编号	姓名	部门	职位	年薪	工龄
2	YG001	蒋京	人力部	普通职员	72000	3		YG010	吕伟	工程部	普通职员	180000	11
3	YG002	张静	销售部	高级职员	90000	9		YG011	苏洋	工程部	高级职员	186000	5
4	YG003	于波	人力部	高级职员	126000	8		YG008	唐敬	工程部	普通职员	162000	4
5	YG004	王平	人力部	部门经理	162000	5							
6	YG005	郭林	销售部	部门经理	162000	10							
7	YG006	王佩	后勤部	部门经理	162000	14							
8	YG007	吴娟	后勤部	普通职员	162000	12							
9	YG008	唐敬	工程部	普通职员	162000	4							
10	YG009	李美	财务部	部门经理	174000	3							
11	YG010	吕伟	工程部	普通职员	180000	11							
12	YG011	苏洋	工程部	高级职员	186000	5							

图6-52

➲ 交叉参考

SORT请参考6.3.1小节。

6.3.4 UNIQUE——返回区域中的不重复值

➲ 函数功能

UNIQUE函数用于返回单元格区域或数组中的不重复值。

➲ 函数格式

UNIQUE(array,[by_col],[exactly_once])

➲ 参数说明

array：需要返回不重复值的单元格区域或数组。

by_col（可选）：比较不重复值的方向，该参数是TRUE时表示在各列之间比较值，该参数是FALSE时表示在各行之间比较值。省略该参数时其默认值是FALSE。

exactly_once（可选）：是否返回在单元格区域或数组中只出现一次的行或列，该参数是TRUE时表示返回单元格区域或数组中只出现一次且不重复的行或列，该参数是FALSE时表示返回单元格区域或数组中所有不重复的行或列。省略该参数时其默认值是FALSE。

➲ Excel版本提醒

UNIQUE函数是Excel 2021中新增的函数，不能在Excel 2021之前的版本中使用。

案例49 提取不重复的员工姓名

本例效果如图6-53所示，在E2单元格中输入以下公式并按【Enter】键，提取不重复的员工姓名。

=UNIQUE(B2:B15)

E2 =UNIQUE(B2:B15)

	A	B	C	D	E
1	日期	姓名	销量		不重复姓名
2	9月6日	关静	556		关静
3	9月6日	凌婉婷	634		凌婉婷
4	9月7日	婧婷	677		婧婷
5	9月7日	关静	795		苏洋
6	9月7日	苏洋	551		郝丽娟
7	9月7日	郝丽娟	883		于波
8	9月8日	苏洋	872		张静
9	9月8日	凌婉婷	556		郭心冉
10	9月8日	于波	544		吕伟
11	9月8日	张静	917		
12	9月9日	凌婉婷	781		
13	9月9日	郭心冉	717		
14	9月9日	吕伟	688		
15	9月9日	郝丽娟	938		

图6-53

第7章 信息函数

Excel中的信息函数主要用于获取与工作簿、工作表或单元格相关的信息，其中也包含各类出错信息。如果将信息函数和逻辑函数配合使用，则可以使公式具备容错功能。本章将介绍信息函数的基本用法和实际应用。

7.1 返回信息

7.1.1 CELL——返回单元格的相关信息

➲ 函数功能

CELL函数用于返回指定区域左上角的单元格的相关信息。

➲ 函数格式

```
CELL(info_type,[reference])
```

➲ 参数说明

info_type：返回的单元格信息的类型，如表7-1所示。

reference（可选）：需要获取信息的单元格。如果省略该参数，则将返回最后更改的单元格的信息。

▼表7-1 info_type参数值与CELL函数的返回值

info_type参数值	CELL函数的返回值
address	以文本方式返回引用单元格的绝对引用地址
col	返回引用单元格的列号
color	如果引用单元格中的负值以黑色显示则返回0，否则返回1
contents	返回引用单元格中的内容
filename	以文本方式返回引用单元格所属工作簿的路径和名称。如果工作簿未命名，则返回空文本
format	返回引用单元格的数字格式对应的格式代码。如果引用单元格中的负值以不同颜色显示，则在返回的文本值的结尾处加“–”
parentheses	如果引用单元格中将正值或单元格全部内容用括号括起则返回1，否则返回0
prefix	返回与引用单元格文本对齐方式对应的符号。如果文本左对齐则返回单引号（'）；如果文本右对齐则返回双引号（"）；如果文本居中对齐则返回乘方运算符（^）；如果文本两端对齐则返回反斜线（\）；其他情况则返回空文本
protect	如果引用单元格被锁定则返回1，否则返回0

续表

info_type参数值	CELL函数的返回值
row	返回引用单元格的行号
type	返回与引用单元格数据类型对应的文本值。如果单元格为空则返回“b”；如果单元格包含文本则返回“l”；如果单元格包含其他内容则返回“v”
width	四舍五入取整后的单元格列宽，以默认字号的一个字符宽度为单位

注意事项

如果将info_type设置为format，之后对该单元格设置了自定义数字格式，则必须重新计算工作表才能使包含CELL函数的公式返回新的值。

案例 01 **获取当前工作簿的完整路径**

本例效果如图7-1所示，在B1单元格中输入以下公式并按【Enter】键，返回当前工作簿的完整路径。

=CELL("filename")

	A	B
1	本工作簿的路径	E:\测试数据\Excel\[案例211.xlsx]Sheet1

图7-1

7.1.2 INFO——返回当前操作环境的相关信息

函数功能

INFO函数用于返回当前操作环境的相关信息。

函数格式

INFO(type_text)

参数说明

type_text：返回的信息的类型，如表7-2所示。

表7-2 type_text参数值与INFO函数的返回值

type_text参数值	INFO函数的返回值
directory	当前文件的位置
numfile	所有打开的工作簿中工作表的数量
osversion	以文本方式返回当前操作系统的版本号
recalc	以文本方式返回当前的重新计算模式：“自动”或“手动”
release	以文本方式返回当前Excel的版本号
system	以文本方式返回当前操作系统的名称，mac表示macOS，pcdos表示Windows
origin	返回当前Excel窗口左上角可见单元格的绝对引用地址，比如，文本以“$A:”开始，主要是为了和Lotus1-2-3程序兼容

案例 02 获取当前操作环境

本例效果如图7-2所示，在B1、B2、B3和B4单元格中分别输入以下几个公式并按【Enter】键，可以获取操作系统版本、操作系统名称、当前Excel版本和Excel默认文件位置。

```
=INFO("osversion")
=INFO("system")
=INFO("release")
=INFO("directory")
```

B1 =INFO("osversion")

	A	B	C
1	操作系统版本	Windows (32-bit) NT 10.00	
2	操作系统名称	pcdos	
3	当前Excel版本	16.0	
4	Excel默认文件位置	E:\测试数据\	

图7-2

7.1.3 SHEET——返回引用工作表的工作表编号

函数功能

SHEET函数用于返回引用工作表的工作表编号。工作表编号是指工作表在当前工作簿的所有工作表中的索引号。

函数格式

```
SHEET([value])
```

参数说明

value（可选）：需要返回工作表编号的工作表默认名称或自定义名称。如果省略该参数，则SHEET函数将返回包含该函数的公式所在的工作表编号。

例如，为Sheet2定义了一个名称“abc”，如果在Sheet1工作表的某个单元格中输入公式=SHEET(abc)，则将返回2，因为2是Sheet2工作表的编号。

注意事项

❶ SHEET包含所有工作表（显示、隐藏或绝对隐藏）以及所有其他工作表类型（图表、宏表或对话框工作表）。

❷ 如果value是无效的工作表名称，则SHEET函数将返回#N/A错误值。

❸ 如果value是无效值，则SHEET函数将返回#REF!错误值。

Excel版本提醒

SHEET函数是Excel 2013中新增的函数，不能在Excel 2013之前的版本中使用。

7.1.4 SHEETS——返回引用中的工作表总数

函数功能

SHEETS函数用于返回引用中的工作表总数。

函数格式

```
SHEETS([reference])
```

➲ 参数说明

reference（可选）：需要返回工作表总数的引用。如果省略该参数，则SHEETS函数将返回工作簿包含的工作表总数。

➲ 注意事项

❶ SHEETS包含所有工作表（显示、隐藏或绝对隐藏）以及所有其他工作表类型（图表、宏表或对话框工作表）。

❷ 如果reference是无效值，则SHEETS函数将返回#REF!错误值。

➲ Excel版本提醒

SHEETS函数是Excel 2013中新增的函数，不能在Excel 2013之前的版本中使用。

案例 03 统计当前工作簿包含的工作表总数（一）

本例效果如图7-3所示，在B1单元格中输入以下公式并按【Enter】键，可以统计当前工作簿包含的工作表总数。

```
=SHEETS()
```

图7-3

7.2 返回不同类型的值

7.2.1 ERROR.TYPE——返回与错误类型对应的数字

➲ 函数功能

ERROR.TYPE函数用于返回Excel中与错误类型对应的数字。如果没有错误值，则返回#N/A错误值。

➲ 函数格式

```
ERROR.TYPE(error_val)
```

➲ 参数说明

error_val：需要返回对应数字的错误值，该参数的取值如表7-3所示。

表7-3 error_val参数值与ERROR.TYPE函数的返回值

error_val参数值	ERROR.TYPE函数的返回值
#NULL!	1
#DIV/0!	2
#VALUE!	3

续表

error_val参数值	ERROR.TYPE函数的返回值
#REF!	4
#NAME?	5
#NUM!	6
#N/A	7
#GETTING_DATA	8
其他值	#N/A

案例 04 根据错误代码显示错误原因（ERROR.TYPE+CHOOSE）

本例效果如图7-4所示，在D1单元格中输入以下公式并按【Enter】键，然后将该公式向下复制到D7单元格，显示C列错误代码的出错原因。

```
=CHOOSE(ERROR.TYPE(C1), "不相交的区域", "除数为0","参数类型不正确","无效的引用","无法识别的文本","无效数值","无法返回有效值")
```

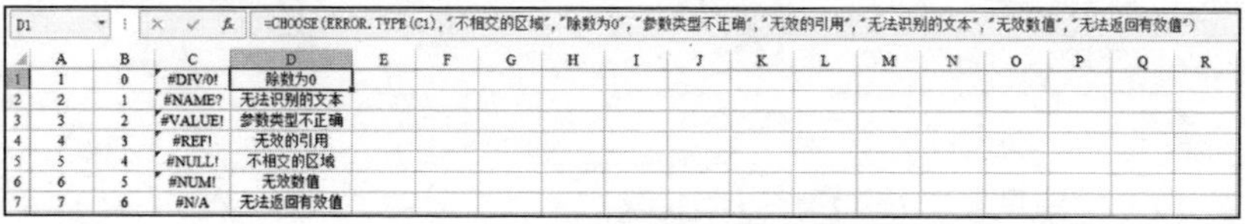

D1　=CHOOSE(ERROR.TYPE(C1),"不相交的区域","除数为0","参数类型不正确","无效的引用","无法识别的文本","无效数值","无法返回有效值")

	A	B	C	D
1	1	0	#DIV/0!	除数为0
2	2	1	#NAME?	无法识别的文本
3	3	2	#VALUE!	参数类型不正确
4	4	3	#REF!	无效的引用
5	5	4	#NULL!	不相交的区域
6	6	5	#NUM!	无效数值
7	7	6	#N/A	无法返回有效值

图7-4

公式解析

首先使用ERROR.TYPE函数得到C列错误代码对应的编号，然后使用CHOOSE函数根据编号返回相应位置上的文本（错误原因）。

交叉参考

CHOOSE函数请参考第6章。

7.2.2 N——返回转换为数字的值

函数功能

N函数用于返回转换为数字后的值。

函数格式

```
N(value)
```

参数说明

value：需要转换的值。不同类型的值经过N函数转换后返回的值如表7-4所示。

表7-4 不同类型的值经过N函数转换后返回的值

value参数值	N函数返回的值
数字	原数字
日期	日期对应的序列号
逻辑值TRUE	1
逻辑值FALSE	0
错误值	错误值
其他值	0

提示

N函数除了可以过滤数字值之外，还可以将一些函数产生的多维引用转变为可直接输入单元格区域中的数据。

案例05 生成指定员工的年薪列表（N+OFFSET）

本例效果如图7-5所示，选择G2:G7单元格区域，然后输入以下数组公式并按【Ctrl+Shift+Enter】组合键，提取与F列中的姓名对应的年薪。

=N(OFFSET($D$2,{1;3;5;7;9;11},0))

G2 　{=N(OFFSET($D$2,{1;3;5;7;9;11},0))}

	A	B	C	D	E	F	G
1	姓名	部门	职位	年薪		指定员工的年薪列表	
2	刘树梅	人力部	普通职员	72000		袁芳	90000
3	袁芳	销售部	高级职员	90000		胡伟	162000
4	薛力	人力部	高级职员	126000		邓苗	162000
5	胡伟	人力部	部门经理	162000		何贝贝	186000
6	蒋超	销售部	部门经理	162000		陈义军	234000
7	邓苗	工程部	普通职员	162000		育奇	276000
8	郑华	工程部	普通职员	180000			
9	何贝贝	工程部	高级职员	186000			
10	郭静纯	销售部	高级职员	216000			
11	陈义军	销售部	普通职员	234000			
12	陈喜娟	工程部	部门经理	252000			
13	育奇	工程部	普通职员	276000			
14	韩梦佼	销售部	高级职员	294000			

图7-5

公式解析

首先使用OFFSET函数以D2单元格为原点，依次获取向下偏移1、3、5、7、9、11行之后的数据，然后使用N函数将这些数据转换为可显示在单元格中的数据。

交叉参考

OFFSET函数请参考第6章。

7.2.3 NA——返回#N/A错误值

➲ 函数功能

NA函数用于返回#N/A错误值。

➲ 函数格式

```
NA()
```

➲ 参数说明

该函数没有参数。

7.2.4 TYPE——返回表示数据类型的数字

➲ 函数功能

TYPE函数用于返回表示数据类型的数字。

➲ 函数格式

```
TYPE(value)
```

➲ 参数说明

value：需要判断数据类型的单元格或数据，数据类型及其对应的数字如表7-5所示。

▼ 表7-5 value参数值与TYPE函数的返回值

value参数值	TYPE函数的返回值
数字	1
文本	2
逻辑值	4
错误值	16
数组	64

案例 06 简易的输入验证工具（TYPE+LOOKUP）

本例效果如图7-6所示，在B3单元格中输入以下公式并按【Enter】键，判断B1单元格中的内容的数据类型。

```
=LOOKUP(TYPE(B1),{1,"数字";2,"文本";4,"逻辑值";16,"错误值";64,"其他值"})
```

B3　=LOOKUP(TYPE(B1),{1,"数字";2,"文本";4,"逻辑值";16,"错误值";64,"其他值"})

	A	B	C	D	E	F	G	H	I	J	K
1	请输入内容：	Excel									
2											
3	您输入的是：	文本									

图7-6

公式解析

首先使用TYPE函数得到表示B1单元格中内容的数据类型的数字。然后使用LOOKUP函数在常量数组中查找TYPE函数返回的数字，并返回数字代表的数据类型。

交叉参考

LOOKUP函数请参考第6章。

7.3 使用IS函数进行各种判断

7.3.1 ISBLANK——判断单元格是否为空

函数功能

ISBLANK函数用于判断单元格是否为空，如果为空则返回TRUE，否则返回FALSE。

函数格式

ISBLANK(value)

参数说明

value：需要判断的单元格。

注意事项

如果单元格包含空格或换行符，则ISBLANK函数将返回FALSE。

案例07 统计缺勤人数（ISBLANK+SUM）

本例效果如图7-7所示，在G1单元格中输入以下数组公式并按【Ctrl+Shift+Enter】组合键，统计D列中没有签到标记的人数，即缺勤人数。

```
=SUM(ISBLANK(D2:D14)*1)
```

G1 {=SUM(ISBLANK(D2:D14)*1)}

	A	B	C	D	E	F	G
1	姓名	部门	职位	签到		缺勤人数	5
2	刘树梅	人力部	普通职员	√			
3	袁芳	销售部	高级职员				
4	薛力	人力部	高级职员	√			
5	胡伟	人力部	部门经理	√			
6	蒋超	销售部	部门经理				
7	邓苗	工程部	普通职员	√			
8	郑华	工程部	普通职员				
9	何贝贝	工程部	高级职员	√			
10	郭静纯	销售部	高级职员	√			
11	陈义军	销售部	普通职员	√			
12	陈喜娟	工程部	部门经理				
13	育奇	工程部	普通职员				
14	韩梦佼	销售部	高级职员	√			

图7-7

公式解析

首先用ISBLANK函数判断D2:D14单元格区域中的每个单元格是否为空，返回一个包含TRUE和FALSE的数组。将该数组乘以1转换为包含数字1和0的数组，然后使用SUM函数求和，结果就是单元格为空的数量，即缺勤人数。

交叉参考

SUM函数请参考第2章。

7.3.2 ISLOGICAL——判断值是否是逻辑值

函数功能

ISLOGICAL函数用于判断值是否是逻辑值，如果是则返回TRUE，否则返回FALSE。

函数格式

ISLOGICAL(value)

参数说明

value：需要判断的值。

7.3.3 ISNUMBER——判断值是否是数字

函数功能

ISNUMBER函数用于判断值是否是数字，如果是则返回TRUE，否则返回FALSE。

函数格式

ISNUMBER(value)

参数说明

value：需要判断的值。

案例 08 统计指定商品的销量总和（ISNUMBER+SUM+FIND）

本例效果如图7－8所示，在F1单元格中输入以下数组公式并按【Ctrl+Shift+Enter】组合键，统计E1单元格中显示的所有商品的销量总和。

=SUM(ISNUMBER(FIND(A2:A8,E1))*C2:C8)

F1 {=SUM(ISNUMBER(FIND(A2:A8,E1))*C2:C8)}

	A	B	C	D	E	F	G
1	商品	价格	销量		冰箱+空调+电脑+手机	64	
2	电视	3500	19				
3	冰箱	2300	18				
4	洗衣机	2700	17				
5	空调	2200	18				
6	音响	1500	11				
7	电脑	5600	14				
8	手机	1800	14				

图7－8

公式解析

首先使用FIND函数在A2:A8单元格区域中查找E1单元格中的商品名称是否存在，如果存在，则返回一个表示该商品出现位置的数字，此时ISNUMBER函数将返回TRUE。所有返回TRUE的单元格表示E1单元格中的商品出现在A2:A8单元格区域中。然后将返回的逻辑值数组与C2:C8单元格区域中的对应单元格相乘。最后使用SUM函数对乘积求和，得到的就是E1单元格中所有商品的销量总和。

➲ 交叉参考

SUM函数请参考第2章。

FIND函数请参考第5章。

7.3.4 ISTEXT——判断值是否是文本

➲ 函数功能

ISTEXT函数用于判断值是否是文本，如果是则返回TRUE，否则返回FALSE。

➲ 函数格式

ISTEXT(value)

➲ 参数说明

value：需要判断的值。

案例09 判断员工是否已签到（ISTEXT+IF）

本例效果如图7-9所示，在E2单元格中输入以下公式并按【Enter】键，然后将该公式向下复制到E14单元格，判断员工是否已签到。

```
=IF(ISTEXT(D2),"已签到","未签到")
```

E2 =IF(ISTEXT(D2),"已签到","未签到")

	A	B	C	D	E	F
1	姓名	部门	职位	签到	是否已签到	
2	刘树梅	人力部	普通职员	√	已签到	
3	袁芳	销售部	高级职员		未签到	
4	薛力	人力部	高级职员	√	已签到	
5	胡伟	人力部	部门经理	√	已签到	
6	蒋超	销售部	部门经理		未签到	
7	邓苗	工程部	普通职员	√	已签到	
8	郑华	工程部	普通职员		未签到	
9	何贝贝	工程部	高级职员	√	已签到	
10	郭静纯	销售部	高级职员	√	已签到	
11	陈义军	销售部	普通职员	√	已签到	
12	陈春娟	工程部	部门经理		未签到	
13	育奇	工程部	普通职员		未签到	
14	韩梦佼	销售部	高级职员	√	已签到	

图7-9

➲ 交叉参考

IF函数请参考第4章。

7.3.5 ISNONTEXT——判断值是否不是文本

➲ 函数功能

ISNONTEXT函数用于判断值是否不是文本，如果不是则返回TRUE，否则返回FALSE。

➲ 函数格式

ISNONTEXT(value)

➲ 参数说明

value：需要判断的值。

案例 10 判断员工是否已签到（ISNONTEXT+IF）

本例效果如图7-10所示，在E2单元格中输入以下公式并按【Enter】键，然后将该公式向下复制到E14单元格，判断员工是否已签到。

```
=IF(ISNONTEXT(D2),"未签到","已签到")
```

E2 =IF(ISNONTEXT(D2),"未签到","已签到")

	A	B	C	D	E	F	G	H
1	姓名	部门	职位	签到	是否已签到			
2	刘树梅	人力部	普通职员	√	已签到			
3	袁芳	销售部	高级职员		未签到			
4	薛力	人力部	高级职员	√	已签到			
5	胡伟	人力部	部门经理	√	已签到			
6	蒋超	销售部	部门经理		未签到			
7	邓苗	工程部	普通职员	√	已签到			
8	郑华	工程部	普通职员		未签到			
9	何贝贝	工程部	高级职员	√	已签到			
10	郭静纯	销售部	高级职员	√	已签到			
11	陈义军	销售部	普通职员	√	已签到			
12	陈喜娟	工程部	部门经理		未签到			
13	育奇	工程部	普通职员		未签到			
14	韩梦佼	销售部	高级职员	√	已签到			
15								

图7-10

交叉参考

IF函数请参考第4章。

7.3.6 ISFORMULA——判断单元格是否包含公式

函数功能

ISFORMULA函数用于判断单元格是否包含公式。如果包含公式则返回TRUE，否则返回FALSE。

函数格式

```
ISFORMULA(reference)
```

参数说明

reference：需要判断的单元格引用。

注意事项

如果reference不是有效的数据类型（例如未定义的名称），则ISFORMULA函数将返回#VALUE!错误值。

Excel版本提醒

ISFORMULA函数是Excel 2013中新增的函数，不能在Excel 2013之前的版本中使用。

案例 11 判断单元格是否包含公式

本例效果如图7-11所示，在B1单元格中输入公式并按【Enter】键，然后将该公式向下复制到B5单元格，判断A列是否包含公式。

=ISFORMULA(A1)

B1 =ISFORMULA(A1)

	A	B	C	D	E	F
1	168	FALSE				
2	TRUE	FALSE				
3	Excel	FALSE				
4	2023/9/21	TRUE				
5	#DIV/0!	TRUE				

图7-11

公式解析

A4单元格中的2023/9/21是由公式TODAY()得到的，所以ISFORMULA函数返回TRUE；A5单元格包含的#DIV/0!错误值是由公式=6/0得到的，所以ISFORMULA函数也返回TRUE。

7.3.7 ISEVEN——判断数字是否是偶数

函数功能

ISEVEN函数用于判断数字是否是偶数，如果是则返回TRUE，否则返回FALSE。

函数格式

ISEVEN(number)

参数说明

number：需要判断的数字。

注意事项

参数必须是数值类型或可转换为数值的数据，否则ISEVEN函数将返回#VALUE!错误值。

案例12 统计女员工人数（ISEVEN+SUM+MID）

本例效果如图7-12所示，在E1单元格中输入以下数组公式并按【Ctrl+Shift+Enter】组合键，根据B列中的身份证号统计公司女员工的人数。判断身份证号对应女性的条件：15位身份证号的最后1位是偶数，18位身份证号的第17位是偶数。

=SUM(ISEVEN(MID(B2:B10,15,3))*1)

E1 {=SUM(ISEVEN(MID(B2:B10,15,3))*1)}

	A	B	C	D	E	F
1	姓名	身份证号		女员工人数	4	
2	刘树梅	******197906132784				
3	袁芳	******780125212				
4	薛力	******199212133751				
5	胡伟	******530418527				
6	蒋超	******198803213576				
7	邓苗	******721018938				
8	郑华	******820525787				
9	何贝贝	******199710134762				
10	郭静纯	******198911025956				

图7-12

公式解析

由于B列中的身份证号有15位和18位两种，因此使用MID函数从第15位开始提取3位。这样既可以提取到15位身份证号的最后一位，也可以提取到18位身份证号的第15~17位。然后使用ISEVEN函数判断提取出的数字是否是偶数。最后将判断结果组成的数组乘以1，并使用SUM函数对数组求和，得到的就是女员工的人数。

交叉参考

SUM函数请参考第2章。

MID函数请参考第5章。

7.3.8 ISODD——判断数字是否是奇数

➲ 函数功能

ISODD函数用于判断数字是否是奇数，如果是则返回TRUE，否则返回FALSE。

➲ 函数格式

```
ISODD(number)
```

➲ 参数说明

number：需要判断的数字。

➲ 注意事项

参数必须是数值类型或可转换为数值的数据，否则ISODD函数将返回#VALUE!错误值。

案例 13 统计男员工人数（ISODD+SUM+MID）

本例效果如图7-13所示，在E1单元格中输入以下数组公式并按【Ctrl+Shift+Enter】组合键，根据B列中的身份证号码统计公司男员工的人数。判断身份证号对应男性的条件：15位身份证号的最后1位是奇数，18位身份证号的第17位是奇数。

```
=SUM(ISODD(MID(B2:B10,15,3))*1)
```

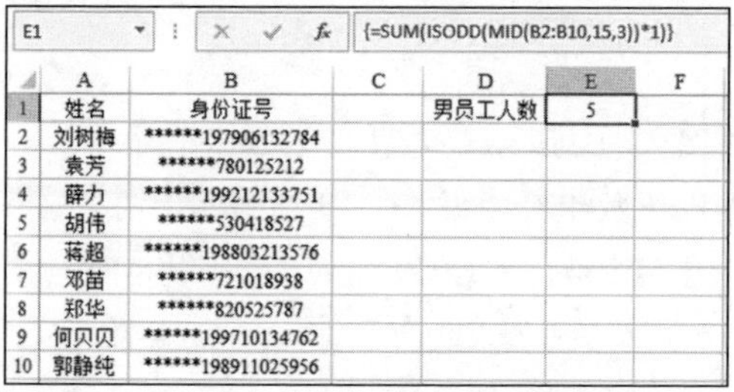

E1 {=SUM(ISODD(MID(B2:B10,15,3))*1)}

	A	B	C	D	E	F
1	姓名	身份证号		男员工人数	5	
2	刘树梅	******197906132784				
3	袁芳	******780125212				
4	薛力	******199212133751				
5	胡伟	******530418527				
6	蒋超	******198803213576				
7	邓苗	******721018938				
8	郑华	******820525787				
9	何贝贝	******199710134762				
10	郭静纯	******198911025956				

图7-13

提示

与上一个案例中的公式类似，只不过本例判断的是奇数。

➲ 交叉参考

SUM函数请参考第2章。

MID函数请参考第5章。

7.3.9 ISNA——判断值是否是#N/A错误值

➲ 函数功能

ISNA函数用于判断值是否是#N/A错误值，如果是则返回TRUE，否则返回FALSE。

➲ **函数格式**

ISNA(value)

➲ **参数说明**

value：需要判断的值。

案例14 查找员工信息（三）

本例效果如图7-14所示，在G2单元格中输入以下公式并按【Enter】键，根据G1单元格中的姓名查找员工所属的部门，如果未找到此员工，则显示“未找到”。

=IF(ISNA(VLOOKUP(G1,A2:D14,2,FALSE)),"未找到",VLOOKUP(G1,A2:D14,2,FALSE))

G2 =IF(ISNA(VLOOKUP(G1,A2:D14,2,FALSE)),"未找到",VLOOKUP(G1,A2:D14,2,FALSE))

	A	B	C	D	E	F	G	H	I	J	K
1	姓名	部门	职位	年薪		姓名	宋翔				
2	刘树梅	人力部	普通职员	72000		部门	未找到				
3	袁芳	销售部	高级职员	90000							
4	薛力	人力部	高级职员	126000							
5	胡伟	人力部	部门经理	162000							
6	蒋超	销售部	部门经理	162000							
7	邓苗	工程部	普通职员	162000							
8	郑华	工程部	普通职员	180000							
9	何贝贝	工程部	高级职员	186000							
10	郭静纯	销售部	高级职员	216000							
11	陈义军	销售部	普通职员	234000							
12	陈喜娟	工程部	部门经理	252000							
13	育奇	工程部	普通职员	276000							
14	韩梦佼	销售部	高级职员	294000							

图7-14

公式解析

使用VLOOKUP函数在A2:D14单元格区域中查找G1单元格中人名所对应的部门，如果未找到人名，则VLOOKUP函数将返回#N/A错误值。为了使公式可以显示有意义的反馈信息而非错误值，需要使用ISNA函数检测VLOOKUP函数返回的是否是#N/A错误值，然后使用IF函数根据ISNA函数返回的逻辑值决定要显示的信息。

➲ **交叉参考**

IF函数请参考第4章。

VLOOKUP函数请参考第6章。

7.3.10 ISREF——判断值是否为单元格引用

➲ **函数功能**

ISREF函数用于判断值是否为单元格引用，如果是则返回TRUE，否则返回FALSE。

➲ **函数格式**

ISREF(value)

➲ **参数说明**

value：需要判断是否为单元格引用的值。

7.3.11 ISERR——判断值是否是除了#N/A之外的其他错误值

➲ 函数功能

ISERR函数用于判断值是否是除了#N/A之外的其他错误值，如果是则返回TRUE，否则返回FALSE。

➲ 函数格式

ISERR(value)

➲ 参数说明

value：需要判断的值。

7.3.12 ISERROR——判断值是否是错误值

➲ 函数功能

ISERROR函数用于判断值是否是错误值，如果是则返回TRUE，否则返回FALSE。

➲ 函数格式

ISERROR(value)

➲ 参数说明

value：需要判断的值。

案例 15 统计员工年薪总和（ISERROR+SUM+IF）

本例效果如图7-15所示，在G1单元格中输入以下数组公式并按【Ctrl+Shift+Enter】组合键，统计员工年薪总和。显示#N/A错误值的单元格表示员工已不在公司工作。

```
=SUM(IF(ISERROR(D2:D14),0,D2:D14))
```

G1　{=SUM(IF(ISERROR(D2:D14),0,D2:D14))}

	A	B	C	D	E	F	G
1	姓名	部门	职位	年薪		员工年薪总和	1470000
2	刘树梅	人力部	普通职员	72000			
3	袁芳	销售部	高级职员	#N/A			
4	薛力	人力部	高级职员	126000			
5	胡伟	人力部	部门经理	162000			
6	蒋超	销售部	部门经理	#N/A			
7	邓苗	工程部	普通职员	#N/A			
8	郑华	工程部	普通职员	180000			
9	何贝贝	工程部	高级职员	186000			
10	郭静纯	销售部	高级职员	216000			
11	陈义军	销售部	普通职员	#N/A			
12	陈喜娟	工程部	部门经理	252000			
13	育奇	工程部	普通职员	276000			
14	韩梦佼	销售部	高级职员	#N/A			

图7-15

公式解析

由于SUM函数对包含#N/A错误值的数据求和会返回该错误值，因此需要使用ISERROR函数检测数据区域中是否包含错误值。如果包含错误值，则通过IF函数返回0，否则返回单元格中的内容。然后使用SUM函数对排错后的数字求和，得到的就是除了错误值之外的数字总和。

➲ 交叉参考

SUM函数请参考第2章。

IF函数请参考第4章。

第8章　统计函数

Excel中的统计函数主要用于对数据进行统计和分析，其中一部分是常用的统计工具，例如统计数量、平均值和极值的函数，而其他大部分统计函数用于专业领域中的统计分析。本章将介绍统计函数的基本用法和实际应用。

8.1　统计数量和频率

8.1.1　COUNT——计算数字的个数

➲ 函数功能

COUNT函数用于计算数字的个数。

➲ 函数格式

```
COUNT(value1,[value2],…)
```

➲ 参数说明

value1：需要计算数字个数的第1个参数。

value2, …（可选）：需要计算数字个数的第2~255个参数。

➲ 注意事项

❶ 如果在COUNT函数中直接输入参数的值，则数字或可转换为数字的数据都将被计算在内，其他类型的值会被忽略。

❷ 如果参数是单元格引用或数组，则只有数字被计算在内，其他类型的值将被忽略。

下面说明COUNT函数在使用单元格引用作为参数时的计算方式。如图8-1所示，A1:A6单元格区域包含4种不同类型的数据：A1和A2中的是数字，A3中的是文本型数字，A4和A5中的是逻辑值，A6中的是文本。

C1单元格中的普通公式如下。

```
=COUNT(A1:A6)
```

C2单元格中的数组公式如下。

```
=COUNT(--A1:A6)
```

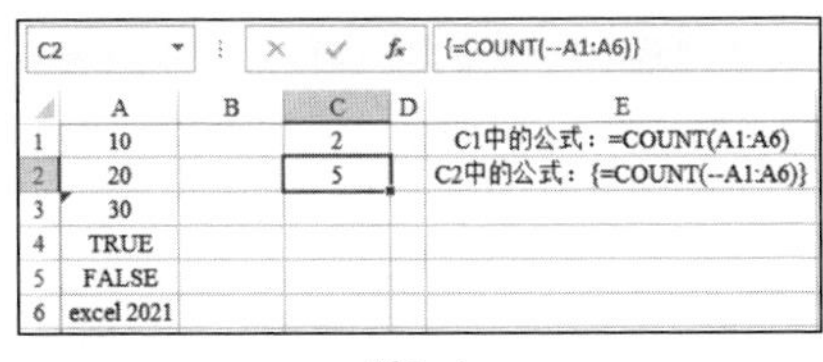

C2 | {=COUNT(--A1:A6)}

	A	B	C	D	E
1	10		2		C1中的公式：=COUNT(A1:A6)
2	20		5		C2中的公式：{=COUNT(--A1:A6)}
3	30				
4	TRUE				
5	FALSE				
6	excel 2021				

图8-1

C1单元格中的公式直接统计A1:A6单元格区域中的数字个数，由于其中只有A1和A2单元格中的值是纯数字，因此C1单元格中的公式返回2。C2单元格中的公式虽然也引用A1:A6单元格区域，但是在使用COUNT函数统计该区域中的数字个数之前，先使用一个“--”将A1:A6单元格区域中的文本型数字和逻辑值转换为纯数字，再统计转换后的数字个数。

案例01 统计员工人数

本例效果如图8-2所示，在F1单元格中输入以下公式并按【Enter】键，统计参与销售的员工人数。

```
=COUNT(C2:C10)
```

F1 =COUNT(C2:C10)

	A	B	C	D	E	F
1	姓名	性别	销量		员工人数	9
2	关静	女	968			
3	王平	男	994			
4	婧婷	女	809			
5	时畅	男	758			
6	刘飞	男	586			
7	郝丽娟	女	647			
8	苏洋	女	501			
9	王远强	男	969			
10	于波	男	691			

图8-2

案例02 统计不重复员工人数（COUNT+MATCH+ROW）

本例效果如图8-3所示，在F1单元格中输入以下数组公式并按【Ctrl+Shift+Enter】组合键，统计不重复员工人数。

```
=COUNT(0/(MATCH(A2:A10,A2:A10,0)=(ROW(2:10)-1)))
```

F1 {=COUNT(0/(MATCH(A2:A10,A2:A10,0)=(ROW(2:10)-1)))}

	A	B	C	D	E	F	G	H	I
1	姓名	性别	销量		不重复员工人数	6			
2	关静	女	968						
3	苏洋	女	501						
4	时畅	男	758						
5	婧婷	女	809						
6	关静	女	968						
7	时畅	男	758						
8	刘飞	男	586						
9	郝丽娟	女	647						
10	苏洋	女	501						

图8-3

公式解析

首先使用MATCH函数统计A2:A10单元格区域中的每个值在该区域中第一次出现的位置，得到一个数组。将该数组中的每个表示出现位置的数字与行号进行比较，如果表示位置的数字与行号相等，则说明该位置就是第一次出现的位置，此时返回TRUE；如果返回FALSE，说明不是第一次出现。用0除以得到的数组，返回一个包含0和错误值的数组，然后使用COUNT函数统计该数组中0的个数，即每个姓名第一次出现的位置的数量，也就是不重复员工的人数。

➲ 交叉参考

MATCH函数请参考第6章。

ROW函数请参考第6章。

8.1.2 COUNTA——计算非空值的个数

➲ 函数功能

COUNTA函数用于计算非空值的个数。

➲ 函数格式

COUNTA(value1,[value2],…)

➲ 参数说明

value1：需要计算非空值个数的第1个参数。

value2, …（可选）：需要计算非空值个数的第2~255个参数。

➲ 注意事项

如果参数是单元格引用或数组，则COUNTA函数将统计除了空白单元格之外的其他所有值，包括错误值和空文本（""）。

案例03 统计迟到人数

本例效果如图8-4所示，在E1单元格中输入以下公式并按【Enter】键，统计迟到人数。

=COUNTA(B2:B10)

E1 =COUNTA(B2:B10)

	A	B	C	D	E	F
1	姓名	迟到登记		迟到人数	4	
2	关静					
3	王平	迟到				
4	婧婷	迟到				
5	时畅					
6	刘飞					
7	郝丽娟					
8	苏洋	迟到				
9	王远强					
10	于波	迟到				

图8-4

案例04 创建动态区域名称（COUNTA+OFFSET）

使用OFFSET函数搭配COUNTA函数可以实现动态引用数据区域功能。例如，当前数据区域是A1:B4，如图8-5所示，如果希望在添加新的数据后，Excel可以自动更新整个数据区域，则可以创建一个名称data，为其定义以下公式。

=OFFSET($A$1,,,COUNTA(A:A),COUNTA(1:1))

创建名称后，在原数据区域的下方添加新的数据，然后单击数据区域中的任意一个单元格，再在编辑栏中输入已创建好的名称data并按【Enter】键，将自动选中包含新输入数据的整个数据区域，如图8−6所示。删除数据使数据区域缩小后，data对应的数据区域也会缩小。

	A	B
1	姓名	销量
2	关静	968
3	王平	994
4	婧婷	809

图8−5

data

	A	B	C
1	姓名	销量	
2	关静	968	
3	王平	994	
4	婧婷	809	
5	时畅	758	
6	刘飞	586	
7	郝丽娟	647	
8	苏洋	501	
9	王远强	969	
10	于波	691	
11			

A1

	A	B	C
1	姓名	销量	
2	关静	968	
3	王平	994	
4	婧婷	809	
5	时畅	758	
6	刘飞	586	
7	郝丽娟	647	
8	苏洋	501	
9	王远强	969	
10	于波	691	
11			

图8−6

交叉参考

OFFSET函数请参考第6章。

8.1.3 COUNTBLANK——计算空白单元格的个数

函数功能

COUNTBLANK函数用于计算空白单元格的个数。

函数格式

```
COUNTBLANK(range)
```

参数说明

range：需要计算空白单元格个数的单元格区域。

注意事项

如果单元格区域包含返回值为空文本（""）的公式，则COUNTBLANK函数会将其计算在内。

案例 05 统计会议未到场人数

本例效果如图8−7所示，在E1单元格中输入以下公式并按【Enter】键，统计会议未到场人数。

```
=COUNTBLANK(B2:B10)
```

E1 =COUNTBLANK(B2:B10)

	A	B	C	D	E	F
1	姓名	签到		未到场人数	3	
2	关静	√				
3	王平	√				
4	婧婷					
5	时畅	√				
6	刘飞					
7	郝丽娟					
8	苏洋	√				
9	王远强	√				
10	于波	√				

图8−7

8.1.4 COUNTIF——计算满足指定条件的单元格个数

➲ 函数功能

COUNTIF函数用于计算满足指定条件的单元格个数。

➲ 函数格式

COUNTIF(range,criteria)

➲ 参数说明

range：需要计数的单元格区域。

criteria：需要判断的条件，可以是数字、文本或表达式。例如，16、"16"、">16"、"图书"或">"&A1。

➲ 注意事项

❶ 当criteria中包含比较运算符时，必须将其放在一对英文半角双引号中。

❷ 在criteria中可以使用通配符问号（?）或星号（*）。问号用于匹配任意单个字符，星号用于匹配任意多个字符。例如，""*商场""用于查找单元格结尾包含"商场"二字的所有内容。在问号或星号之前输入波形符（~）将查找问号或星号本身。

❸ range必须是单元格区域，不能是数组。

案例06 统计销量大于800的员工人数

本例效果如图8-8所示，在F1单元格中输入以下公式并按【Enter】键，统计销量大于800的员工人数。

=COUNTIF(C2:C10,">800")

F1 =COUNTIF(C2:C10,">800")

	A	B	C	D	E	F
1	姓名	性别	销量		销量大于800的员工人数	4
2	关静	女	968			
3	王平	男	994			
4	婧婷	女	809			
5	时畅	男	758			
6	刘飞	男	586			
7	郝丽娟	女	647			
8	苏洋	女	501			
9	王远强	男	969			
10	于波	男	691			

图8-8

案例07 计算两列数据中相同数据的个数（COUNTIF+SUM）

本例效果如图8-9所示，在E1单元格中输入以下数组公式并按【Ctrl+Shift+Enter】组合键，计算两列数据中相同数据的个数。

=SUM(COUNTIF(A2:A10,B2:B10))

E1 {=SUM(COUNTIF(A2:A10,B2:B10))}

	A	B	C	D	E	F
1	博士学位	计算机专业		相同数据的个数	[illegible]	
2	张静	殷红霞				
3	凌婉婷	张静				
4	郭心冉	闫振海				
5	吕伟	周梅				
6	吴娟	时畅				
7	闫振海	刘佩佩				
8	赵娟	郭心冉				
9	周梅	任丹				
10	殷红霞	孙东				

图8-9

公式解析

首先使用COUNTIF函数统计B2:B10单元格区域中的人名在A2:A10单元格区域中是否存在，如果存在则计为1，否则计为0；然后使用SUM函数对包含1和0的数组求和，即统计1的个数，计算结果就是同时出现在A、B两列中姓名的数量。

案例08 统计不重复员工人数（COUNTIF+SUM）

本例效果如图8-10所示，在F1单元格中输入以下数组公式并按【Ctrl+Shift+Enter】组合键，统计不重复员工人数。

```
=SUM(1/COUNTIF(C2:C10,C2:C10))
```

F1 {=SUM(1/COUNTIF(C2:C10,C2:C10))}

	A	B	C	D	E	F	G
1	姓名	性别	销量		不重复员工人数	6	
2	关静	女	968				
3	苏洋	女	501				
4	时畅	男	758				
5	婧婷	女	809				
6	关静	女	968				
7	时畅	男	758				
8	刘飞	男	586				
9	郝丽娲	女	647				
10	苏洋	女	501				
11							

图8-10

公式解析

首先使用COUNTIF函数统计C2:C10单元格区域中的每个值在该区域中出现的次数，得到数组{2;2;2;1;2;2;1;1;2}。使用1除以该数组，数组中的1仍为1，数组中的其他数字转换为分数。对这些分数求和时，相同分母的分组之和是1。例如，某数字出现3次，被1除后，每一次变为1/3，3个1/3相加等于1，相当于出现3次的数字经过该运算后只按1次计算。这样即可得到不重复数字的个数。

案例09 提取不重复员工姓名（COUNTIF+LOOKUP+NOT）

本例效果如图8-11所示，在E2单元格中输入以下数组公式并按【Ctrl+Shift+Enter】组合键，然后将该公式向下复制到E15单元格，提取不重复员工姓名。

```
=LOOKUP(1,0/NOT(COUNTIF($E$1:E1,
$B$2:$B$15)),$B$2:$B$15)
```

E2 {=LOOKUP(1,0/NOT(COUNTIF($E$1:E1,$B$2:$B$15)),$B$2:$B$15)}

	A	B	C	D	E	F	G	H	I	J
1	日期	姓名	销量		不重复姓名					
2	9月6日	关静	556		郝丽娲					
3	9月6日	凌婉婷	634		吕伟					
4	9月7日	婧婷	677		郭心冉					
5	9月7日	关静	795		凌婉婷					
6	9月7日	苏洋	551		张静					
7	9月7日	郝丽娲	883		于波					
8	9月8日	苏洋	872		苏洋					
9	9月8日	凌婉婷	556		关静					
10	9月8日	于波	544		婧婷					
11	9月8日	张静	917		#N/A					
12	9月9日	凌婉婷	781		#N/A					
13	9月9日	郭心冉	717		#N/A					
14	9月9日	吕伟	688		#N/A					
15	9月9日	郝丽娲	938		#N/A					

图8-11

公式解析

首先使用COUNTIF函数在B2:B15单元格区域中查找该区域中的每个值是否与E1单元格中的值重复，由于E1单元格中的不是人名，不会与B列中的任何值重复，因此返回一个全是0的数组；使用NOT函数取反后将所有0都转换为1；使用0除以该数组，将返回一个全是0的数组；然后使用LOOKUP函数在该数组中查找1，由于找不到1，因此返回与最后一个0对应的B2:B15单元格区域中的姓名。将公式复制到E3单元格后，公式中的$E$1:E1变成$E$1:E2，通过求反和被0除两种运算，可以将E2单元格中的姓名排除在外。将公式继续向下填充，可以排除E列中已提取的所有姓名，所以最终返回的是不重复的姓名。提取出所有不重复姓名后，继续向下复制公式时，将显示#N/A错误值。

交叉参考

SUM函数请参考第2章。

LOOKUP函数请参考第6章。

NOT函数请参考第4章。

8.1.5 COUNTIFS——计算同时满足多个条件的单元格个数

函数功能

COUNTIFS函数用于计算同时满足多个条件的单元格个数。

函数格式

COUNTIFS(criteria_range1,criteria1,[criteria_range2,criteria2],…)

参数说明

criteria_range1：需要计数的第1个单元格区域。

criteria1：需要判断的第1个条件，可以是数字、文本或表达式。例如，16、"16"、">16"、"图书"或">"&A1。

criteria_range2,…（可选）：需要计数的第2~127个单元格区域。

criteria2, …（可选）：需要判断的第2~127个条件，可以是数字、文本或表达式。

注意事项

① 当criteria中包含比较运算符时，必须将运算符放在一对英文半角双引号中。

② 在criteria中可以使用通配符问号（?）或星号（*），用法与COUNTIF函数中的相同。

③ criteria_range必须是单元格区域引用，不能是数组。

案例10 统计销量在600到1000之间的男员工人数

本例效果如图8-12所示，在F1单元格中输入以下公式并按【Enter】键，统计销量在600到1000之间的男员工人数。

```
=COUNTIFS(B2:B10,"男",C2:C10,">=600",C2:C10,"<=1000")
```

F1 =COUNTIFS(B2:B10,"男",C2:C10,">=600",C2:C10,"<=1000")

	A	B	C	D	E	F
1	姓名	性别	销量		统计销量在600到1000之间的男员工人数	2
2	关静	女	923			
3	王平	男	115			
4	婧婷	女	334			
5	吕伟	男	874			
6	闫振海	男	420			
7	时畅	男	536			
8	苏洋	女	752			
9	王远强	男	653			
10	于波	男	189			

图8-12

8.1.6 FREQUENCY——以垂直数组形式返回数据的频率分布

函数功能

FREQUENCY函数用于以垂直数组的形式返回数据出现的频率。

函数格式

FREQUENCY(data_array,bins_array)

参数说明

data_array：需要统计出现频率的单元格区域或数组。

bins_array：对data_array中的值进行分组的单元格区域或数组，相当于设置多个区间的上下限。

注意事项

❶ 由于FREQUENCY函数返回值是一个数组，因此必须以数组公式的形式输入包含该函数的公式。FREQUENCY函数返回的数组元素个数比bins_array表示的分段数据多一个，多出的值表示超过bins_array中最大值的个数。

❷ FREQUENCY函数只统计数值出现的频率，忽略文本和空单元格。如需统计文本型数字，则需要先将其转换为数值，再使用FREQUENCY函数进行统计。

案例 11 统计不同销量区间的员工人数

本例效果如图8-13所示，选择F1:F5单元格区域，然后输入以下数组公式并按【Ctrl+Shift+Enter】组合键，统计不同销量区间的员工人数。

=FREQUENCY(C2:C10,E1:E4)

F1 {=FREQUENCY(C2:C10,E1:E4)}

	A	B	C	D	E	F	G
1	姓名	性别	销量		200	2	
2	关静	女	923		400	1	
3	王平	男	115		600	2	
4	婧婷	女	334		800	2	
5	吕伟	男	874			2	
6	闫振海	男	420				
7	时畅	男	536				
8	苏洋	女	752				
9	王远强	男	653				
10	于波	男	189				

图8-13

公式解析

E1:E4单元格区域中的4个数字指定4个区间的上限，分别表示销量小于200、销量大于或等于200且小于400、销量大于或等于400且小于600、销量大于等于600且小于800。除此之外，还有第5个区间，即销量大于等于800。由于共有5个区间，因此需要将公式输入5个单元格中。

交叉参考

SUM函数请参考第2章。

IF函数请参考第4章。

8.2 统计均值和众数

8.2.1 AVEDEV——计算一组数据与其平均值的绝对偏差的平均值

函数功能

AVEDEV函数用于计算一组数据与其均值的绝对偏差的平均值，即计算一组数据的离散度。

函数格式

AVEDEV(number1,[number2],…)

参数说明

number1：需要计算的第1个数字。

number2,…（可选）：需要计算的第2~255个数字。

注意事项

❶ 如果在AVEDEV函数中直接输入参数的值，则参数必须是数值类型或可转换为数值的数据，否则AVEDEV函数将返回#VALUE!错误值。

❷ 如果参数是单元格引用或数组，则只有数值被计算在内，其他类型的数据将被忽略。

案例12 计算零件质量系数的平均偏差

本例效果如图8-14所示，在E1单元格中输入以下公式并按【Enter】键，计算零件质量系数的平均偏差。

=AVEDEV(B2:B10)

E1 =AVEDEV(B2:B10)

	A	B	C	D	E
1	编号	零件质量系数		平均偏差	16.02469
2	1	38			
3	2	72			
4	3	37			
5	4	53			
6	5	30			
7	6	76			
8	7	19			
9	8	56			
10	9	37			

图8-14

8.2.2 AVERAGE——计算平均值

函数功能

AVERAGE函数用于计算平均值。

函数格式

```
AVERAGE(number1,[number2],…)
```

参数说明

number1：需要计算的第1个数字。

number2,…（可选）：需要计算的第2~255个数字。

注意事项

❶ 如果在AVERAGE函数中直接输入参数的值，则参数必须是数值类型或可转换为数值的数据，否则AVERAGE函数将返回#VALUE!错误值。

❷ 如果参数是单元格引用或数组，则只有数值被计算在内，其他类型的数据将被忽略。

案例13 计算某商品的平均价格

本例效果如图8-15所示，在E1单元格中输入以下公式并按【Enter】键，计算某商品的平均价格。

```
=AVERAGE(B2:B10)
```

E1 =AVERAGE(B2:B10)

	A	B	C	D	E	F
1	日期	价格		平均价格	2.628889	
2	9月6日	2.58				
3	9月7日	1.75				
4	9月8日	3.86				
5	9月9日	2.76				
6	9月10日	1.46				
7	9月11日	3.99				
8	9月12日	3.36				
9	9月13日	2.12				
10	9月14日	1.78				

图8-15

案例14 计算男员工的平均销量（AVERAGE+ROUND+IF）

本例效果如图8-16所示，在F1单元格中输入以下数组公式并按【Ctrl+Shift+Enter】组合键，计算男员工的平均销量。

```
=ROUND(AVERAGE(IF(B2:B10="男",
C2:C10)),0)
```

F1 {=ROUND(AVERAGE(IF(B2:B10="男",C2:C10)),0)}

	A	B	C	D	E	F	G
1	姓名	性别	销量		男员工的平均销量	800	
2	关静	女	968				
3	王平	男	994				
4	婧婷	女	809				
5	时畅	男	758				
6	刘飞	男	586				
7	郝丽娟	女	647				
8	苏洋	女	501				
9	王远强	男	969				
10	于波	男	691				

图8-16

公式解析

首先判断B2:B10单元格区域中的性别是否是“男”，如果是则提取C列对应的销量，否则返回FALSE，组成一个由销量和FALSE组成的数组；然后使用AVERAGE函数计算销量的平均值并忽略其中的FALSE；最后使用ROUND函数将计算结果舍入为整数。

注意 在公式中不能省略IF函数而直接使用AVERAGE((B2:B10="男")*C2:C10)，因为这样得到的是一个包含0值的数组，使用AVERAGE函数计算该数组的平均值将得到错误的结果。

交叉参考

ROUND函数请参考第2章。

8.2.3 AVERAGEA——计算非空值的平均值

函数功能

AVERAGEA函数用于计算非空值的平均值。

函数格式

AVERAGEA(value1,[value2],…)

参数说明

value1：需要计算的第1个数字。

value2,…（可选）：需要计算的第2~255个数字。

注意事项

❶ 如果在AVERAGEA函数中直接输入参数的值，则参数必须是数值类型或可转换为数值的数据，否则AVERAGEA函数将返回#VALUE!错误值。

❷ 如果参数是单元格引用或数组，则其中的数值和逻辑值将被计算在内，文本型数字和文本按0计算，空白单元格会被忽略。

案例15 计算员工的平均销量（含未统计者）（AVERAGEA+ROUND）

本例效果如图8-17所示，在F1单元格中输入以下公式并按【Enter】键，计算员工的平均销量。

=ROUND(AVERAGEA(C2:C10),0)

F1 =ROUND(AVERAGEA(C2:C10),0)

	A	B	C	D	E	F
1	姓名	性别	销量		员工的平均销量	577
2	关静	女	968			
3	王平	男	994			
4	婧婷	女	809			
5	时畅	男	未统计			
6	刘飞	男	586			
7	[illegible]	[illegible]	[illegible]			
8	苏洋	女	501			
9	王远强	男	未统计			
10	于波	男	691			

图8-17

8.2.4 AVERAGEIF——计算满足指定条件的数据的平均值

函数功能

AVERAGEIF函数用于计算满足指定条件的数据的平均值。

函数格式

```
AVERAGEIF(range,criteria,[average_range])
```

参数说明

range：需要进行条件判断的单元格区域。

criteria：需要判断的条件，可以是数字、文本或表达式，例如，16、"16"、">16"、"图书"或">"&A1。

average_range（可选）：需要计算平均值的单元格区域。如果省略该参数，则计算range中数据的平均值。

注意事项

❶ criteria中包含比较运算符时，必须将其放在一对英文双引号中。

❷ 在criteria中可以使用通配符问号（?）或星号（*）。问号用于匹配任意单个字符，星号用于匹配任意多个字符。例如，“"*商场"”用于查找单元格结尾包含“商场”二字的所有内容。在问号或星号之前输入波形符（~）将查找问号或星号本身。

❸ average_range可以只给出区域左上角的单元格，AVERAGEIF函数会自动从该单元格延伸到与range等大的范围。例如，在=AVERAGEIF(A1:A5,">3",B2)公式中，average_range的值是B2，该公式等同于=AVERAGEIF(A1:A5,">3",B2:B6)。因为A1:A5是5行1列，所以以B2为区域左上角单元格，然后向下扩展5行并保持1列，得到的就是B2:B6。

❹ range和average_range必须是单元格区域，不能是数组。

❺ 如果range是文本或为空，或者不存在满足条件的数据，则AVERAGEIF函数将返回#DIV0!错误值。

案例16 计算男员工的平均销量（AVERAGEIF+ROUND）

本例效果如图8-18所示，在F1单元格中输入以下公式并按【Enter】键，计算男员工的平均销量。

```
=ROUND(AVERAGEIF(B2:B10,"男",C2:C10),0)
```

F1 =ROUND(AVERAGEIF(B2:B10,"男",C2:C10),0)

	A	B	C	D	E	F	G
1	姓名	性别	销量		男员工的平均销量	800	
2	关静	女	968				
3	王平	男	994				
4	婧婷	女	809				
5	时畅	男	758				
6	刘飞	男	586				
7	郝丽娟	女	647				
8	苏洋	女	501				
9	王远强	男	969				
10	于波	男	691				

图8-18

交叉参考

ROUND函数请参考第2章。

8.2.5 AVERAGEIFS——计算同时满足多个条件的数据的平均值

➲ 函数功能

AVERAGEIFS函数用于计算同时满足多个条件的数据的平均值。

➲ 函数格式

AVERAGEIFS(average_range,criteria_range1,criteria1,[criteria_range2,criteria2],…)

➲ 参数说明

average_range：需要计算平均值的单元格区域。

criteria_range1：需要进行条件判断的第1个单元格区域。

criteria1：需要判断的第1个条件，可以是数字、文本或表达式，例如，16、"16"、">16"、"图书"或">"&A1。

criteria_range2, …（可选）：需要进行条件判断的第2~127个单元格区域。

criteria2, …（可选）：需要判断的第2~127个条件，可以是数字、文本或表达式。

➲ 注意事项

❶ 如果设置了多个条件，则只对average_range中同时满足所有条件的单元格计算平均值。

❷ 可以在criteria中使用通配符，用法与AVERAGEIF函数中的相同。

❸ average_range中包含TRUE的单元格按1计算，包含FALSE的单元格按0计算。

❹ average_range和criteria_range的大小和形状必须相同，否则公式会出错。

❺ 如果average_range是文本或为空，或者不存在满足条件的单元格，则AVERAGEIF函数都将返回#DIV0!错误值。

案例17 计算销量大于600的男员工的平均销量（AVERAGEIFS+ROUND）

本例效果如图8-19所示，在F1单元格中输入以下公式并按【Enter】键，计算销量大于600的男员工的平均销量。

=ROUND(AVERAGEIFS(C2:C10,B2:B10,"男",C2:C10,">600"),0)

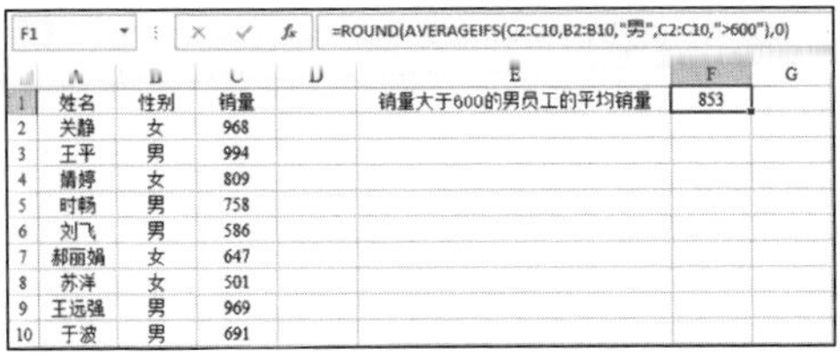

F1 =ROUND(AVERAGEIFS(C2:C10,B2:B10,"男",C2:C10,">600"),0)

	A	B	C	D	E	F	G
1	姓名	性别	销量		销量大于600的男员工的平均销量	853	
2	关静	女	968				
3	王平	男	994				
4	婧婷	女	809				
5	时畅	男	758				
6	刘飞	男	586				
7	郝丽娟	女	647				
8	苏洋	女	501				
9	王远强	男	969				
10	于波	男	691				

图8-19

交叉参考

ROUND函数请参考第2章。

8.2.6 GEOMEAN——计算几何平均值

函数功能

GEOMEAN函数用于计算几何平均值。

函数格式

```
GEOMEAN(number1,[number2],···)
```

参数说明

number1：需要计算的第1个数字。

number2,···（可选）：需要计算的第2~255个数字。

注意事项

❶ 如果在GEOMEAN函数中直接输入参数的值，则参数必须是数值类型或可转换为数值的数据，否则GEOMEAN函数将返回#VALUE!错误值。

❷ 如果参数是单元格引用或数组，则只有数值被计算在内，其他类型的值会被忽略。

❸ 如果任意一个参数小于0，则GEOMEAN函数将返回#NUM!错误值。

案例18 计算销售业绩的平均增长率

本例效果如图8-20所示，B2:B10单元格区域是每一年相对于上一年的销售业绩增长率，C2:C10单元格区域是每一年与上一年销售业绩的比值，计算方法是使用当年增长率加1。在F1和F2单元格中分别输入以下公式并按【Enter】键，计算销售业绩的几何平均值和平均增长率。

```
=GEOMEAN(C2:C10)
```

```
=F1-1
```

F1 =GEOMEAN(C2:C10)

	A	B	C	D	E	F
1	年度	增长率	与上一年的比值		几何平均值	1.161579
2	1	0.12	1.12		平均增长率	0.161579
3	2	0.15	1.15			
4	3	0.08	1.08			
5	4	0.23	1.23			
6	5	0.06	1.06			
7	6	0.17	1.17			
8	7	0.19	1.19			
9	8	0.21	1.21			
10	9	0.26	1.26			

图8-20

8.2.7 HARMEAN——计算调和平均值

➲ **函数功能**

HARMEAN函数用于计算调和平均值。

➲ **函数格式**

HARMEAN(number1,[number2],…)

➲ **参数说明**

number1：需要计算的第1个数字。

number2,…（可选）：需要计算的第2~255个数字。

➲ **注意事项**

❶ 如果在HARMEAN函数中直接输入参数的值，则参数必须是数值类型或可转换为数值的数据，否则HARMEAN函数将返回#VALUE!错误值。

❷ 如果参数是单元格引用或数组，则只有数值被计算在内，其他类型的数据将被忽略。

❸ 如果任意一个参数小于0，则HARMEAN函数将返回#NUM!错误值。

案例 19 计算从第1天到第5天每天的平均产量

本例效果如图8-21所示，在E1单元格中输入以下公式并按【Enter】键，计算从第1天到第5天每天的平均产量。

=HARMEAN(B2:B6)

E1 =HARMEAN(B2:B6)

	A	B	C	D	E	F
1	日期	产量		平均产量	311.142	
2	第1天	395				
3	第2天	319				
4	第3天	212				
5	第4天	342				
6	第5天	362				

图8-21

8.2.8 TRIMMEAN——计算内部平均值

➲ **函数功能**

TRIMMEAN函数用于计算内部平均值。TRIMMEAN函数先去除数据开头和结尾一定百分比的数据点，再计算剩余数据的平均值。

➲ **函数格式**

TRIMMEAN(array,percent)

➲ **参数说明**

array：需要计算的单元格区域或数组。

percent：需要去除的数据比例。例如，如果将该参数设置为0.2，则在一个包含10个数据点的数据中，需要去除2（即10×0.2）个数据点，相当于从数据的开头和结尾各去除一个数据点。

➲ **注意事项**

❶ 如果percent小于0或大于1，则TRIMMEAN函数将返回#NUM!错误值。

❷ TRIMMEAN函数将去除的数据点的个数以接近0的方向舍入为2的倍数，这样可以保证percent始终是偶数。例如，如果将percent设置为0.1，数据点有10个，10×0.1=1，则会将1舍入为0，这意味着不去除任何数据点。

案例20 计算选手最后得分（TRIMMEAN+ROUND）

本例效果如图8-22所示，在H1单元格中输入以下公式并按【Enter】键，然后将该公式向下复制到H10单元格，计算每位选手的最后得分。

```
=ROUND(TRIMMEAN(B2:G2,0.4),2)
```

H2 =ROUND(TRIMMEAN(B2:G2,0.4),2)

	A	B	C	D	E	F	G	H
1	编号	评委1	评委2	评委3	评委4	评委5	评委6	最后得分
2	1	83.48	83.93	91.15	94.73	83.35	95.25	88.32
3	2	97.30	96.88	96.17	84.97	83.35	97.40	93.83
4	3	82.89	94.58	80.16	80.24	87.15	89.74	85.01
5	4	86.68	80.40	87.22	95.71	98.17	93.70	90.83
6	5	93.95	81.27	85.17	80.57	98.61	97.60	89.50
7	6	94.72	85.69	88.64	84.36	85.95	80.79	86.16
8	7	92.04	92.74	97.65	80.37	82.62	91.36	89.69
9	8	91.64	87.98	97.29	89.62	90.50	81.94	89.94
10	9	89.76	81.76	85.58	99.56	95.03	89.38	89.94

图8-22

公式解析

计算选手的最后得分通常是去掉一个最高分，然后去掉一个最低分，再对其他得分求平均值。本例中每位选手有6个得分，需要去掉最高分和最低分，一共去掉2个得分，所以需要将percent设置为0.4，6×0.4=2.4，向0的方向取整后变成2。最后使用ROUND函数为计算结果保留两位小数。

交叉参考

ROUND函数请参考2.2.3小节。

8.2.9 MEDIAN——返回中值

函数功能

MEDIAN函数用于返回中值。中值是一组排序后的数据中位于中间位置的值。

函数格式

```
MEDIAN(number1,[number2],···)
```

参数说明

number1：需要返回中值的第1个数字。

number2,…（可选）：需要返回中值的第2~255个数字。

➲ 注意事项

❶ 如果在MEDIAN函数中直接输入参数的值，则参数必须是数值类型或可转换为数值的数据，否则MEDIAN函数将返回#VALUE!错误值。

❷ 如果参数是单元格引用或数组，则只有数值被计算在内，其他类型的数据将被忽略。

❸ 如果参数的个数是偶数，则MEDIAN函数将返回位于中间的两个数字的平均值。

案例21 计算销量的中间值

本例效果如图8-23所示，在E1单元格中输入以下公式并按【Enter】键，计算销量的中间值。

=MEDIAN(B2:B10)

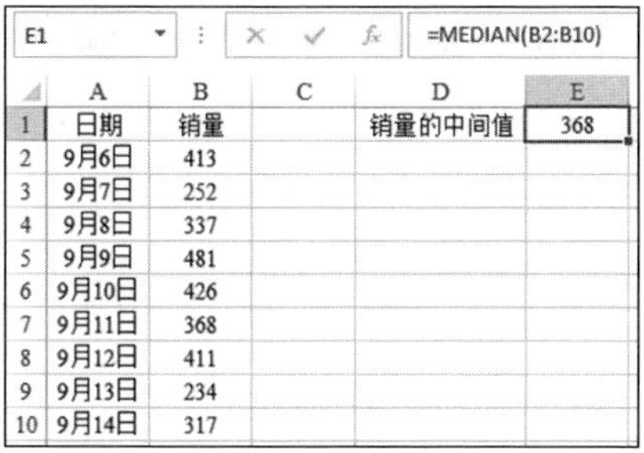

E1 =MEDIAN(B2:B10)

	A	B	C	D	E
1	日期	销量		销量的中间值	368
2	9月6日	413			
3	9月7日	252			
4	9月8日	337			
5	9月9日	481			
6	9月10日	426			
7	9月11日	368			
8	9月12日	411			
9	9月13日	234			
10	9月14日	317			

图8-23

案例22 计算销量的中间值所属的日期（MEDIAN+INDEX+MATCH）

本例效果如图8-24所示，在 E1单元格中输入以下公式并按【Enter】键，计算销量的中间值所在的日期。

=INDEX(A2:A10,MATCH(MEDIAN(B2:B10),B2:B10,0))

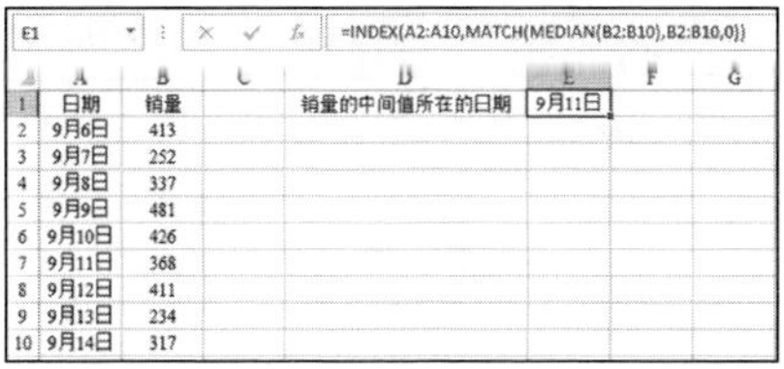

E1 =INDEX(A2:A10,MATCH(MEDIAN(B2:B10),B2:B10,0))

	A	B	C	D	E	F	G
1	日期	销量		销量的中间值所在的日期	9月11日		
2	9月6日	413					
3	9月7日	252					
4	9月8日	337					
5	9月9日	481					
6	9月10日	426					
7	9月11日	368					
8	9月12日	411					
9	9月13日	234					
10	9月14日	317					

图8-24

公式解析

首先使用MEDIAN函数计算销量的中间值，然后使用MATCH函数在B2:B10单元格区域中查找该值出现在第几行，最后根据得到的行号使用INDEX函数从A2:A10单元格区域中提取日期。

注意 需要为E1单元格设置日期格式，否则将显示为数字。

8.2.10 MODE.SNGL——返回出现次数最多的值

函数功能

MODE.SNGL函数用于返回出现次数最多的值，将该值称为众数。

函数格式

```
MODE.SNGL(number1,[number2], …)
```

参数说明

number1：需要返回众数的第1个数字。

number2,…（可选）：需要返回众数的第2~255个数字。

注意事项

❶ 如果在MODE.SNGL函数中直接输入参数的值，则参数必须是数值类型或可转换为数值的数据，否则MODE.SNGL函数将返回#VALUE!错误值。

❷ 如果参数是单元格引用或数组，则只有数值被计算在内，其他类型的数据将被忽略。

❸ 如果没有重复数据，则MODE.SNGL函数将返回#N/A错误值。

Excel版本提醒

MODE.SNGL函数不能在Excel 2007及更低版本中使用。如需在这些Excel版本中实现相同的功能，可以使用兼容性函数MODE。

案例 23 统计被投票最多的选手（一）

本例效果如图8-25所示，在E1单元格中输入以下公式并按【Enter】键，统计所有场次比赛中被投票最多的选手。

```
=MODE.SNGL(B2:B10)&"号选手"
```

E1 =MODE.SNGL(B2:B10)&"号选手"

	A	B	C	D	E	F
1	场次	选手编号		被投票最多的选手编号	3号选手	
2	第1场	1				
3	第2场	2				
4	第3场	3				
5	第4场	5				
6	第5场	4				
7	第6场	1				
8	第7场	3				
9	第8场	4				
10	第9场	3				

图8-25

案例 24 提取出现次数最多的数字（MODE.SNGL+MID+ROW+INDIRECT+LEN）

本例效果如图8-26所示，在B1单元格中输入以下数组公式并按【Ctrl+Shift+Enter】组合键，提取A1单元格中出现次数最多的数字。

```
=MODE.SNGL(--MID(A1,ROW(INDIRECT("1:"&LEN(A1))),1))
```

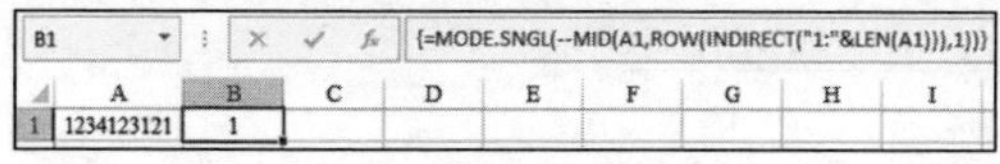

B1 {=MODE.SNGL(--MID(A1,ROW(INDIRECT("1:"&LEN(A1))),1))}

	A	B	C	D	E	F	G	H	I
1	1234123121	1							

图8-26

公式解析

首先使用ROW(INDIRECT())嵌套函数返回一个由1到A1单元格中所有数字长度的数组；然后使用MID函数依次提取该数组中的每一个值，生成一个包含A1单元格中所有数字的数组；由于MID函数的返回值是文本，因此使用“——”将数组中的值转换为数值；最后用MODE.SNGL函数统计该数组中出现次数最多的数字。

8.2.11 MODE.MULT——返回出现频率最高或重复出现的数值的垂直数组

函数功能

MODE.MULT函数用于返回出现频率最高或重复出现的多个数值，即当存在多个众数时，返回所有众数。

函数格式

MODE.MULT(number1,[number2],…)

参数说明

number1：需要返回众数的第1个数字。

number2,…（可选）：需要返回众数的第2~255个数字。

注意事项

❶ 如果在MODE.MULT函数中直接输入参数的值，则参数必须是数值类型或可转换为数值的数据，否则MODE.MULT函数将返回#VALUE!错误值。

❷ 如果参数是单元格引用或数组，则只有数值被计算在内，其他类型的数据将被忽略。

❸ 由于MODE.MULT函数返回多个值，因此必须以数组公式的形式使用该函数。

❹ 如果没有重复数据，则MODE.MULT函数将返回#N/A错误值。

Excel版本提醒

MODE.MULT函数不能在Excel 2007及更低版本中使用。

案例 25 统计被投票最多的选手（二）

本例效果如图8-27所示，在E1:E9单元格区域中输入以下数组公式并按【Ctrl+Shift+Enter】组合键，统计所有场次比赛中被投票最多的选手。

=MODE.MULT(B2:B10)&"号选手"

E1 {=MODE.MULT(B2:B10)&"号选手"}

	A	B	C	D	E	F
1	场次	选手编号		被投票最多的选手编号	1号选手	
2	第1场	1			3号选手	
3	第2场	2			#N/A	
4	第3场	3			#N/A	
5	第4场	5			#N/A	
6	第5场	1			#N/A	
7	第6场	1			#N/A	
8	第7场	3			#N/A	
9	第8场	4			#N/A	
10	第9场	3				

图8-27

提示

由于待统计区域包含9个数据，因此在存放计算结果的区域需要选择不少于数据个数的连续单元格。

8.3 统计极值和排位

8.3.1 MAX——返回一组数字中的最大值

➲ 函数功能

MAX函数用于返回一组数字中的最大值。

➲ 函数格式

MAX(number1,[number2],⋯)

➲ 参数说明

number1：需要返回最大值的第1个数字。

number2,⋯（可选）：需要返回最大值的第2~255个数字。

➲ 注意事项

❶ 如果在MAX函数中直接输入参数的值，则参数必须是数值类型或可转换为数值的数据，其他类型的值都将被忽略。

❷ 如果参数是单元格引用或数组，则只有数值被计算在内，其他类型的数据将被忽略。

❸ 如果参数不包含数字，则MAX函数将返回0。

案例 26 统计男员工完成的最大销量

本例效果如图8-28所示，在F1单元格中输入以下数组公式并按【Ctrl+Shift+Enter】组合键，统计男员工完成的最大销量。

```
=MAX((B2:B10="男")*C2:C10)
```

F1 {=MAX((B2:B10="男")*C2:C10)}

	A	B	C	D	E	F
1	姓名	性别	销量		男员工完成的最大销量	994
2	关静	女	968			
3	王平	男	994			
4	婧婷	女	809			
5	时畅	男	758			
6	刘飞	男	586			
7	郝丽娟	女	647			
8	苏洋	女	501			
9	王远强	男	969			
10	于波	男	691			

图8-28

案例 27 计算单日最高销量（MAX+SUMIF）

本例效果如图8－29所示，在E1单元格中输入以下数组公式并按【Ctrl+Shift+Enter】组合键，计算单日最高销量。

=MAX(SUMIF(A2:A10,A2:A10,B2:B10))

E1 {=MAX(SUMIF(A2:A10,A2:A10,B2:B10))}

	A	B	C	D	E	F	G
1	日期	销量		单日最高销量	2394		
2	9月6日	509					
3	9月6日	803					
4	9月6日	578					
5	9月7日	741					
6	9月7日	505					
7	9月7日	602					
8	9月8日	809					
9	9月8日	737					
10	9月8日	848					

图8－29

公式解析

首先使用SUMIF函数对每天的销量求和，然后使用MAX函数提取最大值。SUMIF(A2:A10,A2:A10,B2:B10)返回的是一个包含每日销量总和的数组{1890;1890;1890;1848;1848;1848;2394;2394;2394}。

案例 28 提取最后一次出货日期（MAX+TEXT+INDEX+IF+ROW）

本例效果如图8－30所示，在E1单元格中输入以下数组公式并按【Ctrl+Shift+Enter】组合键，提取最后一次出货日期。

=TEXT(INDEX(A1:A10,MAX(IF(B2:B10<>"",ROW(2:10)))),"m月d日")

E1 {=TEXT(INDEX(A1:A10,MAX(IF(B2:B10<>"",ROW(2:10)))),"m月d日")}

	A	B	C	D	E	F	G	H	I
1	日期	出货量		最后一次出货日期	9月13日				
2	9月6日	413							
3	9月7日	252							
4	9月8日								
5	9月9日	481							
6	9月10日	426							
7	9月11日								
8	9月12日								
9	9月13日	234							
10	9月14日								

图8－30

公式解析

首先使用IF函数判断B列中不为空的单元格并返回对应的行号，然后使用MAX函数从返回的行号中提取最大值，最后使用INDEX函数根据得到的最大行号从A列中提取日期。

交叉参考

TEXT函数请参考第5章。

IF函数请参考第4章。

INDEX函数请参考第6章。

ROW函数请参考第6章。

8.3.2 MAXA——返回一组非空值中的最大值

➲ 函数功能

MAXA函数用于返回一组非空值中的最大值。

➲ 函数格式

```
MAXA(value1,[value2],…)
```

➲ 参数说明

value1：需要返回最大值的第1个值。

value2,…（可选）：需要返回最大值的第2~255个值。

➲ 注意事项

❶ 如果在MAXA函数中直接输入参数的值，则数值和逻辑值将被计算在内，文本型数字被忽略。如果参数是文本，则MAXA函数将返回#VALUE!错误值。

❷ 如果参数是单元格引用或数组，则其中的数值和逻辑值将被计算在内，文本型数字和文本按0计算。

❸ 如果参数不包含任何值，则MAXA函数将返回0。

8.3.3 MAXIFS——返回满足一个或多个条件的所有数字中的最大值

➲ 函数功能

MAXIFS函数用于返回满足一个或多个条件的所有数字中的最大值。

➲ 函数格式

```
MAXIFS(max_range,criteria_range1,criteria1,
[criteria_range2,criteria2],…)
```

➲ 参数说明

max_range：需要计算最大值的单元格区域。

criteria_range1：需要进行条件判断的第1个单元格区域。

criteria1：需要判断的第1个条件。

criteria_range2,…（可选）：需要进行条件判断的第2~126个单元格区域。

criteria2,…（可选）：需要判断的第2~126个条件。

➲ 注意事项

❶ max_range和criteria_range必须是单元格区域，不能是数组。

❷ max_range和criteria_range的大小和形状必须相同，否则MAXIFS函数将返回#VALUE!错误值。

❸ 当criteria中包含比较运算符时，必须将运算符放在一对英文半角双引号中。

❹ 在criteria中可以使用通配符——问号（?）和星号（*）。

➲ Excel版本提醒

MAXIFS函数是Excel 2019中新增的函数，不能在Excel 2019之前的版本中使用。

案例 29 统计年薪在15万元以上的部门经理的最高年薪

本例效果如图8-31所示，在H1单元格中输入以下公式并按【Enter】键，统计年薪在15万元以上的部门经理的最高年薪。

=MAXIFS(E2:E12,D2:D12,"部门经理",E2:E12,">150000")

H1 =MAXIFS(E2:E12,D2:D12,"部门经理",E2:E12,">150000")

	A	B	C	D	E	F	G	H	I
1	员工编号	姓名	部门	职位	年薪	工龄		174000	
2	YG001	蒋京	人力部	普通职员	72000	3			
3	YG002	张静	销售部	高级职员	90000	9			
4	YG003	于波	人力部	高级职员	126000	8			
5	YG004	王平	人力部	部门经理	162000	5			
6	YG005	郭林	销售部	部门经理	162000	10			
7	YG006	王佩	后勤部	部门经理	162000	14			
8	YG007	吴娟	后勤部	普通职员	162000	12			
9	YG008	唐敏	工程部	普通职员	162000	4			
10	YG009	李美	财务部	部门经理	174000	3			
11	YG010	吕伟	工程部	普通职员	180000	11			
12	YG011	苏洋	工程部	高级职员	186000	5			

图8-31

8.3.4 MIN——返回一组数字中的最小值

函数功能

MIN函数用于返回一组数字中的最小值。

函数格式

MIN(number1,[number2],…)

参数说明

number1：需要返回最小值的第1个数字。

number2,…（可选）：需要返回最小值的第2~255个数字。

注意事项

❶ 如果在MIN函数中直接输入参数的值，则参数必须是数值类型或可转换为数值的数据，其他类型的值都将被忽略。

❷ 如果参数是单元格引用或数组，则只有数值被计算在内，其他类型的数据将被忽略。

❸ 如果参数不包含数字，则MIN函数将返回0。

案例 30 随机显示一个不超过指定日期的日期（MIN+DATE+RANDBETWEEN）

本例效果如图8-32所示，在B2单元格中输入以下公式并按【Enter】键，随机显示一个不超过B1单元格中指定日期的日期。

=MIN(B1,DATE(2023,RANDBETWEEN(1,12),RANDBETWEEN(1,31)))

B2 =MIN(B1,DATE(2023,RANDBETWEEN(1,12),RANDBETWEEN(1,31)))

	A	B	C	D	E	F	G	H	I	J
1	限定日期	2023年10月30日								
2	随机日期	2023年10月17日								

图8-32

案例31 提取完成最小销量的员工姓名（MIN+INDEX+MATCH）

本例效果如图8-33所示，在F1单元格中输入以下数组公式并按【Ctrl+Shift+Enter】组合键，提取完成最小销量的员工姓名。

```
=INDEX(A2:A10,MATCH(MIN(C2:C10),C2:C10,0))
```

F1 {=INDEX(A2:A10,MATCH(MIN(C2:C10),C2:C10,0))}

	A	B	C	D	E	F	G
1	姓名	性别	销量		完成最小销量的员工姓名	苏洋	
2	关静	女	968				
3	王平	男	994				
4	婧婷	女	809				
5	时畅	男	758				
6	刘飞	男	586				
7	郝丽娟	女	647				
8	苏洋	女	501				
9	王远强	男	969				
10	于波	男	691				

图8-33

公式解析

首先使用MIN函数提取C列中的最小销量，然后使用MATCH函数在C列中查找最小销量所在的行号，最后使用INDEX函数根据得到的行号从A列中提取姓名。

交叉参考

INDEX函数请参考第6章。

MATCH函数请参考第6章。

8.3.5 MINA——返回一组非空值中的最小值

函数功能

MINA函数用于返回一组非空值中的最小值。

函数格式

```
MINA(value1,[value2],…)
```

参数说明

value1：需要返回最小值的第1个值。

value2,…（可选）：需要返回最小值的第2~255个值。

注意事项

❶ 如果在MINA函数中直接输入参数的值，则数值和逻辑值将被计算在内，文本型数字被忽略。如果参数是文本，则MINA函数将返回#VALUE!错误值。

❷ 如果参数是单元格引用或数组，则其中的数值和逻辑值将被计算在内，文本型数字和文本按0计算。

❸ 如果参数不包含任何值，则MINA函数将返回0。

8.3.6 MINIFS——返回满足一个或多个条件的所有数字中的最小值

➲ 函数功能

MINIFS函数用于返回满足一个或多个条件的所有数字中的最小值。

➲ 函数格式

MINIFS(min_range,criteria_range1,criteria1,
[criteria_range2,criteria2],…)

➲ 参数说明

min_range：需要计算最小值的单元格区域。

criteria_range1：需要进行条件判断的第1个单元格区域。

criteria1：需要判断的第1个条件。

criteria_range2,…（可选）：需要进行条件判断的第2~126个单元格区域。

criteria2, …（可选）：需要判断的第2~126个条件。

➲ 注意事项

❶ min_range和criteria_range必须是单元格区域，不能是数组。

❷ min_range和criteria_range的大小和形状必须相同，否则MINIFS函数将返回#VALUE!错误值。

❸ 当criteria中包含比较运算符时，必须将运算符放在一对英文半角双引号中。

❹ 在criteria中可以使用通配符——问号（?）和星号（*）。

➲ Excel版本提醒

MINIFS函数是Excel 2019中的新增函数，不能在Excel 2019之前的版本中使用。

案例 32 统计年薪在15万元以下的普通职员的最低年薪

本例效果如图8-34所示，在H1单元格中输入以下公式并按【Enter】键，统计年薪在15万元以下的普通职员的最低年薪。

=MINIFS(E2:E12,D2:D12,"普通职员",E2:E12,"<150000")

H1 =MINIFS(E2:E12,D2:D12,"普通职员",E2:E12,"<150000")

	A	B	C	D	E	F	G	H	I
1	员工编号	姓名	部门	职位	年薪	工龄		72000	
2	YG001	蒋京	人力部	普通职员	72000	3			
3	YG002	张静	销售部	高级职员	90000	9			
4	YG003	于波	人力部	高级职员	126000	8			
5	YG004	王平	人力部	部门经理	162000	5			
6	YG005	郭林	销售部	部门经理	162000	10			
7	YG006	王佩	后勤部	部门经理	162000	14			
8	YG007	吴娟	后勤部	普通职员	162000	12			
9	YG008	唐敏	工程部	普通职员	162000	4			
10	YG009	李美	财务部	部门经理	174000	3			
11	YG010	吕伟	工程部	普通职员	180000	11			
12	YG011	苏洋	工程部	高级职员	186000	5			

图8-34

8.3.7 LARGE——返回第*k*个最大值

函数功能

LARGE函数用于返回第*k*个最大值。

函数格式

```
LARGE(array,k)
```

参数说明

array：需要返回第*k*个最大值的单元格区域或数组。

k：返回值在单元格区域或数组中的位置，该参数是1表示返回最大值，该参数是2表示返回第2大的值，依此类推。

注意事项

如果array为空，或k小于或等于0，或者大于单元格区域或数组中的数据点个数，则LARGE函数将返回#NUM!错误值。

案例33 计算前3名销量的总和（LARGE+SUM）

本例效果如图8－35所示，在F1单元格中输入以下数组公式并按【Ctrl+Shift+Enter】组合键，计算前3名销量的总和。

```
=SUM(LARGE(C2:C10,{1,2,3}))
```

F1 =SUM(LARGE(C2:C10,{1,2,3}))

	A	B	C	D	E	F
1	姓名	性别	销量		前3名销量总和	2931
2	关静	女	968			
3	王平	男	994			
4	婧婷	女	809			
5	时畅	男	758			
6	刘飞	男	586			
7	郝丽娟	女	647			
8	苏洋	女	501			
9	王远强	男	969			
10	于波	男	691			

图8－35

交叉参考

SUM函数请参考第2章。

8.3.8 SMALL——返回第*k*个最小值

函数功能

SMALL函数用于返回第*k*个最小值。

函数格式

```
SMALL(array,k)
```

➲ 参数说明

array：需要返回第*k*个最小值的单元格区域或数组。

k：返回值在单元格区域或数组中的位置，该参数是1表示返回最小值，该参数是2表示返回第2小的值，依此类推。

➲ 注意事项

如果array为空，或k小于或等于0或者大于单元格区域或数组中的数据点个数，则SMALL函数将返回#NUM!错误值。

案例 34 计算后3名销量的总和（SMALL+SUM）

本例效果如图8-36所示，在F1单元格中输入以下数组公式并按【Ctrl+Shift+Enter】组合键，计算后3名销量的总和。

```
=SUM(SMALL(C2:C10,{1,2,3}))
```

F1 =SUM(SMALL(C2:C10,{1,2,3}))

	A	B	C	D	E	F
1	姓名	性别	销量		后3名销量总和	1734
2	关静	女	968			
3	王平	男	994			
4	婧婷	女	809			
5	时畅	男	758			
6	刘飞	男	586			
7	郝丽娟	女	647			
8	苏洋	女	501			
9	王远强	男	969			
10	于波	男	691			

图8-36

➲ 交叉参考

SUM函数请参考第2章。

8.3.9 RANK.EQ——返回数字的排位

➲ 函数功能

RANK.EQ函数用于返回一个数字在一组数字中的排位。

➲ 函数格式

```
RANK.EQ(number,ref,[order])
```

➲ 参数说明

number：需要计算排位的数字。

ref：一组数字。

order（可选）：排位方式。如果省略该参数或将其设置为0，则将ref中的数据按照降序计算排位；如果该参数不是0，则将ref中的数据按照升序计算排位。

注意事项

重复的数字具有相同的排位，但是会影响后续数字的排位。例如，在一列升序排列的数字中，如果6出现3次，其排位是2，则数字7的排位就是5，因为出现3次的6占用了2、3、4这3个位置。

Excel版本提醒

RANK.EQ函数不能在Excel 2007及更低版本中使用。如需在这些Excel版本中实现相同的功能，可以使用兼容性函数RANK。

案例35 对员工销量降序排名（一）

本例效果如图8-37所示，在C2单元格中输入以下公式并按【Enter】键，然后将该公式向下复制到C10单元格，对员工销量进行降序排名。

```
=RANK.EQ(B2,$B$2:$B$10,0)
```

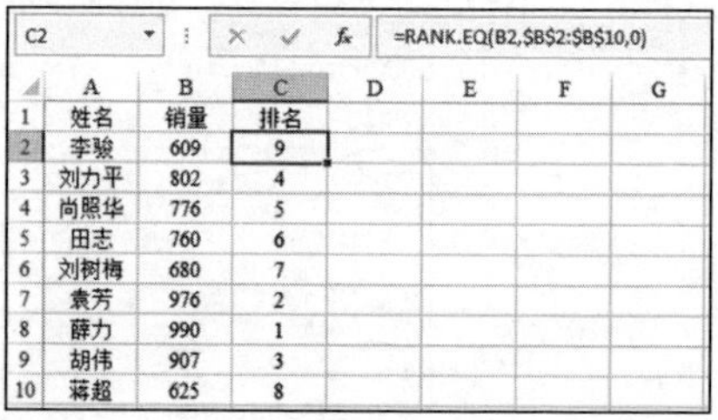

C2 =RANK.EQ(B2,$B$2:$B$10,0)

	A	B	C	D	E	F	G
1	姓名	销量	排名				
2	李骏	609	9				
3	刘力平	802	4				
4	尚照华	776	5				
5	田志	760	6				
6	刘树梅	680	7				
7	袁芳	976	2				
8	薛力	990	1				
9	胡伟	907	3				
10	蒋超	625	8				

图8-37

案例36 计算两列数据中相同数据的个数（RANK.EQ+COUNT）

本例效果如图8-38所示，在E1单元格中输入以下数组公式并按【Ctrl+Shift+Enter】组合键，计算两列数据中相同数据的个数。

```
=COUNT(RANK.EQ(A2:A10,B2:B10))
```

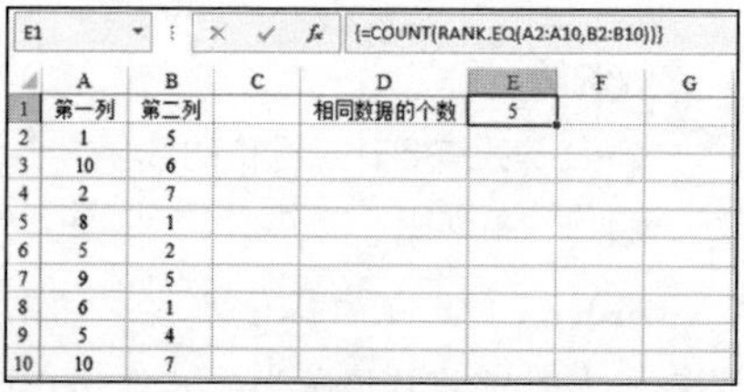

E1 {=COUNT(RANK.EQ(A2:A10,B2:B10))}

	A	B	C	D	E	F	G
1	第一列	第二列		相同数据的个数	5		
2	1	5					
3	10	6					
4	2	7					
5	8	1					
6	5	2					
7	9	5					
8	6	1					
9	5	4					
10	10	7					

图8-38

公式解析

首先使用RANK.EQ函数统计A2:A10单元格区域中的值在B2:B10单元格区域中的排位，如果发现A2:A10单元格区域中有未出现在B2:B10单元格区域中的值，则其排位不存在，所以RANK.EQ函数将返回#N/A错误值。然后使用COUNT函数计算返回正确排位数字的个数。

交叉参考

COUNT函数请参考8.1.1小节。

8.3.10 RANK.AVG——返回一个数字在一组数字中的排位

RANK.AVG函数用于返回一个数字在一组数字中的排位的平均值。

➲ 函数格式

RANK.AVG(number,ref,[order])

➲ 参数说明

number：需要计算排位的数字。

ref：一组数字。

order（可选）：排位方式。如果省略该参数或将其设置为0，则将ref中的数据按照降序计算排位；如果该参数不是0，则将ref中的数据按照升序计算排位。

➲ 注意事项

❶ 如果有多个相同的数字，则该数字的排位是这些相同数字各自排位的平均值。例如，A1:A6单元格区域包含1、2、3、4、5、6这6个数字，如果将它们降序排列，则数字2的排位是5。如果将6个数字改为1、2、2、4、5、6，由于有两个数字2，因此在降序排列时，两个数字2的排位分别是4和5，RANK.AVG函数会将4和5的平均值作为数字2的排位，即(4+5)÷2=4.5。

❷ 重复的数字具有相同的排位，但是会影响后续数字的排位。例如，在一列升序排列的数字中，如果6出现3次，其排位是2，则数字7的排位就是5，因为出现3次的6占用了2、3、4这3个位置。

➲ Excel版本提醒

RANK.AVG函数不能在Excel 2007及更低版本中使用。

案例 37 对员工销量降序排名（二）

本例效果如图8-39所示，在C2单元格中输入以下公式并按【Enter】键，然后将该公式向下复制到C10单元格，对员工销量进行降序排名，本例中的员工销量有重复。

=RANK.AVG(B2,$B$2:$B$10,0)

C2 =RANK.AVG(B2,$B$2:$B$10,0)

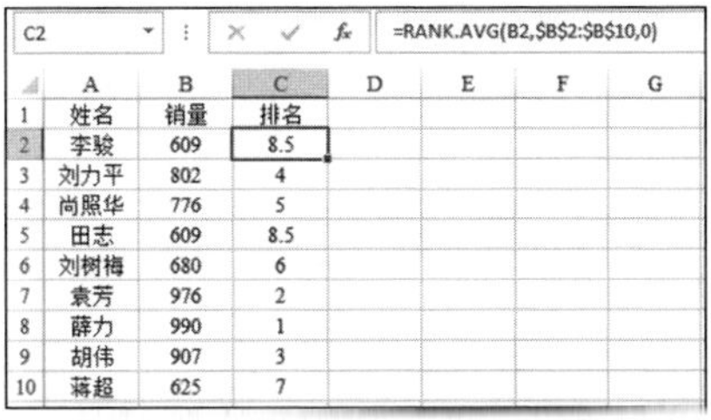

	A	B	C	D	E	F	G
1	姓名	销量	排名				
2	李骏	609	8.5				
3	刘力平	802	4				
4	尚照华	776	5				
5	田志	609	8.5				
6	刘树梅	680	6				
7	袁芳	976	2				
8	薛力	990	1				
9	胡伟	907	3				
10	蒋超	625	7				

图8-39

8.3.11 PERCENTRANK.INC——返回百分比排位

➲ 函数功能

PERCENTRANK.INC函数用于返回百分比排位，值的范围是0~100%，包括0

和100%。使用该函数可以查看指定数据在一组数据中所处的位置。

➲函数格式

```
PERCENTRANK.INC(array,x,[significance])
```

➲参数说明

array：数据所在的单元格区域或数组。

x：需要计算的数字。

significance（可选）：百分比值的有效位数，省略该参数时，为返回的百分比排位数字保留3位小数。

➲注意事项

❶ 如果array为空或significance小于1，则PERCENTRANK.INC函数将返回#NUM!错误值。

❷ 如果array中不存在与x匹配的值，则PERCENTRANK.INC函数将通过在x的两侧插入值来返回正确的百分比排位。例如，x是5，在array中没有5，而有4和6，4的百分比排位是60%，6的百分比排位是80%，则5的百分比排位就是70%。

➲Excel版本提醒

PERCENTRANK.INC函数不能在Excel 2007及更低版本中使用。如需在这些Excel版本中实现相同的功能，可以使用兼容性函数PERCENTRANK。

案例38 计算某个销售员在所有销售员中的销量百分比排位

本例效果如图8-40所示，在H2单元格中输入以下公式并按【Enter】键，计算G2单元格中的销量在A2:D8单元格区域中的百分比排位。

```
=PERCENTRANK.INC(A2:D8,G2)
```

	A	B	C	D	E	F	G	H
1	所有销售员完成的销量情况					销售员	销量	百分比排位
2	652	554	623	876		姜然	656	29.60%
3	835	695	537	744				
4	813	516	652	516				
5	847	679	690	656				
6	690	927	709	933				
7	934	883	921	709				
8	722	868	941	556				

图8-40

注意 需要将H2单元格设置为百分比格式，否则将显示为小数。

8.3.12 PERCENTRANK.EXC——返回百分比排位

➲函数功能

PERCENTRANK.EXC函数用于返回百分比排位，百分比值的范围是0~100%，不包括0和100%。使用该函数可以查看指定数据在一组数据中所处的位置。

➲函数格式

```
PERCENTRANK.EXC(array,x,[significance])
```

➲ 参数说明

array：数据所在的单元格区域或数组。

x：需要计算的数字。

significance（可选）：百分比值的有效位数，省略该参数时，为返回的百分比排位数字保留3位小数。

➲ 注意事项

❶ 如果array为空或significance小于1，则PERCENTRANK.EXC函数将返回#NUM!错误值。

❷ 如果array中不存在与x匹配的值，则PERCENTRANK.EXC函数将通过在x的两侧插入值来返回正确的百分比排位。例如，x是5，在array中没有5，而有4和6，4的百分比排位是60%，6的百分比排位是80%，则5的百分比排位就是70%。

➲ Excel版本提醒

PERCENTRANK.EXC函数不能在Excel 2007及更低版本中使用。

8.3.13 QUARTILE.INC——返回四分位数

➲ 函数功能

QUARTILE.INC函数用于根据0到100%之间的百分点值（包括0和100%）返回四分位数。四分位数通常用于在销售额和测量数据中对总体进行分组。

➲ 函数格式

QUARTILE.INC(array,quart)

➲ 参数说明

array：要统计的数据所在的单元格区域或数组。

quart：四分位数的类型，该参数的取值如表8-1所示。

▼ 表8-1 quart参数值与QUARTILE.INC函数的返回值

quart参数值	QUARTILE.INC函数的返回值
0	最小值
1	第一个四分位数（25%时的值）
2	中分位数（50%时的值）
3	第三个四分位数（75%时的值）
4	最大值

➲ 注意事项

❶ 如果array为空，或者quart小于0或大于4，则QUARTILE.INC函数将返回#NUM!错误值。

❷ 当quart分别等于0、2和4时，QUARTILE.INC函数的功能分别等同于MIN函数、MEDIAN函数和MAX函数。

➲ Excel版本提醒

QUARTILE.INC函数不能在Excel 2007及更低版本中使用。如需在这些Excel版本中实现相同的功能，可以使用兼容性函数QUARTILE。

案例39 根据员工销量计算四分位数

本例效果如图8-41所示，F2:F6单元格区域是不同的百分点，G2:G6单元格区域是对应F2:F6单元格区域的quart参数值。在H2单元格中输入以下公式并按【Enter】键，然后将该公式向下复制到H6单元格，计算不同百分点的四分位数。

```
=QUARTILE.INC($A$2:$D$8,G2)
```

H2 =QUARTILE.INC($A$2:$D$8,G2)

	A	B	C	D	E	F	G	H
1	每个销售员完成的销量情况						quart	四分位数
2	652	554	623	876		0%	0	516
3	835	695	537	744		25%	1	652
4	813	516	652	516		50%	2	709
5	847	679	690	656		75%	3	870
6	690	927	709	933		100%	4	941
7	934	883	921	709				
8	722	868	941	556				

图8-41

8.3.14 QUARTILE.EXC——返回四分位数

➲ 函数功能

QUARTILE.EXC函数用于根据0到100%之间的百分点值（不包括0和100%）返回四分位数。四分位数通常用于在销售额和测量数据中对总体进行分组。

➲ 函数格式

```
QUARTILE.EXC(array,quart)
```

➲ 参数说明

array：数据所在的单元格区域或数组。

quart：四分位数的类型，该参数的取值如表8-2所示。

▼表8-2 quart参数值与QUARTILE.EXC函数的返回值

quart参数值	QUARTILE.EXC函数的返回值
0	最小值
1	第一个四分位数（25%时的值）
2	中分位数（50%时的值）
3	第三个四分位数（75%时的值）
4	最大值

➲ 注意事项

❶ 如果array为空，或者quart小于0或大于4，则QUARTILE.EXC函数将返回#NUM!错误值。

❷ 当quart分别等于0、2和4时，QUARTILE.EXC函数的功能分别等同于MIN函数、MEDIAN函数和MAX函数。

➲ Excel版本提醒

QUARTILE.EXC函数不能在Excel 2007及更低版本中使用。

8.3.15 PERCENTILE.INC——返回第*k*个百分点的值

➲ 函数功能

PERCENTILE.INC函数用于返回区域中数值的第*k*个百分点的值，使用该函数可以建立接受阈值。

➲ 函数格式

```
PERCENTILE.INC(array,k)
```

➲ 参数说明

array：数据所在的单元格区域或数组。

k：取值范围是0~100%的百分点值，包括0和100%。

➲ 注意事项

❶ 如果array为空，或者*k*小于或等于0，或者*k*大于或等于100%，则PERCENTILE.INC函数将返回#NUM!错误值。

❷ 如果k不是1/($n-1$)的倍数，则PERCENTILE.INC函数将使用插值法确定第*k*个百分点的值。

➲ Excel版本提醒

PERCENTILE.INC函数不能在Excel 2007及更低版本中使用。如需在这些Excel版本中实现相同的功能，可以使用兼容性函数PERCENTILE。

案例40 根据员工销量计算指定百分点的值

本例效果如图8-42所示，F2:F5单元格区域是任意指定的百分点，在G2单元格中输入以下公式并按【Enter】键，然后将该公式向下复制到G5单元格，根据员工销量计算指定百分点的值。

```
=PERCENTILE.INC($A$2:$D$8,F2)
```

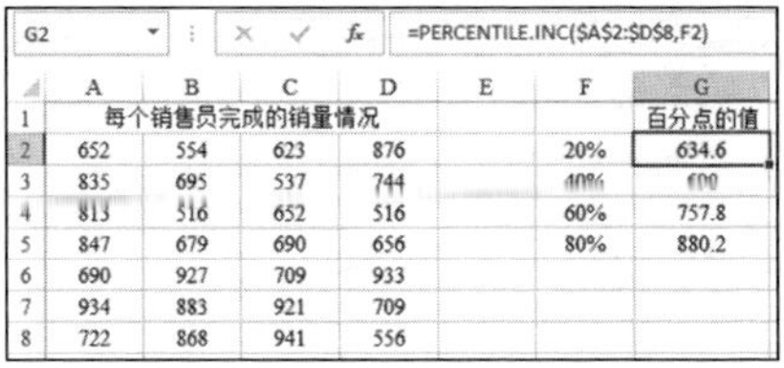

G2 =PERCENTILE.INC($A$2:$D$8,F2)

	A	B	C	D	E	F	G
1	每个销售员完成的销量情况						百分点的值
2	652	554	623	876		20%	634.6
3	835	695	537	744		40%	[illegible]
4	813	516	652	516		60%	757.8
5	847	679	690	656		80%	880.2
6	690	927	709	933			
7	934	883	921	709			
8	722	868	941	556			

图8-42

提示

如果将PERCENTILE.INC函数的第二个参数设置为0%、25%、50%、75%和100%，则计算结果与QUARTILE.INC函数相同。

8.3.16 PERCENTILE.EXC——返回第k个百分点的值

函数功能

PERCENTILE.EXC函数用于返回第k个百分点的值，使用该函数可以建立接受阈值。

函数格式

```
PERCENTILE.EXC(array,k)
```

参数说明

array：数据所在的单元格区域或数组。

k：取值范围是0~100%的百分点值，不包括0和100%。

注意事项

❶ 如果array为空，或者k小于或等于0，或者k大于或等于100%，则PERCENTILE.EXC函数将返回#NUM!错误值。

❷ 如果k不是1/(n−1)的倍数，则PERCENTILE.EXC函数将使用插值法确定第k个百分点的值。

Excel版本提醒

PERCENTILE.EXC函数不能在Excel 2007及更低版本中使用。

8.3.17 PERMUT——返回对象的排列数

函数功能

PERMUT函数用于返回从对象集合中选取若干对象的排列数，排列为有内部顺序的对象或事件的任意集合或子集。该函数可用于计算彩票中奖的概率。

函数格式

```
PERMUT(number,number_chosen)
```

参数说明

number：对象总数。

number_chosen：每个排列中对象的个数。

注意事项

❶ 在以下几种情况下，PERMUT函数将返回#NUM!错误值。

- number小于或等于0。
- number_chosen小于0。
- number小于number_chosen。

❷ number和number_chosen必须是数值类型或可转换为数值的数据，否则PERMUT函数将返回#VALUE!错误值。

❸ PERMUT函数返回的排列数是严格区分内部顺序的，而COMBIN函数返回的组合数不区分内部顺序。

案例41 计算中奖率

本例效果如图8-43所示，在B3单元格中输入以下公式并按【Enter】键，计算中奖率。中奖规则：从1~6的6个数字中随机抽取4个数字组合为一个4位数，作为中奖号码。

```
=1/PERMUT(B1,B2)
```

B3 =1/PERMUT(B1,B2)

	A	B	C	D	E
1	数字个数	6			
2	中奖号码位数	4			
3	中奖率	0.28%			

图8-43

8.3.18 PERMUTATIONA——返回对象（含重复）的排列数

函数功能

PERMUTATIONA函数用于返回对象集合中选取若干对象（含重复）的排列数。

函数格式

```
ERMUTATIONA(number,number_chosen)
```

参数说明

number：对象总数。

number_chosen：每个排列中对象的个数。

注意事项

❶ number和number_chosen必须是数值类型或可转换为数值的数据，否则PERMUTATIONA函数将返回#VALUE!错误值。

❷ number和number_chosen都不能小于0，否则PERMUTATIONA函数将返回#NUM!错误值。

❸ PERMUTATIONA函数返回的排列数是严格区分内部顺序的，而COMBINA函数返回的组合数不区分内部顺序。

Excel版本提醒

PERMUTATIONA函数是Excel 2013中新增的函数，不能在Excel 2013之前的版本中使用。

8.4 统计数据的散布度

8.4.1 DEVSQ——计算偏差的平方和

函数功能

DEVSQ函数用于计算数据点与各自样本平均值偏差的平方和。

函数格式

DEVSQ(number1,[number2],…)

参数说明

number1：需要计算的第1个数字。

number2,…（可选）：需要计算的第2~255个数字。

注意事项

❶ 如果在DEVSQ函数中直接输入参数的值，则参数必须是数值类型或可转换为数值的数据，否则DEVSQ函数将返回#VALUE!错误值。

❷ 如果参数是单元格引用或数组，则只有数值被计算在内，其他类型的数据将被忽略。

案例 42 计算零件质量系数的偏差平方和

本例效果如图8-44所示，在E1单元格中输入以下公式并按【Enter】键，计算零件质量系数的偏差平方和。

=DEVSQ(B2:B10)

E1 =DEVSQ(B2:B10)

	A	B	C	D	E
1	编号	零件质量系数		偏差平方和	2971.556
2	1	36			
3	2	72			
4	3	37			
5	4	53			
6	5	30			
7	6	76			
8	7	19			
9	8	56			
10	9	37			

图8-44

8.4.2 STDEV.S——估算基于样本的标准偏差（忽略文本和逻辑值）

函数功能

STDEV.S函数用于估算基于样本的标准偏差，该值反映数据相对于平均值的离散程度。

函数格式

STDEV.S(number1,[number2],…)

参数说明

number1：作为总体样本的第1个

数字。

number2,…（可选）：作为总体样本的第2~255个数字。

➲ 注意事项

❶ 如果在STDEV.S函数中直接输入参数的值，则参数必须是数值类型或可转换为数值的数据，否则STDEV.S函数将返回#VALUE!错误值。

❷ 如果参数是单元格引用或数组，则只有数值被计算在内，其他类型的数据将被忽略。

➲ Excel版本提醒

STDEV.S函数不能在Excel 2007及更低版本中使用。如需在这些Excel版本中实现相同的功能，可以使用兼容性函数STDEV。

案例 43 计算员工工龄样本的标准偏差

本例效果如图8-45所示，在E1单元格中输入以下公式并按【Enter】键，计算员工工龄样本的标准偏差。

```
=STDEV.S(B2:B10)
```

E1 =STDEV.S(B2:B10)

	A	B	C	D	E
1	姓名	工龄		工龄的标准偏差	1.732051
2	刘树梅	8			
3	袁芳	5			
4	薛力	4			
5	胡伟	6			
6	蒋超	3			
7	刘力平	8			
8	朱红	7			
9	邓苗	6			
10	姜然	7			

图8-45

➲ 交叉参考

如需计算参数中的逻辑值和文本型数字，可以使用STDEVA函数，请参考8.4.3小节。如果数据代表整个样本总体，则可以使用STDEV.P函数计算标准偏差，请参考8.4.4小节。

8.4.3 STDEVA——估算基于样本的标准偏差（包括文本和逻辑值）

➲ 函数功能

STDEVA函数用于估算基于样本的标准偏差，该值反映数据相对于平均值的离散程度。

➲ 函数格式

```
STDEVA(value1,[value2],…)
```

➲ 参数说明

value1：作为总体样本的第1个参数。

value2,…（可选）：作为总体样本的第2~255个参数。

➲ 注意事项

❶ 如果在STDEVA函数中直接输入参数的值，则数值和逻辑值将被计算在

内，文本型数字被忽略。如果参数是文本，则STDEVA函数将返回#VALUE!错误值。

❷ 如果参数是单元格引用或数组，则其中的数值和逻辑值将被计算在内，文本型数字和文本按0计算。

案例 44 计算员工工龄样本的标准偏差（含未统计者）

本例效果如图8-46所示，B列中的某些单元格是文本，而非全是数字。如果无论是否统计出员工的工龄，都将相应员工列入统计范围内，则可以使用STDEVA函数。在E1单元格中输入以下公式并按【Enter】键，计算员工工龄样本的标准偏差。

```
=STDEVA(B2:B10)
```

E1 =STDEVA(B2:B10)

	A	B	C	D	E
1	姓名	工龄		工龄的标准偏差	3.218868
2	刘树梅	8			
3	袁芳	5			
4	薛力	未统计			
5	胡伟	6			
6	蒋超	3			
7	刘力平	未统计			
8	朱红	7			
9	邓苗	6			
10	姜然	未统计			

图8-46

交叉参考

如果不计算参数中的逻辑值和文本型数字，则可以使用STDEV.S函数，请参考8.4.2小节。如果数据代表整个样本总体，则可以使用STDEVPA函数计算标准偏差，请参考8.4.5小节。

8.4.4 STDEV.P——估算基于整个样本总体的标准偏差（忽略文本和逻辑值）

函数功能

STDEV.P函数用于返回以参数形式给出的整个样本总体的标准偏差，该值反映数据相对于平均值的离散程度。

函数格式

```
STDEV.P(number1,[number2],…)
```

参数说明

number1：作为样本总体的第1个数字。

number2,…（可选）：作为样本总体的第2~255个数字。

注意事项

❶ 如果在STDEV.P函数中直接输入参数的值，则参数必须是数值类型或可转换为数值的数据，否则STDEV.P函数将返回#VALUE!错误值。

❷ 如果参数是单元格引用或数组，则只有数值被计算在内，其他类型的数据将被忽略。

Excel版本提醒

STDEV.P函数不能在Excel 2007及更低版本中使用。如需在这些Excel版本中实现相同的功能，可以使用兼容性函数STDEVP。

案例45 计算员工工龄样本总体的标准偏差

本例效果如图8-47所示，在E1单元格中输入以下公式并按【Enter】键，计算员工工龄样本总体的标准偏差。

```
=STDEV.P(B2:B10)
```

E1 =STDEV.P(B2:B10)

	A	B	C	D	E
1	姓名	工龄		工龄的标准偏差	1.57233
2	刘树梅	8			
3	袁芳	5			
4	薛力	未统计			
5	胡伟	6			
6	蒋超	3			
7	刘力平	未统计			
8	朱红	7			
9	邓苗	6			
10	姜然	未统计			

图8-47

交叉参考

如需计算参数中的逻辑值和文本型数字，可以使用STDEVPA函数，请参考8.4.5小节。如果数据代表样本总体中的样本，则可以使用STDEV.S函数计算标准偏差，请参考8.4.2小节。

8.4.5 STDEVPA——估算基于整个样本总体的标准偏差（包括文本和逻辑值）

函数功能

STDEVPA函数用于返回以参数形式给出的整个样本总体的标准偏差，该值反映数据相对于平均值的离散程度。

函数格式

```
STDEVPA(value1,[value2],…)
```

参数说明

value1：作为样本总体的第1个参数。

value2,…（可选）：作为样本总体的第2~255个参数。

注意事项

❶ 如果在STDEVPA函数中直接输入参数的值，则数值和逻辑值将被计算在内，文本型数字被忽略。如果参数是文本，则STDEVPA函数将返回#VALUE!错误值。

❷ 如果参数是单元格引用或数组，则其中的数值和逻辑值将被计算在内，文本型数字和文本按0计算。

案例 46 计算员工工龄样本总体的标准偏差（含未统计者）

本例效果如图8-48所示，B列中的某些单元格是文本，而非全是数字。如果无论是否统计出员工的工龄，都将相应员工列入统计范围内，则可以使用STDEVPA函数。在E1单元格中输入以下公式并按【Enter】键，计算员工工龄样本总体的标准偏差。

```
=STDEVPA(B2:B10)
```

E1 =STDEVPA(B2:B10)

	A	B	C	D	E
1	姓名	工龄		工龄的标准偏差	3.034778
2	刘树梅	8			
3	袁芳	5			
4	薛力	未统计			
5	胡伟	6			
6	蒋超	3			
7	刘力平	未统计			
8	朱红	7			
9	邓苗	6			
10	姜然	未统计			

图8-48

交叉参考

如果不计算参数中的逻辑值和文本型数字，则可以使用STDEV.P函数，请参考8.4.4小节。如果数据代表的是总体中的一个样本，则可以使用STDEVA函数计算标准偏差，请参考8.4.3小节。

8.4.6 VAR.S——计算基于给定样本的方差（忽略文本和逻辑值）

函数功能

VAR.S函数用于计算基于给定样本的方差。

函数格式

```
VAR.S(number1,[number2],…)
```

参数说明

number1：作为总体样本的第1个数字。

number2,…（可选）：作为总体样本的第2~255个数字。

注意事项

❶ 如果在VAR.S函数中直接输入参数的值，则参数必须是数值类型或可转换为数值的数据，否则VAR.S函数将返回#VALUE!错误值。

❷ 如果参数是单元格引用或数组，则只有数值被计算在内，其他类型的数据将被忽略。

Excel版本提醒

VAR.S函数不能在Excel 2007及更低版本中使用。如需在这些Excel版本中实现相同的功能，可以使用兼容性函数VAR。

案例47 计算员工工龄样本的方差

本例效果如图8-49所示，在E1单元格中输入以下公式并按【Enter】键，计算员工工龄样本的方差。

=VAR.S(B2:B10)

E1 =VAR.S(B2:B10)

	A	B	C	D	E
1	姓名	工龄		工龄的方差	2.966667
2	刘树梅	8			
3	袁芳	5			
4	薛力	未统计			
5	胡伟	6			
6	蒋超	3			
7	刘力平	未统计			
8	朱红	7			
9	邓苗	6			
10	姜然	未统计			

图8-49

➲ 交叉参考

如需计算参数中的逻辑值和文本型数字，可以使用VARA函数，请参考8.4.7小节。如果数据代表整个样本总体，则可以使用VAR.P函数计算方差，请参考8.4.8小节。

8.4.7 VARA——计算基于给定样本的方差（包括文本和逻辑值）

➲ 函数功能

VARA函数用于计算基于给定样本的方差。

➲ 函数格式

VARA(value1,[value2],…)

➲ 参数说明

value1：作为总体样本的第1个参数。

value2,…（可选）：作为总体样本的第2~255个参数。

➲ 注意事项

❶ 如果在VARA函数中直接输入参数的值，则数值和逻辑值将被计算在内，文本型数字被忽略。如果参数是文本，则VARA函数将返回#VALUE!错误值。

❷ 如果参数是单元格引用或数组，则其中的数值和逻辑值将被计算在内，文本型数字和文本按0处理。

案例48 计算员工工龄样本的方差（含未统计者）

本例效果如图8-50所示，B列中的某些单元格是文本，而非全是数字。如果无论是否统计出员工的工龄，都将相应员工列入统计范围内，则可以使用VARA函数。在E1单元格中输入以下公式并按【Enter】键，计算员工工龄样本的方差。

=VARA(B2:B10)

	A	B	C	D	E
1	姓名	工龄		工龄的方差	10.36111
2	刘树梅	8			
3	袁芳	5			
4	薛力	未统计			
5	胡伟	6			
6	蒋超	3			
7	刘力平	未统计			
8	朱红	7			
9	邓苗	6			
10	姜然	未统计			

E1 =VARA(B2:B10)

图8-50

交叉参考

如果不计算参数中的逻辑值和文本型数字，则可以使用VAR.S函数，请参考8.4.6小节。如果数据代表样本总体，则可以使用VARPA函数计算方差，请参考8.4.9小节。

8.4.8 VAR.P——计算基于整个样本总体的方差（忽略文本和逻辑值）

函数功能

VAR.P函数用于计算基于整个样本总体的方差。

函数格式

```
VAR.P(number1,[number2],…)
```

参数说明

number1：作为样本总体的第1个数字。

number2,…（可选）：作为样本总体的第2~255个数字。

注意事项

❶ 如果在VAR.P函数中直接输入参数的值，则参数必须是数值类型或可转换为数值的数据，否则VAR.P函数将返回#VALUE!错误值。

❷ 如果参数是单元格引用或数组，则只有数值被计算在内，其他类型的数据将被忽略。

Excel版本提醒

VAR.P函数不能在Excel 2007及Excel更低版本中使用。如需在这些Excel版本中实现相同的功能，可以使用兼容性函数VARP。

案例49 计算员工工龄样本总体的方差

本例效果如图8-51所示，在E1单元格中输入以下公式并按【Enter】键，计算员工工龄样本总体的方差。

```
=VAR.P(B2:B10)
```

	A	B	C	D	E
1	姓名	工龄		工龄的方差	2.472222
2	刘树梅	8			
3	袁芳	5			
4	薛力	未统计			
5	胡伟	6			
6	蒋超	3			
7	刘力平	未统计			
8	朱红	7			
9	邓苗	6			
10	姜然	未统计			

E1 =VAR.P(B2:B10)

图8-51

➲交叉参考

如需计算参数中的逻辑值和文本型数字，可以使用VARPA函数，请参考8.4.9小节。如果数据代表的是样本总体中的一个样本，则可以使用VAR.S函数计算方差，请参考8.4.6小节。

8.4.9 VARPA——计算基于整个样本总体的方差（包括文本和逻辑值）

➲函数功能

VARPA函数用于计算基于整个样本总体的方差。

➲函数格式

VARPA(value1,[value2],···)

➲参数说明

value1：作为样本总体的第1个参数。

value2,···（可选）：作为样本总体的第2~255个参数。

➲注意事项

❶ 如果在VARPA函数中直接输入参数的值，则数值和逻辑值将被计算在内，文本型数字被忽略。如果参数是文本，则VARPA函数将返回#VALUE!错误值。

❷ 如果参数是单元格引用或数组，则其中的数值和逻辑值将被计算在内，文本型数字和文本按0处理。

案例 50 计算员工工龄样本总体的方差（含未统计者）

本例效果如图8-52所示，B列中的某些单元格是文本，而非全是数字。如果无论是否统计出员工的工龄，都将相应员工列入统计范围内，则可以使用VARPA函数。在E1单元格中输入以下公式并按【Enter】键，计算员工工龄样本总体的方差。

=VARPA(B2:B10)

	A	B	C	D	E
1	姓名	工龄		工龄的方差	9.209877
2	刘树梅	8			
3	袁芳	5			
4	薛力	未统计			
5	胡伟	6			
6	蒋超	3			
7	刘力平	未统计			
8	朱红	7			
9	邓苗	6			
10	姜然	未统计			

E1 =VARPA(B2:B10)

图8-52

交叉参考

如果不计算参数中的逻辑值和文本型数字，则可以使用VAR.P函数，请参考8.4.8小节。如果数据代表的是样本总体中的一个样本，则可以使用VARA函数计算方差，请参考8.4.7小节。

8.4.10 KURT——返回数据集的峰值

函数功能

KURT函数用于返回数据集的峰值。峰值反映与正态分布相比某一分布的尖锐度或平坦度，正峰值表示相对尖锐的分布，负峰值表示相对平坦的分布。

函数格式

```
KURT(number1,[number2],…)
```

参数说明

number1：需要计算的第1个数字。

number2,…（可选）：需要计算的第2~255个数字。

注意事项

❶ 如果在KURT函数中直接输入参数的值，则参数必须是数值类型或可转换为数值的数据，否则KURT函数将返回#VALUE!错误值。

❷ 如果参数是单元格引用或数组，则只有数值被计算在内，其他类型的数据将被忽略。

❸ 如果数据点少于4个，或样本标准偏差等于0，则KURT函数将返回#DIV/0!错误值。

案例 51 计算商品在一段时期内价格的峰值

本例效果如图8-53所示，A2:D8单元格区域中是在一段时期内随机抽取的各地大米的销售单价，在G1单元格中输入以下公式并按【Enter】键，计算价格的峰值。

```
=KURT(A2:D8)
```

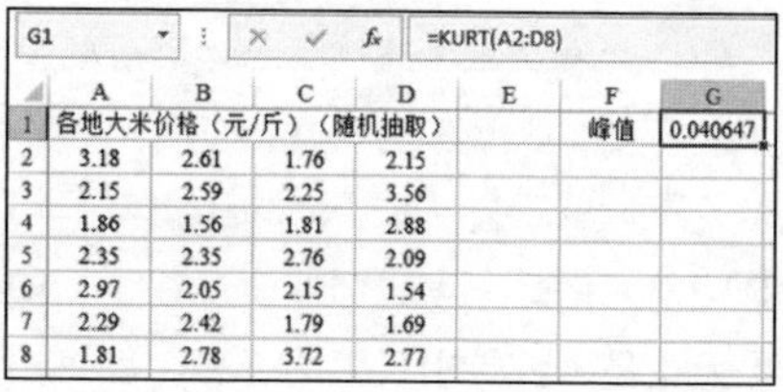

G1 =KURT(A2:D8)

	A	B	C	D	E	F	G
1	各地大米价格（元/斤）（随机抽取）					峰值	0.040647
2	3.18	2.61	1.76	2.15			
3	2.15	2.59	2.25	3.56			
4	1.86	1.56	1.81	2.88			
5	2.35	2.35	2.76	2.09			
6	2.97	2.05	2.15	1.54			
7	2.29	2.42	1.79	1.69			
8	1.81	2.78	3.72	2.77			

图8-53

8.4.11 SKEW——返回分布的不对称度

函数功能

SKEW函数用于返回分布的不对称度。不对称度反映以平均值为中心的分布的不对称程度，正不对称度表示不对称部分的分布更趋向正值，负不对称度表示不对称部分的分布更趋向负值。

➲ **函数格式**

SKEW(number1,[number2],···)

➲ **参数说明**

number1：需要计算的第1个数字。

number2,···（可选）：需要计算的第2~255个数字。

➲ **注意事项**

❶ 如果在SKEW函数中直接输入参数的值，则参数必须是数值类型或可转换为数值的数据，否则SKEW函数将返回#VALUE!错误值。

❷ 如果参数是单元格引用或数组，则只有数值被计算在内，其他类型的数据将被忽略。

❸ 如果数据点少于3个，或样本标准偏差是0，则SKEW函数将返回#DIV/0!错误值。

案例 52 计算商品在一段时期内价格的不对称度

本例效果如图8-54所示，A2:D8单元格区域中是在一段时期内随机抽取的各地大米的销售单价，在G1单元格中输入以下公式并按【Enter】键，计算价格的不对称度。

=SKEW(A2:D8)

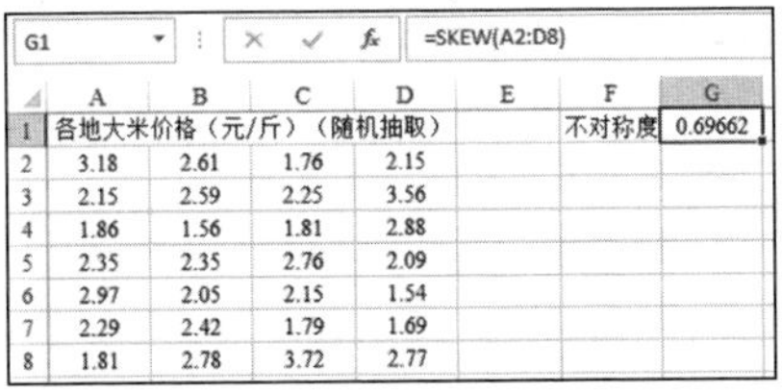

G1 =SKEW(A2:D8)

	A	B	C	D	E	F	G
1	各地大米价格（元/斤）（随机抽取）					不对称度	0.69662
2	3.18	2.61	1.76	2.15			
3	2.15	2.59	2.25	3.56			
4	1.86	1.56	1.81	2.88			
5	2.35	2.35	2.76	2.09			
6	2.97	2.05	2.15	1.54			
7	2.29	2.42	1.79	1.69			
8	1.81	2.78	3.72	2.77			

图8-54

8.4.12 SKEW.P——返回某一分布相对于其平均值的不对称度

➲ **函数功能**

SKEW.P函数用于返回某一分布相对于其平均值的不对称度。

➲ **函数格式**

SKEW.P(number1,[number2],···)

➲ **参数说明**

number1：需要计算的第1个数字。

number2,···（可选）：需要计算的第2~255个数字。

➲ **注意事项**

❶ 如果在SKEW.P函数中直接输入参数的值，则参数必须是数值类型或可转换为数值的数据，否则SKEW.P函数将返回#VALUE!错误值。

❷ 如果参数是单元格引用或数组，则只有数值被计算在内，其他类型的数

据将被忽略。

❸ 如果数据点少于3个，或样本标准偏差是0，则SKEW.P函数将返回#DIV/0!错误值。

➲ Excel版本提醒

SKEW.P函数是Excel 2013中新增的函数，不能在Excel 2013之前的版本中使用。

8.5 统计概率分布

8.5.1 BINOM.DIST——返回一元二项式分布的概率

➲ 函数功能

BINOM.DIST函数用于返回一元二项式分布的概率。该函数用于处理固定次数的试验，前提是任意试验的结果只有成功和失败两种情况，且在整个试验过程中成功的概率固定不变。

➲ 函数格式

```
BINOM.DIST(number_s,trials,probability_s,
cumulative)
```

➲ 参数说明

number_s：试验成功的次数。

trials：独立试验的次数。

probability_s：每次试验成功的概率。

cumulative：确定所返回的概率分布形式。如果该参数是TRUE，则返回累积分布函数；如果该参数是FALSE，则返回概率密度函数。

➲ 注意事项

❶ 无论参数是直接输入的值还是单元格引用，都必须是数值类型或可转换为数值的数据，否则BINOM.DIST函数将返回#VALUE!错误值。

❷ 如果出现以下情况，则函数将返回#NUM!错误值。

- number_s小于0。
- trials小于0。
- number_s大于trials。
- probability_s小于0或大于1。

➲ Excel版本提醒

BINOM.DIST函数不能在Excel 2007及更低版本中使用。如需在这些Excel版本中实现相同的功能，可以使用兼容性函数BINOMDIST。

案例53 计算没有不合格产品的概率

本例效果如图8-55所示，在B2单元格中输入公式并按【Enter】键，然后将该公式向下复制到B10单元格，计算没有不合格产品的概率。

=BINOM.DIST($E$1,$E$2,A2,FALSE)

	A	B	C	D	E
1	不合格率	没有不合格产品的概率		不合格产品数	0
2	0.10%	0.951205628		提取样品数	50
3	0.15%	0.92769125			
4	0.20%	0.904746818			
5	0.25%	0.882358793			
6	0.30%	0.860513951			
7	0.35%	0.839199375			
8	0.40%	0.818402451			
9	0.45%	0.798110856			
10	0.50%	0.778312557			

图8-55

8.5.2 BINOM.INV——返回使累积二项式分布大于等于临界值的最小值

函数功能

BINOM.INV函数用于返回使累积二项式分布大于等于临界值的最小值，该函数可用于质量检验。

函数格式

BINOM.INV(trials,probability_s,alpha)

参数说明

trials：独立试验的次数。

probability_s：每次试验成功的概率。

alpha：临界值。

注意事项

❶ 无论参数是直接输入的值还是单元格引用，都必须是数值类型或可转换为数值的数据，否则BINOM.INV函数将返回#VALUE!错误值。

❷ 如果出现以下情况，则函数将返回#NUM!错误值。

- trials小于0。
- probability_s小于等于0或大于等于1。
- alpha小于等于0或大于等于1。

Excel版本提醒

BINOM.INV函数不能在Excel 2007及更低版本中使用。如需在这些Excel版本中实现相同的功能，可以使用兼容性函数CRITBINOM。

案例54 计算允许的不合格产品数

本例效果如图8-56所示，在B4单元格中输入以下公式并按【Enter】键，计算允许的不合格产品数。

= BINOM.INV(B1,B2,B3)

	A	B	C	D	E
1	提取样品数	50			
2	不合格率	2%			
3	合格率	95%			
4	允许的不合格产品数	3			

图8-56

本例公式表示随机抽取50个产品，在不合格率是2%、合格率是95%的情况下，允许的不合格产品最大数量是3个。

8.5.3 BINOM.DIST.RANGE——返回二项式分布试验结果的概率

➲ 函数功能

BINOM.DIST.RANGE函数用于返回二项式分布试验结果的概率。

➲ 函数格式

```
BINOM.DIST.RANGE(trials,probability_s,
number_s,[number_s2])
```

➲ 参数说明

trials：独立试验的次数。

probability_s：每次试验成功的概率。

number_s：试验成功的次数。

number_s2（可选）：如果使用该参数，则返回试验成功次数介于number_s和number_s2之间的概率。

➲ 注意事项

❶ 无论参数是直接输入的值还是单元格引用，参数都必须是数值类型或可转换为数值的数据，否则函数将返回#VALUE!错误值。

❷ 如果出现以下情况，则函数将返回#NUM!错误值。

- trials小于0。
- probability_s小于0或大于1。
- number_s小于0或大于trials。

➲ Excel版本提醒

BINOM.DIST.RANGE函数是Excel 2013中新增的函数，不能在Excel 2013之前的版本中使用。

8.5.4 NEGBINOM.DIST——返回负二项式分布的概率

函数功能

NEGBINOM.DIST函数用于返回负二项式分布的概率。当成功概率是probability_s时，NEGBINOM.DIST函数将返回在到达number_s次成功之前出现number_f 次失败的概率。

➲ 函数格式

```
NEGBINOM.DIST(number_f,number_s,
probability_s,cumulative)
```

➲ 参数说明

number_f：试验失败的次数。

number_s：试验成功的次数。

probability_s：每次试验成功的概率。

cumulative：概率分布形式。如果该参数是TRUE，则返回累积分布函数；如果该参数是FALSE，则返回概率密度函数。

注意事项

❶ 无论参数是直接输入的值还是单元格引用，参数都必须是数值类型或可转换为数值的数据，否则函数将返回#VALUE!错误值。

❷ 如果出现以下情况，则函数将返回#NUM!错误值。

- number_f小于0。
- number_s小于1。
- probability_s小于0或大于1。

Excel版本提醒

NEGBINOM.DIST函数不能在Excel 2007及更低版本中使用。如需在这些Excel版本中实现相同的功能，可以使用兼容性函数NEGBINOMDIST。

案例55 计算谈判成功的概率

本例效果如图8-57所示，在C2单元格中输入以下公式并按【Enter】键，然后将该公式向下复制到C10单元格，计算谈判成功的概率。

=NEGBINOM.DIST(B2,$F$2,$F$1,FALSE)

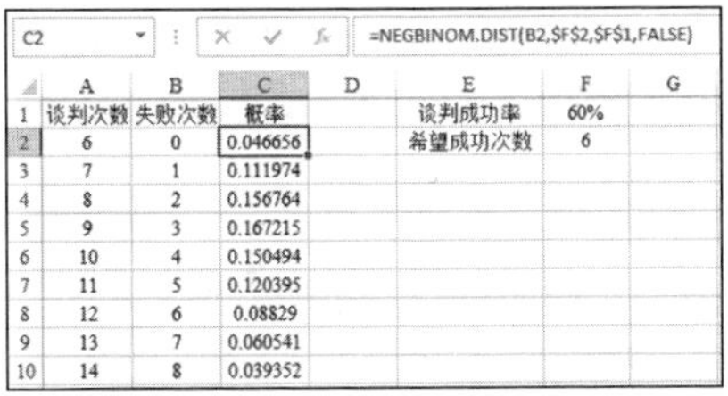

C2 =NEGBINOM.DIST(B2,$F$2,$F$1,FALSE)

	A	B	C	D	E	F	G
1	谈判次数	失败次数	概率		谈判成功率	60%	
2	6	0	0.046656		希望成功次数	6	
3	7	1	0.111974				
4	8	2	0.156764				
5	9	3	0.167215				
6	10	4	0.150494				
7	11	5	0.120395				
8	12	6	0.08829				
9	13	7	0.060541				
10	14	8	0.039352				

图8-57

8.5.5 PROB——返回数值落在指定区间内的概率

函数功能

PROB函数用于返回数值落在指定区间内的概率。

函数格式

PROB(x_range,prob_range,[lower_limit],[upper_limit])

参数说明

x_range：具有各自相应概率值的x数值区域。

prob_range：与x_range中的值对应的一组概率值。

lower_limit（可选）：计算概率的数值下界。

upper_limit（可选）：计算概率的可选数值上界。

注意事项

❶ 无论参数是直接输入的值还是单元格引用，参数都必须是数值类型或可转换为数值的数据，否则PROB函数将返回#VALUE!错误值。

❷ 如果prob_range中的任意值小于

等于0，或者大于1，或者该参数中的所有值的总和不等于1，则PROB函数将返回#NUM!错误值。

③ 如果x_range和prob_range包含不同数量的数据点，则PROB函数将返回#N/A错误值。

④ 如果省略upper_limit，则PROB函数的返回值等于lower_limit时的概率。

案例 56 计算中奖概率

本例效果如图8-58所示，在F1单元格中输入以下公式并按【Enter】键，计算中奖概率。

```
=PROB(A2:A7,C2:C7,1,2)
```

F1 =PROB(A2:A7,C2:C7,1,2)

	A	B	C	D	E	F
1	编号	奖项类别	中奖率		中特等奖或一等奖的概率	0.0237
2	1	特等奖	0.65%			
3	2	一等奖	1.72%			
4	3	二等奖	2.81%			
5	4	三等奖	3.57%			
6	5	四等奖	5.29%			
7	6	参与奖	85.96%			

图8-58

8.5.6 GAUSS——返回比标准正态累积分布函数小0.5的值

➲函数功能

GAUSS函数用于返回比标准正态累积分布函数小0.5的值。标准正态累积分布函数是NORM.S.DIST，GAUSS函数的功能相当于使用NORM.S.DIST函数时将其第二个参数cumulative设置为TRUE时的效果，只不过GAUSS函数的返回值比NORM.S.DIST函数的返回值小0.5。

➲函数格式

```
GAUSS(number)
```

➲参数说明

number：需要计算的值。

➲注意事项

无论参数是直接输入的值还是单元格引用，参数都必须是数值类型或可转换为数值的数据，否则GAUSS函数将返回#VALUE!错误值。

➲Excel版本提醒

GAUSS函数是Excel 2013中新增的函数，不能在Excel 2013之前的版本中使用。

案例 57 计算比标准正态累积分布函数小0.5的值

本例效果如图8-59所示，在C2单元格中输入以下公式并按【Enter】键，然后将该公式向下复制到C7单元格，计算比标准正态累积分布函数小0.5的值。

```
=GAUSS(A2)
```

	A	B	C
1	number	标准正态累积分布函数值	比标准正态累积分布函数小0.5的值
2	1	0.841344746	0.341344746
3	2	0.977249868	0.477249868
4	3	0.998650102	0.498650102
5	4	0.999968329	0.499968329
6	5	0.999999713	0.499999713
7	6	0.999999999	0.499999999

图8-59

8.5.7 PHI——返回标准正态分布的密度函数值

➲ 函数功能

PHI函数用于返回标准正态分布的密度函数值，该函数的功能相当于使用NORM.S.DIST函数时将其第2个参数cumulative设置为FALSE时的功能。

➲ 函数格式

PHI(x)

➲ 参数说明

x：需要计算的值。

➲ 注意事项

无论参数是直接输入的值还是单元格引用，参数都必须是数值类型或可转换为数值的数据，否则PHI函数将返回#VALUE!错误值。

➲ Excel版本提醒

PHI函数是Excel 2013中新增的函数，不能在Excel 2013之前的版本中使用。

案例 58 计算标准正态分布的密度函数值

本例效果如图8-60所示，在C2单元格中输入以下公式并按【Enter】键，然后将该公式向下复制到C7单元格，计算标准正态分布的密度函数值。

```
=PHI(A2)
```

	A	B	C
1	number	NORM.S.DIST函数的计算结果	PHI函数的计算结果
2	1	0.241970725	0.241970725
3	2	0.053990967	0.053990967
4	3	0.004431848	0.004431848
5	4	0.00013383	0.00013383
6	5	1.48672E-06	1.48672E-06
7	6	6.07588E-09	6.07588E-09

图8-60

8.5.8 NORM.DIST——返回正态累积分布函数

➲ 函数功能

NORM.DIST函数用于返回指定平均值和标准偏差的正态累积分布函数，该函数在统计方面应用范围广泛（包括假设检验）。

➲ 函数格式

NORM.DIST(x,mean,standard_dev,cumulative)

➲ 参数说明

x：需要计算的值。

mean：分布的算术平均值。

standard_dev：分布的标准偏差。

cumulative：概率分布形式。如果该参数是TRUE，则返回累积分布函数；如果该参数是FALSE，则返回概率密度函数。

➲ 注意事项

❶ 无论参数是直接输入的值还是单元格引用，参数都必须是数值类型或可转换为数值的数据，否则NORM.DIST函数将返回#VALUE!错误值。

❷ 如果standard_dev小于等于0，则NORM.DIST函数将返回#NUM!错误值。

提示

如果mean是0，standard_dev是1，cumulative是TRUE，则NORM.DIST函数将返回标准正态分布。

➲ Excel版本提醒

NORM.DIST函数不能在Excel 2007及更低版本中使用。如需在这些Excel版本中实现相同的功能，可以使用兼容性函数NORMDIST。

案例 59 **计算概率密度函数的值**

本例效果如图8-61所示，在B2单元格中输入以下公式并按【Enter】键，然后将该公式向下复制到B10单元格，计算概率密度函数的值。

=NORM.DIST(A2,$E$1,$E$2,FALSE)

B2 =NORM.DIST(A2,$E$1,$E$2,FALSE)

	A	B	C	D	E	F	G
1	x	概率密度值		平均值	0		
2	-4	0.00013383		标准偏差	1		
3	-3	0.004431848					
4	-2	0.053990967					
5	-1	0.241970725					
6	0	0.39894228					
7	1	0.241970725					
8	2	0.053990967					
9	3	0.004431848					
10	4	0.00013383					

图8-61

8.5.9 NORM.INV——返回标准正态累积分布的反函数值

➲ 函数功能

NORM.INV函数用于返回指定平均值和标准偏差的正态累积分布函数的反函数值。

➲ 函数格式

NORM.INV(probability,mean,standard_dev)

➲ 参数说明

probability：正态分布的概率值。

mean：分布的算术平均值。

standard_dev：分布的标准偏差。

➲ 注意事项

❶ 无论参数是直接输入的值还是单

元格引用，参数都必须是数值类型或可转换为数值的数据，否则NORM.INV函数将返回#VALUE!错误值。

❷ 如果probability小于等于0或大于等于1，或者standard_dev小于等于0，则NORM.INV函数将返回#NUM!错误值。

提示

如果mean是0，standard_dev是1，则NORM.INV函数将返回标准正态分布。

➲ Excel版本提醒

NORM.INV函数不能在Excel 2007及更低版本中使用。如需在这些Excel版本中实现相同的功能，可以使用兼容性函数NORMINV。

案例 60 计算累积分布函数的反函数的值

本例效果如图8-62所示，在B2单元格中输入以下公式并按【Enter】键，然后将该公式向下复制到B10单元格，计算累积分布函数的反函数的值。

```
=NORM.INV(A2,$E$1,$E$2)
```

B2 =NORM.INV(A2,$E$1,$E$2)

	A	B	C	D	E	F
1	概率	x		平均值	0	
2	3.16712E-05	-4		标准偏差	1	
3	0.001349898	-3				
4	0.022750132	-2				
5	0.158655254	-1				
6	0.5	0				
7	0.841344746	1				
8	0.977249868	2				
9	0.998650102	3				
10	0.999968329	4				

图8-62

8.5.10 NORM.S.DIST——返回标准正态累积分布函数

➲ 函数功能

NORM.S.DIST函数用于返回标准正态累积分布函数，该分布的平均值是0，标准偏差是1。该函数可以代替标准正态曲线面积表。

➲ 函数格式

```
NORM.S.DIST(z,cumulative)
```

➲ 参数说明

z：需要计算的值。

cumulative：概率分布形式。如果该参数是TRUE，则返回累积分布函数；如果该参数是FALSE，则返回概率密度函数。

➲ 注意事项

无论参数是直接输入的值还是单元格引用，参数都必须是数值类型或可转换为数值的数据，否则NORM.S.DIST函数将返回#VALUE!错误值。

➲ Excel版本提醒

NORM.S.DIST函数不能在Excel 2007及更低版本中使用。如需在这些Excel版本中实现相同的功能，可以使用兼容性函数NORMSDIST。

案例 61 制作正态分布表

本例效果如图8-63所示，在B2单元格中输入以下公式并按【Enter】键并向右且向下填充，得到正态分布表。

```
=1-NORM.S.DIST($A2+B$1,TRUE)
```

B2 =1-NORM.S.DIST($A2+B$1,TRUE)

	A	B	C	D	E	F	G
1	z	0	0.01	0.02	0.03	0.04	0.05
2	0	0.5	0.496011	0.492022	0.488034	0.484047	0.480061
3	0.1	0.460172	0.456205	0.452242	0.448283	0.44433	0.440382
4	0.2	0.42074	0.416834	0.412936	0.409046	0.405165	0.401294
5	0.3	0.382089	0.37828	0.374484	0.3707	0.366928	0.363169
6	0.4	0.344578	0.340903	0.337243	0.333598	0.329969	0.326355
7	0.5	0.308538	0.305026	0.301532	0.298056	0.294599	0.29116
8	0.6	0.274253	0.270931	0.267629	0.264347	0.261086	0.257846
9	0.7	0.241964	0.238852	0.235762	0.232695	0.22965	0.226627
10	0.8	0.211855	0.20897	0.206108	0.203269	0.200454	0.197663

图8-63

8.5.11 NORM.S.INV——返回标准正态累积分布函数的反函数值

函数功能

NORM.S.INV函数用于返回标准正态累积分布函数的反函数值，该分布的平均值是0，标准偏差是1。

函数格式

```
NORM.S.INV(probability)
```

参数说明

probability：正态分布的概率值。

注意事项

❶ 无论参数是直接输入的值还是单元格引用，参数都必须是数值类型或可转换为数值的数据，否则NORM.S.INV函数将返回#VALUE!错误值。

❷ 如果probability小于等于0或大于等于1，则NORM.S.INV函数将返回#NUM!错误值。

Excel版本提醒

NORM.S.INV函数不能在Excel 2007及更低版本中使用。如需在这些Excel版本中实现相同的功能，可以使用兼容性函数NORMSINV。

案例 62 计算标准正态分布函数的反函数

本例效果如图8-64所示，在B2单元格中输入公式并按【Enter】键，然后将该

公式向下复制到B10单元格，计算标准正态分布函数的反函数。

=NORM.S.INV(1-A2)

	A	B	C	D
1	标准正态分布概率	概率反函数		
2	0.496010644	0.01		
3	0.456204687	0.11		
4	0.416833837	0.21		
5	0.378280478	0.31		
6	0.340902974	0.41		
7	0.305025731	0.51		
8	0.270930904	0.61		
9	0.238852068	0.71		
10	0.208970088	0.81		

图8-64

8.5.12 STANDARDIZE——返回正态化数值

函数功能

STANDARDIZE函数用于返回以mean为平均值，以standard_dev为标准偏差的分布的正态化数值。

函数格式

STANDARDIZE(x,mean,standard_dev)

参数说明

x：需要进行正态化的数值。

mean：分布的算术平均值。

standard_dev：分布的标准偏差。

注意事项

❶ 无论参数是直接输入的值还是单元格引用，参数都必须是数值类型或可转换为数值的数据，否则STANDARDIZE函数将返回#VALUE!错误值。

❷ 如果standard_dev小于等于0，则STANDARDIZE函数将返回#NUM!错误值。

案例63 计算正态化数值

本例的初始数据如图8-65所示，B2:B10单元格区域为不同的年龄，C2:C10单元格区域为与年龄对应的视力，F2:G10单元格区域用于放置计算后的正态化数值。

	A	B	C	D	E	F	G
1	编号	年龄	视力		编号	年龄	视力
2	1	49	0.6		1		
3	2	52	0.7		2		
4	3	40	0.8		3		
5	4	37	0.6		4		
6	5	29	0.6		5		
7	6	40	0.6		6		
8	7	32	0.9		7		
9	8	26	0.7		8		
10	9	36	0.9		9		
11							
12	样本平均值						
13	样本标准偏差						

图8-65

计算正态化数值的操作步骤如下。

1 在B12单元格中输入以下公式并按【Enter】键，计算B2:B10单元格区域的平均值，如图8-66所示。

=AVERAGE(B2:B10)

B12 | =AVERAGE(B2:B10)

	A	B	C	D	E	F	G
1	编号	年龄	视力		编号	年龄	视力
2	1	49	0.6		1		
3	2	52	0.7		2		
4	3	40	0.8		3		
5	4	37	0.6		4		
6	5	29	0.6		5		
7	6	40	0.6		6		
8	7	32	0.9		7		
9	8	26	0.7		8		
10	9	36	0.9		9		
11							
12	样本平均值	37.88889					
13	样本标准偏差						

图8-66

2 将B12单元格中的公式向右填充到C12单元格，计算C2:C10单元格区域的平均值。然后在B13单元格中输入以下公式并按【Enter】键，计算B2:B10单元格区域数据样本的标准偏差，如图8-67所示。

=STDEV.S(B2:B10)

B13 | =STDEV.S(B2:B10)

	A	B	C	D	E	F	G
1	编号	年龄	视力		编号	年龄	视力
2	1	49	0.6		1		
3	2	52	0.7		2		
4	3	40	0.8		3		
5	4	37	0.6		4		
6	5	29	0.6		5		
7	6	40	0.6		6		
8	7	32	0.9		7		
9	8	26	0.7		8		
10	9	36	0.9		9		
11							
12	样本平均值	37.88889	0.711111				
13	样本标准偏差	8.594249					

图8-67

3 将B13单元格中的公式向右填充到C13单元格，计算C2:C10单元格区域数据样本的标准偏差。在F2单元格中输入以下公式并按【Enter】键，然后将该公式向下复制到F10单元格，计算年龄的正态化数值，如图8-68所示。

=STANDARDIZE(B2,B$12,B$13)

F2 | =STANDARDIZE(B2,B$12,B$13)

	A	B	C	D	E	F	G
1	编号	年龄	视力		编号	年龄	视力
2	1	49	0.6		1	1.292854	
3	2	52	0.7		2	1.641925	
4	3	40	0.8		3	0.245642	
5	4	37	0.6		4	-0.10343	
6	5	29	0.6		5	-1.03428	
7	6	40	0.6		6	0.245642	
8	7	32	0.9		7	-0.68521	
9	8	26	0.7		8	-1.38335	
10	9	36	0.9		9	-0.21979	
11							
12	样本平均值	37.88889	0.711111				
13	样本标准偏差	8.594249	0.12693				

图8-68

4 选择F2:F10单元格区域，然后将该区域中的公式向右填充到G2:G10单元格区域，计算视力的正态化数值，如图8-69所示。

=STANDARDIZE(C2,C$12,C$13)

G2 | =STANDARDIZE(C2,C$12,C$13)

	A	B	C	D	E	F	G
1	编号	年龄	视力		编号	年龄	视力
2	1	49	0.6		1	1.292854	-0.87538
3	2	52	0.7		2	1.641925	-0.08754
4	3	40	0.8		3	0.245642	0.700301
5	4	37	0.6		4	-0.10343	-0.87538
6	5	29	0.6		5	-1.03428	-0.87538
7	6	40	0.6		6	0.245642	-0.87538
8	7	32	0.9		7	-0.68521	1.48814
9	8	26	0.7		8	-1.38335	-0.08754
10	9	36	0.9		9	-0.21979	1.48814
11							
12	样本平均值	37.88889	0.711111				
13	样本标准偏差	8.594249	0.12693				

图8-69

交叉参考

AVERAGE函数请参考8.2.2小节。

STDEV.S函数请参考8.4.2小节。

8.5.13 LOGNORM.DIST——返回对数累积分布函数

函数功能

LOGNORM.DIST函数用于返回x的对数累积分布函数，其中ln(x)服从mean和standard_dev参数的正态分布。使用该函数可以分析经过对数变换的数据。

函数格式

LOGNORM.DIST(x,mean,standard_dev,cumulative)

参数说明

x：需要计算的值。

mean：自然对数ln(x)的平均值。

standard_dev：自然对数ln(x)的标准偏差。

cumulative：概率分布形式。如果该参数是TRUE，则返回累积分布函数；如果该参数是FALSE，则返回概率密度函数。

注意事项

❶ 无论参数是直接输入的值还是单元格引用，参数都必须是数值类型或可转换为数值的数据，否则函数将返回#VALUE!错误值。

❷ 如果x小于等于0，或者standard_dev小于等于0，则LOGNORM.DIST函数将返回#NUM!错误值。

Excel版本提醒

LOGNORM.DIST函数不能在Excel 2007及更低版本中使用。如需在这些Excel版本中实现相同的功能，可以使用兼容性函数LOGNORMDIST。

案例64 计算对数累积分布函数的值

本例效果如图8-70所示，在B2单元格中输入以下公式并按【Enter】键，然后将该公式向下复制到B10单元格，计算对数累积分布函数的值。

=LOGNORM.DIST(A2,$E$1,$E$2,TRUE)

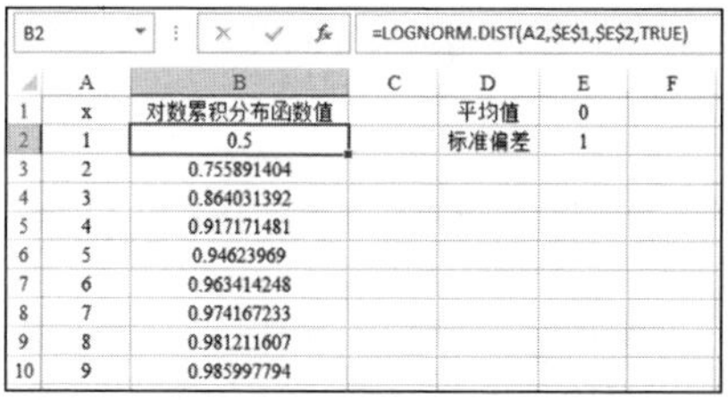

B2 =LOGNORM.DIST(A2,$E$1,$E$2,TRUE)

	A	B	C	D	E	F
1	x	对数累积分布函数值		平均值	0	
2	1	0.5		标准偏差	1	
3	2	0.755891404				
4	3	0.864031392				
5	4	0.917171481				
6	5	0.94623969				
7	6	0.963414248				
8	7	0.974167233				
9	8	0.981211607				
10	9	0.985997794				

图8-70

8.5.14 LOGNORM.INV——返回对数累积分布函数的反函数

函数功能

LOGNORM.INV函数用于返回x的对数累积分布函数的反函数，ln(x)包含mean

与standard_dev参数的正态分布。使用对数分布可以分析经过对数变换的数据。

➲函数格式

```
LOGNORM.INV(probability,mean,standard_dev)
```

➲参数说明

probability：与对数分布相关的概率。

mean：自然对数ln(x)的平均值。

standard_dev：自然对数ln(x)的标准偏差。

➲注意事项

❶ 无论参数是直接输入的值还是单元格引用，参数都必须是数值类型或可转换为数值的数据，否则函数将返回#VALUE!错误值。

❷ 如果probability小于等于0，或者大于等于1，或者standard_dev小于等于0，则LOGNORM.INV函数将返回#NUM!错误值。

➲Excel版本提醒

LOGNORM.INV函数不能在Excel 2007及更低版本中使用。如需在这些Excel版本中实现相同的功能，可以使用兼容性函数LOGINV。

案例65 计算对数累积分布函数的反函数的值

本例效果如图8-71所示，在B2单元格中输入以下公式并【Enter】键，然后将该公式向下复制到B10单元格，计算对数累积分布函数的反函数的值。

```
=LOGNORM.INV(A2,$E$1,$E$2)
```

B2 =LOGNORM.INV(A2,$E$1,$E$2)

	A	B	C	D	E
1	对数累积分布函数值	反函数		平均值	0
2	0.5	1		标准偏差	1
3	0.755891404	2			
4	0.864031392	3			
5	0.917171481	4			
6	0.94623969	5			
7	0.963414248	6			
8	0.974167233	7			
9	0.981211607	8			
10	0.985997794	9			

图8-71

8.5.15 HYPGEOM.DIST——返回超几何分布

➲函数功能

HYPGEOM.DIST函数用于返回超几何分布。给定样本容量、样本总体容量和样本总体中成功的次数，HYPGEOM.DIST函数将返回样本取得给定成功次数的概率。使用HYPGEOM.DIST函数可以解决有限总体的问题，其中每个观察值或成功或失败，且给定样本容量的每一个子集具有相同的发生概率。

➲函数格式

```
HYPGEOM.DIST(sample_s,number_sample,
population_s,number_pop,cumulative)
```

➲ 参数说明

sample_s：样本成功的次数。

number_sample：样本容量。

population_s：样本总体成功的次数。

number_pop：样本总体的容量。

cumulative：概率分布形式。如果该参数是TRUE，则返回累积分布函数；如果该参数是FALSE，则返回概率密度函数。

➲ 注意事项

❶ 无论参数是直接输入的值还是单元格引用，参数都必须是数值类型或可转换为数值的数据，否则函数将返回#VALUE!错误值。

❷ 如果出现以下情况，则函数将返回#NUM!错误值。

- sample_s小于0或大于number_sample和population_s中的较小值。
- sample_s小于0或小于number_sample-number_pop+population_s计算结果中的较大值。
- number_sample小于等于0，或者大于number_pop。
- population_s小于等于0，或者大于number_pop。
- number_pop小于等于0。

➲ Excel版本提醒

HYPGEOM.DIST函数不能在Excel 2007及更低版本中使用。如需在这些Excel版本中实现相同的功能，可以使用兼容性函数HYPGEOMDIST。

案例66 计算没有不合格产品的概率

本例效果如图8-72所示，在B2单元格中输入以下公式并按【Enter】键，然后将该公式向下复制到B10单元格，计算没有不合格产品的概率。

```
=HYPGEOM.DIST($E$3,$E$2,$E$1*A2,$E$1,TRUE)
```

B2 =HYPGEOM.DIST($E$3,$E$2,$E$1*A2,$E$1,TRUE)

	A	B	C	D	E	F
1	不合格率	没有不合格产品的概率		产品数	1000	
2	0.10%	0.95		提取样品数	50	
3	0.15%	0.95		不合格产品数	0	
4	0.20%	0.902452452				
5	0.25%	0.902452452				
6	0.30%	0.857239404				
7	0.35%	0.857239404				
8	0.40%	0.814248461				
9	0.45%	0.814248461				
10	0.50%	0.773372534				

图8-72

8.5.16 POISSON.DIST——返回泊松分布

➲ 函数功能

POISSON.DIST函数用于返回泊松分布，泊松分布通常用于预测一段时间内事件发生的次数。

➲ 函数格式

```
POISSON.DIST(x,mean,cumulative)
```

➲ 参数说明

x：发生的事件数。

mean：一段时间内发生事件的平均值。

cumulative：概率分布形式。如果该参数是TRUE，则返回泊松累积分布概率，即随机事件发生的次数是0~x（包括0和1）；如果该参数是FALSE，则返回泊松概率密度函数，即随机事件发生的次数恰好是x。

➲ 注意事项

❶ 无论参数是直接输入的值还是单元格引用，参数都必须是数值类型或可转换为数值的数据，否则函数将返回#VALUE!错误值。

❷ 如果x或mean小于0，则函数将返回#NUM!错误值。

➲ Excel版本提醒

POISSON.DIST函数不能在Excel 2007及更低版本中使用。如需在这些Excel版本中实现相同的功能，可以使用兼容性函数POISSON。

案例67 计算产品不发生故障的概率

本例效果如图8-73所示，在B2单元格中输入以下公式并按【Enter】键，然后将该公式向下复制到B10单元格，计算产品不发生故障的概率。

```
=POISSON.DIST(0,$E$1*A2,0)
```

B2 =POISSON.DIST(0,$E$1*A2,0)

	A	B	C	D	E
1	使用年数	无故障率		故障频率（次/年）	0.5
2	0.5	0.778800783			
3	1	0.60653066			
4	1.5	0.472366553			
5	2	0.367879441			
6	2.5	0.286504797			
7	3	0.22313016			
8	3.5	0.173773943			
9	4	0.135335283			
10	4.5	0.105399225			

图8-73

8.5.17 EXPON.DIST——返回指数分布

➲ 函数功能

EXPON.DIST函数用于返回指数分布。使用该函数可以建立事件之间的时间间隔模型。

➲ 函数格式

```
EXPON.DIST(x,Lambda,cumulative)
```

➲ 参数说明

x：需要计算的值。

Lambda：λ参数值。

cumulative：概率分布形式。如果该参数是TRUE，则返回累积分布函数；如果该参数是FALSE，则返回概率密度函数。

➲ 注意事项

❶ 无论参数是直接输入的值还是单元格引用，参数都必须是数值类型或可转换为数值的数据，否则EXPON.DIST函数将返回#VALUE!错误值。

❷ 如果x小于0，或者Lambda小于等于0，则EXPON.DIST函数将返回#NUM!错误值。

➲ Excel版本提醒

EXPON.DIST函数不能在Excel 2007及更低版本中使用。如需在这些Excel版本中实现相同的功能，可以使用兼容性函数EXPONDIST。

案例68 计算在经过指定期限后，产品在两家公司发生故障的概率

本例效果如图8-74所示，在B2单元格中输入以下公式并按【Enter】键并向下且向右填充，计算在经过指定期限后产品在两家公司发生故障的概率。

```
=EXPON.DIST($A2,F$4,1)
```

B2 =EXPON.DIST($A2,F$4,1)

	A	B	C	D	E	F	G
1	使用年数	A公司发生故障概率	B公司发生故障概率			A公司	B公司
2	0.5	0.117503097	0.221199217		保修期间	2	3
3	1	0.221199217	0.39346934		平均故障间隔时间	4	2
4	1.5	0.312710721	0.527633447		故障率	0.25	0.5
5	2	0.39346934	0.632120559				
6	2.5	0.464738571	0.713495203				
7	3	0.527633447	0.77686984				
8	3.5	0.58313798	0.826226057				
9	4	0.632120559	0.864664717				
10	4.5	0.675347533	0.894600775				

图8-74

F4和G4单元格中的故障率是使用1分别除以F3和G3单元格中的值得到的。

8.5.18 WEIBULL.DIST——返回韦伯分布

➲ 函数功能

WEIBULL.DIST函数用于返回韦伯分布。使用该函数可进行可靠性分析。

➲ 函数格式

WEIBULL.DIST(x,alpha,beta,cumulative)

➲ 参数说明

x：需要计算的值。

alpha：分布参数α。

beta：分布参数β。

cumulative：概率分布形式。如果该参数是TRUE，则返回累积分布函数；如果该参数是FALSE，则返回概率密度函数。

➲ 注意事项

❶ 无论参数是直接输入的值还是单元格引用，参数都必须是数值类型或

可转换为数值的数据，否则函数将返回#VALUE!错误值。

❷ 如果出现以下情况，则函数将返回#NUM!错误值。

- x小于0。
- alpha小于等于0。
- beta小于等于0。

Excel版本提醒

WEIBULL.DIST函数不能在Excel 2007及更低版本中使用。如需在这些Excel版本中实现相同的功能，可以使用兼容性函数WEIBULL。

案例69 计算产品的不同故障发生的概率

本例效果如图8-75所示，A2:A10单元格区域是产品的使用年数，E1:G3单元格区域是产品的故障类型，故障类型根据α的值划分，α大于0且小于1是初期故障，α=1是偶然型故障，α大于1是损耗型故障。在B2单元格中输入以下公式并按【Enter】键并向下且向右填充，计算产品的不同故障发生的概率。

```
=WEIBULL.DIST($A2,F$2,F$3,TRUE)
```

B2 =WEIBULL.DIST($A2,F$2,F$3,TRUE)

	A	B	C	D	E	F	G
1	使用年数	偶然型故障	损耗型故障			偶然型故障	损耗型故障
2	0.5	0.39346934	0.221199217		α	1	2
3	1	0.632120559	0.632120559		β	1	1
4	1.5	0.77686984	0.894600775				
5	2	0.864664717	0.981684361				
6	2.5	0.917915001	0.998069546				
7	3	0.950212932	0.99987659				
8	3.5	0.969802617	0.999995215				
9	4	0.981684361	0.999999887				
10	4.5	0.988891003	0.999999998				

图8-75

8.5.19 GAMMA——返回伽马函数值

函数功能

GAMMA函数用于返回伽马函数值。

函数格式

```
GAMMA(number)
```

参数说明

number：需要计算的值。

注意事项

❶ 无论参数是直接输入的值还是单元格引用，参数都必须是数值类型或可转换为数值的数据，否则GAMMA函数将返回#VALUE!错误值。

❷ 如果number是0或负整数，则GAMMA函数将返回#NUM!错误值。

Excel版本提醒

GAMMA函数是Excel 2013中新增的函数，不能在Excel 2013之前的版本中使用。

案例70 计算伽马函数值

本例效果如图8-76所示，在B2单元格中输入公式并按【Enter】键，然后将该

公式向下复制到B10单元格，计算伽马函数值。

=GAMMA(A2)

	A	B	C	D
1	number	伽马函数值		
2	0.1	9.513507699		
3	0.2	4.590843712		
4	0.3	2.991568988		
5	0.4	2.218159544		
6	0.5	1.772453851		
7	0.6	1.489192249		
8	0.7	1.298055333		
9	0.8	1.164229714		
10	0.9	1.068628702		

图8-76

8.5.20 GAMMA.DIST——返回伽马分布函数

函数功能

GAMMA.DIST函数用于返回伽马分布。使用该函数可以研究具有偏态分布的变量，伽马分布通常用于排队分析。

函数格式

GAMMA.DIST(x,alpha,beta,cumulative)

参数说明

x：需要计算的值。

alpha：分布参数α。

beta：分布参数β。如果该参数是1，则GAMMA.DIST函数将返回标准伽马分布。

cumulative：概率分布形式。如果该参数是TRUE，则返回累积分布函数的值；如果该参数是FALSE，则返回概率密度函数的值。

注意事项

❶ 无论参数是直接输入的值还是单元格引用，参数都必须是数值类型或可转换为数值的数据，否则函数将返回#VALUE!错误值。

❷ 如果出现以下情况，则函数将返回#NUM!错误值。

- x小于0。
- alpha小于等于0。
- beta小于等于0。

Excel版本提醒

GAMMA.DIST函数不能在Excel 2007及更低版本中使用。如需在这些Excel版本中实现相同的功能，可以使用兼容性函数GAMMADIST。

案例71 计算伽马分布函数的值

本例效果如图8-77所示，在B2单元格中输入公式并按【Enter】键，然后将该公式向下复制到B10单元格，计算伽马分布函数的值。

```
=GAMMA.DIST(A2,$E$1,$E$2,FALSE)
```

B2 =GAMMA.DIST(A2,$E$1,$E$2,FALSE)

	A	B	C	D	E	F	G
1	x	伽马分布函数值		α	1		
2	0.1	0.904837418		β	1		
3	0.2	0.818730753					
4	0.3	0.740818221					
5	0.4	0.670320046					
6	0.5	0.60653066					
7	0.6	0.548811636					
8	0.7	0.496585304					
9	0.8	0.449328964					
10	0.9	0.40656966					

图8-77

8.5.21 GAMMA.INV——返回伽马累积分布函数的反函数值

函数功能

GAMMA.INV函数用于返回伽马累积分布函数的反函数值。使用该函数可以研究可能出现偏态分布的变量。

函数格式

```
GAMMA.INV(probability,alpha,beta)
```

参数说明

probability：伽马分布的概率值。

alpha：分布参数α。

beta：分布参数β。如果该参数是1，则GAMMA.INV函数将返回标准伽马分布。

注意事项

❶ 无论参数是直接输入的值还是单元格引用，参数都必须是数值类型或可转换为数值的数据，否则GAMMA.INV函数将返回#VALUE!错误值。

❷ 如果出现以下情况，则函数将返回#NUM!错误值。

- probability小于0或大于1。
- alpha小于等于0。
- beta小于等于0。

Excel版本提醒

GAMMA.INV函数不能在Excel 2007及更低版本中使用。如需在这些Excel版本中实现相同的功能，可以使用兼容性函数GAMMAINV。

案例72 计算伽马分布函数的反函数的值

本例效果如图8-78所示，在B2单元格中输入以下公式并按【Enter】键，然后将该公式向下复制到B10单元格，计算伽马分布函数的反函数的值。

```
=GAMMA.INV(A2,$E$1,$E$2)
```

	A	B	C	D	E	F
1	伽马分布函数值	反函数		α	1	
2	0.904837418	2.352168461		β	1	
3	0.818730753	1.707771801				
4	0.740818221	1.350225613				
5	0.670320046	1.109632932				
6	0.60653066	0.93275213				
7	0.548811636	0.795870368				
8	0.496585304	0.686341003				
9	0.449328964	0.596617679				
10	0.40656966	0.521835443				

B2 =GAMMA.INV(A2, $E$1, $E$2)

图8-78

8.5.22 GAMMALN——返回伽马函数的自然对数

函数功能

GAMMALN函数用于返回伽马函数的自然对数。

函数格式

GAMMALN(x)

参数说明

x：需要计算的值。

注意事项

❶ 无论参数是直接输入的值还是单元格引用，参数都必须是数值类型或可转换为数值的数据，否则GAMMALN函数将返回#VALUE!错误值。

❷ 如果x小于等于0，则GAMMAIN函数将返回#NUM!错误值。

案例 73 计算伽马函数的自然对数值

本例效果如图8-79所示，在B2单元格中输入以下公式并按【Enter】键，然后将该公式向下复制到B10单元格，计算伽马函数的自然对数值。

=GAMMALN(A2)

	A	B	C	D
1	x	伽马函数的自然对数		
2	0.1	2.252712652		
3	0.2	1.524063822		
4	0.3	1.095797995		
5	0.4	0.796677818		
6	0.5	0.572364943		
7	0.6	0.398233858		
8	0.7	0.260867247		
9	0.8	0.152059678		
10	0.9	0.06637624		

B2 =GAMMALN(A2)

图8-79

8.5.23 GAMMALN.PRECISE——返回伽马函数的自然对数

函数功能

GAMMALN.PRECISE函数用于返回伽马函数的自然对数。

函数格式

GAMMALN.PRECISE(x)

参数说明

x：需要计算的值。

➲ 注意事项

❶ 无论参数是直接输入的值还是单元格引用，参数都必须是数值类型或可转换为数值的数据，否则函数将返回#VALUE!错误值。

❷ 如果x小于等于0，则GAMMALN.PRECISE函数将返回#NUM!错误值。

➲ Excel版本提醒

GAMMALN.PRECISE函数不能在Excel 2007及更低版本中使用。如需在这些Excel版本中实现相同的功能，可以使用函数GAMMALN。

案例 74 计算伽马函数的自然对数值

本例效果如图8-80所示，在B2单元格中输入以下公式并按【Enter】键，然后将该公式向下复制到B10单元格，计算伽马函数的自然对数值。

```
=GAMMALN.PRECISE(A2)
```

B2 =GAMMALN.PRECISE(A2)

	A	B	C	D	E
1	x	伽马函数的自然对数			
2	0.1	2.252712652			
3	0.2	1.524063822			
4	0.3	1.095797995			
5	0.4	0.796677818			
6	0.5	0.572364943			
7	0.6	0.398233858			
8	0.7	0.260867247			
9	0.8	0.152059678			
10	0.9	0.06637624			

图8-80

8.5.24 BETA.DIST——返回β累积分布函数

➲ 函数功能

BETA.DIST函数用于返回β累积分布的概率密度函数。该函数可用于研究样本中一定部分的变化情况。

➲ 函数格式

```
BETA.DIST(x,alpha,beta,cumulative,[A],[B])
```

➲ 参数说明

x：需要计算的值，位于A和B之间。

alpha：分布参数α 。

beta：分布参数β 。

cumulative：概率分布形式。如果该参数是TRUE，则返回累积分布函数；如果该参数是FALSE，则返回概率密度函数。

A（可选）：*x*所属区间的可选下界。

B（可选）：*x*所属区间的可选上界。

➲ 注意事项

❶ 无论参数是直接输入的值还是单元格引用，参数都必须是数值类型或可转换为数值的数据，否则BETA.DIST函数将返回#VALUE!错误值。

❷ 如果出现以下情况，则函数将返回#NUM!错误值。

- alpha小于等于0。
- beta小于等于0。
- x小于A或x大于B。

- A等于B。

> 提示
> 如果省略A或B的值，则BETA.DIST函数将使用标准β累积分布函数。可使用1除以E1或E2单元格中的值得到。

Excel版本提醒

BETA.DIST函数不能在Excel 2007及更低版本中使用。如需在这些Excel版本中实现相同的功能，可以使用兼容性函数BETADIST。

案例75 计算β累积分布函数的值

本例效果如图8-81所示，在B2单元格中输入以下公式并按【Enter】键，然后将该公式向下复制到B10单元格，计算x在0.1到0.9范围内β累积分布函数的值。

```
=BETA.DIST(A2,$E$1,$E$2,TRUE)
```

B2 =BETA.DIST(A2,$E$1,$E$2,TRUE)

	A	B	C	D	E	F
1	x	β累积分布函数		α	2	
2	0.1	0.028		β	2	
3	0.2	0.104				
4	0.3	0.216				
5	0.4	0.352				
6	0.5	0.5				
7	0.6	0.648				
8	0.7	0.784				
9	0.8	0.896				
10	0.9	0.972				

图8-81

8.5.25 BETA.INV——返回指定β累积分布函数的反函数值

函数功能

BETA.INV函数用于返回指定的β累积分布函数的反函数值。该函数可用于项目设计，在给定期望的完成时间和变化参数之后，模拟可能的完成时间。

函数格式

```
BETA.INV(probability,alpha,beta,[A],[B])
```

参数说明

probability：分布的概率值。

alpha：分布参数α。

beta：分布参数β。

A（可选）：probability参数所属区间的可选下界。

B（可选）：probability参数所属区间的可选上界。

注意事项

❶ 无论参数是直接输入的值还是单元格引用，参数都必须是数值类型或可转换为数值的数据，否则BETA.INV函数将返回#VALUE!错误值。

❷ 如果出现以下情况，则函数将返回#NUM!错误值。

- probability小于等于0，或大于1。
- alpha小于等于0。
- beta小于等于0。

> 提示
> 如果省略A或B的值，则BETA.INV函数将使用标准β累积分布函数。BETA.DIST函数将使用标准β累积分布函数。可使用1除以E1或E2单元格中的值得到。

Excel版本提醒

BETA.INV函数不能在Excel 2007及更低版本中使用。如需在这些Excel版本中实现相同的功能，可以使用兼容性函数BETAINV。

案例76 计算β累积分布函数的反函数的值

本例效果如图8-82所示，在B2单元格中输入以下公式并按【Enter】键，然后将该公式向下复制到B10单元格，计算β累积分布函数的反函数的值。

```
=BETA.INV(A2,$E$1,$E$2)
```

B2 =BETA.INV(A2,$E$1,$E$2)

	A	B	C	D	E	F
1	β累积分布函数	反函数		α	2	
2	0.028	0.1		β	2	
3	0.104	0.2				
4	0.216	0.3				
5	0.352	0.4				
6	0.5	0.5				
7	0.648	0.6				
8	0.784	0.7				
9	0.896	0.8				
10	0.972	0.9				

图8-82

8.5.26 CONFIDENCE.NORM——返回总体平均值的置信区间

函数功能

CONFIDENCE.NORM函数用于返回总体平均值的置信区间。

函数格式

```
CONFIDENCE.NORM(alpha,standard_dev,size)
```

参数说明

alpha：计算置信度的显著水平参数α。置信度是 (1−alpha)×100%，即如果alpha是0.05，则置信度是95%。

standard_dev：数据区域的总体标准偏差。

size：样本容量。

注意事项

❶ 无论参数是直接输入的值还是单元格引用，参数都必须是数值类型或可转换为数值的数据，否则CONFIDENCE.NORM函数将返回#VALUE!错误值。

❷ 如果出现以下情况，则函数将返回#NUM!错误值。

- alpha小于或等于0，或者大于或等于1。
- standard_dev小于或等于0。
- size小于1。

Excel版本提醒

CONFIDENCE.NORM函数不能在Excel 2007及更低版本中使用。如需在这些Excel版本中实现相同的功能，可以使用兼容性函数CONFIDENCE。

案例77 计算平均视力的95%置信区间

本例效果如图8-83所示，在B4单元格中输入以下公式并按【Enter】键，计算平均视力的95%置信区间。然后使用B1单元格中的值减去置信区间，得到置信度下限，即A7单元格中的值。再使用B1单元格的值加上置信区间，得到置信度上限，即C7单元格的值。

```
=CONFIDENCE.NORM(0.05,B2,B3)
=B1-B4
=B1+B4
```

B4 =CONFIDENCE.NORM(0.05,B2,B3)

	A	B	C	D	E	F	G
1	平均视力	0.711111					
2	标准偏差	0.12693					
3	样本数	50					
4	置信区间	0.035182					
5							
6		95%置信区间					
7	0.675929	≤μ≤	0.746294				

图8-83

提示

CONFIDENCE.NORM函数的第一个参数0.05由1-95%得到。如果计算97%的置信区间，则CONFIDENCE.NORM函数的第一个参数需要设置为0.03。

8.5.27 CONFIDENCE.T——返回总体平均值的置信区间

函数功能

CONFIDENCE.T函数用于返回总体平均值的置信区间。

函数格式

```
CONFIDENCE.T(alpha,standard_dev,size)
```

参数说明

alpha：计算置信度的显著水平参数α。置信度是(1-alpha)×100%，即如果alpha是0.05，则置信度是95%。

standard_dev：数据区域的总体标准偏差。

size：样本容量。

注意事项

❶ 无论参数是直接输入的值还是单元格引用，参数都必须是数值类型或可转换为数值的数据，否则CONFIDENCE.T函数将返回#VALUE!错误值。

❷ 如果出现以下情况，则函数将返回#NUM!错误值。

- alpha小于等于0，或者大于等于1。
- standard_dev小于等于0。

❸ 如果size等于1，则CONFIDENCE.T函数将返回#DIV/0!错误值。

Excel版本提醒

CONFIDENCE.T函数不能在Excel 2007及更低版本中使用。

8.6 检验数据的倾向性

8.6.1 CHISQ.DIST.RT——返回χ^2分布的右尾概率

➲ 函数功能

CHISQ.DIST.RT函数用于返回χ^2分布的右尾概率。通过使用该函数比较观测结果和期望值，可以确定初始假设是否有效。

➲ 函数格式

```
CHISQ.DIST.RT(x,deg_freedom)
```

➲ 参数说明

x：需要计算的数字。

deg_freedom：自由度。

➲ 注意事项

❶ 无论参数是直接输入的值还是单元格引用，参数都必须是数值类型或可转换为数值的数据，否则函数将返回#VALUE!错误值。

❷ 如果x小于0，或者deg_freedom小于1或大于10^{10}，则CHISQ.DIST.RT函数将返回#NUM!错误值。

➲ Excel版本提醒

CHISQ.DIST.RT函数不能在Excel 2007及更低版本中使用。如需在这些Excel版本中实现相同的功能，可以使用兼容性函数CHIDIST。

案例 78 计算χ^2分布的单尾概率

本例效果如图8-84所示，在B3单元格中输入以下公式并按【Enter】键并向右且向下填充，计算每一个x值在不同自由度下的单尾概率。

```
=CHISQ.DIST.RT(B$2,$A3)
```

B3 =CHISQ.DIST.RT(B$2,$A3)

	A	B	C	D	E	F	G
1		x					
2	自由度	2.5	3.5	4.5	5.5		
3	1	0.113846	0.061369	0.033895	0.019016		
4	3	0.475291	0.320762	0.21229	0.138639		
5	5	0.776495	0.623388	0.479883	0.357946		
6	7	0.927097	0.835225	0.720717	0.599184		
7	9	0.980883	0.941144	0.875539	0.788728		

图8-84

8.6.2 CHISQ.DIST——返回χ^2分布

➲ 函数功能

CHISQ.DIST函数用于返回χ^2分布。χ^2分布通常用于研究样本中某些事物变化的百分比。

➲ 函数格式

```
CHISQ.DIST(x,deg_freedom,cumulative)
```

➲ 参数说明

x：需要计算的数字。

deg_freedom：自由度。

cumulative：概率分布形式。如果该参数是TRUE，则返回累积分布函数；如果该参数是FALSE，则返回概率密度函数。

➲ 注意事项

❶ 无论参数是直接输入的值还是单元格引用，参数都必须是数值类型或可转换为数值的数据，否则CHISQ.DIST函数将返回#VALUE!错误值。

❷ 如果x小于0，或者deg_freedom小于1或大于10^{10}，则CHISQ.DIST函数将返回#NUM!错误值。

➲ Excel版本提醒

CHISQ.DIST函数不能在Excel 2007及更低版本中使用。

8.6.3 CHISQ.INV.RT——返回χ^2分布的右尾概率的反函数值

➲ 函数功能

CHISQ.INV.RT函数用于返回χ^2分布右尾概率的反函数值。通过使用该函数比较观测结果和期望值，可以确定初始假设是否有效。

➲ 函数格式

```
CHISQ.INV.RT(probability,deg_freedom)
```

➲ 参数说明

probability：与χ^2分布相关的概率。

deg_freedom：自由度。

➲ 注意事项

❶ 无论参数是直接输入的值还是单元格引用，参数都必须是数值类型或可转换为数值的数据，否则函数将返回#VALUE!错误值。

❷ 如果probability小于0或大于1，或者deg_freedom小于1或大于10^{10}，则CHISQ.INV.RT函数将返回#NUM!错误值。

➲ Excel版本提醒

CHISQ.INV.RT函数不能在Excel 2007及更低版本中使用。如需在这些Excel版本中实现相同的功能，可以使用兼容性函数CHIINV。

案例 79 计算χ^2分布的单尾概率的反函数值

本例效果如图8-85所示，在B3单元格中输入以下公式并按【Enter】键并向右且向下填充，计算每一个probability值在不同自由度下的单尾概率的反函数值。

```
=CHISQ.INV.RT(B$2,$A3)
```

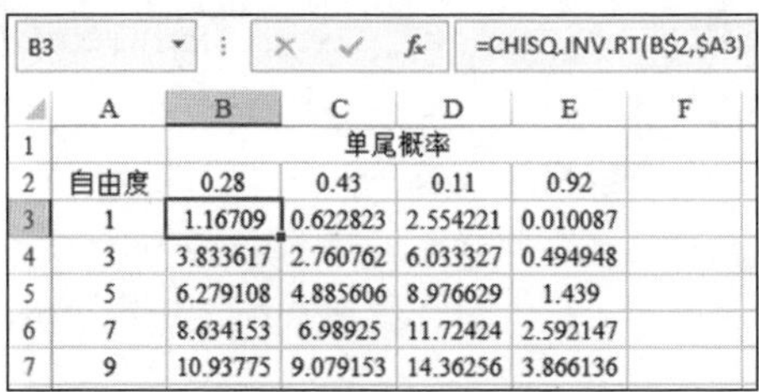

	A	B	C	D	E	F
1		单尾概率				
2	自由度	0.28	0.43	0.11	0.92	
3	1	1.16709	0.622823	2.554221	0.010087	
4	3	3.833617	2.760762	6.033327	0.494948	
5	5	6.279108	4.885606	8.976629	1.439	
6	7	8.634153	6.98925	11.72424	2.592147	
7	9	10.93775	9.079153	14.36256	3.866136	

图8-85

8.6.4 CHISQ.INV——返回χ^2分布的左尾概率的反函数值

CHISQ.INV函数用于返回χ^2分布的左尾概率的反函数值。

➲ 函数格式

```
CHISQ.INV(probability,deg_freedom)
```

➲ 参数说明

probability：与χ^2分布相关的概率。

deg_freedom：自由度。

➲ 注意事项

❶ 无论参数是直接输入的值还是单元格引用，参数都必须是数值类型或可转换为数值的数据，否则CHISQ.INV函数将返回#VALUE!错误值。

❷ 如果probability小于0或大于1，或者deg_freedom小于1或大于10^{10}，则CHISQ.INV函数将返回#NUM!错误值。

➲ Excel版本提醒

CHISQ.INV函数不能在Excel 2007及更低版本中使用。

8.6.5 CHISQ.TEST——返回独立性检验值

➲ 函数功能

CHISQ.TEST函数用于返回独立性检验值，即χ^2分布的统计值及相应的自由度。

➲ 函数格式

```
CHISQ.TEST(actual_range,expected_range)
```

➲ 参数说明

actual_range：对值做检验的数据区域。

expected_range：包含行列汇总的乘积与总计值之比率的数据区域。

➲ 注意事项

❶ actual_range和expected_range必须是数值，其他类型的值将被忽略。

❷ 如果actual_range和expected_range包含不同数量的数据点，则函数将返回#N/A错误值。

❸ 如果actual_range和expected_range

有一个为空，则CHISQ.TEST函数将返回#DIV/0!错误值。

➲ Excel版本提醒

CHISQ.TEST函数不能在Excel 2007及更低版本中使用。如需在这些Excel版本中实现相同的功能，可以使用兼容性函数CHITEST。

案例 80 检验计算机用户与颈椎病的关系

本例效果如图8-86所示，在G1单元格中输入以下公式并按【Enter】键，计算计算机用户与颈椎病的检验值。

```
=CHISQ.TEST(B3:C4,B8:C9)
```

G1 =CHISQ.TEST(B3:C4,B8:C9)

	A	B	C	D	E	F	G
1	计算机用户与颈椎病的关系					检验值	0.000028
2	观测值	颈椎病患者	健康者	合计			
3	计算机用户	150	50	200			
4	非计算机用户	110	90	200			
5	合计	260	140	400			
6							
7	期望值	颈椎病患者	健康者	合计			
8	计算机用户	130	70	200			
9	非计算机用户	130	70	200			
10	合计	260	140	400			

图8-86

注意 B8单元格中的公式是=B$5*$D3/$D$5，将该公式向右和向下复制，得到其他值。B8:C9单元格区域中数据的计算依据：行列汇总的乘积与合计值之比率。

8.6.6 F.DIST.RT——返回*F*概率分布

➲ 函数功能

F.DIST.RT函数用于返回*F*概率分布。使用该函数可以确定两个数据集是否存在变化程度上的不同。

➲ 函数格式

```
F.DIST.RT(x,deg_freedom1,deg_freedom2)
```

➲ 参数说明

x：需要计算的数字。

deg_freedom1：分子的自由度。

deg_freedom2：分母的自由度。

➲ 注意事项

❶ 无论参数是直接输入的值还是单元格引用，参数都必须是数值类型或可转换为数值的数据，否则F.DIST.RT函数将返回#VALUE!错误值。

❷ 如果出现以下情况，则函数将返回#NUM!错误值。

- x小于0。
- deg_freedom1小于1。
- deg_freedom2小于1。

➲ Excel版本提醒

F.DIST.RT函数不能在Excel 2007及更低版本中使用。如需在这些Excel版本中实现相同的功能，可以使用兼容性函数FDIST。

案例 81 计算*F*概率分布

本例效果如图8-87所示，在B2单元格中输入以下公式并按【Enter】键，然后将该公式向下复制到B10单元格，计算A列变量x的*F*概率分布。

```
=F.DIST.RT(A2,$E$1,$E$2)
```

B2 =F.DIST.RT(A2,$E$1,$E$2)

	A	B	C	D	E	F	G
1	x	F 概率分布		自由度1	6		
2	1	0.48523999		自由度2	8		
3	2	0.1792					
4	3	0.0767447					
5	4	0.03759766					
6	5	0.02041105					
7	6	0.01198491					
8	7	0.00748159					
9	8	0.00490442					
10	9	0.00334573					

图8-87

8.6.7 F.DIST——返回*F*概率分布

➲ 函数功能

F.DIST函数用于返回*F*概率分布。使用该函数可以确定两个数据集是否存在变化程度上的不同。

➲ 函数格式

```
F.DIST(x,deg_freedom1,deg_freedom2,cumulative)
```

➲ 参数说明

x：需要计算的数字。

deg_freedom1：分子的自由度。

deg_freedom2：分母的自由度。

cumulative：概率分布形式。如果该参数是TRUE，则返回累积分布函数；如果该参数是FALSE，则返回概率密度函数。

➲ 注意事项

❶ 无论参数是直接输入的值还是单元格引用，参数都必须是数值类型或可转换为数值的数据，否则F.DIST函数将返回#VALUE!错误值。

❷ 如果出现以下情况，则F.DIST函数将返回#NUM!错误值。

- x小于0。
- deg_freedom1小于1。
- deg_freedom2小于1。

Excel版本提醒

F.DIST函数不能在Excel 2007及更低版本中使用。

8.6.8 F.INV.RT——返回*F*概率分布的反函数值

➲ 函数功能

F.INV.RT函数用于返回*F*概率分布的反函数值。在*F*检验中使用该函数可以比较两个数据集的变化程度。

函数格式

F.INV.RT(probability,deg_freedom1,deg_freedom2)

参数说明

probability：与*F*累积分布相关的概率值。

deg_freedom1：分子的自由度。

deg_freedom2：分母的自由度。

注意事项

❶ 无论参数是直接输入的值还是单元格引用，参数都必须是数值类型或可转换为数值的数据，否则F.INV.RT函数将返回#VALUE!错误值。

❷ 如果出现以下情况，则函数将返回#NUM!错误值。

- probability小于0或大于1。
- deg_freedom1小于1或大于10^{10}。
- deg_freedom2小于1或大于10^{10}。

Excel版本提醒

F.INV.RT函数不能在Excel 2007及更低版本中使用。如需在这些Excel版本中实现相同的功能，可以使用兼容性函数FINV。

第8章 统计函数

案例 82 计算*F*累积分布概率的反函数值

本例效果如图8-88所示，F1单元格为*F*累积分布的概率值，在C2单元格中输入以下公式并按【Enter】键，然后将该公式向下复制到C10单元格，计算*F*累积分布概率的反函数值。

=F.INV.RT($F$1,A2,B2)

C2 =F.INV.RT($F$1,A2,B2)

	A	B	C	D	E	F
1	自由度1	自由度2	F概率反函数		概率值	0.183554
2	1	9	2.075445785			
3	2	8	2.111093146			
4	3	7	2.139103998			
5	4	6	2.215113055			
6	5	5	2.362712553			
7	6	4	2.637112288			
8	7	3	3.204864705			
9	8	2	4.807149985			
10	9	1	17.50409499			

图8-88

8.6.9 F.INV——返回*F*概率分布的反函数值

函数功能

F.INV函数用于返回*F*概率分布的反函数值。在*F*检验中使用该函数可以比较两个数据集的变化程度。

函数格式

F.INV(probability,deg_freedom1,deg_freedom2)

参数说明

probability：与*F*累积分布相关的概率值。

deg_freedom1：分子的自由度。

deg_freedom2：分母的自由度。

注意事项

❶ 无论参数是直接输入的值还是单

元格引用，参数都必须是数值类型或可转换为数值的数据，否则F.INV函数将返回#VALUE!错误值。

② 如果出现以下情况，则F.INV函数将返回#NUM!错误值。

- probability小于0或大于1。
- deg_freedom1小于1。
- deg_freedom2小于1。

Excel版本提醒

F.INV函数不能在Excel 2007及更低版本中使用。

8.6.10 T.DIST.2T——返回 *t* 分布的双尾概率

函数功能

T.DIST.2T函数用于返回 *t* 分布的百分点（概率），其中的x是 *t* 分布的计算值（计算其百分点）。*t* 分布用于小样本数据集合的假设检验。使用该函数可以代替 *t* 分布的临界值表。

函数格式

```
T.DIST.2T(x,deg_freedom)
```

参数说明

x：需要计算的值。

deg_freedom：自由度。

注意事项

① 无论参数是直接输入的值还是单元格引用，参数都必须是数值类型或可转换为数值的数据，否则T.DIST.2T函数将返回#VALUE!错误值。

② 如果出现以下情况，则T.DIST.2T函数将返回#NUM!错误值。

- x小于0。
- deg_freedom小于1。

Excel版本提醒

T.DIST.2T函数不能在Excel 2007及更低版本中使用。如需在这些Excel版本中实现相同的功能，可以使用兼容性函数TDIST。

案例 83 计算*t*分布的概率

本例效果如图8-89所示，B2:E2单元格区域中是参数x的值，在B3单元格中输入以下公式并按【Enter】键并向右和向下复制，计算每一个x值在不同自由度下的 *t* 分布的概率。

```
=T.DIST.2T(B$2,$A3)
```

B3 =T.DIST.2T(B$2,$A3)

	A	B	C	D	E	F
1		x				
2	自由度	2.5	3.5	4.5	5.5	
3	1	0.242238	0.177171	0.139209	0.114498	
4	3	0.087707	0.039481	0.02049	0.01183	
5	5	0.05449	0.017284	0.0064	0.002715	
6	7	0.040992	0.009993	0.002798	0.000907	
7	9	0.033862	0.006724	0.001489	0.00038	

图8-89

8.6.11 T.DIST.RT——返回 *t* 分布的右尾概率

函数功能

T.DIST.RT函数用于返回 *t* 分布的百分点（概率），其中的x是 *t* 分布的计算值（计算其百分点）。*t* 分布用于小样本数据集合的假设检验。使用该函数可以代替 *t* 分布的临界值表。

函数格式

T.DIST.RT(x,deg_freedom)

参数说明

x：需要计算的数。

deg_freedom：自由度。

注意事项

❶ 无论参数是直接输入的值还是单元格引用，参数都必须是数值类型或可转换为数值的数据，否则T.DIST.RT函数将返回#VALUE!错误值。

❷ 如果出现以下情况，则函数将返回#NUM!错误值。

- x小于0。
- deg_freedom小于1。

Excel版本提醒

T.DIST.RT函数不能在Excel 2007及更低版本中使用。

8.6.12 T.DIST——返回 *t* 分布

函数功能

T.DIST函数用于返回 *t* 分布的百分点（概率），其中的x是 *t* 分布的计算值（计算其百分点）。*t* 分布用于小样本数据集合的假设检验。使用该函数可以代替 *t* 分布的临界值表。

函数格式

T.DIST(x,deg_freedom,cumulative)

参数说明

x：需要计算的值。

deg_freedom：自由度。

cumulative：概率分布形式。如果该参数是TRUE，则返回累积分布函数；如果该参数是FALSE，则返回概率密度函数。

注意事项

❶ 无论参数是直接输入的值还是单元格引用，参数都必须是数值类型或可转换为数值的数据，否则T.DIST函数将返回#VALUE!错误值。

❷ 如果出现以下情况，则T.DIST函数将返回#NUM!错误值。

- x小于0。
- deg_freedom小于1。

Excel版本提醒

T.DIST函数不能在Excel 2007及更低版本中使用。

8.6.13 T.INV.2T——返回 t 分布的双尾反函数值

函数功能

T.INV.2T函数用于返回作为概率和自由度函数的 t 分布的反函数值。

函数格式

```
T.INV.2T(probability,deg_freedom)
```

参数说明

probability：对应于双尾 t 分布的概率。

deg_freedom：自由度。

注意事项

❶ 无论参数是直接输入的值还是单元格引用，参数都必须是数值类型或可转换为数值的数据，否则T.INV.2T函数将返回#VALUE!错误值。

❷ 如果出现以下情况，则T.INV.2T函数将返回#NUM!错误值。

- probability小于0或大于1。
- deg_freedom小于1。

在某些表中，概率被描述为(1−p)。

Excel版本提醒

T.INV.2T函数不能在Excel 2007及更低版本中使用。如需在这些Excel版本中实现相同的功能，可以使用兼容性函数TINV。

案例84 计算 t 分布概率的反函数值

本例效果如图8-90所示，B2:E2单元格区域中是对应于双尾 t 分布的概率值，在B3单元格中输入以下公式并按【Enter】键并向右和向下复制，计算每一个x值在不同自由度下的 t 分布概率的反函数值。

```
=T.INV.2T(B$2,$A3)
```

B3 =T.INV.2T(B$2,$A3)

	A	B	C	D	E	F
1		x				
2	自由度	0.28	0.43	0.11	0.92	
3	1	2.125108	1.248204	5.729742	0.126329	
4	3	1.314977	0.909811	2.249392	0.109116	
5	5	1.211019	0.858183	1.940503	0.105607	
6	7	1.170769	0.837452	1.829661	0.104113	
7	9	1.149447	0.826289	1.772912	0.103287	

图8-90

8.6.14 T.INV——返回 t 分布的左尾反函数值

函数功能

T.INV函数用于返回作为概率和自由度函数的 t 分布的反函数值。

函数格式

```
T.INV(probability,deg_freedom)
```

参数说明

probability：对应于双尾 t 分布的

概率。

deg_freedom：自由度。

➲ 注意事项

❶ 无论参数是直接输入的值还是单元格引用，参数都必须是数值类型或可转换为数值的数据，否则T.INV函数将返回#VALUE!错误值。

❷ 如果出现以下情况，则T.INV函数将返回#NUM!错误值。

- probability小于0或大于1。
- deg_freedom小于1。

➲ Excel版本提醒

T.INV函数不能在Excel 2007及更低版本中使用。

8.6.15 F.TEST——返回*F*检验的结果

➲ 函数功能

F.TEST函数用于返回*F*检验的结果，*F* 检验返回的是当数组1和数组2的方差无明显差异时的单尾概率。使用该函数可以判断两个样本的方差是否不同。

➲ 函数格式

F.TEST(array1,array2)

➲ 参数说明

array1：第1个数据集。

array2：第2个数据集。

➲ 注意事项

❶ array1和array2必须是数值，其他类型的值将被忽略。

❷ 如果array1或array2包含的数据点个数小于2，或者array1或array2的方差是0，则F.TEST函数将返回#DIV/0!错误值。

❸ 如果array1和array2有一个为空，则F.TEST函数将返回#DIV/0!错误值。

➲ Excel版本提醒

F.TEST函数不能在Excel 2007及更低版本中使用。如需在这些Excel版本中实现相同的功能，可以使用兼容性函数FTEST。

案例85 检验空调和冰箱耗电量的方差

本例效果如图8-91所示，B列和C列是空调和冰箱每小时的耗电情况，在F1单元格中输入以下公式并按【Enter】键，检验空调和冰箱耗电量的方差。

=F.TEST(B2:B9,C2:C9)

F1 =F.TEST(B2:B9,C2:C9)

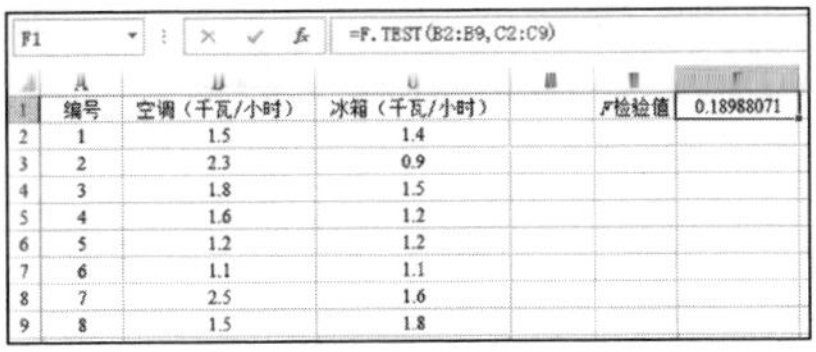

	A	B	C	D	E	F
1	编号	空调（千瓦/小时）	冰箱（千瓦/小时）		*F*检验值	0.18988071
2	1	1.5	1.4			
3	2	2.3	0.9			
4	3	1.8	1.5			
5	4	1.6	1.2			
6	5	1.2	1.2			
7	6	1.1	1.1			
8	7	2.5	1.6			
9	8	1.5	1.8			

图8-91

8.6.16 T.TEST——返回与t检验相关的概率

函数功能

T.TEST函数用于返回与 t 检验相关的概率。使用该函数可以判断两个样本是否可能来自两个具有相同平均值的总体。

函数格式

```
T.TEST(array1,array2,tails,type)
```

参数说明

array1：第1个数据集。

array2：第2个数据集。

tails：表示返回的分布函数是单尾分布还是双尾分布。

type：t 检验的类型，该参数的取值及说明如表8-3所示。

▼ 表8-3 type参数的取值及说明

type参数值	说明
1	成对
2	等方差双样本检验
3	异方差双样本检验

注意事项

❶ array1和array2必须是数值，其他类型的值将被忽略。

❷ 如果array1和array2包含不同数量的数据点，且type是1，则T.TEST函数将返回#N/A错误值。

❸ 如果array1和array2有一个为空，或者array1或array2包含的数据点个数小于2，则T.TEST函数将返回#DIV/0!错误值。

❹ tails和type必须是数值类型或可转换为数值的数据，否则T.TEST函数将返回#VALUE!错误值。

❺ 如果tails不是1或2，则T.TEST函数将返回#NUM!错误值。

❻ 如果tails是1，则T.TEST函数将返回单尾分布；如果tails是2，则T.TEST函数将返回双尾分布。

Excel版本提醒

T.TEST函数不能在Excel 2007及更低版本中使用。如需在这些Excel版本中实现相同的功能，可以使用兼容性函数TTEST。

案例86 检验空调和冰箱耗电量的平均值

本例效果如图8-92所示，B列和C列为空调和冰箱每小时的耗电情况，在F1单元格中输入以下公式并按【Enter】键，检验空调和冰箱耗电量的平均值。

```
=T.TEST(B2:B9,C2:C9,2,2)
```

F1 =T.TEST(B2:B9,C2:C9,2,2)

	A	B	C	D	E	F
1	编号	空调（千瓦/时）	冰箱（千瓦/时）		t检验值	0.003900941
2	1	1.218	0.903			
3	2	1.616	0.946			
4	3	1.151	0.943			
5	4	1.026	0.977			
6	5	1.108	0.914			
7	6	1.086	0.958			
8	7	1.296	0.968			
9	8	1.835	0.925			

图8-92

提示

本例将T.TEST函数的第3个参数设置为2，表示计算双尾分布，即双侧概率。将第4个参数设置为2，表示检验类型是等方差双样本检验。

8.6.17 Z.TEST——返回z检验的单尾概率

函数功能

Z.TEST函数用于返回z检验的单尾概率。对于给定的假设总体平均值x，Z.TEST函数将返回样本平均值大于数据集中观察平均值的概率，即观察样本平均值。

函数格式

Z.TEST(array,x,[sigma])

参数说明

array：对值做检验的数据区域。

x：被检验的值。

sigma（可选）：样本总体的标准偏差，省略该参数时其默认值是样本标准偏差。

注意事项

❶ array必须是数值，其他类型的值将被忽略。

❷ 如果array为空，则Z.TEST函数将返回#N/A错误值。

❸ x和sigma必须是数值类型或可转换为数值的数据，否则Z.TEST函数将返回#VALUE!错误值。

Excel版本提醒

Z.TEST函数不能在Excel 2007及更低版本中使用。如需在这些Excel版本中实现相同的功能，可以使用兼容性函数ZTEST。

案例87 检验2023年与5年前商品销量的平均记录

本例效果如图8-93所示，在G4单元格中输入以下公式并按【Enter】键，检验2023年与5年前商品销量的平均记录。

=Z.TEST(A2:D9,G1,G2)

G4 =Z.TEST(A2:D9,G1,G2)

	A	B	C	D	E	F	G
1	2023年商品销量（随机抽取）					5年前总体平均值	629
2	770	517	549	606		5年前总体标准偏差	133.7761917
3	901	817	999	596			
4	569	653	722	986		总体平均值检验	0.00437863
5	534	663	565	761			
6	865	504	931	744			
7	681	635	691	541			
8	540	629	767	765			
9	557	577	525	951			

图8-93

8.7 统计协方差、相关系数和回归

8.7.1 COVARIANCE.P——计算总体协方差（成对偏差乘积的平均值）

函数功能

COVARIANCE.P函数用于返回总体协方差，即每对数据点的偏差乘积的平均值。使用该函数可以确定两个数据集之间的关系。

函数格式

COVARIANCE.P(array1,array2)

参数说明

array1：第1个数据集。

array2：第2个数据集。

注意事项

❶ array1和array2必须是数值，其他类型的值将被忽略。

❷ 如果array1和array2包含不同数量的数据点，则COVARIANCE.P函数将返回#N/A错误值。

❸ 如果array1和array2有一个为空，则COVARIANCE.P函数将返回#DIV/0!错误值。

Excel版本提醒

COVARIANCE.P函数不能在Excel 2007及更低版本中使用。如需在这些Excel版本中实现相同的功能，可以使用兼容性函数COVAR。

案例 88 计算以年龄和视力为样本数据的协方差

本例效果如图8-94所示，在F1单元格中输入以下公式并按【Enter】键，计算以年龄和视力为样本数据的协方差。

=COVARIANCE.P(B2:B10,C2:C10)

F1　=COVARIANCE.P(B2:B10,C2:C10)

	A	B	C	D	E	F	G
1	编号	年龄	视力		协方差	-0.18765	
2	1	49	0.6				
3	2	52	0.7				
4	3	40	0.8				
5	4	37	0.6				
6	5	29	0.6				
7	6	40	0.6				
8	7	32	0.9				
9	8	26	0.7				
10	9	36	0.9				

图8-94

8.7.2 COVARIANCE.S——计算样本协方差（成对偏差乘积的平均值）

函数功能

COVARIANCE.S函数用于返回样本协方差，即每对数据点的偏差乘积的平均值。使用该函数可以确定两个数据集之间的关系。

函数格式

COVARIANCE.S(array1,array2)

参数说明

array1：第1个数据集。

array2：第2个数据集。

注意事项

❶ array1和array2必须是数值，其他类型的值将被忽略。

❷ 如果array1和array2包含不同数量的数据点，则COVARIANCE.S函数将返回#N/A错误值。

❸ 如果array1和array2有一个为空，或者array1或array2只包含1个数据点，则COVARIANCE.S函数将返回#DIV/0!错误值。

Excel版本提醒

COVARIANCE.S函数不能在Excel 2007及更低版本中使用。

案例89 计算以年龄和视力为样本数据的协方差

本例效果如图8-95所示，在F1单元格中输入以下公式并按【Enter】键，计算以年龄和视力为样本数据的协方差。

=COVARIANCE.S(B2:B10,C2:C10)

F1 =COVARIANCE.S(B2:B10,C2:C10)

	A	B	C	D	E	F	G
1	编号	年龄	视力		协方差	-0.21111	
2	1	49	0.6				
3	2	52	0.7				
4	3	40	0.8				
5	4	37	0.6				
6	5	29	0.6				
7	6	40	0.6				
8	7	32	0.9				
9	8	26	0.7				
10	9	36	0.9				

图8-95

8.7.3 CORREL——返回两组数据的相关系数

函数功能

CORREL函数用于返回两组数据的相关系数。使用该函数可以确定两种属性之间的关系。

函数格式

CORREL(array1,array2)

参数说明

array1：第1个数据集。

array2：第2个数据集。

➲ 注意事项

❶ array1和array2必须是数值，其他类型的值将被忽略。

❷ 如果array1和array2包含不同数量的数据点，则函数将返回#N/A错误值。

❸ 如果array1和array2有一个为空，或者array1或array2包含的数据点个数小于2，则CORREL函数将返回#DIV/0!错误值。

案例 90 计算年龄和视力的相关系数

本例效果如图8-96所示，在F1单元格中输入以下公式并按【Enter】键，计算年龄和视力的相关系数。

```
=CORREL(B2:B10,C2:C10)
```

F1 =CORREL(B2:B10,C2:C10)

	A	B	C	D	E	F
1	编号	年龄	视力		相关系数	-0.19353
2	1	49	0.6			
3	2	52	0.7			
4	3	40	0.8			
5	4	37	0.6			
6	5	29	0.6			
7	6	40	0.6			
8	7	32	0.9			
9	8	26	0.7			
10	9	36	0.9			

图8-96

8.7.4 FISHER——返回Fisher变换

➲ 函数功能

FISHER函数用于返回点x的Fisher变换，该变换生成一个正态分布而非偏斜的函数。使用该函数可以完成相关系数的假设检验。

➲ 函数格式

```
FISHER(x)
```

➲ 参数说明

x：需要变换的数字。

➲ 注意事项

❶ 参数必须是数值类型或可转换为数值的数据，否则FISHER函数将返回#VALUE!错误值。

❷ 如果x小于或等于-1，或者大于或等于1，则FISHER函数将返回#NUM!错误值。

案例 91 计算Fisher变换的相关系数（FISHER+CORREL）

本例效果如图8-97所示，在F1单元格中输入公式并按【Enter】键，计算Fisher

变换的相关系数。

=FISHER(CORREL(B2:B10,C2:C10))

	A	B	C	D	E	F
1	编号	年龄	视力		Fisher变换系数	-0.196
2	1	49	0.6			
3	2	52	0.7			
4	3	40	0.8			
5	4	37	0.6			
6	5	29	0.6			
7	6	40	0.6			
8	7	32	0.9			
9	8	26	0.7			
10	9	36	0.9			

图8-97

公式解析

首先使用CORREL函数计算相关系数，然后使用FISHER函数对计算结果求变换后的相关系数。

交叉参考

CORREL函数请参考8.7.3小节。

8.7.5 FISHERINV——返回Fisher变换的反函数值

函数功能

FISHERINV函数用于返回Fisher变换的反函数值。使用该函数可以分析数据区域或数组之间的相关性。

函数格式

FISHERINV(y)

参数说明

y：需要反变换的数值。

注意事项

参数必须是数值类型或可转换为数值的数据，否则FISHERINV函数将返回#VALUE!错误值。

案例92 计算Fisher变换的反函数值

本例效果如图8-98所示，在F2单元格中输入以下公式并按【Enter】键，计算Fisher变换的反函数值。

=FISHERINV(F1)

	A	B	C	D	E	F
1	编号	年龄	视力		Fisher变换系数	-0.196
2	1	49	0.6		Fisher变换的反函数	-0.19353
3	2	52	0.7			
4	3	40	0.8			
5	4	37	0.6			
6	5	29	0.6			
7	6	40	0.6			
8	7	32	0.9			
9	8	26	0.7			
10	9	36	0.9			

图8-98

提示

F1单元格包含公式FISHER(CORREL(B2:B10,C2:C10))，所以公式FISHERINV(F1)相当于CORREL(B2:B10,C2:C10)。

8.7.6 PEARSON——返回皮尔逊乘积矩相关系数

函数功能

PEARSON函数用于返回皮尔逊乘积矩相关系数 r，取值范围是-1~1，包括-1和1。使用该函数可以分析两组数据之间的线性相关程度。

函数格式

```
PEARSON(array1,array2)
```

参数说明

array1：第1个数据集，是自变量集合。

array2：第2个数据集，是因变量集合。

注意事项

❶ array1和array2必须是数值，其他类型的值将被忽略。

❷ 如果array1和array2包含不同数量的数据点，则PEARSON函数将返回#N/A错误值。

❸ 如果array1和array2有一个为空，或者array1或array2包含的数据点个数小于2，则PEARSON函数将返回#DIV/0!错误值。

案例93 计算年龄和视力的皮尔逊乘积矩相关系数

本例效果如图8-99所示，在F1单元格中输入以下公式并按【Enter】键，计算年龄和视力的皮尔逊乘积矩相关系数。

```
=PEARSON(B2:B10,C2:C10)
```

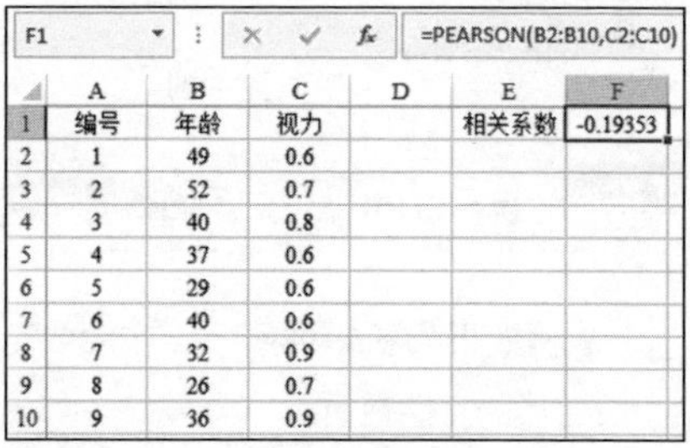

F1 =PEARSON(B2:B10,C2:C10)

	A	B	C	D	E	F
1	编号	年龄	视力		相关系数	-0.19353
2	1	49	0.6			
3	2	52	0.7			
4	3	40	0.8			
5	4	37	0.6			
6	5	29	0.6			
7	6	40	0.6			
8	7	32	0.9			
9	8	26	0.7			
10	9	36	0.9			

图8-99

8.7.7 RSQ——返回皮尔逊乘积矩相关系数的平方

函数功能

RSQ函数用于返回根据known_y's和known_x's的数据点计算得到的皮尔逊乘积矩相关系数的平方。

函数格式

```
RSQ(known_y's,known_x's)
```

参数说明

known_y's：因变量的实测值。

known_x's：自变量的实测值。

注意事项

❶ known_y's和known_x's必须是数值，其他类型的值将被忽略。

❷ 如果known_y's和known_x's包含不同数量的数据点，则RSQ函数将返回#N/A错误值。

❸ 如果known_y's和known_x's有一个为空，或者known_y's或known_x's包含的数据点个数小于2，则RSQ函数将返回#DIV/0!错误值。

案例 94 计算年龄和视力的皮尔逊乘积矩相关系数的平方

本例效果如图8-100所示，在F1单元格中输入以下公式并按【Enter】键，计算年龄和视力的皮尔逊乘积矩相关系数的平方。

=RSQ(B2:B10,C2:C10)

F1 =RSQ(B2:B10,C2:C10)

	A	B	C	D	E	F
1	编号	年龄	视力		相关系数的平方	0.037453
2	1	49	0.6			
3	2	52	0.7			
4	3	40	0.8			
5	4	37	0.6			
6	5	29	0.6			
7	6	40	0.6			
8	7	32	0.9			
9	8	26	0.7			
10	9	36	0.9			

图8-100

提示

本例使用公式PEARSON(B2:B10,C2:C10)^2的结果与直接使用RSQ函数的结果相同。

8.7.8 FORECAST——根据现有的数据计算或预测未来值

函数功能

FORECAST函数用于根据现有的数据计算或预测未来值，该未来值是基于给定的x值推导出的值。使用该函数可以预测未来销售额、库存需求或消费趋势。

函数格式

FORECAST(x,known_y's,known_x's)

参数说明

x：需要预测的数据点。

known_y's：因变量的实测值。

known_x's：自变量的实测值。

注意事项

❶ x必须是数值类型或可转换为数值的数据，否则FORECAST函数将返回#VALUE!错误值。

❷ known_y's和known_x's必须是数值，其他类型的值将被忽略。

❸ 如果known_y's和known_x's包含不同数量的数据点，则FORECAST函数将返回#N/A错误值。

❹ 如果known_y's和known_x's有一个为空，或者known_y's或known_x's包含的数据点个数小于2，则FORECAST函数将返回#DIV/0!错误值。

⑤ 如果known_x's的方差是0，则FORECAST函数将返回#DIV/0!错误值。

案例95 预测特定年龄的视力

本例效果如图8-101所示，在F2单元格中输入以下公式并按【Enter】键，预测指定年龄的视力。

```
=FORECAST(F1,C2:C10,B2:B10)
```

F2 =FORECAST(F1,C2:C10,B2:B10)

	A	B	C	D	E	F	G
1	编号	年龄	视力		年龄	60	
2	1	49	0.6		视力	0.647913	
3	2	52	0.7				
4	3	40	0.8				
5	4	37	0.6				
6	5	29	0.6				
7	6	40	0.6				
8	7	32	0.9				
9	8	26	0.7				
10	9	36	0.9				

图8-101

8.7.9 GROWTH——根据现有的数据计算或预测指数增长值

函数功能

GROWTH函数用于根据现有的数据计算或预测指数增长值。使用该函数可以拟合满足现有x值和y值的指数曲线。

函数格式

```
GROWTH(known_y's,[known_x's],[new_x's],[const])
```

参数说明

known_y's：因变量的实测值。

known_x's（可选）：自变量的实测值。如果省略该参数，则假设该参数是数组{1,2,3,…}，其大小与known_y's相同。

new_x's（可选）：通过GROWTH函数返回的对应y值的一组新的x值。如果省略该参数，则假设它与known_x's相同。如果同时省略known_x's和new_x's，则假设它们是数组{1,2,3, …}，其大小与known_y's相同。

const（可选）：指定是否将常数b强制设置为1。如果省略该参数或其值是TRUE，则b按正常计算；如果该参数是FALSE，则b的值是1，并调整m值以满足公式$y=m^x$。

注意事项

① 如果known_y's中的任何数小于或等于0，则GROWTH函数将返回#NUM!错误值。

② known_y's和known_x's必须是数值，否则GROWTH函数将返回#VALUE!错误值。

③ 如果known_y's和known_x's有一个为空，则GROWTH函数将返回#VALUE!错误值。

❹ new_x's中的第一个值必须是数值，否则GROWTH函数将返回#VALUE!错误值。

案例 96 预测未来月份的销量

本例效果如图8-102所示，在B13单元格中输入以下公式并按【Enter】键，预测12月份的销量。

=GROWTH(B2:B12,A2:A12,A13)

B13 =@GROWTH(B2:B12,A2:A12,A13)

	A	B	C	D	E	F	G
1	月份	销量					
2	1	804					
3	2	932					
4	3	854					
5	4	827					
6	5	935					
7	6	751					
8	7	510					
9	8	759					
10	9	826					
11	10	585					
12	11	974					
13	12	710.3739					

图8-102

8.7.10 TREND——计算一条线性回归线的值

➲ 函数功能

TREND函数用于计算一条线性回归线的值。即找到适合已知数组known_y's和known_x's的直线（最小二乘法），*x*与*y*满足表达式y=mx+b。

➲ 函数格式

TREND(known_y's,[known_x's],[new_x's],[const])

➲ 参数说明

known_y's：因变量的实测值。

known_x's（可选）：自变量的实测值。如果省略该参数，则假设该参数是数组{1,2,3,…}，其大小与known_y's相同。

new_x's（可选）：通过TREND函数返回的对应*y*值的一组新的*x*值。如果省略该参数，则假设它与known_x's相同。如果同时省略known_x's和new_x's，则假设它们是数组{1,2,3, …}，其大小与known_y's相同。

const（可选）：指定是否将常量b强制设置是0。如果省略该参数或其值是TRUE，则b按正常计算；如果该参数是FALSE，则b的值是0，并调整m值以满足公式y=mx+b。

➲ 注意事项

❶ 如果known_y's中的任何数小于或等于0，则TREND函数将返回#NUM!错误值。

❷ known_y's和known_x's必须是数值，否则TREND函数将返回#VALUE!错误值。

③ 如果known_y's和known_x's有一个为空，则TREND函数将返回#VALUE!错误值。

④ new_x's中的第一个值必须是数值，否则TREND函数将返回#VALUE!错误值。

案例 97 预测回归线上的视力

本例效果如图8-103所示，选择F2:F4单元格区域，然后输入以下数组公式并按【Ctrl+Shift+Enter】组合键，预测回归线上的视力。

```
=TREND(C2:C10,B2:B10,E2:E4)
```

F2 {=TREND(C2:C10,B2:B10,E2:E4)}

	A	B	C	D	E	F	G
1	编号	年龄	视力		年龄	视力	
2	1	49	0.6		35	0.719368	
3	2	52	0.7		45	0.690786	
4	3	40	0.8		55	0.662204	
5	4	37	0.6				
6	5	29	0.6				
7	6	40	0.6				
8	7	32	0.9				
9	8	26	0.7				
10	9	36	0.9				

图8-103

8.7.11 LINEST——返回线性回归线的参数

函数功能

LINEST函数用于使用最小二乘法对已知数据进行最佳直线拟合，然后返回描述此直线的数组。自变量x和因变量y满足表达式$y=mx+b$或$y=m_1x_1+m_2x_2+\cdots m_nx_n+b$

函数格式

```
LINEST(known_y's,[known_x's],[const],[stats])
```

参数说明

known_y's：因变量的实测值。

known_x's（可选）：自变量的实测值。如果省略该参数，则假设该参数是数组{1,2,3,…}，其大小与known_y's相同。

const（可选）：指定是否将常量b强制设置为0。如果省略该参数或其值是TRUE，则b按正常计算；如果该参数是FALSE，则b的值是0，并调整m值以满足公式$y=mx+b$。

stats（可选）：指定是否返回附加的回归统计值。如果该参数是TRUE，则LINEST函数将返回附加的回归统计值；如果省略该参数或其值是FALSE，则LINEST函数将只返回系数m和常数。

注意事项

① 如果known_y's中的任何数小于或等于0，则LINEST函数将返回#NUM!错误值。

② known_y's和known_x's必须是数值，否则LINEST函数将返回#VALUE!错误值。

③ 如果known_y's和known_x's有一个为空，则LINEST函数将返回

#VALUE!错误值。

❹ 由于LINEST函数返回值是数组，因此必须以数组公式的形式输入。

案例 98 根据年龄和视力求线性回归值

本例效果如图8-104所示，E2:F6单元格区域中的内容对应E9:F13单元格区域中的计算结果。选择E9:F13单元格区域，然后输入以下数组公式并按【Ctrl+Shift+Enter】组合键，根据年龄和视力求线性回归值。

```
=LINEST(C2:C10,B2:B10,TRUE,TRUE)
```

E9　　{=LINEST(C2:C10,B2:B10,TRUE,TRUE)}

	A	B	C	D	E	F
1	编号	年龄	视力		LINEST函数的值的项目表	
2	1	49	0.6		截距	斜率
3	2	52	0.7		截距的标准误差	斜率的标准误差
4	3	40	0.8		决定系数	回归式的标准误差
5	4	37	0.6		F值	剩余的自由度
6	5	29	0.6		回归式的偏差平方和	剩余偏差平方和
7	6	40	0.6			
8	7	32	0.9		LINEST函数的返回值	
9	8	26	0.7		-0.002858217	0.819405792
10	9	36	0.9		0.005476674	0.212197071
11					0.037452504	0.133128122
12					0.272368403	7
13					0.004827212	0.124061677

图8-104

8.7.12 LOGEST——返回指数回归线的参数

➲ 函数功能

LOGEST函数用于在回归分析中计算最符合数据的指数回归拟合曲线，并返回描述该曲线的数值数组。自变量x和因变量y满足表达式y=bm^{x}或y=b$m_1^{x_1}m_2^{x_2}\cdots m_n^{x_n}$。

➲ 函数格式

LOGEST(known_y's,[known_x's],[const],[stats])

➲ 参数说明

known_y's：因变量的实测值。

known_x's（可选）：自变量的实测值。如果省略该参数，则假设该参数是数组{1,2,3,…}，其大小与known_y's相同。

const（可选）：指定是否将常数b强制设置为1。如果省略该参数或其值是TRUE，则b按正常计算；如果该参数是FALSE，则b的值是1，并调整m值以满足公式y=m^x。

stats（可选）：指定是否返回附加的回归统计值。如果该参数是TRUE，则LOGEST函数将返回附加的回归统计值；如果省略该参数或其值是FALSE，则LOGEST函数将只返回系数m和常量b。

➲ 注意事项

❶ 如果known_y's中的任何数小于或等于0，则LOGEST函数将返回#NUM!错误值。

❷ known_y's和known_x's必须是数值，否则LOGEST函数将返回#VALUE!错误值。

❸ 如果known_y's和known_x's有一个为空，则LOGEST函数将返回#VALUE!错误值。

❹ 由于LOGEST函数返回值是数组，因此必须以数组公式的形式输入。

案例 99 根据时间和销量求指数回归值

本例效果如图8-105所示， D2:E6单元格区域中的内容对应D9:E13单元格区域中的计算结果。选择D9:E13单元格区域，然后输入以下数组公式并按【Ctrl+Shift+Enter】组合键，根据前6个月的销量求指数回归值。

```
=LOGEST(B2:B7,A2:A7,TRUE,TRUE)
```

D9 {=LOGEST(B2:B7,A2:A7,TRUE,TRUE)}

	A	B	C	D	E
1	月份	销量		LOGEST函数的值的项目表	
2	1	804		截距	斜率
3	2	932		截距的标准误差	斜率的标准误差
4	3	854		决定系数	回归式的标准误差
5	4	827		F值	剩余的自由度
6	5	935		回归式的偏差平方和	剩余偏差平方和
7	6	751			
8				LOGEST函数的返回值	
9				0.989669348	879.290533
10				0.022311508	0.086890839
11				0.051373472	0.093335733
12				0.216622541	4
13				0.00188712	0.034846236

图8-105

8.7.13 SLOPE——返回线性回归线的斜率

➲ 函数功能

SLOPE函数用于返回根据known_y's和known_x's中的数据点拟合的线性回归线的斜率。斜率是直线上任意两点的垂直距离与水平距离的比值。

➲ 函数格式

```
SLOPE(known_y's,known_x's)
```

➲ 参数说明

known_y's：因变量的实测值。

known_x's：自变量的实测值。

➲ 注意事项

❶ known_y's和known_x's必须是数值，其他类型的值将被忽略。

❷ 如果known_y's和known_x's包含不同数量的数据点，则SLOPE函数将返回#N/A错误值。

❸ 如果known_y's和known_x's有一个为空，或者known_y's或known_x's包含的数据点个数小于2，则SLOPE函数将返回#DIV/0!错误值。

案例 100 从年龄和视力中求回归线的斜率

本例效果如图8-106所示，在F1单元格中输入以下公式并按【Enter】键，从年龄和视力中求回归线的斜率。

```
=SLOPE(C2:C10,B2:B10)
```

F1 =SLOPE(C2:C10,B2:B10)

	A	B	C	D	E	F
1	编号	年龄	视力		回归线斜率	-0.00286
2	1	49	0.6			
3	2	52	0.7			
4	3	40	0.8			
5	4	37	0.6			
6	5	29	0.6			
7	6	40	0.6			
8	7	32	0.9			
9	8	26	0.7			
10	9	36	0.9			

图8-106

8.7.14 INTERCEPT——返回线性回归线的截距

➲ 函数功能

INTERCEPT函数用于根据现有的*x*值和*y*值计算直线与*y*轴的截距。截距是穿过已知的known_x's和known_y's数据点的线性回归线与*y*轴的交点。自变量是0时，使用INTERCEPT函数可以确定因变量的值。

➲ 函数格式

```
INTERCEPT(known_y's,known_x's)
```

➲ 参数说明

known_y's：因变量的实测值。

known_x's：自变量的实测值。

➲ 注意事项

❶ known_y's和known_x's必须是数值，其他类型的值将被忽略。

❷ 如果known_y's和known_x's包含不同数量的数据点，则INTERCEPT函数将返回#N/A错误值。

❸ 如果known_y's和known_x's有一个为空，或者known_y's或known_x's包含的数据点个数小于2，则NTERCEPT函数将返回#DIV/0!错误值。

案例 101 从年龄和视力中求回归线的截距

本例效果如图8-107所示，在F1单元格中输入公式并按【Enter】键，从年龄和视力中求回归线的截距。

```
=INTERCEPT(C2:C10,B2:B10)
```

F1 =INTERCEPT(C2:C10,B2:B10)

	A	B	C	D	E	F
1	编号	年龄	视力		回归线截距	0.819406
2	1	49	0.6			
3	2	52	0.7			
4	3	40	0.8			
5	4	37	0.6			
6	5	29	0.6			
7	6	40	0.6			
8	7	32	0.9			
9	8	26	0.7			
10	9	36	0.9			

图8-107

8.7.15 STEYX——返回通过线性回归法计算每个x的y预测值时产生的标准误差

函数功能

STEYX函数用于返回通过线性回归法计算每个x的y预测值时产生的标准误差。使用标准误差可以度量根据单个x变量计算出的y预测值的误差量。

函数格式

```
STEYX(known_y's,known_x's)
```

参数说明

known_y's：因变量的实测值。

known_x's：自变量的实测值。

注意事项

❶ known_y's和known_x's必须是数值，其他类型的值将被忽略。

❷ 如果known_y's和known_x's包含不同数量的数据点，则STEYX函数将返回#N/A错误值。

❸ 如果known_y's和known_x's有一个为空，或者known_y's或known_x's包含的数据点个数小于2，则STEYX函数将返回#DIV/0!错误值。

案例102 从年龄和视力中求回归线的标准误差

本例效果如图8-108所示，在F1单元格中输入以下公式并按【Enter】键，从年龄和视力中求回归线的标准误差。

```
=STEYX(C2:C10,B2:B10)
```

F1 =STEYX(C2:C10,B2:B10)

	A	B	C	D	E	F
1	编号	年龄	视力		回归线标准误差	0.133128
2	1	49	0.6			
3	2	52	0.7			
4	3	40	0.8			
5	4	37	0.6			
6	5	29	0.6			
7	6	40	0.6			
8	7	32	0.9			
9	8	26	0.7			
10	9	36	0.9			

图8-108

第9章 财务函数

Excel中的财务函数主要用于对各类财务数据进行计算和分析，包括计算本金和利息、计算投资预算、计算收益率、计算折旧值、计算证券和国库券以及转换美元价格的格式等。本章介绍财务函数的基本用法和实际应用。

9.1 了解货币的时间价值

货币的时间价值是指一定数量的货币在不同时期具有不同的价值。例如，2020年使用1万元进行投资，一年后可能由于投资产生收益，拥有的金额比1万元多。如果投资亏损，则一年后拥有的金额就少于1万元，甚至欠债。这个例子简单说明了什么是货币的时间价值。无论盈利（利息）还是亏损（风险），都是财务计算研究的核心问题。介绍财务函数前，需要了解以下几个基本概念。

- 现值：也称为本金，即目前拥有的金额。现值可以是正数，也可以是负数。上面例子中的1万元就是现值。
- 未来值：现值加上利息后的值，即现值被使用一段时间后的金额，未来值可以是正数，也可以是负数。例如，如果拿出1万元进行3年期的投资，每年赚5%，则在3年到期时将拥有11576.25元，这就是未来值。
- 付款：本金或本金加利息。例如，每年向银行存入5万元，则5万元就是本金；每年向银行缴纳12000元的抵押贷款，则12000元就是本金加利息的金额。
- 利率：利率是利息占本金的百分比，通常以年计。
- 周期：获得或支付利息的时间段。例如，银行每年发放利息，银行客户每月偿还银行贷款，此处的一年和一月便是周期。
- 定期：生成利息的时间总量。例如，向银行存入现金36个月，就是一个3年的定期。

使用财务函数处理数据时，数据的正负号至关重要，因为正负号会影响数据的计算结果。在Excel中正数表示收入的金额，负数表示支出的金额。例如，对银行客户来说，向银行存款是金额的支出，使用负数表示；到期收回本金和利息是金额的收入，使用正数表示。

9.2 计算本金和利息

9.2.1 PMT——计算贷款的每期付款额

函数功能

PMT函数用于计算基于固定利率及等额分期付款方式下贷款的每期付款额。

函数格式

```
PMT(rate,nper,pv, [fv],[type])
```

参数说明

rate：贷款期间的固定利率。

nper：付款期的总数。

pv：现值，即贷款的本金。

fv（可选）：贷款的未来值，省略该参数时其默认值是0。

type（可选）：付款类型，该参数是1表示在每个周期的期初还贷，该参数是0表示在每个周期的期末还贷，省略该参数时其默认值是0。

注意事项

rate和nper的单位必须相同。例如，对于3年期年利率是15%的贷款，如果按月支付，则rate应该是15%除以12，即1.25%，而nper参数应该是3乘以12，即36；如果按年支付，则rate应该是15%，而nper应该是3。

案例 01 计算贷款的每期付款额

本例效果如图9-1所示，在B4和B5单元格中分别输入以下公式并按【Enter】键，计算年偿还额和月偿还额。

```
=PMT(B3,B2,B1)
```

```
=PMT(B3/12,B2*12,B1)
```

B5 =PMT(B3/12,B2*12,B1)

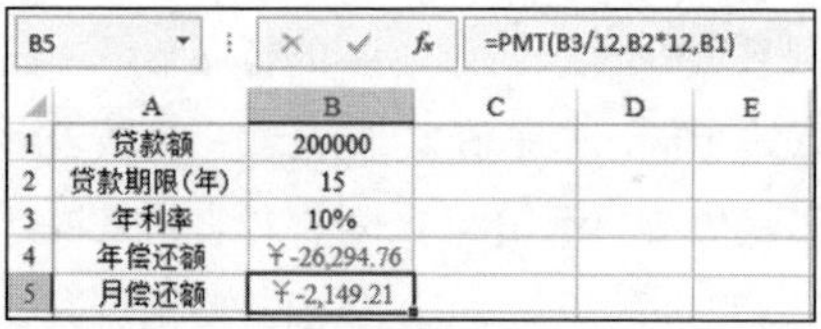

	A	B	C	D	E
1	贷款额	200000			
2	贷款期限(年)	15			
3	年利率	10%			
4	年偿还额	￥-26,294.76			
5	月偿还额	￥-2,149.21			

图9-1

公式解析

B4单元格中的公式用于计算年偿还额。B5单元格中的公式用于计算月偿还额，因此需要将以年为单位的贷款期限乘以12转换为月数，并将年利率除以12转换为月利率。

9.2.2 IPMT——计算贷款在给定期间内支付的利息

函数功能

IPMT函数用于计算基于固定利率及等额分期付款方式下给定期数内对投资的利息偿还额。

函数格式

IPMT(rate,per,nper,pv,[fv],[type])

参数说明

rate：贷款期间的固定利率。

per：期数，即支付利息的次数，取值范围是1~nper。

nper：付款期的总数。

pv：现值，即贷款的本金。

fv（可选）：贷款的未来值，省略该参数时其默认值是0。

type（可选）：付款类型，该参数是1表示在每个周期的期初还贷，该参数是0表示在每个周期的期末还贷，省略该参数时其默认值是0。

注意事项

rate和nper的单位必须相同。例如，对于3年期年利率是15%的贷款，如果按月支付，则rate应该是15%除以12，即1.25%，而nper参数应该是3乘以12，即36；如果按年支付，则rate应该是15%，而nper应该是3。

案例02 计算贷款在给定期间内支付的利息

本例效果如图9-2所示，在B4和B5单元格中分别输入以下公式并按【Enter】键，计算第一个月和最后一个月需要支付的利息。

=IPMT(B3/12,1,B2*12,B1)

=IPMT(B3/12,B2*12,B2*12,B1)

B5 =IPMT(B3/12,B2*12,B2*12,B1)

	A	B	C	D	E
1	贷款额	500000			
2	贷款期限（年）	15			
3	年利率	8%			
4	第一个月应付的利息	￥-3,333.33			
5	最后一个月应付的利息	￥-31.64			

图9-2

公式解析

B4和B5单元格中的两个公式只有一个区别，即IPMT函数的第二个参数per的值不同。B4单元格中该值是1，表示第一次还贷。B5单元格中该值是15×12=180，表示最后一次还贷。

9.2.3 PPMT——计算贷款在给定期间内偿还的本金

函数功能

PPMT函数用于计算基于固定利率及等额分期付款方式下投资在某一给定期间内的本金偿还额。

函数格式

```
PPMT(rate,per,nper,pv,[fv],[type])
```

参数说明

rate：贷款期间的固定利率。

per：期数，即支付利息的次数，取值范围是1~nper。

nper：付款期的总数。

pv：现值，即贷款的本金。

fv（可选）：贷款的未来值，省略该参数时其默认值是0。

type（可选）：付款类型，该参数是1表示在每个周期的期初还贷，该参数是0表示在每个周期的期末还贷，省略该参数时其默认值是0。

注意事项

rate和nper的单位必须相同。例如，对于3年期年利率是15%的贷款，如果按月支付，则rate应该是15%除以12，即1.25%，而nper参数应该是3乘以12，即36；如果按年支付，则rate应该是15%，而nper应该是3。

案例03 计算贷款在给定期间内偿还的本金

本例效果如图9-3所示，在B4和B5单元格中分别输入以下公式并按【Enter】键，计算第一个月和最后一个月需要偿还的本金。

```
=PPMT(B3/12,1,B2*12,B1)
```

```
=PPMT(B3/12,180,B2*12,B1)
```

B5 =PPMT(B3/12,180,B2*12,B1)

	A	B	C	D	E
1	贷款额	500000			
2	贷款期限（年）	15			
3	年利率	8%			
4	第一个月应付的本金	￥-1,444.93			
5	最后一个月应付的本金	￥-4,746.62			

图9-3

9.2.4 ISPMT——计算特定投资期内支付的利息

函数功能

ISPMT函数用于计算特定投资期内需要支付的利息。

函数格式

```
ISPMT(rate,per,nper,pv)
```

参数说明

rate：贷款期间的固定利率。

per：期数，即支付利息的次数，取值范围是1~nper。

nper：付款期的总数。

pv：现值，即贷款的本金。

注意事项

rate和nper的单位必须相同。例如，对于3年期年利率是15%的贷款，如果按月支付，则rate应该是15%除以12，即1.25%，而nper参数应该是3乘以12，即36；如果按年支付，则rate应该是15%，而nper应该是3。

案例 04 计算特定投资期内支付的利息

本例效果如图9-4所示，在B5单元格中输入以下公式并按【Enter】键，计算第20次应付的利息。

```
=ISPMT(B3/12,B4,B2*12,B1)
```

B5 =ISPMT(B3/12,B4,B2*12,B1)

	A	B	C	D	E
1	贷款额	500000			
2	贷款期限（年）	15			
3	年利率	8%			
4	支付期数	20			
5	第20次应付的利息	￥-2,962.96			

图9-4

9.2.5 CUMIPMT——计算两个付款期之间累计支付的利息

函数功能

CUMIPMT函数用于计算一笔贷款在给定的start_period到end_period期间累计支付的利息。

函数格式

CUMIPMT(rate,nper,pv,start_period,end_period,type)

参数说明

rate：贷款期间的固定利率。

nper：付款期的总数。

pv：现值，即贷款的本金。

start_period：第一个周期。

end_period：最后一个周期。

type：付款类型，该参数是1表示在每个周期的期初还贷，该参数是0表示在每个周期的期末还贷，省略该参数时其默认值是0。

注意事项

① rate和nper的单位必须相同。例如，对于3年期年利率是15%的贷款，如果按月支付，则rate应该是15%除以12，即1.25%，而nper参数应该是3乘以12，即36；如果按年支付，则rate应该是15%，而nper应该是3。

② start_period必须小于end_period，否则CUMIPMT函数将返回#NUM!错误值。

案例 05 计算两个付款期之间累计支付的利息

本例效果如图9-5所示，在B4单元格中输入公式并按【Enter】键，计算第三年需要累计支付的利息。

=CUMIPMT(B3/12,B2*12,B1,25,36,0)

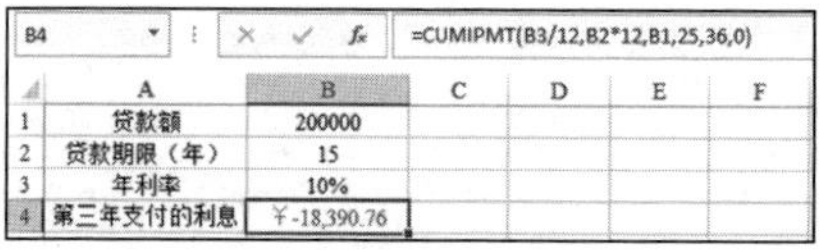

B4 =CUMIPMT(B3/12,B2*12,B1,25,36,0)

	A	B	C	D	E	F
1	贷款额	200000				
2	贷款期限（年）	15				
3	年利率	10%				
4	第三年支付的利息	￥-18,390.76				

图9–5

公式解析

本例公式的重点在于确定第三年支付利息的开始时间和结束时间，即start_period和end_period的值。一年有12个月，第三年开始的月份数字是25，经过11个月后的数字是25+11=36，即第三年最后一个月的数字是36。

9.2.6 CUMPRINC——计算两个付款期之间累计支付的本金

函数功能

CUMPRINC函数用于计算一笔贷款在给定的start_period到end_period期间累计偿还的本金数额。

函数格式

CUMPRINC(rate,nper,pv,start_period,end_period,type)

参数说明

rate：贷款期间的固定利率。

nper：付款期的总数。

pv：现值，即贷款的本金。

start_period：第一个周期。

end_period：最后一个周期。

type：付款类型，该参数是1表示在每个周期的期初还贷，该参数是0表示在每个周期的期末还贷，省略该参数时其默认值是0。

注意事项

❶ rate和nper的单位必须相同。例如，对于3年期年利率是15%的贷款，如果按月支付，则rate应该是15%除以12，即1.25%，而nper参数应该是3乘以12，即36；如果按年支付，则rate应该是15%，而nper应该是3。

❷ start_period必须小于end_period，否则CUMPRINC函数将返回#NUM!错误值。

案例 06 计算两个付款期之间累计支付的本金

本例效果如图9–6所示，在B4单元格中输入以下公式并按【Enter】键，计算第三年需要累计支付的本金。

=CUMPRINC(B3/12,B2*12,B1,25,36,0)

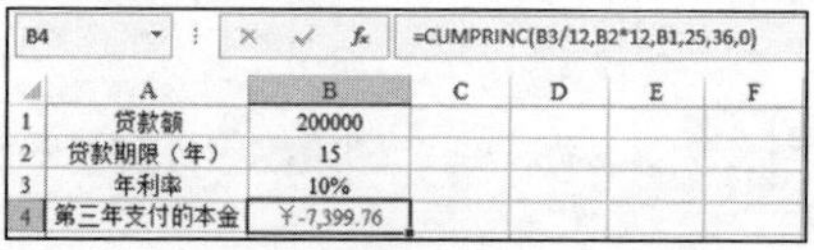

B4 =CUMPRINC(B3/12,B2*12,B1,25,36,0)

	A	B	C	D	E	F
1	贷款额	200000				
2	贷款期限（年）	15				
3	年利率	10%				
4	第三年支付的本金	￥-7,399.76				

图9–6

9.2.7 EFFECT——将名义年利率转换为实际年利率

函数功能

EFFECT函数用于计算在给定的名义年利率和每年的复利期数下的实际年利率。

函数格式

EFFECT(nominal_rate,npery)

参数说明

nominal_rate：名义年利率。

npery：每年的复利期数。

注意事项

❶ 所有参数必须是数值类型或可转换为数值的数据，否则EFFECT函数将返回#VALUE!错误值。

❷ 如果nominal_rate小于或等于0，或者npery小于1，则EFFECT函数将返回#NUM!错误值。

案例07 将名义年利率转换为实际年利率

本例效果如图9-7所示，在B3单元格中输入以下公式并按【Enter】键，将名义年利率转换为实际年利率。

=EFFECT(B1,B2)

B3 =EFFECT(B1,B2)

	A	B	C	D	E
1	名义年利率	8%			
2	每年的复利期数	4			
3	实际年利率	8.24%			

图9-7

9.2.8 NOMINAL——将实际年利率转换为名义年利率

函数功能

NOMINAL函数用于计算在给定的实际年利率和年复利期数下的名义年利率。

函数格式

NOMINAL(effect_rate,npery)

参数说明

effect_rate：实际年利率。

npery：每年的复利期数。

注意事项

❶ 所有参数必须是数值类型或可转换为数值的数据，否则NOMINAL函数将返回#VALUE!错误值。

❷ 如果effect_rate小于或等于0，或者npery小于1，则NOMINAL函数将返回#NUM!错误值。

案例08 将实际年利率转换为名义年利率

本例效果如图9-8所示，在B3单元格中输入公式并按【Enter】键，将实际年利率转换为名义年利率。

```
=NOMINAL(B1,B2)
```

B3 =NOMINAL(B1,B2)

	A	B	C	D	E
1	实际年利率	8%			
2	每年的复利期数	4			
3	名义年利率	7.77%			

图9-8

9.2.9 RATE——计算年金的各期利率

函数功能

RATE函数用于计算年金的各期利率。

函数格式

```
RATE(nper,pmt,pv,[fv],[type],[guess])
```

参数说明

nper：付款期的总数。

pmt：每个周期的还贷额，在整个还贷期间该参数值保持不变。如果在公式中忽略该参数，则必须包含fv参数。

pv：现值，即贷款的本金。

fv（可选）：贷款的未来值，省略该参数时其默认值是0。

type（可选）：付款类型，该参数是1表示在每个周期的期初还贷，该参数是0表示在每个周期的期末还贷，省略该参数时其默认值是0。

guess（可选）：预期利率，它是一个百分比值，省略该参数时其默认值是10%。

注意事项

必须确保guess和nper的单位相同。例如，对于3年期年利率是15%的贷款，如果按月支付，则guess应该是15%除以12，即1.25%，而nper应该是3乘以12，即36。如果按年支付，则guess应该是15%，而nper应该是3。

案例 09 计算年金的各期利率

本例效果如图9-9所示，在B4单元格中输入以下公式并按【Enter】键，计算年金的各期利率。

```
=RATE(B2*12,-B3,B1)*12
```

B4 =RATE(B2*12,-B3,B1)*12

	A	B	C	D	E
1	贷款额	400000			
2	贷款期限（年）	15			
3	每月还贷额	3000			
4	贷款年利率	4.20%			

图9-9

公式解析

由于还款额按月计算，因此将以年为单位的贷款期限乘以12转换为月数。由于还款属于资金流出，因此需要将其值转换为负数。RATE函数得到的是月利率，将该值乘以12才是年利率。

9.3 计算投资预算

9.3.1 FV——计算一笔投资的未来值

函数功能

FV函数用于计算在固定利率及等额分期付款方式下一笔投资的未来值。

函数格式

FV(rate,nper,pmt,[pv],[type])

参数说明

rate：投资期间的固定利率。

nper：投资的期数。

pmt：在整个投资期间每个周期的投资额。

pv（可选）：初始投资额，默认值是0。

type（可选）：投资类型，该参数是1表示在每个周期的期初投资，该参数是0表示在每个周期的期末投资，省略该参数时其默认值是0。

注意事项

rate和nper的单位必须相同。例如，对于3年期年利率是15%的贷款，如果按月支付，则rate应该是15%除以12，即1.25%，而nper参数应该是3乘以12，即36；如果按年支付，则rate应该是15%，而nper应该是3。

案例10 计算一笔投资的未来值

本例效果如图9-10所示，在B5单元格中输入以下公式并按【Enter】键，计算一笔投资的未来值。

=FV(B3/12,B2*12,-B4,-B1)

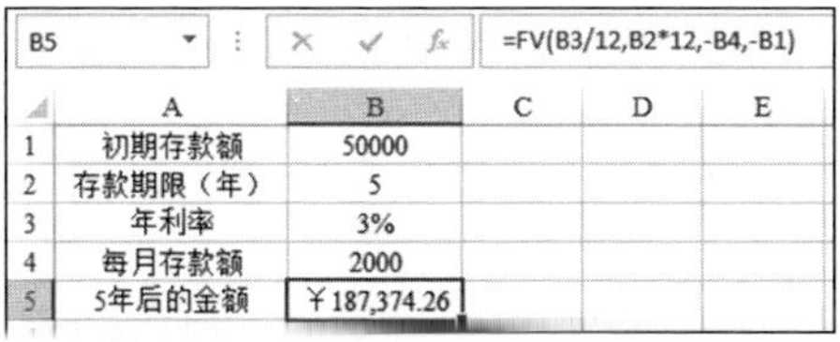

B5 =FV(B3/12,B2*12,-B4,-B1)

	A	B	C	D	E
1	初期存款额	50000			
2	存款期限（年）	5			
3	年利率	3%			
4	每月存款额	2000			
5	5年后的金额	￥187,374.26			

图9-10

公式解析

由于存款额是按月计算的，因此需要将存款期限和年利率都转换为以月为单位的值。还需要将初期存款额和每月存款额转换为负数，因为它们属于资金流出。

9.3.2 FVSCHEDULE——使用一系列复利率计算本金的未来值

函数功能

FVSCHEDULE函数用于计算基于一系列复利率返回本金的未来值，该函数用于计算某项投资在变动或可调利率下的未来值。

函数格式

```
FVSCHEDULE(principal,schedule)
```

参数说明

principal：现值，即初始投资额。

schedule：利率所在的单元格区域或数组。

注意事项

schedule的值必须是数值或空单元格，否则FVSCHEDULE函数将返回#VALUE!错误值。

案例11 使用一系列复利率计算初始本金的未来值

本例效果如图9-11所示，在E2单元格中输入以下数组公式并按【Ctrl+Shift+Enter】组合键，计算使用一系列复利率计算本金的未来值。

```
=FVSCHEDULE(E1,(B2:B13)/12)
```

E2 {=FVSCHEDULE(E1,(B2:B13)/12)}

	A	B	C	D	E	F
1	月份	年利率		初期存款额	50000	
2	1	3.25%		一年后的存款额	51514.37	
3	2	3.25%				
4	3	3.25%				
5	4	2.90%				
6	5	2.90%				
7	6	2.90%				
8	7	2.75%				
9	8	2.75%				
10	9	2.75%				
11	10	3.05%				
12	11	3.05%				
13	12	3.05%				

图9-11

9.3.3 NPER——计算投资的期数

函数功能

NPER函数用于计算在固定利率及等额分期付款方式下的某项投资的总期数。

函数格式

```
NPER(rate,pmt,pv,[fv],[type])
```

参数说明

rate：投资期间的固定利率。

pmt：在整个投资期间每个周期的投资额。

pv：初始投资额。

fv（可选）：投资的未来值，默认值是0。

type（可选）：投资类型，该参数是1表示在每个周期的期初投资，该参数是0表示在每个周期的期末投资，省略该参数时其默认值是0。

案例12 计算投资的期数（NPER+ROUNDUP）

本例效果如图9-12所示，在B5单元格中输入以下公式并按【Enter】键，计算投资的期数。

=ROUNDUP(NPER(B3/12,-B4,B2,B1),0)

	A	B	C	D	E	F
1	投资的未来值	400000				
2	初期投资额	0				
3	年利率	5%				
4	每月投资额	12000				
5	所需的支付期数	32				

图9-12

公式解析

需要将年利率转换为以月为单位的值，每月投资属于资金流出，所以需要将其值转换为负数。为了获得整数形式的投资支付次数，需要使用ROUNDUP函数将计算结果向上入到最接近的整数。

9.3.4 PDURATION——计算投资到达指定值所需的期数

函数功能

PDURATION函数用于计算投资到达指定值所需的期数。

函数格式

PDURATION(rate,pv,fv)

参数说明

rate：投资期间的固定利率。

pv：初始投资额。

fv：投资的未来值。

注意事项

① 所有参数必须是正数，否则PDURATION函数将返回#NUM!错误值。

② 所有参数必须是数值类型或可转换为数值的数据，否则PDURATION函数将返回#VALUE!错误值。

Excel版本提醒

PDURATION函数是Excel 2013中新增的函数，不能在Excel 2013之前的版本中使用。

案例13 计算投资到达指定值所需的期数（PDURATION+ROUNDUP）

本例效果如图9-13所示，在B4单元格中输入以下公式并按【Enter】键，计算到达目标投资额所需的期数。

=ROUNDUP(PDURATION(B3,B2,B1),2)

	A	B	C	D	E	F
1	投资的未来值	30000				
2	初期投资额	20000				
3	年利率	5%				
4	所需的期数	8.32				

图9-13

9.3.5 PV——计算投资的现值

函数功能

PV函数用于计算投资的现值。

函数格式

```
PV(rate,nper,pmt,[fv],[type])
```

参数说明

rate：投资期间的固定利率。

nper：投资的期数。

pmt：在整个投资期间每个周期的投资额。

fv（可选）：投资的未来值。

type（可选）：投资类型，该参数是1表示在每个周期的期初投资，该参数是1表示在每个周期的期末投资，省略该参数时其默认值是0。

注意事项

rate和nper的单位必须相同。例如，对于3年期年利率是15%的贷款，如果按月支付，则rate应该是15%除以12，即1.25%，而nper参数应该是3乘以12，即36；如果按年支付，则rate应该是15%，而nper应该是3。

案例 14 计算投资的现值

本例效果如图9-14所示，在B4单元格中输入以下公式并按【Enter】键，计算投资的现值。

```
=PV(B2/12,B1*12,-B3)
```

B4 =PV(B2/12,B1*12,-B3)

	A	B	C	D	E
1	贷款期限（年）	15			
2	年利率	8%			
3	月偿还额	3000			
4	贷款额	¥313,921.78			

图9-14

公式解析

将贷款期限和年利率转换为以月为单位的值，由于月偿还额代表资金流出，因此需要将其转换为负数。

9.3.6 NPV——基于一系列定期的现金流和贴现率计算投资的净现值

函数功能

NPV函数用于计算通过使用贴现率以及一系列未来支出（负值）和收入（正值）返回一项投资的净现值。

函数格式

```
NPV(rate,value1,[value2],···)
```

参数说明

rate：投资期间的贴现率。

value1：现金流的第1个参数。

value2,…（可选）：现金流的第2~254个参数。该参数对应的值在时间上必须具有相等的间隔，并且都发生在期末。NPV函数使用该参数的顺序来解释现金流的顺序，所以必须保证支出和收入的数额以正确的顺序输入。

注意事项

❶ value1、value2等参数必须是数值类型或可转换为数值的数据，否则NPV函数将返回#VALUE!错误值。如果该参数是单元格引用或数组，则只有数值被计算在内，其他类型的数据将被忽略。

❷ NPV函数假定投资开始于value1现金流所在日期的前一期，结束于最后一笔现金流的当期。NPV函数依据未来的现金流进行计算，如果第一笔现金流发生在第一个周期的期初，则第一笔现金必须添加到NPV函数的计算中。

案例 15 计算投资的净现值

本例效果如图9-15所示，在F1单元格中输入以下公式并按【Enter】键，计算投资的净现值。

=NPV(C2,B2,B3,B4,B5,B6)

F1 =NPV(C2,B2,B3,B4,B5,B6)

	A	B	C	D	E	F
1	编号	现金流量	贴现率		净现值	￥1,503.76
2	1	￥4,300.00	6%			
3	2	￥-3,700.00				
4	3	￥1,800.00				
5	4	￥2,800.00				
6	5	￥-4,000.00				

图9-15

9.3.7 XNPV——计算一组不定期发生的现金流的净现值

函数功能

XNPV函数用于计算一组现金流的净现值，这些现金流不一定定期发生。

函数格式

XNPV(rate,values,dates)

参数说明

rate：投资期间的贴现率。

values：投资期间的现金流。

dates：每次发生现金流的日期。

注意事项

❶ 所有参数必须是数值类型或可转换为数值的数据，否则XNPV函数将返回#VALUE!错误值。

❷ 必须保证dates中的第一个日期是第一次现金流发生的日期，其他日期可以按照任意顺序排列，values和dates包含的值必须数量相同，否则XNPV函数将返回#NUM!错误值。

❸ dates必须是有效的，否则XNPV函数将返回#VALUE!错误值。

案例 16 计算未必定期发生的投资的净现值

本例效果如图9-16所示，在G1单元格中输入以下公式并按【Enter】键，计算不定期发生的投资的净现值。

```
=XNPV(D2,C2:C6,B2:B6)
```

G1 =XNPV(D2,C2:C6,B2:B6)

	A	B	C	D	E	F	G
1	编号	日期	现金流量	贴现率		净现值	￥1,236.17
2	1	2023年3月	￥4,300.00	6%			
3	2	2023年5月	￥-3,700.00				
4	3	2023年8月	￥1,800.00				
5	4	2023年10月	￥2,800.00				
6	5	2023年11月	￥-4,000.00				

图9-16

9.3.8 RRI——计算某项投资增长的等效利率

函数功能

RRI函数用于计算某项投资增长的等效利率。

函数格式

```
RRI(nper,pv,fv)
```

参数说明

nper：投资的期数。

pv：初始投资额。

fv：投资的未来值。

注意事项

❶ 所有参数必须是正数，否则RRI函数将返回#NUM!错误值。

❷ 所有参数必须是数值类型或可转换为数值的数据，否则RRI函数将返回#VALUE!错误值。

Excel版本提醒

RRI函数是Excel 2013中新增的函数，不能在Excel 2013之前的版本中使用。

案例 17 计算某项投资增长的等效利率

本例效果如图9-17所示，在B4单元格中输入以下公式并按【Enter】键，计算按指定期数到达目标投资额的等效利率。

```
=RRI(B3,B2,B1)
```

B4 =RRI(B3,B2,B1)

	A	B	C	D
1	投资的未来值	30000		
2	初期投资额	20000		
3	所需的期数	5		
4	等效利率	8%		

图9-17

9.4 计算收益率

9.4.1 IRR——计算一系列现金流的内部收益率

➲ 函数功能

IRR函数用于计算由数值代表的一组现金流的内部收益率。内部收益率是投资的回收利率，其中包含定期支付（负值）和定期收入（正值）。

➲ 函数格式

IRR(values,[guess])

➲ 参数说明

values：投资期间的现金流。IRR函数使用该参数的顺序来解释现金流的顺序，所以必须保证支出和收入的数额以正确顺序输入。

guess（可选）：初步估计的内部收益率，默认值是10%。

➲ 注意事项

❶ values必须至少包含一个正值和一个负值。如果所有值的符号相同，则IRR函数将返回#NUM!错误值。

❷ values必须是数值类型或可转换为数值的数据，否则IRR函数将返回#VALUE!错误值。如果该参数是单元格引用或数组，则只有数值被计算在内，其他类型的数据将被忽略。

案例18 计算一系列现金流的内部收益率

本例效果如图9-18所示，在E1单元格中输入以下公式并按【Enter】键，计算一系列现金流的内部收益率。

=IRR(B2:B6)

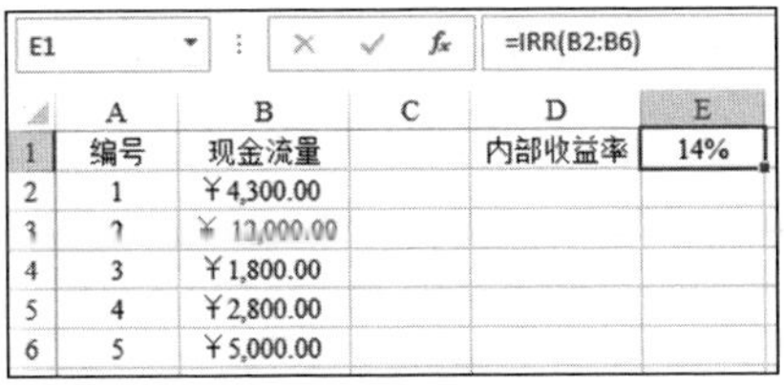

E1 =IRR(B2:B6)

	A	B	C	D	E
1	编号	现金流量		内部收益率	14%
2	1	￥4,300.00			
3	2	￥-12,000.00			
4	3	￥1,800.00			
5	4	￥2,800.00			
6	5	￥5,000.00			

图9-18

提示

必须将E1单元格设置为百分比格式，或者在公式的最外层使用TEXT函数设置计算结果为百分比格式，公式如下。

=TEXT(IRR(B2:B6),"0.00%")

9.4.2 MIRR——计算正负现金流在不同利率下支付的内部收益率

函数功能

MIRR函数用于计算某一连续期间内现金流的修正内部收益率，该函数同时兼顾投资的成本和现金再投资的收益率。

函数格式

MIRR(values,finance_rate,reinvest_rate)

参数说明

values：投资期间的现金流。MIRR函数使用该参数的顺序来解释现金流的顺序，所以必须保证支出和收入的数额以正确顺序输入。

finance_rate：现金流支付的利率。

reinvest_rate：现金流再投资的利率。

注意事项

❶ values必须至少包含一个正值和一个负值。如果所有值的符号相同，则MIRR函数将返回#NUM!错误值。

❷ values必须是数值类型或可转换为数值的数据，否则MIRR函数将返回#VALUE!错误值。如果该参数是单元格引用或数组，则只有数值被计算在内，其他类型的数据将被忽略。

案例19 计算在不同利率下支付的修正内部收益率

本例效果如图9-19所示，在E1单元格中输入以下公式并按【Enter】键，计算在不同利率下支付的修正内部收益率。

=MIRR(B2:B6,B8,B9)

E1 =MIRR(B2:B6,B8,B9)

	A	B	C	D	E
1	编号	现金流量		修正内部收益率	13%
2	1	￥4,300.00			
3	2	￥-12,000.00			
4	3	￥1,800.00			
5	4	￥2,800.00			
6	5	￥5,000.00			
7					
8	支付利率	15%			
9	再投资利率	12%			

图9-19

需要将E1单元格设置为百分比格式。

9.4.3 XIRR——计算一组不定期发生的现金流的内部收益率

函数功能

XIRR函数用于计算一组现金流的内部收益率，这些现金流不一定定期发生。

函数格式

XIRR(values,dates,[guess])

参数说明

values：投资期间的现金流。XIRR函数使用该参数的顺序来解释现金流的顺序，所以必须保证支出和收入的数额以正确顺序输入。

dates：每次发生现金流支付的日期。

guess（可选）：初步估计的内部收益率，默认值是10%。

注意事项

❶ values必须至少包含一个正值和一个负值。如果所有值的符号相同，则XIRR函数将返回#NUM!错误值。

❷ values必须是数值类型或可转换为数值的数据，否则XIRR函数将返回#VALUE!错误值。如果该参数是单元格引用或数组，则只有数值被计算在内，其他类型的数据将被忽略。

❸ 必须保证dates中的第一个日期是第一次现金流发生的日期，其他日期可以按照任意顺序排列。values和dates必须包含相同数量的值，否则XIRR函数将返回#NUM!错误值。

❹ dates必须是有效的，否则XIRR函数将返回#VALUE!错误值。

案例20 计算未必定期发生的现金流的内部收益率

本例效果如图9-20所示，在F1单元格中输入以下公式并按【Enter】键，计算未必定期发生的现金流的内部收益率。

```
=XIRR(C2:C6,B2:B6)
```

F1　=XIRR(C2:C6,B2:B6)

	A	B	C	D	E	F
1	编号	日期	现金流量		内部收益率	-70.67%
2	1	2023年3月	￥4,300.00			
3	2	2023年5月	￥-3,700.00			
4	3	2023年8月	￥1,800.00			
5	4	2023年10月	￥2,800.00			
6	5	2023年11月	￥-4,000.00			

图9-20

需要将F1单元格设置为百分比格式。

9.5 计算折旧值

9.5.1 AMORDEGRC——根据资产的使用年限计算每个结算期的折旧值

函数功能

AMORDEGRC函数用于计算每个结算期的折旧值。该函数与AMORLINC函数类似，区别在于该函数用于计算的折旧系数由资产寿命决定。

函数格式

```
AMORDEGRC(cost,date_purchased,first_period,salvage,period,rate,[basis])
```

参数说明

cost：资产原值。

date_purchased：购入资产的日期。

first_period：第一个期间结束时的日期。

salvage：资产在使用寿命结束时的残值。

period：计算折旧值的期间。

rate：折旧率。

basis（可选）：天数基准类型，该参数的取值及说明如表9-1所示。

▼ 表9-1 basis参数的取值及说明

basis参数值	说明
0或默认	一年以360天为准，用NASD方式计算
1	用实际天数除以该年的实际天数（即365或366）
3	一年以365天为准
4	一年以360天为准，用欧洲方式计算

注意事项

AMORDEGRC函数返回的折旧值是截至资产使用年限的最后一期，或直到累积折旧值大于资产原值减去残值后的成本价。最后一期之前的那期的折旧率将增加到50%，最后一期的折旧率将增加到100%。如果资产的生命周期是0~1、1~2、2~3或4~5，则AMORDEGRC函数将返回错误值#NUM!。折旧系数如表9-2所示。

▼ 表9-2 折旧系数

资产的使用年限（1/rate）	折旧系数
3到4年	1.5
5到6年	2
6年以上	2.5

案例21 计算每个结算期的余额递减折旧值

本例效果如图9-21所示，在E1单元格中输入以下公式并按【Enter】键，计算每个结算期的余额递减折旧值。

=AMORDEGRC(B1,B2,B3,B6,B4,B5,1)

E1 =AMORDEGRC(B1,B2,B3,B6,B4,B5,1)

	A	B	C	D	E
1	资产原值	€ 50,000.00		递减折旧值	€ 8,906.00
2	购买日	2022/7/3			
3	最初评估日期的结束时间	2023/11/26			
4	期数	1			
5	折旧率	15%			
6	资产残值	€ 10,000.00			

图9-21

公式解析

将AMORDEGRC函数的最后一个参数设置为1，表示一年中的天数以实际天数为准进行计算。

9.5.2 AMORLINC——计算每个结算期的折旧值

函数功能

AMORLINC函数用于计算每个结算期的折旧值。如果某项资产在结算期的中期购入，则按照线性折旧法计算。

函数格式

AMORLINC(cost,date_purchased,first_period,salvage,period,rate,[basis])

参数说明

cost：资产原值。

date_purchased：购入资产的日期。

first_period：第一期结束时的日期。

salvage：资产在使用年限到期时的残值。

period：计算折旧值的期间。

rate：折旧率。

basis（可选）：天数基准类型，该参数的取值及说明如表9-1所示。

案例22 计算每个结算期的余额递减折旧值

木例效果如图9-22所示，在E1单元格中输入以下公式并按【Enter】键，计算每个结算期的递减折旧值。

=AMORLINC(B1,B2,B3,B6,B4,B5,1)

E1 =AMORLINC(B1,B2,B3,B6,B4,B5,1)

	A	B	C	D	E
1	资产原值	€ 50,000.00		递减折旧值	€ 7,500.00
2	购买日	2022/7/3			
3	最初评估日期的结束时间	2023/11/26			
4	期数	1			
5	折旧率	1596			
6	资产残值	€ 10,000.00			

图9-22

公式解析

将AMORLINC函数的最后一个参数设置为1，表示一年中的天数以实际天数为准进行计算。

9.5.3 DB——使用固定余额递减法计算一笔资产在给定期间内的折旧值

➲ 函数功能

DB函数用于使用固定余额递减法计算一笔资产在给定期间内的折旧值。

➲ 函数格式

```
DB(cost,salvage,life,period,[month])
```

➲ 参数说明

cost：资产原值。

salvage：资产在使用寿命结束时的残值。

life：折旧期限（也称为资产的使用寿命）。

period：计算折旧值的期间，该参数必须与life的单位相同。

month（可选）：第一年的月份数，省略该参数时其默认值是12。

案例 23 使用固定余额递减法计算折旧值（DB+ROW）

本例效果如图9-23所示，在E1单元格中输入公式并按【Enter】键，然后将该公式向下复制到E5单元格，使用固定余额递减法计算固定资产在5年中每年的折旧值。

```
=DB($B$1,$B$2,$B$3,ROW(B1),$B$4)
```

E1 =DB($B$1,$B$2,$B$3,ROW(B1),$B$4)

	A	B	C	D	E
1	资产价值	150000		第一年折旧值	¥52,250.00
2	资产残值	10000		第二年折旧值	¥40,859.50
3	折旧期限(年)	5		第三年折旧值	¥23,780.23
4	第一年使用月数	10		第四年折旧值	¥13,840.09
5				第五年折旧值	¥52,250.00

图9-23

9.5.4 DDB——使用双倍余额递减法或其他方法计算一笔资产在给定期间内的折旧值

➲ 函数功能

DDB函数用于使用双倍余额递减法或其他方法计算一笔资产在给定期间内的折旧值。

➲ 函数格式

```
DDB(cost,salvage,life,period,[factor])
```

➲ 参数说明

cost：资产原值。

salvage：资产在使用寿命结束时的残值。

life：折旧期限（也称为资产的使用寿命）。

period：计算折旧值的期间，该参数必须与life参数的单位相同。

factor（可选）：余额递减速率，省略该参数时其默认值是2。

➲ 注意事项

所有参数必须大于0。

案例24 使用双倍余额递减法计算折旧值（DDB+ROW）

本例效果如图9-24所示，在E1单元格中输入公式并按【Enter】键，然后将该公式向下复制到E5单元格，使用双倍余额递减法计算固定资产在5年中每年的折旧值。

=DDB($B$1,$B$2,$B$3,ROW(B1))

E1 =DDB($B$1,$B$2,$B$3,ROW(B1))

	A	B	C	D	E
1	资产价值	150000		第一年折旧值	￥60,000.00
2	资产残值	10000		第二年折旧值	￥36,000.00
3	折旧期限（年）	5		第三年折旧值	￥21,600.00
4				第四年折旧值	￥12,960.00
5				第五年折旧值	￥7,776.00

图9-24

9.5.5 VDB——使用余额递减法计算一笔资产在给定期间或部分期间内的折旧值

函数功能

VDB函数用于使用双倍余额递减法或其他方法计算给定的任何期间内（包括部分期间）的资产折旧值。

函数格式

VDB(cost,salvage,life,start_period,end_period,[factor],[no_switch])

参数说明

cost：资产原值。

salvage：资产在使用寿命结束时的残值。

life：折旧期限（也称为资产的使用寿命）。

start_period：计算折旧值的起始期间，该参数必须与life参数的单位相同。

end_period：计算折旧值的截止期间，该参数必须与life参数的单位相同。

factor（可选）：余额递减速率，省略该参数时其默认值是2。

no_switch（可选）：当折旧值大于余额递减计算值时，是否使用线性折旧法。如果该参数是TRUE，则即使折旧值大于余额递减计算值，也不会使用线性折旧法；如果省略该参数或其值是FALSE，并且折旧值大于余额递减计算值，则将使用线性折旧法。

注意事项

除了no_switch参数，其他参数都必须大于0。

案例25 使用余额递减法计算折旧值

本例效果如图9-25所示，在E1单元格中输入公式并按【Enter】键，使用余额递减法计算折旧期间第2~4年的折旧值。

```
=VDB(B1,B2,B3,B4,B5)
```

E1 =VDB(B1,B2,B3,B4,B5)

	A	B	C	D	E
1	资产价值	150000		折旧值	￥34,560.00
2	资产残值	10000			
3	折旧期限(年)	5			
4	开始日期（年）	2			
5	结束日期（年）	4			

图9-25

9.5.6 SYD——计算某项资产按年限总和折旧法计算的指定期间的折旧值

➲ 函数功能

SYD函数用于计算某项资产按照年限总和折旧法的指定期间的折旧值。

➲ 函数格式

```
SYD(cost,salvage,life,per)
```

➲ 参数说明

cost：资产原值。

salvage：资产在使用寿命结束时的残值。

life：折旧期限（也称为资产的使用寿命）。

per：折旧期间，该参数必须与life参数的单位相同。

案例 26 按年限总和折旧法计算折旧值（SYD+ROW）

本例效果如图9-26所示，在E1单元格中输入以下公式并按【Enter】键，然后将该公式向下复制到E5单元格，按年限总和折旧法计算资产在5年中每年的折旧值。

```
=SYD($B$1,$B$2,$B$3,ROW(B1))
```

E1 =SYD($B$1,$B$2,$B$3,ROW(B1))

	A	B	C	D	E
1	资产价值	150000		第一年折旧值	￥46,666.67
2	资产残值	10000		第二年折旧值	￥37,333.33
3	折旧期限(年)	5		第三年折旧值	￥28,000.00
4				第四年折旧值	￥18,666.67
5				第五年折旧值	￥9,333.33

图9-26

9.5.7 SLN——计算某项资产在一个期间内的线性折旧值

➲ 函数功能

SLN函数用于计算某项资产在一个期间中的线性折旧值。

➲ **函数格式**

SLN(cost,salvage,life)

➲ **参数说明**

cost：资产原值。

salvage：资产在使用寿命结束时的残值。

life：折旧期限（也称为资产的使用寿命）。

案例 27 计算期间内的线性折旧值

本例效果如图9-27所示，在E1单元格中输入以下公式并按【Enter】键，计算期间内的线性折旧值，即平均每年的折旧值。

=SLN(B1,B2,B3)

E1 =SLN(B1,B2,B3)

	A	B	C	D	E
1	资产价值	150000		折旧值	￥28,000.00
2	资产残值	10000			
3	折旧期限(年)	5			

图9-27

9.6 计算证券与国库券

9.6.1 ACCRINT——计算定期支付利息的有价证券的应计利息

➲ **函数功能**

ACCRINT函数用于计算定期付息证券的应计利息。

➲ **函数格式**

ACCRINT(issue,first_interest,settlement,rate,par,frequency,[basis],[calc_method])

➲ **参数说明**

issue：有价证券的发行日。

first_interest：有价证券的首次计息日。

settlement：有价证券的成交日。

rate：有价证券的年息票利率。

par：有价证券的票面值，省略该参数时其默认值是￥1000。

frequency：年付息次数，该参数是1表示按年支付，该参数是2表示按半年期支付，该参数是4表示按季支付。

basis（可选）：天数基准类型，该参数的取值及说明如表9-3所示。

calc_method（可选）：当成交日期晚于首次计息日期时计算总应计利息的方法。如果省略该参数或其值是TRUE，则返回从发行日到成交日的总应计利息；如果该参数是FALSE，则返回从首次计息日到成交日的应计利息。

▼ 表9-3 basis参数的取值及说明

basis参数值	说明
0或默认	30/360，一年以360天为准，用NASD方式计算
1	实际天数/当年实际天数，用实际天数除以当年实际天数（即365或366）
2	实际天数/360，用实际天数除以360
3	实际天数/365，用实际天数除以365
4	30/360，一年以360天为准，用欧洲方式计算

➲ 注意事项

❶ issue、first_interest和settlement必须是有效日期，否则ACCRINT函数将返回#VALUE!错误值。

❷ 如果出现以下情况，则ACCRINT函数将返回#NUM!错误值。

- issue大于或等于settlement。
- rate或par小于或等于0。
- frequency是除了1、2、4之外的其他数字。
- basis小于0或大于4。

案例28 计算定期支付利息的有价证券的应计利息

本例效果如图9-28所示，在E1单元格中输入以下公式并按【Enter】键，计算定期支付利息的有价证券的应计利息。

```
=ACCRINT(B1,B2,B3,B4,B5,B6,B7,TRUE)
```

E1 =ACCRINT(B1,B2,B3,B4,B5,B6,B7,TRUE)

	A	B	C	D	E	F
1	发行日	2023年3月1日		应计利息	4142.47	
2	起息日	2023年5月10日				
3	成交日	2023年11月8日				
4	年利率	12%				
5	票面价值	50000				
6	年付息次数	1				
7	日计数基准	3				

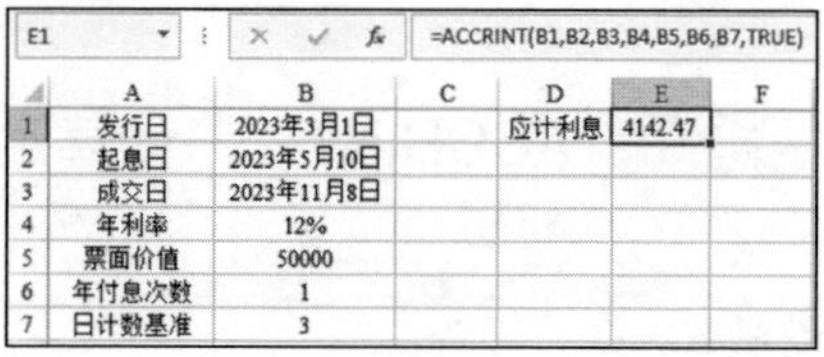

图9-28

9.6.2 ACCRINTM——计算在到期日支付利息的有价证券的应计利息

➲ 函数功能

ACCRINTM函数用于计算到期一次性付息有价证券的应计利息。

➲ 函数格式

```
ACCRINTM(issue,settlement,rate,par,[basis])
```

➲ 参数说明

issue：有价证券的发行日。

settlement：有价证券的成交日。

rate：有价证券的年息票利率。

par：有价证券的票面值，省略该参数时其默认值是￥1000。

basis（可选）：天数基准类型，该参数的取值及说明如表9-3所示。

➲ 注意事项

❶ issue和settlement必须是有效日期，否则ACCRINTM函数将返回#VALUE!错误值。

❷ 如果出现以下情况，则ACCRINTM函数将返回#NUM!错误值。

- issue大于或等于settlement。
- rate或par小于或等于0。
- basis小于0或大于4。

案例29 计算在到期日支付利息的有价证券的应计利息

本例效果如图9–29所示，在E1单元格中输入以下公式并按【Enter】键，计算在到期日支付利息的有价证券的应计利息。

=ACCRINTM(B1,B2,B3,B4,B5)

E1 =ACCRINTM(B1,B2,B3,B4,B5)

	A	B	C	D	E
1	发行日	2023年3月1日		应计利息	4116.67
2	成交日	2023年11月8日			
3	利率	12%			
4	票面价值	50000			
5	日计数基准	0			

图9–29

9.6.3 COUPDAYBS——计算当前付息期内截至成交日的天数

➲ 函数功能

COUPDAYBS函数用于计算当前付息期内截至成交日的天数。

➲ 函数格式

COUPDAYBS(settlement,maturity,frequency,[basis])

➲ 参数说明

settlement：有价证券的成交日。

maturity：有价证券的到期日。

frequency：年付息次数，该参数是1表示按年支付，该参数是2表示按半年期支付，该参数是4表示按季支付。

basis（可选）：天数基准类型，该参数的取值及说明如表9–3所示。

➲ 注意事项

❶ settlement和maturity必须是有效日期，否则COUPDAYBS函数将返回#VALUE!错误值。

❷ 如果出现以下情况，则COUPDAYBS函数将返回#NUM!错误值。

- settlement大于或等于maturity。
- frequency是除了1、2、4之外的其他数字。
- basis小于0或大于4。

案例 30 计算当前付息期内截至成交日的天数

本例效果如图9-30所示，在E1单元格中输入以下公式并按【Enter】键，计算当前付息期内截至成交日的天数。

```
=COUPDAYBS(B1,B2,B3,B4)
```

E1 =COUPDAYBS(B1,B2,B3,B4)

	A	B	C	D	E
1	成交日	2022年11月8日		截止到成交日的天数	109
2	到期日	2023年7月22日			
3	年付息次数	1			
4	日计数基准	1			

图9-30

9.6.4 COUPDAYS——计算成交日所在的付息期的天数

函数功能

COUPDAYS函数用于计算成交日所在的付息期的天数。

函数格式

```
COUPDAYS(settlement,maturity,frequency,[basis])
```

参数说明

settlement：有价证券的成交日。

maturity：有价证券的到期日。

frequency：年付息次数，该参数是1表示按年支付，该参数是2表示按半年期支付，该参数是4表示按季支付。

basis（可选）：天数基准类型，该参数的取值及说明如表9-3所示。

注意事项

❶ settlement和maturity必须是有效日期，否则COUPDAYS函数将返回#VALUE!错误值。

❷ 如果出现以下情况，则COUPDAYS函数将返回#NUM!错误值。

- settlement大于或等于maturity。
- frequency是除了1、2、4之外的其他数字。
- basis小于0或大于4。

案例 31 计算成交日所在的付息期的天数

本例效果如图9-31所示，在E1单元格中输入以下公式并按【Enter】键，计算成交日所在的付息期的天数。

```
=COUPDAYS(B1,B2,B3,B4)
```

E1 =COUPDAYS(B1,B2,B3,B4)

	A	B	C	D	E
1	成交日	2021年11月8日		付息期的天数	180
2	到期日	2023年7月22日			
3	年付息次数	2			
4	日计数基准	2			

图9-31

9.6.5 COUPDAYSNC——计算从成交日到下一个付息日之间的天数

➲ **函数功能**

COUPDAYSNC函数用于计算从成交日到下一付息日之间的天数。

➲ **函数格式**

COUPDAYSNC(settlement,maturity,frequency,[basis])

➲ **参数说明**

settlement：有价证券的成交日。

maturity：有价证券的到期日。

frequency：年付息次数，该参数是1表示按年支付，该参数是2表示按半年期支付，该参数是4表示按季支付。

basis（可选）：天数基准类型，该参数的取值及说明如表9-3所示。

➲ **注意事项**

❶ settlement和maturity必须是有效日期，否则COUPDAYSNC函数将返回#VALUE!错误值。

❷ 如果出现以下情况，则COUPDAYSNC函数将返回#NUM!错误值。

- settlement大于或等于maturity。
- frequency是除了1、2、4之外的其他数字。
- basis小于0或大于4。

案例32 计算从成交日到下一个付息日之间的天数

本例效果如图9-32所示，在E1单元格中输入以下公式并按【Enter】键，计算从成交日到下一个付息日之间的天数。

=COUPDAYSNC(B1,B2,B3,B4)

E1 =COUPDAYSNC(B1,B2,B3,B4)

	A	B	C	D	E
1	成交日	2021年11月8日		到下个付息日之间的天数	256
2	到期日	2023年7月22日			
3	年付息次数	1			
4	日计数基准	2			

图9-32

9.6.6 COUPNCD——计算成交日之后的下一个付息日

➲ **函数功能**

COUPNCD函数用于计算成交日之后的下一个付息日。

➲ **函数格式**

COUPNCD(settlement,maturity,frequency,[basis])

➲ **参数说明**

settlement：有价证券的成交日。

maturity：有价证券的到期日。

frequency：年付息次数，该参数是1表示按年支付，该参数是2表示按半年期支付，该参数是4表示按季支付。

basis（可选）：天数基准类型，该参数的取值及说明如表9–3所示。

➲ 注意事项

❶ settlement和maturity必须是有效日期，否则COUPNCD函数将返回#VALUE!错误值。

❷ 如果出现以下情况，则COUPNCD函数将返回#NUM!错误值。

- settlement大于或等于maturity。
- frequency是除了1、2、4之外的其他数字。
- basis小于0或大于4。

案例 33 计算成交日之后的下一个付息日

本例效果如图9–33所示，在E1单元格中输入以下公式并按【Enter】键，计算成交日之后的下一个付息日。

```
=COUPNCD(B1,B2,B3,B4)
```

E1 =COUPNCD(B1,B2,B3,B4)

	A	B	C	D	E
1	成交日	2021年11月8日		下一个付息日	2022年7月22日
2	到期日	2023年7月22日			
3	年付息次数	1			
4	日计数基准	2			

图9–33

提示

必须将E1单元格设置为日期格式。

9.6.7 COUPNUM——计算成交日和到期日之间的应付利息次数

➲ 函数功能

COUPNUM函数用于计算成交日和到期日之间的应付利息次数，向上舍入到最接近的整数。

➲ 函数格式

```
COUPNUM(settlement,maturity,frequency,[basis])
```

➲ 参数说明

settlement：有价证券的成交日。

maturity：有价证券的到期日。

frequency：年付息次数，该参数是1表示按年支付，该参数是2表示按半年期支付，该参数是4表示按季支付。

basis（可选）：天数基准类型，该参数的取值及说明如表9–3所示。

➲ 注意事项

❶ settlement和maturity必须是有效日期，否则COUPNUM函数将返回#VALUE!错误值。

❷ 如果出现以下情况，则COUPNUM函数将返回#NUM!错误值。

- settlement大于或等于maturity。

■ frequency是除了1、2、4之外的其他数字。

■ basis小于0或大于4。

案例 34 计算成交日和到期日之间的应付利息次数

本例效果如图9-34所示，在E1单元格中输入以下公式并按【Enter】键，计算成交日和到期日之间的应付利息次数。

=COUPNUM(B1,B2,B3,B4)

E1 =COUPNUM(B1,B2,B3,B4)

	A	B	C	D	E
1	成交日	2021年11月8日		应付利息次数	7
2	到期日	2023年7月22日			
3	年付息次数	4			
4	日计数基准	2			

图9-34

公式解析

由于年付息次数是4，即每个季度付息一次，因此本例从2021年11月8日到2023年7月22日共需付息7次。

9.6.8 COUPPCD——计算成交日之前的上一个付息日

➲ 函数功能

COUPPCD函数用于计算成交日之前的上一个付息日。

➲ 函数格式

COUPPCD(settlement,maturity,frequency,[basis])

➲ 参数说明

settlement：有价证券的成交日。

maturity：有价证券的到期日。

frequency：年付息次数，该参数是1表示按年支付，该参数是2表示按半年期支付，该参数是4表示按季支付。

basis（可选）：天数基准类型，该参数的取值及说明如表9-3所示。

➲ 注意事项

❶ settlement和maturity必须是有效日期，否则COUPPCD函数将返回#VALUE!错误值。

❷ 如果出现以下情况，则COUPPCD函数将返回#NUM!错误值。

■ settlement大于或等于maturity。

■ frequency是除了1、2、4之外的其他数字。

■ basis小于0或大于4。

案例 35 计算成交日之前的上一付息日

本例效果如图9-35所示，在E1单元格中输入公式并按【Enter】键，计算成交日之前的上一个付息日。

```
=COUPPCD(B1,B2,B3,B4)
```

E1 =COUPPCD(B1,B2,B3,B4)

	A	B	C	D	E
1	成交日	2021年11月8日		成交日之前的上一付息日	2021年10月22日
2	到期日	2023年7月22日			
3	年付息次数	4			
4	日计数基准	2			

图9-35

必须将E1单元格设置为日期格式。

9.6.9 DISC——计算有价证券的贴现率

➲ 函数功能

DISC函数用于计算有价证券的贴现率。

➲ 函数格式

```
DISC(settlement,maturity,pr,redemption,[basis])
```

➲ 参数说明

settlement：有价证券的成交日。

maturity：有价证券的到期日。

pr：面值￥100的有价证券的价格。

redemption：面值￥100的有价证券的清偿价值。

basis（可选）：天数基准类型，该参数的取值及说明如表9-3所示。

➲ 注意事项

❶ settlement和maturity必须是有效日期，否则DISC函数将返回#VALUE!错误值。

❷ 如果出现以下情况，则DISC函数将返回#NUM!错误值。

- settlement大于或等于maturity。
- pr或redemption小于或等于0。
- basis小于0或大于4。

案例36 计算有价证券的贴现率

本例效果如图9-36所示，在E1单元格中输入以下公式并按【Enter】键，计算有价证券的贴现率。

```
=DISC(B1,B2,B3,B4,B5)
```

E1 =DISC(B1,B2,B3,B4,B5)

	A	B	C	D	E
1	成交日	2021年11月8日		有价证券的贴现率	4.70%
2	到期日	2023年7月22日			
3	有价证券价格	92			
4	清偿价值	100			
5	日计数基准	1			

图9-36

需要将E1单元格设置为百分比格式。

9.6.10 DURATION——计算定期支付利息的有价证券的修正期限

➲ **函数功能**

DURATION函数用于计算假设面值￥100的定期付息有价证券的修正期限。期限定义为一系列现金流现值的加权平均值，用于计量有价证券价格对于收益率变化的敏感程度。

➲ **函数格式**

DURATION(settlement,maturity,coupon,yld,frequency,[basis])

➲ **参数说明**

settlement：有价证券的成交日。

maturity：有价证券的到期日。

coupon：有价证券的年息票利率。

yld：有价证券的年收益率。

frequency：年付息次数，该参数是1表示按年支付，该参数是2表示按半年期支付，该参数是4表示按季支付。

basis（可选）：天数基准类型，该参数的取值及说明如表9-3所示。

➲ **注意事项**

❶ settlement和maturity必须是有效日期，否则DURATION函数将返回#VALUE!错误值。

❷ 如果出现以下情况，则DURATION函数将返回#NUM!错误值。

- settlement大于或等于maturity。
- coupon或yld小于0，
- frequency是除了1、2、4之外的其他数字。
- basis小于0或大于4。

案例37 计算定期支付利息的有价证券的修正期限

本例效果如图9-37所示，在E1单元格中输入以下公式并按【Enter】键，计算定期支付利息的有价证券的修正期限。

=DURATION(B1,B2,B3,B4,B5,B6)

E1 =DURATION(B1,B2,B3,B4,B5,B6)

	A	B	C	D	E
1	成交日	2021年11月8日		有价证券的修正期限	1.61196589
2	到期日	2023年7月22日			
3	年息票利率	10%			
4	收益率	8%			
5	年付息次数	1			
6	日计数基准	1			

图9-37

9.6.11 PRICE——计算定期付息的面值￥100的有价证券的价格

➲ **函数功能**

PRICE函数用于计算定期付息的面值￥100的有价证券的价格。

➲ **函数格式**

PRICE(settlement,maturity,rate,yld,redemption,frequency,[basis])

参数说明

settlement：有价证券的成交日。

maturity：有价证券的到期日。

rate：有价证券的年息票利率。

yld：有价证券的年收益率。

redemption：面值￥100的有价证券的清偿价值。

frequency：年付息次数，该参数是1表示按年支付，该参数是2表示按半年期支付，该参数是4表示按季支付。

basis（可选）：天数基准类型，该参数的取值及说明如表9-3所示。

注意事项

❶ settlement和maturity必须是有效日期，否则PRICE函数将返回#VALUE!错误值。

❷ 如果出现以下情况，则PRICE函数将返回#NUM!错误值。

- settlement大于或等于maturity。
- yld或rate小于0。
- redemption小于或等于0。
- frequency是除了1、2、4之外的其他数字。
- basis小于0或大于4。

案例 38 计算定期付息的面值￥100的有价证券的价格

本例效果如图9-38所示，在E1单元格中输入以下公式并按【Enter】键，计算定期付息的面值￥100的有价证券的价格。

```
=PRICE(B1,B2,B3,B4,B5,B6,B7)
```

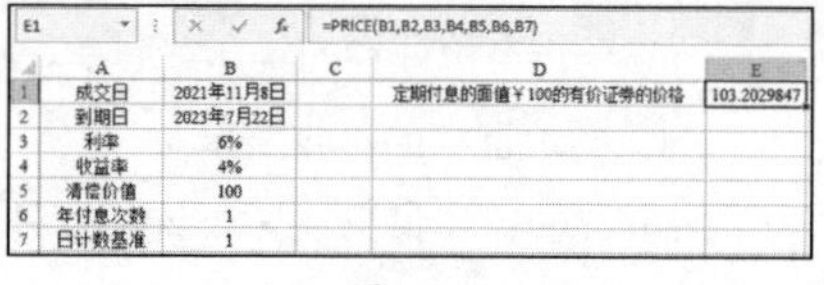

图9-38

9.6.12 PRICEDISC——计算折价发行的面值￥100的有价证券的价格

函数功能

PRICEDISC函数用于计算折价发行的面值￥100的有价证券的价格。

函数格式

```
PRICEDISC(settlement,maturity,discount,
redemption,[basis])
```

参数说明

settlement：有价证券的成交日。

maturity：有价证券的到期日。

discount：有价证券的贴现率。

redemption：面值￥100的有价证券的清偿价值。

basis（可选）：天数基准类型，该参数的取值及说明如表9-3所示。

注意事项

❶ settlement和maturity必须是有

效日期，否则PRICEDISC函数将返回#VALUE!错误值。

❷ 如果出现以下情况，则PRICEDISC函数将返回#NUM!错误值。

- settlement大于或等于maturity。
- discount或redemption小于或等于0。
- basis小于0或大于4。

案例 39 计算折价发行的面值￥100的有价证券的价格

本例效果如图9-39所示，在E1单元格中输入以下公式并按【Enter】键，计算折价发行的面值￥100的有价证券的价格。

=PRICEDISC(B1,B2,B3,B4,B5)

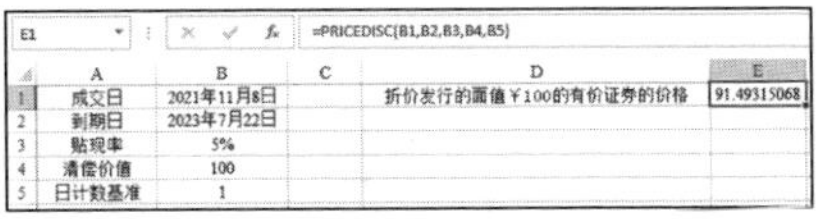
E1 =PRICEDISC(B1,B2,B3,B4,B5)

	A	B	C	D	E
1	成交日	2021年11月8日		折价发行的面值￥100的有价证券的价格	91.49315068
2	到期日	2023年7月22日			
3	贴现率	5%			
4	清偿价值	100			
5	日计数基准	1			

图9-39

9.6.13 PRICEMAT——计算到期付息的面值￥100的有价证券的价格

函数功能

PRICEMAT函数用于计算到期付息的面值￥100的有价证券的价格。

函数格式

PRICEMAT(settlement,maturity,issue,rate,yld,[basis])

参数说明

settlement：有价证券的成交日。

maturity：有价证券的到期日。

issuc：有价证券的发行日。

rate：有价证券的年息票利率。

yld：有价证券的年收益率。

basis（可选）：天数基准类型，该参数的取值及说明如表9-3所示。

注意事项

❶ settlement、maturity和issue必须是有效日期，否则PRICEMAT函数将返回#VALUE!错误值。

❷ 如果出现以下情况，则PRICEMAT函数将返回#NUM!错误值。

- settlement大于或等于maturity。
- rate或yld小于0。
- basis小于0或大于4。

案例 40 计算到期付息的面值￥100的有价证券的价格

本例效果如图9-40所示，在E1单元格中输入公式并按【Enter】键，计算到期付息的面值￥100的有价证券的价格。

=PRICEMAT(B1,B2,B3,B4,B5,B6)

E1 =PRICEMAT(B1,B2,B3,B4,B5,B6)

	A	B	C	D	E
1	成交日	2021年11月8日		到期付息的面值￥100的有价证券的价格	98.25451417
2	到期日	2023年7月22日			
3	发行日	2011年5月16日			
4	利率	5%			
5	年收益率	4%			
6	日计数基准	1			

图9-40

9.6.14 ODDFPRICE——计算首期付息日不固定的面值￥100的有价证券价格

函数功能

ODDFPRICE函数用于计算首期付息日不固定（长期或短期）的面值￥100的有价证券价格。

函数格式

```
ODDFPRICE(settlement,maturity,issue,first_coupon,rate,yld,redemption,frequency,[basis])
```

参数说明

settlement：有价证券的成交日。

maturity：有价证券的到期日。

issue：有价证券的发行日。

first_coupon：有价证券的首期付息日。

rate：有价证券的年息票利率。

yld：有价证券的年收益率。

redemption：面值￥100的有价证券的清偿价值。

frequency：年付息次数，该参数是1表示按年支付，该参数是2表示按半年期支付，该参数是4表示按季支付。

basis（可选）：天数基准类型，该参数的取值及说明如表9-3所示。

注意事项

❶ settlement、maturity、issue和first_coupon必须是有效日期，否则ODDFPRICE函数将返回#VALUE!错误值。

❷ 如果出现以下情况，则ODDFPRICE函数将返回#NUM!错误值。

- 参数不满足maturity大于first_coupon大于settlement大于issue。
- rate或yld小于0。
- basis小于0或大于4。

案例41 计算首期付息日不固定的面值￥100的有价证券价格

本例效果如图9-41所示，在E1单元格中输入以下公式并按【Enter】键，计算首期付息日不固定的面值￥100的有价证券价格。

=ODDFPRICE(B1,B2,B3,B4,B5,B6,B7,B8,B9)

E1 =ODDFPRICE(B1,B2,B3,B4,B5,B6,B7,B8,B9)

	A	B	C	D	E
1	成交日	2013年8月31日		首期付息日不固定的面值￥100的有价证券价格	106.4108
2	到期日	2020年5月11日			
3	发行日	2012年10月9日			
4	首期付息日	2015年5月11日			
5	利率	2%			
6	年收益率	1%			
7	清偿价值	100			
8	年付息次数	2			
9	日计数基准	1			

图9-41

9.6.15 ODDFYIELD——计算首期付息日不固定的有价证券的收益率

函数功能

ODDFYIELD函数用于计算首期付息日不固定的有价证券（长期或短期）的收益率。

函数格式

ODDFYIELD(settlement,maturity,issue,first_coupon,rate,pr,redemption,frequency,[basis])

参数说明

settlement：有价证券的成交日。

maturity：有价证券的到期日。

issue：有价证券的发行日。

first_coupon：有价证券的首期付息日。

rate：有价证券的年息票利率。

pr：有价证券的价格。

redemption：面值￥100的有价证券的清偿价值。

frequency：年付息次数，该参数是1表示按年支付，该参数是2表示按半年期支付，该参数是4表示按季支付。

basis（可选）：天数基准类型，该参数的取值及说明如表9-3所示。

注意事项

❶ settlement、maturity、issue和first_coupon必须是有效日期，否则ODDFYIELD函数将返回#VALUE!错误值。

❷ 如果出现以下情况，则ODDFYIELD函数将返回#NUM!错误值。

- 参数不满足maturity大于first_coupon大于settlement大于issue。
- rate小于0，或者pr小于或等于0。
- basis小于0或大于4。

案例42 计算首期付息日不固定的有价证券的收益率

本例效果如图9-42所示，在E1单元格中输入公式并按【Enter】键，计算首期付息日不固定的有价证券的收益率。

```
=ODDFYIELD(B1,B2,B3,B4,B5,B6,B7,B8,B9)
```

E1 | =ODDFYIELD(B1,B2,B3,B4,B5,B6,B7,B8,B9)

	A	B	C	D	E
1	成交日	2013年8月31日		首期付息日不固定的有价证券的收益率	6.35%
2	到期日	2020年5月11日			
3	发行日	2012年10月9日			
4	首期付息日	2015年5月11日			
5	利率	5%			
6	证券价格	92			
7	清偿价值	100			
8	年付息次数	2			
9	日计数基准	1			

图9-42

需要将E1单元格设置为百分比格式。

9.6.16 ODDLPRICE——计算末期付息日不固定的面值￥100的有价证券价格

函数功能

ODDLPRICE函数用于计算末期付息日不固定的面值￥100的有价证券（长期或短期）的价格。

函数格式

```
ODDLPRICE(settlement,maturity,last_interest,rate,yld,redemption,frequency,[basis])
```

参数说明

settlement：有价证券的成交日。

maturity：有价证券的到期日。

last_interest：有价证券的末期付息日。

rate：有价证券的年息票利率。

yld：有价证券的年收益率。

redemption：面值￥100的有价证券的清偿价值。

frequency：年付息次数，该参数是1表示按年支付，该参数是2表示按半年期支付，该参数是4表示按季支付。

basis（可选）：天数基准类型，该参数的取值及说明如表9-3所示。

注意事项

❶ settlement、maturity和last_interest必须是有效日期，否则ODDLPRICE函数将返回#VALUE!错误值。

❷ 如果出现以下情况，则ODDLPRICE函数将返回#NUM!错误值。

- 参数不满足maturity大于settlement大于last_interest。
- rate或yld小于0。
- basis小于0或大于4。

案例43 计算末期付息日不固定的面值￥100的有价证券价格

本例效果如图9-43所示，在E1单元格中输入以下公式并按【Enter】键，计算末期付息日不固定的面值￥100的有价证券价格。

=ODDLPRICE(B1,B2,B3,B4,B5,B6,B7,B8)

E1 =ODDLPRICE(B1,B2,B3,B4,B5,B6,B7,B8)

	A	B	C	D	E
1	成交日	2013年8月31日		末期付息日不固定的面值￥100的有价证券价格	103.666827
2	到期日	2020年5月11日			
3	末期付息日	2012年2月21日			
4	利率	5%			
5	年收益率	4%			
6	清偿价值	100			
7	年付息次数	2			
8	日计数基准	1			

图9-43

9.6.17 ODDLYIELD——计算末期付息日不固定的有价证券的收益率

函数功能

ODDLYIELD函数用于计算末期付息日不固定的有价证券（长期或短期）的收益率。

函数格式

ODDLYIELD(settlement,maturity,last_interest,rate,pr,redemption,frequency,[basis])

参数说明

settlement：有价证券的成交日。

maturity：有价证券的到期日。

last_interest：有价证券的末期付息日。

rate：有价证券的年息票利率。

pr：有价证券的价格。

redemption：面值￥100的有价证券的清偿价值。

frequency：年付息次数，该参数是1表示按年支付，该参数是2表示按半年期支付，该参数是4表示按季支付。

basis（可选）：天数基准类型，该参数的取值及说明如表9-3所示。

注意事项

❶ settlement、maturity和last_interest必须是有效日期，否则ODDLYIELD函数将返回#VALUE!错误值。

❷ 如果出现以下情况，则ODDLYIELD函数将返回#NUM!错误值。

- 参数不满足maturity大于settlement大于last_interest。
- rate小于0，或者pr小于或等于0。
- basis小于0或大于4。

案例 44 计算末期付息日不固定的有价证券的收益率

本例效果如图9-44所示，在E1单元格中输入以下公式并按【Enter】键，计算末期付息日不固定的有价证券的收益率。

```
=ODDLYIELD(B1,B2,B3,B4,B5,B6,B7,B8)
```

E1 =ODDLYIELD(B1,B2,B3,B4,B5,B6,B7,B8)

	A	B	C	D	E
1	成交日	2013年8月31日		末期付息日不固定的有价证券的收益率	6.46%
2	到期日	2020年5月11日			
3	末期付息日	2012年11月20日			
4	利率	5%			
5	证券价格	92			
6	清偿价值	100			
7	年付息次数	2			
8	日计数基准	1			

图9-44

需要将E1单元格设置为百分比格式。

9.6.18 MDURATION——计算假设面值为￥100的有价证券的麦考利久期

➲ 函数功能

MDURATION函数用于计算假设面值￥100的有价证券的麦考利久期。

➲ 函数格式

```
MDURATION(settlement,maturity,coupon,yld,frequency,[basis])
```

➲ 参数说明

settlement：有价证券的成交日。

maturity：有价证券的到期日。

coupon：有价证券的年息票利率。

yld：有价证券的年收益率。

frequency：年付息次数，该参数是1表示按年支付，该参数是2表示按半年期支付，该参数是4表示按季支付。

basis（可选）：天数基准类型，该参数的取值及说明如表9-3所示。

➲ 注意事项

❶ settlement和maturity必须是有效日期，否则MDURATION函数将返回#VALUE!错误值。

❷ 如果出现以下情况，则MDURATION函数将返回#NUM!错误值。

- 参数不满足maturity大于settlement。
- yld或coupon小于0。
- frequency是除了1、2、4之外的其他数字。
- basis小于0或大于4。

案例 45 计算假设面值为￥100的有价证券的麦考利久期

本例效果如图9-45所示，在E1单元格中输入公式并按【Enter】键，计算假设面值为￥100的有价证券的麦考利久期。

=MDURATION(B1,B2,B3,B4,B5,B6)

E1 =MDURATION(B1,B2,B3,B4,B5,B6)

	A	B	C	D	E
1	成交日	2021年11月8日		有价证券的麦考利久期	1.492561009
2	到期日	2023年7月22日			
3	年息票利率	10%			
4	收益率	8%			
5	年付息次数	1			
6	日计数基准	1			

图9-45

9.6.19 INTRATE——计算一次性付息证券的利率

函数功能

INTRATE函数用于计算一次性付息证券的利率。

函数格式

INTRATE(settlement,maturity,investment,redemption,[basis])

参数说明

settlement：有价证券的成交日。

maturity：有价证券的到期日。

investment：有价证券的投资额。

redemption：有价证券到期时的清偿价值。

basis（可选）：天数基准类型，该参数的取值及说明如表9-3所示。

注意事项

❶ settlement和maturity必须是有效日期，否则INTRATE函数将返回#VALUE!错误值。

❶ 如果出现以下情况，则INTRATE函数将返回#NUM!错误值。

- settlement大于或等于maturity。
- investment或redemption小于或等于0。
- basis小于0或大于4。

案例46 计算一次性付息证券的利率

本例效果如图9-46所示，在E1单元格中输入以下公式并按【Enter】键，计算一次性付息证券的利率。

=INTRATE(B1,B2,B3,B4,B5)

E1 =INTRATE(B1,B2,B3,B4,B5)

	A	B	C	D	E
1	成交日	2013年8月31日		一次性付息证券的利率	2.02%
2	到期日	2020年5月11日			
3	投资额	1850			
4	清偿价值	2100			
5	日计数基准	1			

图9-46

需要将E1单元格设置为百分比格式。

9.6.20 RECEIVED——计算一次性付息的有价证券到期收回的金额

函数功能

RECEIVED函数用于计算一次性付息的有价证券到期收回的金额。

函数格式

```
RECEIVED(settlement,maturity,investment,
discount,[basis])
```

参数说明

settlement：有价证券的成交日。

maturity：有价证券的到期日。

investment：有价证券的投资额。

discount：有价证券的贴现率。

basis（可选）：天数基准类型，该参数的取值及说明如表9-3所示。

注意事项

❶ settlement和maturity必须是有效日期，否则RECEIVED函数将返回#VALUE!错误值。

❷ 如果出现以下情况，则RECEIVED函数将返回#NUM!错误值。

- settlement大于或等于maturity。
- investment或discount小于或等于0。
- basis小于0或大于4。

案例 47 计算一次性付息的有价证券到期收回的金额

本例效果如图9-47所示，在E1单元格中输入以下公式并按【Enter】键，计算一次性付息的有价证券到期收回的金额。

```
=RECEIVED(B1,B2,B3,B4,B5)
```

E1 =RECEIVED(B1,B2,B3,B4,B5)

	A	B	C	D	E
1	成交日	2013年8月31日		一次性付息的有价证券到期收回的金额	18563.12
2	到期日	2020年5月11日			
3	投资额	12350			
4	贴现率	5%			
5	日计数基准	1			

图9-47

9.6.21 TBILLEQ——计算国库券的等价债券收益

函数功能

TBILLEQ函数用于计算国库券的等效收益率。

函数格式

```
TBILLEQ(settlement,maturity,discount)
```

参数说明

settlement：有价证券的成交日。

maturity：有价证券的到期日。

discount：有价证券的贴现率。

注意事项

❶ settlement和maturity必须是有

效日期，否则TBILLEQ函数将返回#VALUE!错误值。

❷ 如果出现以下情况，则TBILLEQ函数将返回#NUM!错误值。

- settlement大于或等于maturity，或maturity在settlement之后超过一年。
- discount小于或等于0。

案例48 计算国库券的等价债券收益

本例效果如图9-48所示，在E1单元格中输入以下公式并按【Enter】键，计算国库券的等价债券收益。

=TBILLEQ(B1,B2,B3)

图9-48

需要将E1单元格设置为百分比格式。

9.6.22 TBILLPRICE——计算面值￥100的国库券的价格

➲ 函数功能

TBILLPRICE函数用于计算面值￥100的国库券的价格。

➲ 函数格式

TBILLPRICE(settlement,maturity,discount)

➲ 参数说明

settlement：有价证券的成交日。

maturity：有价证券的到期日。

discount：有价证券的贴现率。

➲ 注意事项

❶ settlement和maturity必须是有效日期，否则TBILLPRICE函数将返回#VALUE!错误值。

❷ 如果出现以下情况，则TBILLPRICE函数将返回#NUM!错误值。

- settlement大于或等于maturity，或maturity在settlement之后超过一年。
- discount小于或等于0。

案例49 计算面值￥100的国库券的价格

本例效果如图9-49所示，在E1单元格中输入以下公式并按【Enter】键，计算面值￥100的国库券的价格。

=TBILLPRICE(B1,B2,B3)

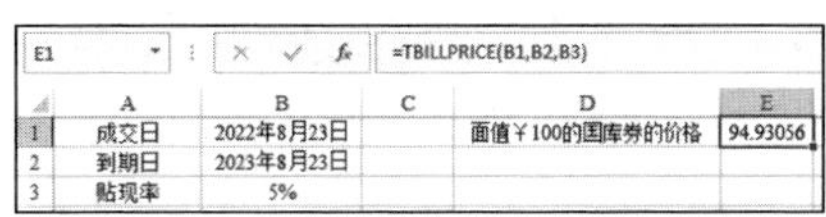

图9-49

9.6.23 TBILLYIELD——计算国库券的收益率

函数功能

TBILLYIELD函数用于计算国库券的收益率。

函数格式

```
TBILLYIELD(settlement,maturity,pr)
```

参数说明

settlement：有价证券的成交日。

maturity：有价证券的到期日。

pr：面值￥100的国库券的价格。

注意事项

❶ settlement和maturity必须是有效日期，否则TBILLYIELD函数将返回#VALUE!错误值。

❷ 如果出现以下情况，则TBILLYIELD函数将返回#NUM!错误值。

- settlement大于或等于maturity，或maturity在settlement之后超过一年。
- pr小于或等于0。

案例 50 计算国库券的收益率

本例效果如图9-50所示，在E1单元格中输入以下公式并按【Enter】键，计算国库券的收益率。

```
=TBILLYIELD(B1,B2,B3)
```

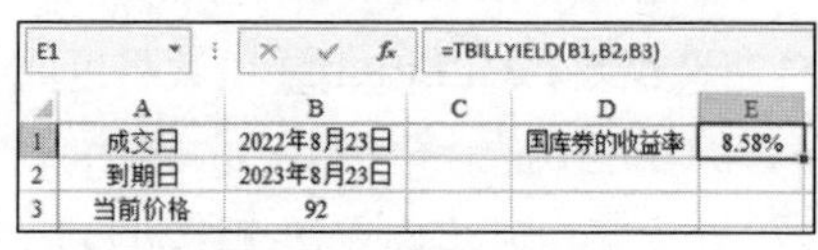

图9-50

需要将E1单元格设置为百分比格式。

9.6.24 YIELD——计算定期支付利息的有价证券的收益率

函数功能

YIELD函数用于计算定期付息有价证券的收益率。

函数格式

```
YIELD(settlement,maturity,rate,pr,redemption,frequency,[basis])
```

参数说明

settlement：有价证券的成交日。

maturity：有价证券的到期日。

rate：有价证券的年息票利率。

pr：有价证券的价格。

redemption：面值￥100的有价证券的清偿价值。

frequency：年付息次数，该参数是1表示按年支付，该参数是2表示按半年期支付，该参数是4表示按季支付。

basis（可选）：天数基准类型，该参数的取值及说明如表9-3所示。

注意事项

① settlement和maturity必须是有效日期，否则YIELD函数将返回#VALUE!错误值。

② 如果出现以下情况，则YIELD函数将返回#NUM!错误值。

- settlement大于或等于maturity。
- rate小于0。
- pr或redemption小于或等于0。
- frequency是除了1、2、4之外的其他数字。
- basis小于0或大于4。

案例 51 计算定期支付利息的有价证券的收益率

本例效果如图9-51所示，在E1单元格中输入以下公式并按【Enter】键，计算定期支付利息的有价证券的收益率。

=YIELD(B1,B2,B3,B4,B5,B6,B7)

E1 =YIELD(B1,B2,B3,B4,B5,B6,B7)

	A	B	C	D	E
1	成交日	2013年8月31日		定期支付利息的有价证券的收益率	6.49%
2	到期日	2020年5月11日			
3	利率	5%			
4	证券价格	92			
5	清偿价值	100			
6	年付息次数	2			
7	日计数基准	1			

图9-51

需要将E1单元格设置为百分比格式。

9.6.25 YIELDDISC——计算折价发行的有价证券的年收益率

函数功能

YIELDDISC函数用于计算折价发行的有价证券的年收益率。

函数格式

YIELDDISC(settlement,maturity,pr,redemption,[basis])

参数说明

settlement：有价证券的成交日。

maturity：有价证券的到期日。

pr：有价证券的价格。

redemption：面值￥100的有价证券的清偿价值。

basis（可选）：天数基准类型，该参数的取值及说明如表9-3所示。

注意事项

① settlement和maturity必须是有效日期，否则YIELDDISC函数将返回#VALUE!错误值。

② 如果出现以下情况，则YIELDDISC函数将返回#NUM!错误值。

- settlement大于或等于maturity。
- pr或redemption小于或等于0。
- basis小于0或大于4。

案例52 计算折价发行的有价证券的年收益率

本例效果如图9-52所示，在E1单元格中输入以下公式并按【Enter】键，计算折价发行的有价证券的年收益率。

```
=YIELDDISC(B1,B2,B3,B4,B5)
```

E1 =YIELDDISC(B1,B2,B3,B4,B5)

	A	B	C	D	E
1	成交日	2013年8月31日		折价发行的有价证券的年收益率	1.30%
2	到期日	2020年5月11日			
3	证券价格	92			
4	清偿价值	100			
5	日计数基准	1			

图9-52

需要将E1单元格设置为百分比格式。

9.6.26 YIELDMAT——计算到期付息的有价证券的年收益率

函数功能

YIELDMAT函数用于计算到期付息的有价证券的年收益率。

函数格式

```
YIELDMAT(settlement,maturity,issue,rate,pr,[basis])
```

参数说明

settlement：有价证券的成交日。

maturity：有价证券的到期日。

issue：有价证券的发行日。

rate：有价证券的年息票利率。

pr：有价证券的价格。

basis（可选）：天数基准类型，该参数的取值及说明如表9-3所示。

注意事项

❶ settlement、maturity和issue必须是有效日期，否则YIELDMAT函数将返回#VALUE!错误值。

❷ 如果出现以下情况，则YIELDMAT函数将返回#NUM!错误值。

- settlement大于或等于maturity。
- rate小于0，或者pr小于或等于0。
- basis小于0或大于4。

案例53 计算到期付息的有价证券的年收益率

本例效果如图9-53所示，在E1单元格中输入以下公式并按【Enter】键，计算到期付息的有价证券的年收益率。

```
=YIELDMAT(B1,B2,B3,B4,B5,B6)
```

E1 =YIELDMAT(B1,B2,B3,B4,B5,B6)

	A	B	C	D	E
1	成交日	2013年8月31日		到期付息的有价证券的年收益率	4.16%
2	到期日	2020年5月11日			
3	发行日	2011年3月15日			
4	利率	4%			
5	现值	97			
6	日计数基准	1			

图9-53

需要将E1单元格设置为百分比格式。

9.7 转换美元价格的格式

9.7.1 DOLLARDE——将分数格式的美元转换为小数格式的美元

➲ 函数功能

DOLLARDE函数用于将分数格式的美元转换为小数格式的美元。

➲ 函数格式

DOLLARDE(fractional_dollar,fraction)

➲ 参数说明

fractional_dollar：分数中小数形式的分子。

fraction：分数中整数形式的分母。

➲ 注意事项

如果fraction小于0，则DOLLARDE函数将返回#NUM!错误值；如果fraction等于0，则返回#DIV/0!错误值。

案例54 将分数格式的美元转换为小数格式的美元

本例效果如图9-54所示，在B3单元格中输入以下公式并按【Enter】键，将分数格式的美元转换为小数格式的美元。

=DOLLARDE(B1,B2)

B3 =DOLLARDE(B1,B2)

	A	B	C	D	E	F
1	分子	0.4				
2	分母	5				
3	美元价格	0.8				

图9-54

9.7.2 DOLLARFR——将小数格式的美元转换为分数格式的美元

➲ 函数功能

DOLLARFR函数用于将小数格式的美元转换为分数格式的美元。

➲ 函数格式

DOLLARFR(decimal_dollar,fraction)

➲ 参数说明

decimal_dollar：分数中小数形式的分子。

fraction：分数中整数形式的分母。

➲ 注意事项

如果fraction小于0，则DOLLARFR函数将返回#NUM!错误值；如果fraction等于0，则返回#DIV/0!错误值。

案例 55 将小数格式的美元转换为分数格式的美元

本例效果如图9−55所示，在B3单元格中输入以下公式并按【Enter】键，将小数格式的美元转换为分数格式的美元。

```
=DOLLARFR(B1,B2)
```

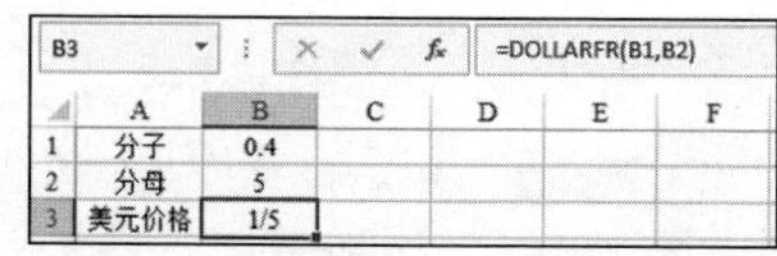

B3 =DOLLARFR(B1,B2)

	A	B	C	D	E	F
1	分子	0.4				
2	分母	5				
3	美元价格	1/5				

图9−55

需要将B3单元格设置为分数格式。

第10章　工程函数

Excel中的工程函数主要用于工程计算，包括比较数据、转换数制、计算复数以及其他功能。本章将介绍工程函数的基本用法和实际应用。

10.1　比较数据

10.1.1　DELTA——比较两个值是否相等

➲ 函数功能

DELTA函数用于比较两个值是否相等，如果相等则返回1，否则返回0。

➲ 函数格式

DELTA(number1,[number2])

➲ 参数说明

number1：需要比较的第1个数字。

number2（可选）：需要比较的第2个数字，省略该参数时其默认值是0。

➲ 注意事项

所有参数必须是数值类型或可转换为数值的数据，否则DELTA函数将返回#VALUE!错误值。

案例 01　检测商品销量的变化情况

本例效果如图10-1所示，在E2单元格中输入以下公式并按【Enter】键，然后将该公式向下复制到E13单元格，检测销量是否有变化。

=IF(DELTA(C2,D2),"无变化","有变化")

E2　=IF(DELTA(C2,D2),"无变化","有变化")

	A	B	C	D	E	F	G
1	销售日期	商品	预测销量	实际销量	销量变化		有变化的月份
2	2023年1月	服务器	500	400	有变化		2023年1月
3	2023年2月	服务器	500	500	无变化		2023年4月
4	2023年3月	台式电脑	300	300	无变化		2023年5月
5	2023年4月	笔记本电脑	200	100	有变化		2023年6月
6	2023年5月	服务器	700	600	有变化		2023年9月
7	2023年6月	台式电脑	300	200	有变化		2023年10月
8	2023年7月	笔记本电脑	900	900	无变化		
9	2023年8月	台式电脑	300	300	无变化		
10	2023年9月	服务器	900	800	有变化		
11	2023年10月	笔记本电脑	800	700	有变化		
12	2023年11月	台式电脑	900	900	无变化		
13	2023年12月	笔记本电脑	500	500	无变化		

图10-1

下面的公式可将E列中销量有变化所对应的日期提取到G列，需要选择G2:G13单元格区域，然后输入数组公式并按【Ctrl+Shift+Enter】组合键。

```
=IFERROR(INDEX(A2:A13,SMALL(IF(E2:E13="有变化",ROW(1:12),65500),ROW(1:12))),"")
```

公式解析

上面的公式首先使用IF函数判断E2:E13单元格区域中的每个单元格是否显示“有变化”，如果是则返回由1~12组成的常量数组，如果不是则返回数字65500。然后使用SMALL函数将返回的内容从小到大排列，将所有不是“有变化”的内容排在最后面。接着使用INDEX函数根据SMALL函数排序后的返回值从A2:A13单元格区域中按位置提取显示“有变化”的单元格所对应的日期。由于INDEX(A2:A13),65500)将返回错误值，因此使用IFERROR函数排错，使返回错误值的单元格显示为空。

交叉参考

IFERROR函数请参考第4章。

IF函数请参考第4章。

INDEX函数请参考第6章。

ROW函数请参考第6章。

SMALL函数请参考第8章。

10.1.2 GESTEP——测试某个值是否大于或等于阈值

函数功能

GESTEP函数用于将一个值与另一个值（称为阈值）进行比较，如果该值大于或等于阈值，则GESTEP函数将返回1，否则返回0。

函数格式

```
GESTEP(number,[step])
```

参数说明

number：需要测试的值。

step（可选）：阈值，省略该参数时其默认值是0。

注意事项

所有参数必须是数值类型或可转换为数值的数据，否则GESTEP函数将返回#VALUE!错误值。

案例 02 计算需要缴纳税金的人数

本例效果如图10-2所示，C列是员工的月薪，假定大于或等于5000元时需要缴纳个人所得税。在D2单元格中输入公式并按【Enter】键，然后将该公式向下复制到D14单元格，判断每个员工是否需要缴纳税金，1表示需要缴纳，0表示不需要缴纳。

```
=GESTEP(C2,5000)
```

接着在G1单元格中输入以下公式，对D列数据求和，从而计算需要缴纳税金的员工人数。

=SUM(D2:D14)

D2	=GESTEP(C2,5000)						
	A	B	C	D	E	F	G
1	代码	姓名	金额	是否需要缴纳税金		缴纳人数	11
2	103-589	吕伟	5400	1			
3	103-327	吴娟	2400	0			
4	103-891	闫振海	5800	1			
5	103-605	赵娟	9200	1			
6	103-714	周梅	6000	1			
7	103-630	殷红霞	7800	1			
8	103-508	张庆梅	6200	1			
9	103-298	时畅	5400	1			
10	103-521	刘飞	5400	1			
11	103-634	马春莉	5400	1			
12	103-370	刘佩佩	5400	1			
13	103-815	马麟	4200	0			
14	103-273	吴建新	9800	1			

图10−2

交叉参考

SUM函数请参考第2章。

10.2 转换数制

10.2.1 BIN2OCT——将二进制数转换为八进制数

函数功能

BIN2OCT函数用于将二进制数转换为八进制数。每3位二进制数作为一位八进制数，使用0~7表示八进制数。

函数格式

BIN2OCT(number,[places])

参数说明

number：需要转换的二进制数，位数不能超过10位（二进制位），其最高位（二进制位）是符号位，后9位（二进制位）是数字位。负数使用二进制数的补码表示。

places（可选）：转换后的位数，取值范围是1~10。如果省略该参数，则BIN2OCT函数使用能表示该数的最少位数表示；如果指定的位数比转换结果的位数多，则使用0填充转换结果中多余的位数。

注意事项

❶ 所有参数必须是数值类型或可转换为数值的数据，否则BIN2OCT函数将返回#VALUE!错误值。

❷ 如果参数不是有效的二进制数或位数大于10，则BIN2OCT函数将返回#NUM!错误值。

❸ 如果number小于0，则BIN2OCT函数将忽略places的值，并返回10位八进制数。

❹ 如果places小于0或小于转换后的位数，则BIN2OCT函数将返回#NUM!错误值。

案例 03 将二进制数转换为八进制数

本例效果如图10-3所示，在B2单元格中输入以下公式并按【Enter】键，然后将该公式向下复制到B8单元格，将A列中的二进制数转换为八进制数。

```
=BIN2OCT(A2)
```

B2 =BIN2OCT(A2)

	A	B	C
1	二进制	八进制	
2	0000000111	7	
3	0000011100	34	
4	0000110110	66	
5	0001110011	163	
6	0011001100	314	
7	0110110011	663	
8	1111111111	7777777777	

图10-3

10.2.2 BIN2DEC——将二进制数转换为十进制数

函数功能

BIN2DEC函数用于将二进制数转换为十进制数。

函数格式

```
BIN2DEC(number)
```

参数说明

number：需要转换的二进制数，位数不能超过10位（二进制位），其最高位（二进制位）是符号位，后9位（二进制位）是数字位。负数使用二进制数的补码表示。

注意事项

❶ 参数必须是数值类型或可转换为数值的数据，否则BIN2DEC函数将返回#VALUE!错误值。

❷ 如果参数不是有效的二进制数或位数大于10，则BIN2DEC函数将返回#NUM!错误值。

案例 04 将二进制数转换为十进制数

本例效果如图10-4所示，在B2单元格中输入以下公式并按【Enter】键，然后将该公式向下复制到B8单元格，将A列中的二进制数转换为十进制数。

```
=BIN2DEC(A2)
```

	A	B	C
1	二进制	十进制	
2	0000000111	7	
3	0000011100	28	
4	0000110110	54	
5	0001110011	115	
6	0011001100	204	
7	0110110011	435	
8	1111111111	-1	

B2 =BIN2DEC(A2)

图10-4

10.2.3 BIN2HEX——将二进制数转换为十六进制数

➲ 函数功能

BIN2HEX函数用于将二进制数转换为十六进制数。每4位二进制数作为一位十六进制数，使用0~9和A~F表示十六进制数，A~F表示数字10~15。

➲ 函数格式

BIN2HEX(number,[places])

➲ 参数说明

number：需要转换的二进制数，位数不能超过10位（二进制位），其最高位（二进制位）是符号位，后9位（二进制位）是数字位。负数使用二进制数的补码表示。

places（可选）：转换后的位数，取值范围是1~10。如果省略该参数，则BIN2HEX函数使用能表示该数的最少位数表示；如果指定的位数比转换结果的位数多，则使用0填充转换结果中多余的位数。

➲ 注意事项

❶ 所有参数必须是数值类型或可转换为数值的数据，否则BIN2HEX函数将返回#VALUE!错误值。

❷ 如果参数不是有效的二进制数或位数大于10，则BIN2HEX函数将返回#NUM!错误值。

❸ 如果number小于0，则BIN2HEX函数将忽略places的值，并返回10位十六进制数。

❹ 如果places小于0或小于转换后的位数，则BIN2HEX函数将返回#NUM!错误值。

案例05 将二进制数转换为十六进制数

本例效果如图10-5所示，在B2单元格中输入以下公式并按【Enter】键，然后将该公式向下复制到B8单元格，将A列中的二进制数转换为十六进制数。

=BIN2HEX(A2)

	A	B	C
1	二进制	十六进制	
2	0000000111	7	
3	0000011100	1C	
4	0000110110	36	
5	0001110011	73	
6	0011001100	CC	
7	0110110011	1B3	
8	1111111111	FFFFFFFFFF	

B2 =BIN2HEX(A2)

图10-5

10.2.4 OCT2BIN——将八进制数转换为二进制数

函数功能

OCT2BIN函数用于将八进制数转换为二进制数。

函数格式

```
OCT2BIN(number,[places])
```

参数说明

number：需要转换的八进制数，位数不能超过10位（相当于30个二进制位），其最高位（二进制位）是符号位，后29位（二进制位）是数字位。负数使用二进制数的补码表示。

places（可选）：转换后的位数，取值范围是1~10。如果省略该参数，则OCT2BIN函数使用能表示该数的最少位数表示；如果指定的位数比转换结果的位数多，则使用0填充转换结果中多余的位数。

注意事项

❶ 所有参数必须是数值类型或可转换为数值的数据，否则OCT2BIN函数将返回#VALUE!错误值。

❷ 如果number不是有效的八进制数，则OCT2BIN函数将返回#NUM!错误值。

❸ 如果number小于0，则OCT2BIN函数将忽略places的值，并返回10位二进制数。

❹ 如果places小于0或小于转换后的位数，则OCT2BIN函数将返回#NUM!错误值。

案例06 将八进制数转换为二进制数

本例效果如图10-6所示，在B2单元格中输入以下公式并按【Enter】键，然后将该公式向下复制到B8单元格，将A列中的八进制数转换为二进制数。

```
=OCT2BIN(A2)
```

	A	B	C
1	八进制	二进制	
2	7	111	
3	34	11100	
4	66	110110	
5	163	1110011	
6	314	11001100	
7	663	110110011	
8	7777777777	1111111111	

B2 =OCT2BIN(A2)

图10-6

10.2.5 OCT2DEC——将八进制数转换为十进制数

➲ 函数功能

OCT2DEC函数用于将八进制数转换为十进制数。

➲ 函数格式

OCT2DEC(number)

➲ 参数说明

number：需要转换的八进制数，位数不能超过10位（相当于30个二进制位），其最高位（二进制位）是符号位，后29位（二进制位）是数字位。负数使用二进制数的补码表示。

➲ 注意事项

❶ 参数必须是数值类型或可转换为数值的数据，否则OCT2DEC函数将返回#VALUE!错误值。

❷ 如果参数不是有效的八进制数，则OCT2DEC函数将返回#NUM!错误值。

案例07 将八进制数转换为十进制数

本例效果如图10-7所示，在B2单元格中输入以下公式并按【Enter】键，然后将该公式向下复制到B8单元格，将A列中的八进制数转换为十进制数。

=OCT2DEC(A2)

	A	B	C
1	八进制	十进制	
2	7	7	
3	34	28	
4	66	54	
5	163	115	
6	314	204	
7	663	435	
8	7777777777	-1	

B2 =OCT2DEC(A2)

图10-7

10.2.6 OCT2HEX——将八进制数转换为十六进制数

函数功能

OCT2HEX函数用于将八进制数转换为十六进制数。

函数格式

```
OCT2HEX(number,[places])
```

参数说明

number：需要转换的八进制数，位数不能超过10位（相当于30个二进制位），最高位（二进制位）为符号位，后29位（二进制位）为数字位。负数使用二进制数的补码表示。

places（可选）：转换后的位数，取值范围是1~10。如果省略该参数，则OCT2HEX函数使用能表示该数的最少位数表示；如果指定的位数比转换结果的位数多，则使用0填充转换结果中多余的位数。

注意事项

❶ 所有参数必须是数值类型或可转换为数值的数据，否则OCT2HEX函数将返回#VALUE!错误值。

❷ 如果number不是有效的八进制数，则OCT2HEX函数将返回#NUM!错误值。

❸ 如果number小于0，则OCT2HEX函数将忽略places的值，并返回10位十六进制数。

❹ 如果places小于0或小于转换后的位数，则OCT2HEX函数将返回#NUM!错误值。

案例 08 将八进制数转换为十六进制数

本例效果如图10-8所示，在B2单元格中输入以下公式并按【Enter】键，然后将该公式向下复制到B8单元格，将A列中的八进制数转换为十六进制数。

```
=OCT2HEX(A2)
```

B2 =OCT2HEX(A2)

	A	B	C
1	八进制	十六进制	
2	7	7	
3	34	1C	
4	66	36	
5	163	73	
6	314	CC	
7	663	1B3	
8	7777777777	FFFFFFFFF	

图10-8

10.2.7 DEC2BIN——将十进制数转换为二进制数

函数功能

DEC2BIN函数用于将十进制数转换为二进制数。

函数格式

```
DEC2BIN(number,[places])
```

参数说明

number：需要转换的十进制数，位

数不能超过10位（二进制位），其最高位（二进制位）是符号位，后9位（二进制位）是数字位。负数使用二进制数的补码表示。

places（可选）：转换后的位数，取值范围是1~10。如果省略该参数，则DEC2BIN函数使用能表示该数的最少位数表示；如果指定的位数比转换结果的位数多，则使用0填充转换结果中多余的位数。

➲ **注意事项**

❶ 所有参数必须是数值类型或可转换为数值的数据，否则DEC2BIN函数将返回#VALUE!错误值。

❷ 如果number不是有效的十进制数，则DEC2BIN函数将返回#NUM!错误值。

❸ 如果number小于0，则DEC2BIN函数将忽略places的值，并返回10位二进制数。

❹ 如果places小于0或小于转换后的位数，则DEC2BIN函数将返回#NUM!错误值。

案例 09 将十进制数转换为二进制数

本例效果如图10-9所示，在B2单元格中输入以下公式并按【Enter】键，然后将该公式向下复制到B8单元格，将A列中的十进制数转换为二进制数。

```
=DEC2BIN(A2)
```

B2 =DEC2BIN(A2)

	A	B	C
1	十进制	二进制	
2	7	111	
3	28	11100	
4	54	110110	
5	115	1110011	
6	204	11001100	
7	435	110110011	
8	-1	1111111111	

图10-9

10.2.8 DEC2OCT——将十进制数转换为八进制数

➲ **函数功能**

DEC2OCT函数用于将十进制数转换为八进制数。

➲ **函数格式**

```
DEC2OCT(number,[places])
```

➲ **参数说明**

number：需要转换的十进制数，位数不能超过10位（二进制位），其最高位（二进制位）是符号位，后9位（二进制位）是数字位。负数使用二进制数的补码表示。

places（可选）：转换后的位数，取值范围是1~10。如果省略该参数，则DEC2OCT函数使用能表示该数的最少位数表示；如果指定的位数比转换结果的位数多，则使用0填充转换结果中多余的位数。

注意事项

❶ 所有参数必须是数值类型或可转换为数值的数据，否则DEC2OCT函数将返回#VALUE!错误值。

❷ 如果number不是有效的十进制数，则DEC2OCT函数将返回#NUM!错误值。

❸ 如果number小于0，则DEC2OCT函数将忽略places的值，并返回10位二进制数。

❹ 如果places小于0或小于转换后的位数，则DEC2OCT函数将返回#NUM!错误值。

案例10 将十进制数转换为八进制数

本例效果如图10-10所示，在B2单元格中输入以下公式并按【Enter】键，然后将该公式向下复制到B8单元格，将A列中的十进制数转换为八进制数。

```
=DEC2OCT(A2)
```

B2 =DEC2OCT(A2)

	A	B	C
1	十进制	八进制	
2	7	7	
3	28	34	
4	54	66	
5	115	163	
6	204	314	
7	435	663	
8	-1	7777777777	

图10-10

10.2.9 DEC2HEX——将十进制数转换为十六进制数

函数功能

DEC2HEX函数用于将十进制数转换为十六进制数。

函数格式

```
DEC2HEX(number,[places])
```

参数说明

number：需要转换的十进制数，位数不能超过10位（二进制位），其最高位（二进制位）是符号位，后9位（二进制位）是数字位。负数使用二进制数的补码表示。

places（可选）：转换后的位数，取值范围是1~10。如果省略该参数，则DEC2HEX函数使用能表示该数的最少位数表示；如果指定的位数比转换结果的位数多，则使用0填充转换结果中多余的位数。

注意事项

❶ 所有参数必须是数值类型或可转换为数值的数据，否则DEC2HEX函数将返回#VALUE!错误值。

❷ 如果number不是有效的十进制

数，则OCT2HEX函数将返回#NUM!错误值。

③ 如果number小于0，则DEC2HEX函数将忽略places的值，并返回10位十六进制数。

④ 如果places小于0或小于转换后的位数，则DEC2HEX函数将返回#NUM!错误值。

案例 11 将十进制数转换为十六进制数

本例效果如图10-11所示，在B2单元格中输入以下公式并按【Enter】键，然后将该公式向下复制到B8单元格，将A列中的十进制数转换为十六进制数。

```
=DEC2HEX(A2)
```

B2 =DEC2HEX(A2)

	A	B	C
1	十进制	十六进制	
2	7	7	
3	28	1C	
4	54	36	
5	115	73	
6	204	CC	
7	435	1B3	
8	-1	FFFFFFFFFF	

图10-11

10.2.10 HEX2BIN——将十六进制数转换为二进制数

函数功能

HEX2BIN函数用于将十六进制数转换为二进制数。

函数格式

```
HEX2BIN(number,[places])
```

参数说明

number：需要转换的十六进制数，位数不能超过10位（相当于40个二进制位），其最高位（二进制位）是符号位，后39位（二进制位）是数字位。负数使用二进制数的补码表示。

places（可选）：转换后的位数，取值范围是1~10。如果省略该参数，则HEX2BIN函数使用能表示该数的最少位数表示；如果指定的位数比转换结果的位数多，则使用0填充转换结果中多余的位数。

注意事项

① 所有参数必须是数值类型或可转换为数值的数据，否则HEX2BIN函数将返回#VALUE!错误值。

② 如果number不是有效的十六进制数，则HEX2BIN函数将返回#NUM!错误值。

③ 如果number小于0，则HEX2BIN函数将忽略places的值，并返回10位二进制数。

④ 如果places小于0或小于转换后的位数，则HEX2BIN函数将返回#NUM!错误值。

案例 12 将十六进制数转换为二进制数

本例效果如图10-12所示，在B2单元格中输入以下公式并按【Enter】键，然后将该公式向下复制到B8单元格，将A列中的十六进制数转换为二进制数。

```
=HEX2BIN(A2)
```

B2 =HEX2BIN(A2)

	A	B	C
1	十六进制	二进制	
2	7	111	
3	1C	11100	
4	36	110110	
5	73	1110011	
6	CC	11001100	
7	1B3	110110011	
8	FFFFFFFFFF	1111111111	

图10-12

10.2.11 HEX2OCT——将十六进制数转换为八进制数

函数功能

HEX2OCT函数用于将十六进制数转换为八进制数。

函数格式

```
HEX2OCT(number,[places])
```

参数说明

number：需要转换的十六进制数，位数不能超过10位（相当于40个二进制位），其最高位（二进制位）是符号位，后39位（二进制位）是数字位。负数使用二进制数的补码表示。

places（可选）：转换后的位数，取值范围是1~10。如果省略该参数，则HEX2OCT函数使用能表示该数的最少位数表示；如果指定的位数比转换结果的位数多，则使用0填充转换结果中多余的位数。

注意事项

❶ 所有参数必须是数值类型或可转换为数值的数据，否则HEX2OCT函数将返回#VALUE!错误值。

❷ 如果number不是有效的十六进制数，则HEX2OCT函数将返回#NUM!错误值。

❸ 如果number小于0，则函数HEX2OCT将忽略places的值，并返回10位二进制数。

❹ 如果places小于0或小于转换后的位数，则HEX2OCT函数将返回#NUM!错误值。

案例 13 将十六进制数转换为八进制数

本例效果如图10-13所示，在B2单元格中输入以下公式并按【Enter】键，然后将该公式向下复制到B8单元格，将A列中的十六进制数转换为八进制数。

```
=HEX2OCT(A2)
```

	A	B	C
1	十六进制	八进制	
2	7	7	
3	1C	34	
4	36	66	
5	73	163	
6	CC	314	
7	1B3	663	
8	FFFFFFFFFF	7777777777	

B2 =HEX2OCT(A2)

图10-13

10.2.12 HEX2DEC——将十六进制数转换为十进制数

函数功能

HEX2DEC函数用于将十六进制数转换为十进制数。

函数格式

HEX2DEC(number)

参数说明

number：需要转换的十六进制数，位数不能超过10位（相当于40个二进制位），其最高位（二进制位）是符号位，后39位（二进制位）是数字位。负数使用二进制数的补码表示。

注意事项

❶ 参数必须是数值类型或可转换为数值的数据，否则HEX2DEC函数将返回#VALUE!错误值。

❷ 如果参数不是有效的十六进制数，则HEX2DEC函数将返回#NUM!错误值。

案例 14 将十六进制数转换为十进制数

本例效果如图10-14所示，在B2单元格中输入以下公式并按【Enter】键，然后将该公式向下复制到B8单元格，将A列中的十六进制数转换为十进制数。

=HEX2DEC(A2)

	A	B	C	D
1	十六进制	十进制		
2	7	7		
3	1C	28		
4	36	54		
5	73	115		
6	CC	204		
7	1B3	435		
8	FFFFFFFFFF	-1		

B2 =HEX2DEC(A2)

图10-14

10.3 计算复数

10.3.1 COMPLEX——根据实部和虚部转换复数

➲函数功能

COMPLEX函数用于根据实部和虚部转换*x*+*y*i或*x*+*y*j形式的复数。

➲函数格式

```
COMPLEX(real_num,i_num,[suffix])
```

➲参数说明

real_num：复数的实部。

i_num：复数的虚部。

suffix（可选）：复数中虚部的后缀，省略该参数时其默认值是i。

➲注意事项

❶ real_num和i_num必须是数值类型或可转换为数值的数据，否则COMPLEX函数将返回#VALUE!错误值。

❷ 如果设置了suffix，则必须将其放在一对英文半角双引号中，否则COMPLEX函数将返回#NAME?错误值。

❸ suffix必须是小写字母，且只能是i或j，否则COMPLEX函数将返回#VALUE!错误值。

案例 15 根据实部和虚部转换复数

本例效果如图10-15所示，在C2单元格中输入以下公式并按【Enter】键，然后将该公式向下复制到C8单元格，得到由A列和B列数据组成的复数。

```
=COMPLEX(A2,B2,"j")
```

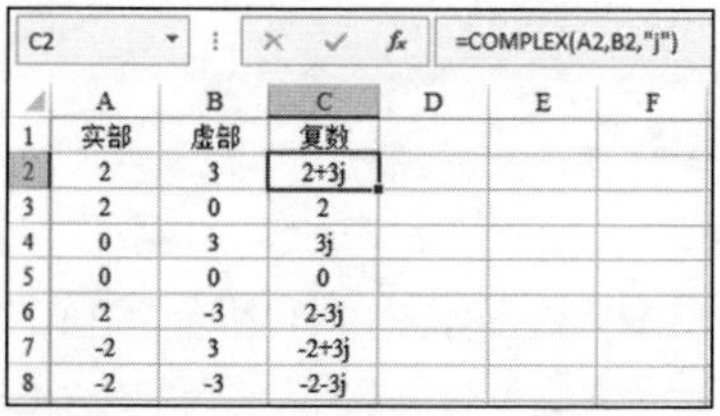

C2 =COMPLEX(A2,B2,"j")

	A	B	C	D	E	F
1	实部	虚部	复数			
2	2	3	2+3j			
3	2	0	2			
4	0	3	3j			
5	0	0	0			
6	2	-3	2-3j			
7	-2	3	-2+3j			
8	-2	-3	-2-3j			

图10-15

10.3.2 IMREAL——返回复数的实部

➲函数功能

IMREAL函数用于返回以*x*+*y*i或*x*+*y*j文本格式表示的复数的实部。

➲函数格式

```
IMREAL(inumber)
```

➲参数说明

inumber：需要返回实部的复数。

➲注意事项

❶ inumber的格式必须是*x*+*y*i或*x*+*y*j，否则IMREAL函数将返回#NUM!错误值。

❷ 如果inumber是逻辑值，则IMREAL函数将返回#VALUE!错误值。

案例 16 返回复数的实部

本例效果如图10-16所示，在D2单元格中输入以下公式并按【Enter】键，然后将该公式向下复制到D8单元格，返回C列复数的实部。

=IMREAL(C2)

D2 =IMREAL(C2)

	A	B	C	D	E
1	实部	虚部	复数	复数的实部	
2	2	3	2+3j	2	
3	2	0	2	2	
4	0	3	3j	0	
5	0	0	0	0	
6	2	-3	2-3j	2	
7	-2	3	-2+3j	-2	
8	-2	-3	-2-3j	-2	

图10-16

10.3.3 IMAGINARY——返回复数的虚部

➲ 函数功能

IMAGINARY函数用于返回以$x+yi$或$x+yj$格式表示的复数的虚部。

➲ 函数格式

IMAGINARY(inumber)

➲ 参数说明

inumber：需要返回虚部的复数。

➲ 注意事项

❶ inumber的格式必须是$x+yi$或$x+yj$，否则IMAGINARY函数将返回#NUM!错误值。

❷ 如果inumber是逻辑值，则IMAGINARY函数将返回#VALUE!错误值。

案例 17 返回复数的虚部

本例效果如图10-17所示，在D2单元格中输入以下公式并按【Enter】键，然后将该公式向下复制到D8单元格，返回C列复数的虚部。

=IMAGINARY(C2)

D2 =IMAGINARY(C2)

	A	B	C	D	E	F
1	实部	虚部	复数	复数的虚部		
2	2	3	2+3j	3		
3	2	0	2	0		
4	0	3	3j	3		
5	0	0	0	0		
6	2	-3	2-3j	-3		
7	-2	3	-2+3j	3		
8	-2	-3	-2-3j	-3		

图10-17

10.3.4 IMCONJUGATE——返回复数的共轭复数

函数功能

IMCONJUGATE函数用于返回以*x*+*y*i或*x*+*y*j格式表示的复数的共轭复数。

函数格式

IMCONJUGATE(inumber)

参数说明

inumber：需要返回共轭复数的复数。

注意事项

❶ inumber的格式必须是*x*+*y*i或*x*+*y*j，否则IMCONJUGATE函数将返回#NUM!错误值。

❷ 如果inumber是逻辑值，则IMCONJUGATE函数将返回#VALUE!错误值。

案例18 返回复数的共轭复数

本例效果如图10-18所示，在D2单元格中输入以下公式并按【Enter】键，然后将该公式向下复制到D8单元格，返回C列复数的共轭复数。

=IMCONJUGATE(C2)

D2 =IMCONJUGATE(C2)

	A	B	C	D	E
1	实部	虚部	复数	共轭复数	
2	2	3	2+3j	2-3j	
3	2	0	2	2	
4	0	3	3j	-3j	
5	0	0	0	0	
6	2	-3	2-3j	2+3j	
7	-2	3	-2+3j	-2-3j	
8	-2	-3	-2-3j	-2+3j	

图10-18

10.3.5 IMABS——计算复数的模

函数功能

IMABS函数用于计算以*x*+*y*i或*x*+*y*j格式表示的复数的模。

函数格式

IMABS(inumber)

参数说明

inumber：需要计算模的复数。

注意事项

❶ inumber的格式必须是*x*+*y*i或*x*+*y*j，否则IMABS函数将返回#NUM!错误值。

❷ 如果inumber是逻辑值，则IMABS函数将返回#VALUE!错误值。

案例19 计算复数的模

本例效果如图10-19所示，在D2单元格中输入公式并按【Enter】键，然后将该

公式向下复制到D8单元格，计算C列复数的模。

=IMABS(C2)

	A	B	C	D	E
1	实部	虚部	复数	复数的模	
2	2	3	2+3j	3.605551275	
3	2	0	2	2	
4	0	3	3j	3	
5	0	0	0	0	
6	2	-3	2-3j	3.605551275	
7	-2	3	-2+3j	3.605551275	
8	-2	-3	-2-3j	3.605551275	

图10-19

10.3.6 IMPOWER——计算复数的整数幂

函数功能

IMPOWER函数用于计算以x+yi或x+yj格式表示的复数的n次幂。

函数格式

IMPOWER(inumber,number)

参数说明

inumber：需要计算幂值的复数。

number：需要计算的幂次。

注意事项

❶ inumber的格式必须是x+yi或x+yj，否则IMPOWER函数将返回#NUM!错误值。

❷ 如果inumber是逻辑值，则IMPOWER函数将返回#VALUE!错误值。

❸ 如果在IMPOWER函数中直接输入number的值，则该参数必须是数值类型或可转换为数值的数据，否则IMPOWER函数将返回#VALUE!错误值。

❹ 如果number是单元格引用，则其值必须是数值，其他类型的值将被忽略。

案例20 计算复数的整数幂

本例效果如图10-20所示，在D2单元格中输入以下公式并按【Enter】键，然后将该公式向下复制到D8单元格，计算C列复数的整数幂。

=IMPOWER(C2,2)

	A	B	C	D
1	实部	虚部	复数	复数的整数幂
2	2	3	2+3j	-5+12j
3	2	0	2	4
4	0	3	3j	-9+1.10263360941776E-15j
5	0	0	0	0
6	2	-3	2-3j	-5-12j
7	-2	3	-2+3j	-5-12j
8	-2	-3	-2-3j	-5+12j

图10-20

10.3.7 IMSQRT——计算复数的平方根

➲ 函数功能

IMSQRT函数用于计算以$x+yi$或$x+yj$格式表示的复数的平方根。

➲ 函数格式

```
IMSQRT(inumber)
```

➲ 参数说明

inumber：需要计算平方根的复数。

➲ 注意事项

❶ inumber的格式必须是$x+yi$或$x+yj$，否则IMSQRT函数将返回#NUM!错误值。

❷ 如果inumber是逻辑值，则IMSQRT函数将返回#VALUE!错误值。

案例 21 计算复数的平方根

本例效果如图10-21所示，在D2单元格中输入以下公式并按【Enter】键，然后将该公式向下复制到D8单元格，计算C列复数的平方根。

```
=IMSQRT(C2)
```

D2 =IMSQRT(C2)

	A	B	C	D
1	实部	虚部	复数	复数的平方根
2	2	3	2+3j	1.67414922803554+0.895977476129838j
3	2	0	2	1.4142135623731
4	0	3	3j	1.22474487139159+1.22474487139159j
5	0	0	0	0
6	2	-3	2-3j	1.67414922803554-0.895977476129838j
7	-2	3	-2+3j	0.895977476129838+1.67414922803554j
8	-2	-3	-2-3j	0.895977476129838-1.67414922803554j

图10-21

10.3.8 IMARGUMENT——返回以弧度表示的复数的辐角

➲ 函数功能

IMARGUMENT函数用于返回以弧度表示的复数的辐角。

➲ 函数格式

```
IMARGUMENT(inumber)
```

➲ 参数说明

inumber：需要返回以弧度表示辐角的复数。

➲ 注意事项

❶ inumber的格式必须是$x+yi$或$x+yj$，否则IMARGUMENT函数将返回#NUM!错误值。

❷ 如果inumber是逻辑值，则IMARGUMENT函数将返回#VALUE!错误值。

案例 22 计算复数的辐角，以弧度表示

本例效果如图10-22所示，在D2单元格中输入公式并按【Enter】键，然后将该

公式向下复制到D8单元格，计算C列复数的辐角。

=IMARGUMENT(C2)

D2 =IMARGUMENT(C2)

	A	B	C	D	E
1	实部	虚部	复数	复数的辐角	
2	2	3	2+3j	0.982793723	
3	2	0	2	0	
4	0	3	3j	1.570796327	
5	0	0	0	#DIV/0!	
6	2	-3	2-3j	-0.982793723	
7	-2	3	-2+3j	2.15879893	
8	-2	-3	-2-3j	-2.15879893	

图10-22

10.3.9 IMEXP——计算复数的指数

➲ 函数功能

IMEXP函数用于计算以$x+yi$或$x+yj$格式表示的复数的指数。

➲ 函数格式

IMEXP(inumber)

➲ 参数说明

inumber：需要计算指数的复数。

➲ 注意事项

❶ inumber的格式必须是$x+yi$或$x+yj$，否则IMEXP函数将返回#NUM!错误值。

❷ 如果inumber是逻辑值，则IMEXP函数将返回#VALUE!错误值。

案例23 计算复数的指数

本例效果如图10-23所示，在D2单元格中输入以下公式并按【Enter】键，然后将该公式向下复制到D8单元格，计算C列复数的指数。

=IMEXP(C2)

D2 =IMEXP(C2)

	A	B	C	D
1	实部	虚部	复数	复数的指数
2	2	3	2+3j	-7.3151100949011+1.0427436562359j
3	2	0	2	7.38905609893065
4	0	3	3j	-0.989992496600445+0.141120008059867j
5	0	0	0	1
6	2	-3	2-3j	-7.3151100949011-1.0427436562359j
7	-2	3	-2+3j	-0.133980914929543+0.0190985162611352j
8	-2	-3	-2-3j	-0.133980914929543-0.0190985162611352j

图10-23

10.3.10 IMLN——计算复数的自然对数

➲ 函数功能

IMLN函数用于计算以$x+yi$或$x+yj$格式表示的复数的自然对数。

➲ 函数格式

IMLN(inumber)

➲ 参数说明

inumber：需要计算自然对数的复数。

➲ 注意事项

❶ inumber的格式必须是$x+yi$或

x+yj，否则IMLN函数将返回#NUM!错误值。

❷ 如果inumber是逻辑值，则IMLN函数将返回#VALUE!错误值。

案例 24 计算复数的自然对数

本例效果如图10−24所示，在D2单元格中输入以下公式并按【Enter】键，然后将该公式向下复制到D8单元格，计算C列复数的自然对数。

```
=IMLN(C2)
```

D2 =IMLN(C2)

	A	B	C	D
1	实部	虚部	复数	复数的自然对数
2	2	3	2+3j	1.28247467873077+0.982793723247329j
3	2	0	2	0.693147180559945
4	0	3	3j	1.09861228866811+1.5707963267949j
5	0	0	0	#NUM!
6	2	-3	2-3j	1.28247467873077-0.982793723247329j
7	-2	3	-2+3j	1.28247467873077+2.15879893034246j
8	-2	-3	-2-3j	1.28247467873077-2.15879893034246j

图10−24

10.3.11 IMLOG10——计算复数以10为底的对数

➲ 函数功能

IMLOG10函数用于计算以x+yi或x+yj格式表示的复数以10为底数的对数。

➲ 函数格式

```
IMLOG10(inumber)
```

➲ 参数说明

inumber：需要计算对数的复数。

➲ 注意事项

❶ inumber的格式必须是x+yi或x+yj，否则IMLOG10函数将返回#NUM!错误值。

❷ 如果inumber是逻辑值，则IMLOG10函数将返回#VALUE!错误值。

案例 25 计算复数以10为底的对数

本例效果如图10−25所示，在D2单元格中输入以下公式并按【Enter】键，然后将该公式向下复制到D8单元格，计算C列复数以10为底的对数。

```
=IMLOG10(C2)
```

D2 =IMLOG10(C2)

	A	B	C	D
1	实部	虚部	复数	复数以10为底的对数
2	2	3	2+3j	0.556971676153418+0.426821890855467j
3	2	0	2	0.301029995663981
4	0	3	3j	0.477121254719662+0.682188176920921j
5	0	0	0	#NUM!
6	2	-3	2-3j	0.556971676153418-0.426821890855467j
7	-2	3	-2+3j	0.556971676153418+0.937554462986375j
8	-2	-3	-2-3j	0.556971676153418-0.937554462986375j

图10−25

10.3.12 IMLOG2——计算复数以2为底的对数

➲ 函数功能

IMLOG2函数用于计算以x+yi或x+yj格式表示的复数以2为底数的对数。

➲ 函数格式

IMLOG2(inumber)

➲ 参数说明

inumber：需要计算对数的复数。

➲ 注意事项

❶ inumber的格式必须是x+yi或x+yj，否则IMLOG2函数将返回#NUM!错误值。

❷ 如果inumber是逻辑值，则IMLOG2函数将返回#VALUE!错误值。

案例 26 计算复数以2为底的对数

本例效果如图10-26所示，在D2单元格中输入以下公式并按【Enter】键，然后将该公式向下复制到D8单元格，计算C列复数以2为底的对数。

=IMLOG2(C2)

D2 =IMLOG2(C2)

	A	B	C	D
1	实部	虚部	复数	复数以2为底的对数
2	2	3	2+3j	1.85021985907055+1.41787163074572j
3	2	0	2	1
4	0	3	3j	1.58496250072116+2.2661800709136j
5	0	0	0	#NUM!
6	2	-3	2-3j	1.85021985907055-1.41787163074572j
7	-2	3	-2+3j	1.85021985907055+3.11448851108147j
8	-2	-3	-2-3j	1.85021985907055-3.11448851108147j

图10-26

10.3.13 IMSUM——计算两个或多个复数的总和

➲ 函数功能

IMSUM函数用于计算以x+yi或x+yj格式表示的两个或多个复数的和。

➲ 函数格式

IMSUM(inumber1,[inumber2],···)

➲ 参数说明

inumber1：第1个需要求和的复数。

inumber2,···（可选）：第2~255个需要求和的复数。

➲ 注意事项

❶ 所有参数的格式必须是x+yi或x+yj，否则IMSUM函数将返回#NUM!错误值。

❷ 如果参数是逻辑值，则IMSUM函数将返回#VALUE!错误值。

案例 27 计算多个复数的总和

本例效果如图10-27所示，在C6单元格中输入公式并按【Enter】键，计算C2、C3和C4这3个单元格中复数的总和。

```
=IMSUM(C2,C3,C4)
```

C6 =IMSUM(C2,C3,C4)

	A	B	C	D	E	F
1	实部	虚部	复数			
2	2	3	2+3j			
3	0	3	3j			
4	-2	3	-2+3j			
5						
6	复数的总和		9j			

图10-27

10.3.14 IMSUB——计算两个复数的差

➲ 函数功能

IMSUB函数用于计算以*x*+*y*i或*x*+*y*j格式表示的两个复数的差。

➲ 函数格式

```
IMSUB(inumber1,inumber2)
```

➲ 参数说明

inumber1：被减（复）数。

inumber2：减（复）数。

➲ 注意事项

❶ 所有参数的格式必须是*x*+*y*i或*x*+*y*j，否则IMSUB函数将返回#NUM!错误值。

❷ 如果参数是逻辑值，则IMSUB函数将返回#VALUE!错误值。

案例 28 计算两个复数的差

本例效果如图10-28所示，在C5单元格中输入以下公式并按【Enter】键，计算C2和C3单元格中的两个复数的差。

```
=IMSUB(C2,C3)
```

C5 =IMSUB(C2,C3)

	A	B	C	D	E	F
1	实部	虚部	复数			
2	2	3	2+3j			
3	-2	-3	-2-3j			
4						
5	两个复数的差		4+6j			

图10-28

10.3.15 IMPRODUCT——计算复数的乘积

➲ 函数功能

IMPRODUCT函数用于计算以*x*+*y*i或*x*+*y*j格式表示的复数的乘积。

➲ 函数格式

```
MPRODUCT(inumber1,[inumber2], ···)
```

➲ 参数说明

inumber1：第1个需要求积的复数。

inumber2,···（可选）：第2~255个需要求积的复数。

注意事项

① 所有参数的格式必须是x+yi或x+yj，否则IMPRODUCT函数将返回#NUM!错误值。

② 如果参数是逻辑值，则IMPRODUCT函数将返回#VALUE!错误值。

案例 29 计算多个复数的乘积

本例效果如图10-29所示，在C6单元格中输入以下公式并按【Enter】键，计算C2、C3和C4这3个单元格中复数的乘积。

```
=IMPRODUCT(C2,C3,C4)
```

C6 =IMPRODUCT(C2,C3,C4)

	A	B	C	D	E	F
1	实部	虚部	复数			
2	2	3	2+3j			
3	0	3	3j			
4	-2	3	-2+3j			
5						
6	复数的乘积		-39j			

图10-29

10.3.16 IMDIV——计算两个复数的商

函数功能

IMDIV函数用于计算以x+yi或x+yj格式表示的两个复数的商。

函数格式

```
IMDIV(inumber1,inumber2)
```

参数说明

inumber1：复数分子（被除数）。

inumber2：复数分母（除数）。

注意事项

① 所有参数的格式必须是x+yi或x+yj，否则IMDIV函数将返回#NUM!错误值。

② 如果参数是逻辑值，则IMDIV函数将返回#VALUE!错误值。

案例 30 计算两个复数的商

本例效果如图10-30所示，在C5单元格中输入以下公式并按【Enter】键，计算C2和C3单元格中两个复数的商。

```
=IMDIV(C2,C3)
```

C5 =IMDIV(C2,C3)

	A	B	C	D	E	F
1	实部	虚部	复数			
2	2	3	2+3j			
3	-2	-3	-2-3j			
4						
5	两个复数的商		-1			

图10-30

10.3.17 IMSIN——计算复数的正弦值

➲ 函数功能

IMSIN函数用于计算以$x+yi$或$x+yj$格式表示的复数的正弦值。

➲ 函数格式

```
IMSIN(inumber)
```

➲ 参数说明

inumber：需要计算正弦值的复数。

➲ 注意事项

❶ inumber的格式必须是$x+yi$或$x+yj$，否则IMSIN函数将返回#NUM!错误值。

❷ 如果inumber是逻辑值，则IMSIN函数将返回#VALUE!错误值。

案例 31 计算复数的正弦值

本例效果如图10-31所示，在D2单元格中输入以下公式并按【Enter】键，然后将该公式向下复制到D8单元格，计算C列复数的正弦值。

```
=IMSIN(C2)
```

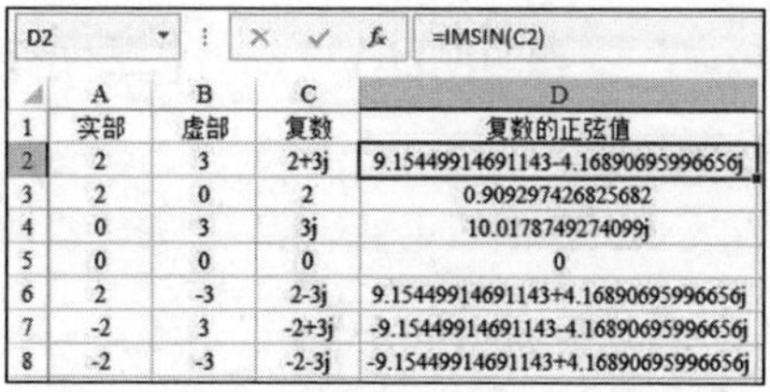

D2 =IMSIN(C2)

	A	B	C	D
1	实部	虚部	复数	复数的正弦值
2	2	3	2+3j	9.15449914691143-4.16890695996656j
3	2	0	2	0.909297426825682
4	0	3	3j	10.0178749274099j
5	0	0	0	0
6	2	-3	2-3j	9.15449914691143+4.16890695996656j
7	-2	3	-2+3j	-9.15449914691143-4.16890695996656j
8	-2	-3	-2-3j	-9.15449914691143+4.16890695996656j

图10-31

10.3.18 IMSINH——计算复数的双曲正弦值

➲ 函数功能

IMSINH函数用于计算以$x+yi$或$x+yj$格式表示的复数的双曲正弦值。

➲ 函数格式

```
IMSINH(inumber)
```

➲ 参数说明

inumber：需要计算双曲正弦值的复数。

➲ 注意事项

❶ inumber的格式必须是$x+yi$或$x+yj$，否则IMSINH函数将返回#NUM!错误值。

❶ 如果inumber是逻辑值，则IMSINH函数将返回#VALUE!错误值。

➲ Excel版本提醒

IMSINH函数是Excel 2013中新增的函数，不能在Excel 2013之前的版本中使用。

案例 32

计算复数的双曲正弦值

本例效果如图10-32所示，在D2单元格中输入以下公式并按【Enter】键，然后将该公式向下复制到D8单元格，计算C列复数的双曲正弦值。

=IMSINH(C2)

D2 =IMSINH(C2)

	A	B	C	D
1	实部	虚部	复数	复数的双曲正弦值
2	2	3	2+3j	-3.59056458998578+0.53092108624852j
3	2	0	2	3.62686040784702
4	0	3	3j	0.141120008059867j
5	0	0	0	0
6	2	-3	2-3j	-3.59056458998578-0.53092108624852j
7	-2	3	-2+3j	3.59056458998578+0.53092108624852j
8	-2	-3	-2-3j	3.59056458998578-0.53092108624852j

图10-32

10.3.19 IMCOS——计算复数的余弦值

➲ 函数功能

IMCOS函数用于计算以*x*+*y*i或*x*+*y*j格式表示的复数的余弦值。

➲ 函数格式

IMCOS(inumber)

➲ 参数说明

inumber：需要计算余弦值的复数。

➲ 注意事项

❶ inumber的格式必须是*x*+*y*i或*x*+*y*j，否则IMCOS函数将返回#NUM!错误值。

❷ 如果inumber是逻辑值，则IMCOS函数将返回#VALUE!错误值。

案例 33

计算复数的余弦值

本例效果如图10-33所示，在D2单元格中输入以下公式并按【Enter】键，然后将该公式向下复制到D8单元格，计算C列复数的余弦值。

=IMCOS(C2)

D2 =IMCOS(C2)

	A	B	C	D
1	实部	虚部	复数	复数的余弦值
2	2	3	2+3j	-4.18962569096881-9.10922789375534j
3	2	0	2	-0.416146836547142
4	0	3	3j	10.0676619957778
5	0	0	0	1
6	2	-3	2-3j	-4.18962569096881+9.10922789375534j
7	-2	3	-2+3j	-4.18962569096881+9.10922789375534j
8	-2	-3	-2-3j	-4.18962569096881-9.10922789375534j

图10-33

10.3.20 IMCOSH——计算复数的双曲余弦值

➲ 函数功能

IMCOSH函数用于计算以*x*+*y*i或*x*+*y*j格式表示的复数的双曲余弦值。

➲ 函数格式

IMCOSH(inumber)

➲ 参数说明

inumber：需要计算双曲余弦值的复数。

➲ 注意事项

❶ inumber的格式必须是$x+yi$或$x+yj$，否则IMCOSH函数将返回#NUM!错误值。

❷ 如果inumber是逻辑值，则IMCOSH函数将返回#VALUE!错误值。

➲ Excel版本提醒

IMCOSH函数是Excel 2013中的新增函数，不能在Excel 2013之前的版本中使用。

案例 34 计算复数的双曲余弦值

本例效果如图10-34所示，在D2单元格中输入以下公式并按【Enter】键，然后将该公式向下复制到D8单元格，计算C列复数的双曲余弦值。

```
=IMCOSH(C2)
```

D2 =IMCOSH(C2)

	A	B	C	D
1	实部	虚部	复数	复数的双曲余弦值
2	2	3	2+3j	-3.72454550491532+0.511822569987385j
3	2	0	2	3.76219569108363
4	0	3	3j	-0.989992496600445
5	0	0	0	1
6	2	-3	2-3j	-3.72454550491532-0.511822569987385j
7	-2	3	-2+3j	-3.72454550491532-0.511822569987385j
8	-2	-3	-2-3j	-3.72454550491532+0.511822569987385j

图10-34

10.3.21 IMTAN——计算复数的正切值

➲ 函数功能

IMTAN函数用于计算以$x+yi$或$x+yj$格式表示的复数的正切值。

➲ 函数格式

```
IMTAN(inumber)
```

➲ 参数说明

inumber：需要计算正切值的复数。

➲ 注意事项

❶ inumber的格式必须是$x+yi$或$x+yj$，否则IMTAN函数将返回#NUM!错误值。

❷ 如果inumber是逻辑值，则IMTAN函数将返回#VALUE!错误值。

➲ Excel版本提醒

IMTAN函数是Excel 2013中新增的函数，不能在Excel 2013之前的版本中使用。

案例 35 计算复数的正切值

本例效果如图10-35所示，在D2单元格中输入公式并按【Enter】键，然后将该

公式向下复制到D8单元格，计算C列复数的正切值。

=IMTAN(C2)

D2 =IMTAN(C2)

	A	B	C	D
1	实部	虚部	复数	复数的正切值
2	2	3	2+3j	-0.00376402564150425+1.00323862735361j
3	2	0	2	-2.18503986326152
4	0	3	3j	0.99505475368673j
5	0	0	0	0
6	2	-3	2-3j	-0.00376402564150425-1.00323862735361j
7	-2	3	-2+3j	0.00376402564150425+1.00323862735361j
8	-2	-3	-2-3j	0.00376402564150425-1.00323862735361j

图10-35

10.3.22 IMSECH——计算复数的双曲正切值

函数功能

IMSECH函数用于计算以$x+yi$或$x+yj$格式表示的复数的双曲正切值。

函数格式

IMSECH(inumber)

参数说明

inumber：需要计算双曲正切值的复数。

注意事项

❶ inumber的格式必须是$x+yi$或$x+yj$，否则IMSECH函数将返回#NUM!错误值。

❷ 如果inumber是逻辑值，则IMSECH函数将返回#VALUE!错误值。

Excel版本提醒

IMSECH函数是Excel 2013中新增的函数，不能在Excel 2013之前的版本中使用。

案例36 计算复数的双曲正切值

本例效果如图10-36所示，在D2单元格中输入以下公式并按【Enter】键，然后将该公式向下复制到D8单元格，计算C列复数的双曲正切值。

=IMSECH(C2)

D2 =IMSECH(C2)

	A	B	C	D
1	实部	虚部	复数	复数的双曲正切值
2	2	3	2+3j	-0.263512975158389-0.0362116365587685j
3	2	0	2	0.26580222883408
4	0	3	3j	-1.01010866590799
5	0	0	0	1
6	2	-3	2-3j	-0.263512975158389+0.0362116365587685j
7	-2	3	-2+3j	-0.263512975158389+0.0362116365587685j
8	-2	-3	-2-3j	-0.263512975158389-0.0362116365587685j

图10-36

10.3.23 IMCOT——计算复数的余切值

函数功能

IMCOT函数用于计算以$x+yi$或$x+yj$格式表示的复数的余切值。

函数格式

IMCOT(inumber)

➲ 参数说明

inumber：需要计算余切值的复数。

➲ 注意事项

❶ inumber的格式必须是*x*+*y*i或*x*+*y*j，否则IMCOT函数将返回#NUM!错误值。

❷ 如果inumber是逻辑值，则IMCOT函数将返回#VALUE!错误值。

➲ Excel版本提醒

IMCOT函数是Excel 2013中的新增函数，不能在Excel 2013之前的版本中使用。

案例 37 计算复数的余切值

本例效果如图10-37所示，在D2单元格中输入以下公式并按【Enter】键，然后将该公式向下复制到D8单元格，计算C列复数的余切值。

```
=IMCOT(C2)
```

D2 =IMCOT(C2)

	A	B	C	D
1	实部	虚部	复数	复数的余切值
2	2	3	2+3j	-0.00373971037633696-0.996757796569358j
3	2	0	2	-0.457657554360286
4	0	3	3j	-1.00496982331369j
5	0	0	0	#NUM!
6	2	-3	2-3j	-0.00373971037633696+0.996757796569358j
7	-2	3	-2+3j	0.00373971037633696-0.996757796569358j
8	-2	-3	-2-3j	0.00373971037633696+0.996757796569358j

图10-37

10.3.24 IMSEC——计算复数的正割值

➲ 函数功能

IMSEC函数用于计算以*x*+*y*i或*x*+*y*j格式表示的复数的正割值。

➲ 函数格式

```
IMSEC(inumber)
```

➲ 参数说明

inumber：需要计算正割值的复数。

➲ 注意事项

❶ inumber的格式必须是*x*+*y*i或*x*+*y*j，否则IMSEC函数将返回#NUM!错误值。

❷ 如果inumber是逻辑值，则IMSEC函数将返回#VALUE!错误值。

➲ Excel版本提醒

IMSEC函数是Excel 2013中新增的函数，不能在Excel 2013之前的版本中使用。

案例 38 计算复数的正割值

本例效果如图10-38所示，在D2单元格中输入公式并按【Enter】键，然后将该公式向下复制到D8单元格，计算C列复数的正割值。

=IMSEC(C2)

	A	B	C	D
1	实部	虚部	复数	复数的正割值
2	2	3	2+3j	-0.0416749644111443+0.0906111371962376j
3	2	0	2	-2.40299796172238
4	0	3	3j	0.0993279274194332
5	0	0	0	1
6	2	-3	2-3j	-0.0416749644111443-0.0906111371962376j
7	-2	3	-2+3j	-0.0416749644111443-0.0906111371962376j
8	-2	-3	-2-3j	-0.0416749644111443+0.0906111371962376j

图10-38

10.3.25 IMCSC——计算复数的余割值

函数功能

IMCSC函数用于计算以x+yi或x+yj格式表示的复数的余割值。

函数格式

IMCSC(inumber)

参数说明

inumber：需要计算余割值的复数。

注意事项

❶ inumber的格式必须是x+yi或x+yj，否则IMCSC函数将返回#NUM!错误值。

❷ 如果inumber是逻辑值，则IMCSC函数将返回#VALUE!错误值。

Excel版本提醒

IMCSC函数是Excel 2013中的新增函数，不能在Excel 2013之前的版本中使用。

案例39 计算复数的余割值

本例效果如图10-39所示，在D2单元格中输入以下公式并按【Enter】键，然后将该公式向下复制到D8单元格，计算C列复数的余割值。

=IMCSC(C2)

	A	B	C	D
1	实部	虚部	复数	复数的余割值
2	2	3	2+3j	0.0904732097532074+0.0412009862885741j
3	2	0	2	1.09975017029462
4	0	3	3j	-0.0998215696688227j
5	0	0	0	#NUM!
6	2	-3	2-3j	0.0904732097532074-0.0412009862885741j
7	-2	3	-2+3j	-0.0904732097532074+0.0412009862885741j
8	-2	-3	-2-3j	-0.0904732097532074-0.0412009862885741j

图10-39

10.3.26 IMCSCH——计算复数的双曲余割值

➲ 函数功能

IMCSCH函数用于计算以*x*+*y*i或*x*+*y*j格式表示的复数的双曲余割值。

➲ 函数格式

```
IMCSCH(inumber)
```

➲ 参数说明

inumber：需要计算双曲余割值的复数。

➲ 注意事项

❶ inumber的格式必须是*x*+*y*i或*x*+*y*j，否则IMCSCH函数将返回#NUM!错误值。

❷ 如果inumber是逻辑值，则IMCSCH函数将返回#VALUE!错误值。

➲ Excel版本提醒

IMCSCH函数是Excel 2013中新增的函数，不能在Excel 2013之前的版本中使用。

案例 40 计算复数的双曲余割值

本例效果如图10-40所示，在D2单元格中输入以下公式并按【Enter】键，然后将该公式向下复制到D8单元格，计算C列复数的双曲余割值。

```
=IMCSCH(C2)
```

D2 =IMCSCH(C2)

	A	B	C	D
1	实部	虚部	复数	复数的双曲余割值
2	2	3	2+3j	-0.27254866146294-0.0403005788568915j
3	2	0	2	0.275720564771783
4	0	3	3j	-7.08616739573719j
5	0	0	0	#NUM!
6	2	-3	2-3j	-0.27254866146294+0.0403005788568915j
7	-2	3	-2+3j	0.27254866146294-0.0403005788568915j
8	-2	-3	-2-3j	0.27254866146294+0.0403005788568915j

图10-40

10.4 其他工程函数

10.4.1 CONVERT——将数字从一种度量系统转换为另一种度量系统

➲ 函数功能

CONVERT函数用于将数字从一种度量系统转换为另一种度量系统。

➲ 函数格式

```
CONVERT(number,from_unit,to_unit)
```

➲ 参数说明

number：需要转换度量单位的数字。

from_unit：转换前的单位。

to_unit：转换后的单位。

from_unit和to_unit的度量单位的名称和代码如表10-1所示。

▼ 表10-1　用于from_unit和to_unit参数的部分度量单位名称和代码

度量类别	单位名称	单位代码
日期单位	年	yr
	日	day或d
	小时	hr
	分钟	mn或min
	秒	sec或s
距离单位	米	m
	英尺	ft
	英寸	in
	码	yd
	皮卡（1皮卡等于1/72英寸）	Pica或Picapt
重量单位	克	g
	磅	lbm
	盎司	ozm
温度单位	摄氏度	C或cel
	华氏度	F或fah

➲ 注意事项

❶ 如果输入的数据拼写有误，则CONVERT函数将返回#VALUE!错误值。

❷ 如果输入的单位不存在，或输入了不支持的单位前缀（单位名称和前缀要区分大小写），或转换前后的单位属于不同的度量类别，则CONVERT函数将返回#N/A错误值。

案例41 转换食品的度量单位

本例效果如图10-41所示，C列是转换前食品的度量单位，E列是转换后食品的度量单位，D2单元格中的公式如下，将B2单元格中的值转换为新单位对应的值。D列其他单元格中的公式与该公式类似，唯一区别是需要根据转换前后的度量单位为公式中的第2个参数和第3个参数设置不同的值。

=ROUND(CONVERT(B2,"pt","l"),2)

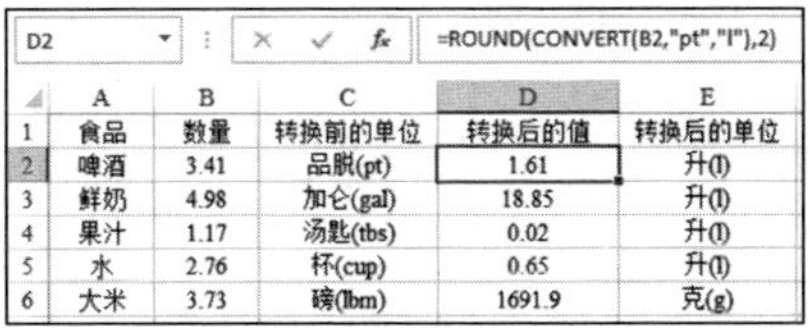

D2　=ROUND(CONVERT(B2,"pt","l"),2)

	A	B	C	D	E
1	食品	数量	转换前的单位	转换后的值	转换后的单位
2	啤酒	3.41	品脱(pt)	1.61	升(l)
3	鲜奶	4.98	加仑(gal)	18.85	升(l)
4	果汁	1.17	汤匙(tbs)	0.02	升(l)
5	水	2.76	杯(cup)	0.65	升(l)
6	大米	3.73	磅(lbm)	1691.9	克(g)

图10-41

技巧 如果希望可以在D2单元格中输入公式后，通过向下复制公式的方法自动得到其他转换结果，则可以使用以下公式。

```
=ROUND(CONVERT(B2,MID(C2,FIND("(",C2)+1,FIND(")",C2)-FIND("(",C2)-ID(E2,
FIND("(",E2)+1,FIND(")",E2)-FIND("(",E2)-1)),2)
```

10.4.2 BESSELJ——返回*n*阶第1种贝塞尔函数值

➲ 函数功能

BESSELJ函数用于返回贝塞尔函数值。

➲ 函数格式

```
BESSELJ(x,n)
```

➲ 参数说明

x：代入贝塞尔函数的变量值。

n：贝塞尔函数的阶数。

➲ 注意事项

❶ 所有参数必须是数值类型或可转换为数值的数据，否则BESSELJ函数将返回#VALUE!错误值。

❷ 所有参数必须大于或等于0，否则BESSELJ函数将返回#NUM!错误值。

案例42 计算*n*阶第1种贝塞尔函数值

本例效果如图10-42所示，在C2单元格中输入以下公式并按【Enter】键，然后将该公式向下复制到C11单元格，计算*n*阶第1种贝塞尔函数值。

```
=BESSELJ(A2,$B$2)
```

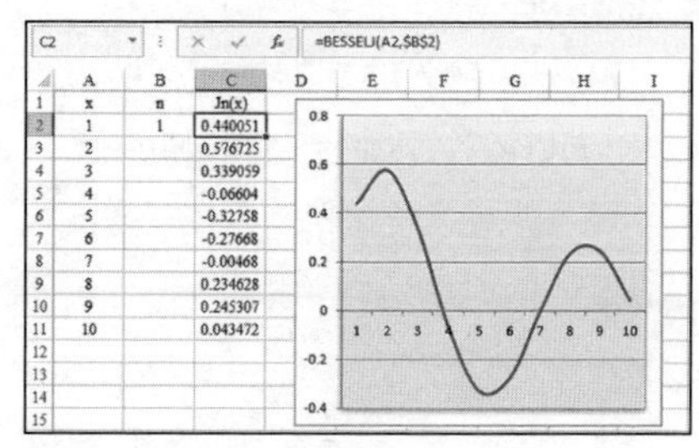

图10-42

10.4.3 BESSELY——返回*n*阶第2种贝塞尔函数值

➲ 函数功能

BESSELY函数用于返回贝塞尔函数值，也称为Weber函数或Neumann函数。

➲ 函数格式

```
BESSELY(x,n)
```

➲ 参数说明

x：代入贝塞尔函数的变量值。

n：贝塞尔函数的阶数。

➲ 注意事项

❶ 所有参数必须是数值类型或可转换为数值的数据，否则BESSELY函数将返回#VALUE!错误值。

❷ 所有参数必须大于或等于0，否则BESSELY函数将返回#NUM!错误值。

案例43 计算n阶第2种贝塞尔函数值

本例效果如图10-43所示，在C2单元格中输入以下公式并按【Enter】键，然后将该公式向下复制到C11单元格，计算n阶第2种贝塞尔函数值。

=BESSELY(A2,$B$2)

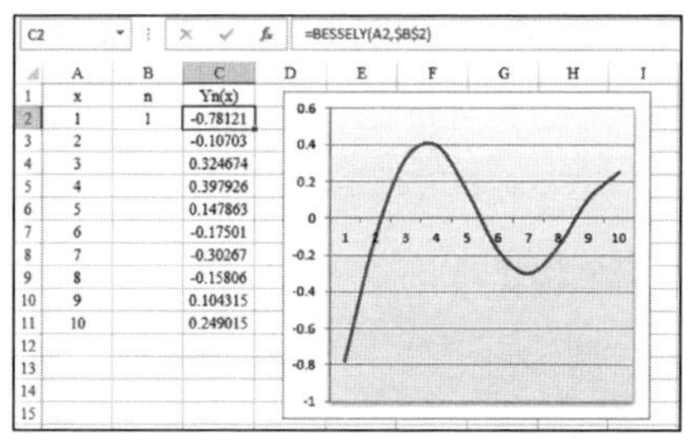

x	n	Yn(x)
1	1	-0.78121
2		-0.10703
3		0.324674
4		0.397926
5		0.147863
6		-0.17501
7		-0.30267
8		-0.15806
9		0.104315
10		0.249015

图10-43

10.4.4 BESSELI——返回n阶第1种修正的贝塞尔函数值

函数功能

BESSELI函数用于返回修正的贝塞尔函数值，它与使用纯虚数参数运算时的贝塞尔函数值相等。

函数格式

BESSELI(x,n)

参数说明

x：代入贝塞尔函数的变量值。

n：贝塞尔函数的阶数。

注意事项

❶ 所有参数必须是数值类型或可转换为数值的数据，否则BESSELI函数将返回#VALUE!错误值。

❷ 所有参数必须大于或等于0，否则BESSELI函数将返回#NUM!错误值。

案例44 计算n阶第1种修正贝塞尔函数值

本例效果如图10-44所示，在C2单元格中输入以下公式并按【Enter】键，然后将该公式向下复制到C11单元格，计算n阶第1种修正贝塞尔函数值。

=BESSELI(A2,$B$2)

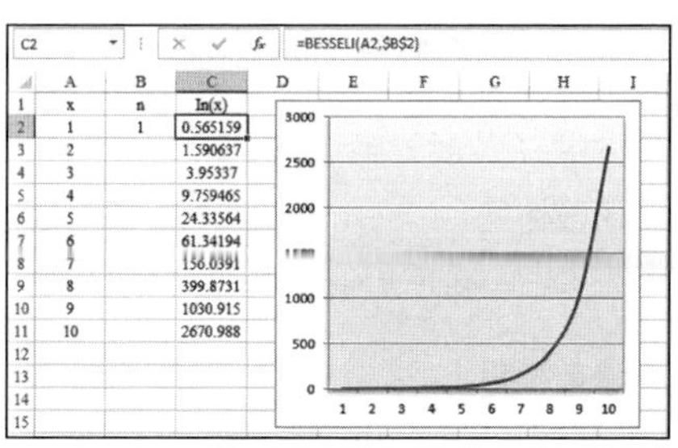

x	n	In(x)
1	1	0.565159
2		1.590637
3		3.95337
4		9.759465
5		24.33564
6		61.34194
7		156.0391
8		399.8731
9		1030.915
10		2670.988

图10-44

10.4.5 BESSELK——返回*n*阶第2种修正的贝塞尔函数值

➲ 函数功能

BESSELK函数用于返回修正的贝塞尔函数值，它与使用纯虚数参数运算时的贝塞尔函数值相等。

➲ 函数格式

```
BESSELK(x,n)
```

➲ 参数说明

x：代入贝塞尔函数的变量值。

n：贝塞尔函数的阶数。

➲ 注意事项

❶ 所有参数必须是数值类型或可转换为数值的数据，否则BESSELK函数将返回#VALUE!错误值。

❷ 所有参数必须大于或等于0，否则BESSELK函数将返回#NUM!错误值。

案例 45 计算*n*阶第2种修正贝塞尔函数值

本例效果如图10-45所示，在C2单元格中输入以下公式并按【Enter】键，然后将该公式向下复制到C11单元格，计算*n*阶第2种修正贝塞尔函数值。

```
=BESSELK(A2,$B$2)
```

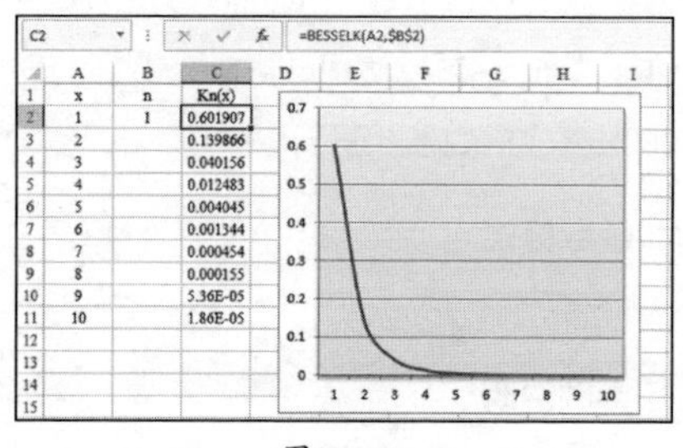

图10-45

10.4.6 ERF——返回误差函数

➲ 函数功能

ERF函数用于返回误差函数在上下限之间的积分。

➲ 函数格式

```
ERF(lower_limit,[upper_limit])
```

➲ 参数说明

lower_limit：ERF函数的积分下限。

upper_limit（可选）：ERF函数的积分上限。如果省略该参数，则ERF函数将在0到下限之间进行积分。

➲ 注意事项

所有参数必须是数值类型或可转换为数值的数据，否则ERF函数将返回#VALUE!错误值。

➲ Excel版本提醒

在Excel 2007中，如果ERF函数的任意一个参数小于0，则该函数将返回#NUM!错误值。

案例46 计算误差函数在上下限之间的积分

本例效果如图10-46所示，在B2单元格中输入以下公式并按【Enter】键，然后将该公式向下复制到B14单元格，计算误差函数在上下限之间的积分。

```
=ERF(A2/SQRT(2))
```

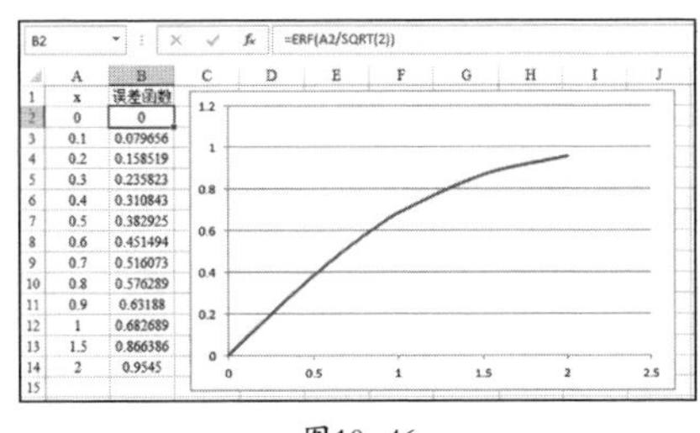

	A	B
1	x	误差函数
2	0	0
3	0.1	0.079656
4	0.2	0.158519
5	0.3	0.235823
6	0.4	0.310843
7	0.5	0.382925
8	0.6	0.451494
9	0.7	0.516073
10	0.8	0.576289
11	0.9	0.63188
12	1	0.682689
13	1.5	0.866386
14	2	0.9545

图10-46

10.4.7 ERF.PRECISE——返回误差函数

函数功能

ERF.PRECISE函数用于返回误差函数在上下限之间的积分。

函数格式

```
ERF.PRECISE(x)
```

参数说明

x：ERF.PRECISE函数的积分下限。

注意事项

参数必须是数值类型或可转换为数值的数据，否则ERF.PRECISE函数将返回#VALUE!错误值。

Excel版本提醒

ERF.PRECISE函数不能在Excel 2007及Excel更低版本中使用。

10.4.8 ERFC——返回余误差函数

函数功能

ERFC函数用于返回从x到∞（无穷大）积分的ERF函数的补余误差函数。

函数格式

```
ERFC(x)
```

参数说明

x：ERFC函数的积分下限。

注意事项

参数必须是数值类型或可转换为数值的数据，否则ERFC函数将返回#VALUE!错误值。

案例47 计算余误差函数

本例效果如图10-47所示，在B2单元格中输入公式并按【Enter】键，然后将该

公式向下复制到B14单元格，计算余误差函数。

```
=ERFC(A2)
```

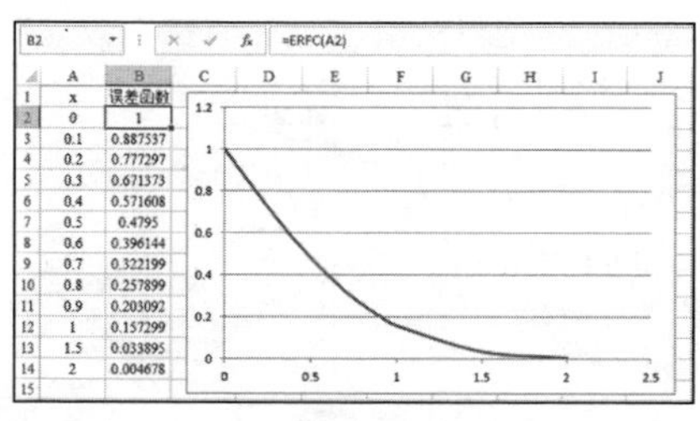

图10-47

Excel版本提醒

在Excel 2007中，如果ERFC函数的任意一个参数小于0，则该函数将返回#NUM!错误值。

10.4.9 ERFC.PRECISE——返回余误差函数

函数功能

ERFC.PRECISE函数用于返回从x到∞（无穷大）积分的ERF函数的补余误差函数。

函数格式

```
ERFC.PRECISE(x)
```

参数说明

x：ERFC.PRECISE函数的积分下限。

注意事项

参数必须是数值类型或可转换为数值的数据，否则ERFC.PRECISE函数将返回#VALUE!错误值。

Excel版本提醒

ERFC.PRECISE函数不能在Excel 2007及Excel更低版本中使用。

10.4.10 BITAND——返回两个数按位“与”的结果

函数功能

BITAND函数用于返回两个数按位“与”的结果。

函数格式

```
BITAND(number1,number2)
```

参数说明

number1：需要进行按位“与”的第1个数字，必须是十进制格式并且大于或等于0。

number2：需要进行按位“与”的

第2个数字，必须是十进制格式并且大于或等于0。

➲ 注意事项

❶ BITAND函数对两个数字的二进制值的相同位进行“与”操作，只有两个数字的相同位都是1时，该位的值才会被统计。

❷ 按位返回的值从右向左按2的幂次依次累进，最右侧的位返回1（即2^0），其左侧的位返回2（即2^1），依此类推。

❸ 所有参数必须是数值类型或可转换为数值的数据，否则BITAND函数将返回#VALUE!错误值。

❹ 如果参数不是整数、大于$2^{48}-1$或小于0，则BITAND函数将返回#NUM!错误值。

➲ Excel版本提醒

BITAND函数是Excel 2013中新增的函数，不能在Excel 2013之前的版本中使用。

案例48 返回两个数按位“与”的结果

本例效果如图10-48所示，在C7单元格中输入以下公式并按【Enter】键，然后将该公式向右复制到H7单元格，返回对第1行数字和第4行数字的按位“与”操作的结果。

=BITAND(C1,C4)

C7 =BITAND(C1,C4)

	A	B	C	D	E	F	G	H
1	第一个数字	十进制	1	2	3	4	5	6
2		二进制	1	10	11	100	101	110
3								
4	第二个数字	十进制	1	3	4	5	6	7
5		二进制	1	11	100	101	110	111
6								
7	BITAND的结果		1	2	0	4	4	6

图10-48

公式解析

为了便于了解BITAND函数的工作原理，在第2行和第5行分别显示了位于它们上一行的数字的二进制值。对C1和C4单元格中的数字1来说，它们的二进制值都是1，由于都只有1位且该位都是1，因此BITAND函数返回1。

对D1单元格中的数字2和D4单元格中的数字3来说，数字2的二进制值是10，数字3的二进制值是11，两个二进制值的最右位一个是0，一个是1，由于不都是1，因此最右位不会被统计。其左侧的位由于都是1，因此会被统计。由于该位是从最右侧开始的第2位，因此统计结果不是1而是2[1]，即2，BITAND函数将返回2。

对H1单元格中的数字6和H4单元格中的数字7来说，数字6的二进制值是110，数字7的二进制值是111，两个二进制值的最右位不都是1，所以不会被统计。而其他两位全都是1，所以都会被统计。最左侧的位统计为2^2即4，中间的位统计为2^1即2，最后将得到的两个结果相加，即BITAND函数返回的结果6。其他几组数字的“与”操作依此类推。

10.4.11 BITOR——返回两个数按位“或”的结果

➲ 函数功能

BITOR函数用于返回两个数按位“或”的结果。

➲ 函数格式

```
BITOR(number1,number2)
```

➲ 参数说明

number1：需要进行按位“或”的第1个数字，必须是十进制格式并且大于或等于0。

number2：需要进行按位“或”的第2个数字，必须是十进制格式并且大于或等于0。

➲ 注意事项

❶ BITOR函数对两个数字的二进制值的相同位进行“或”操作，只要两个数字的相同位有一个是1，该位的值就会被统计。

❷ 按位返回的值从右向左按2的幂次依次累进，最右侧的位返回1（即2^0），其左侧的位返回2（即2^1），依此类推。

❸ 所有参数必须是数值类型或可转换为数值的数据，否则BITOR函数将返回#VALUE!错误值。

❹ 如果参数不是整数、大于$2^{48}-1$或小于0，则BITOR函数将返回#NUM!错误值。

➲ Excel版本提醒

BITOR函数是Excel 2013中新增的函数，不能在Excel 2013之前的版本中使用。

案例 49 返回两个数按位“或”的结果

本例效果如图10-49所示，在C7单元格中输入以下公式并按【Enter】键，然后将该公式向右复制到H7单元格，返回对第1行数字和第4行数字的按位“或”操作的结果。

```
=BITOR(C1,C4)
```

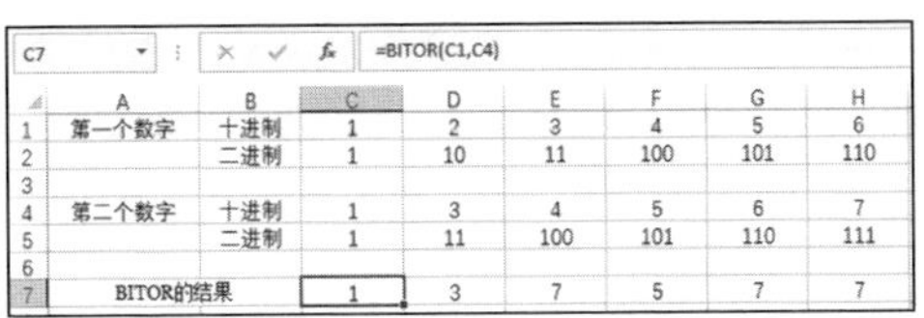

C7 =BITOR(C1,C4)

	A	B	C	D	E	F	G	H
1	第一个数字	十进制	1	2	3	4	5	6
2		二进制	1	10	11	100	101	110
3								
4	第二个数字	十进制	1	3	4	5	6	7
5		二进制	1	11	100	101	110	111
6								
7	BITOR的结果		1	3	7	5	7	7

图10-49

公式解析

本例与上一个案例类似，唯一区别是只要两个数字的二进制值的相同位有一个是1，该位的值就会被统计。

10.4.12 BITXOR——返回两个数按位“异或”的结果

函数功能

BITXOR函数用于返回两个数按位“异或”的结果。

函数格式

BITXOR(number1,number2)

参数说明

number1：需要进行按位“异或”的第1个数字，必须是十进制格式并且大于或等于0。

number2：需要进行按位“异或”的第2个数字，必须是十进制格式并且大于或等于0。

注意事项

❶ BITXOR函数对两个数字的二进制值的相同位进行“异或”操作，只有两个数字的相同位的值不同时（即一个是0，另一个是1），该位的值才会被统计。

❷ 按位返回的值从右向左按2的幂次依次累进，最右侧的位返回1（即2^0），其左侧的位返回2（即2^1），依此类推。

❸ 所有参数必须是数值类型或可转换为数值的数据，否则BITXOR函数将返回#VALUE!错误值。

❹ 如果参数不是整数、大于$2^{48}-1$或小于0，则BITXOR函数将返回#NUM!错误值。

Excel版本提醒

BITXOR函数是Excel 2013中新增的函数，不能在Excel 2013之前的版本中使用。

案例 50 返回两个数按位“异或”的结果

本例效果如图10-50所示，在C7单元格中输入公式并按【Enter】键，然后将该公式向右复制到H7单元格，返回对第1行数字和第4行数字的按位“异或”操作的结果。

```
=BITXOR(C1,C4)
```

C7 =BITXOR(C1,C4)

	A	B	C	D	E	F	G	H
1	第一个数字	十进制	1	2	3	4	5	6
2		二进制	1	10	11	100	101	110
3								
4	第二个数字	十进制	1	3	4	5	6	7
5		二进制	1	11	100	101	110	111
6								
7	BITXOR的结果		0	1	7	1	3	1

图10-50

公式解析

本例与前面两个案例类似，只需注意BITXOR函数对位进行统计的条件是相同位具有不同的值即可。

10.4.13 BITLSHIFT——返回向左移动指定位数后的值

函数功能

BITLSHIFT函数用于返回向左移动指定位数后的值。

函数格式

```
BITLSHIFT(number,shift_amount)
```

参数说明

number：需要进行移位的数字，必须是十进制格式并且大于或等于0。

shift_amount：需要移动的位数，如果该参数是小数，则只保留其整数部分。

注意事项

❶ 所有参数必须是数值类型或可转换为数值的数据，否则BITLSHIFT函数将返回#VALUE!错误值。

❷ 如果number大于$2^{48}-1$或小于0，则BITLSHIFT函数将返回#NUM!错误值。

❸ 当shift_amount大于0时向左移位，移位后使用数字0填充空位。当shift_amount小于0时向右移位，此时与BITRSHIFT函数中的shift_amount大于0时的作用相同。

Excel版本提醒

BITLSHIFT函数是Excel 2013中的新增函数，不能在Excel 2013之前的版本中使用。

案例 51 返回向左移动指定位数后的值

本例效果如图10-51所示，在B4单元格中输入公式并按【Enter】键，然后将该公式向右复制到F4单元格，返回向左移动两位后的值。

=BITLSHIFT(B1,2)

	A	B	C	D	E	F
1	十进制数	1	2	3	4	5
2	二进制数	1	10	11	100	101
3	移位后的二进制数	100	1000	1100	10000	10100
4	移位后的十进制数	4	8	12	16	20

图10-51

公式解析

由于将shift_amount设置为2，因此将对原始数字向左移动两位。对B1单元格中的数字1来说，其二进制值是1，将其向左移动两位后变为100，将该二进制值转换为十进制值是4。对C1单元格中的数字2来说，其二进制值是10，向左移动两位后变为1000，对应的十进制值是8。其他数字移位后的结果依此类推。

10.4.14 BITRSHIFT——返回向右移动指定位数后的值

函数功能

BITRSHIFT函数用于返回向右移动指定位数后的值。

函数格式

BITRSHIFT(number,shift_amount)

参数说明

number：需要进行移位的数字，必须是十进制格式并且大于或等于0。

shift_amount：需要移动的位数，如果该参数是小数，则只保留其整数部分。

注意事项

❶ 所有参数必须是数值类型或可转换为数值的数据，否则BITRSHIFT函数将返回#VALUE!错误值。

❷ 如果number大于$2^{48}-1$或小于0，则BITRSHIFT函数将返回#NUM!错误值。

❸ 当shift_amount大于0时向右移位，移位后会删除原有的位。当shift_amount小于0时向左移位，此时与BITLSHIFT函数中的shift_amount大于0时的作用相同。

Excel版本提醒

BITRSHIFT函数是Excel 2013中新增的函数，不能在Excel 2013之前的版本中使用。

案例 52 返回向右移动指定位数后的值

本例效果如图10-52所示，在B4单元格中输入公式并按【Enter】键，然后将该

公式向右复制到F4单元格，返回向右移动一位后的值。

```
=BITRSHIFT(B1,1)
```

B4 | =BITRSHIFT(B1,1)

	A	B	C	D	E	F
1	十进制数	1	2	3	4	5
2	二进制数	1	10	11	100	101
3	移位后的二进制数	0	1	1	10	10
4	移位后的十进制数	0	1	1	2	2

图10-52

公式解析

由于将shift_amount设置为1，因此将对原始数字向右移动一位。对B1单元格中的数字1来说，其二进制值是1，将其向右移动一位，原有的1会被删除，所以BITRSHIFT函数返回0。对C1单元格中的数字2来说，其二进制值是10，向右移动一位后会删除其中的0，只剩下二进制值1，它对应的十进制值是1，所以BITRSHIFT函数返回1。对E1单元格中的数字4来说，其二进制值是100，向右移动一位后会删除最右侧的0，所以二进制值变为10，它对应的十进制值是2，所以BITRSHIFT函数返回2。其他数字移位后的结果依此类推。

第11章　数据库函数

Excel中的数据库函数主要用于对表中的数据进行计算和统计，包括计算数据库中的数据、对数据库中的数据进行常规统计、对数据库中的数据进行散布度统计。本章将介绍数据库函数的基本用法和实际应用。

11.1　计算数据库中的数据

11.1.1　DPRODUCT——计算满足条件的数字乘积

➲ 函数功能

DPRODUCT函数用于计算数据库中满足指定条件的列中数字的乘积。

➲ 函数格式

DPRODUCT(database,field,criteria)

➲ 参数说明

database：构成数据库的单元格区域。

field：需要在database中计算的列，有以下两种形式。

- 文本形式：在一对英文半角双引号中输入列标题。
- 数字形式：输入表示列号的数字。列号是database范围内的相对列号，而非整个工作表中的列号。

criteria：包含条件的单元格区域，该区域必须包含至少一个列标题及其下方作为条件的一个单元格。条件区域不能与database交叉重叠。

提示

如需对指定列中的所有单元格进行计算，可以只输入该列的标题，将该标题下方的单元格留空。

案例 01　统计商品的维修记录

本例效果如图11-1所示，C列显示商品是否被维修过，0表示维修过，1表示没有维修过。在G9单元格中输入以下公式并按【Enter】键，统计条件区域中的商品是否被维修过。

=DPRODUCT(A1:C9,3,E2:G3)

G9　=DPRODUCT(A1:C9,3,E2:G3)

	A	B	C	D	E	F	G
1	商品	品牌	是否维修过		条件区域		
2	空调	海尔	1		商品	品牌	是否维修过
3	空调	美的	0		空调	美的	
4	冰箱	格力	0				
5	冰箱	格力	1				
6	空调	海尔	0				
7	空调	美的	1				
8	冰箱	格力	1				
9	空调	美的	0		是否维修过		0

图11-1

公式解析

本例中将database设置为A1:C9单元格区域。由于本例需要计算的是该区域中的C列，它在该区域中是第3列，因此将field设置为3。E2:G3是条件区域，所以将criteria设置为E2:G3，条件区域中的“是否维修过”标题下方的单元格留空，表示对C列中符合商品是“空调”，品牌是“美的”两个条件的所有值进行统计，只要有一个值是0，所有符合条件的维修记录的乘积就是0，说明该商品维修过。

11.1.2 DSUM——计算满足条件的数字总和

函数功能

DSUM函数用于计算数据库中满足指定条件的列中数字的总和。

函数格式

```
DSUM(database,field,criteria)
```

参数说明

database：构成数据库的单元格区域。

field：需要在database中计算的列，有以下两种形式。

- 文本形式：在一对英文半角双引号中输入列标题。
- 数字形式：输入表示列号的数字。列号是database范围内的相对列号，而非整个工作表中的列号。

criteria：包含条件的单元格区域，该区域必须包含至少一个列标题及其下方作为条件的一个单元格。条件区域不能与database交叉重叠。

> 提示
>
> 如需对指定列中的所有单元格进行计算，可以只输入该列的标题，将该标题下方的单元格留空。

案例02 计算符合特定条件的员工工资总和

本例效果如图11-2所示，在I14单元格中输入以下公式并按【Enter】键，计算满足条件区域中的特定部门、职级和工龄条件的所有员工的工资总和。

```
=DSUM(A1:E14,4,G2:I4)
```

I14 =DSUM(A1:E14,4,G2:I4)

	A	B	C	D	E	F	G	H	I
1	姓名	部门	职级	年薪	工龄		条件区域		
2	刘树梅	人力部	普通职员	72000	3		部门	职级	工龄
3	袁芳	销售部	高级职员	90000	9		销售部	高级职员	>5
4	薛力	人力部	高级职员	126000	8		人力部	普通职员	
5	胡伟	人力部	部门经理	162000	5				
6	蒋超	销售部	部门经理	162000	10				
7	邓苗	工程部	普通职员	162000	4				
8	郑华	工程部	普通职员	180000	11				
9	何贝贝	工程部	高级职员	186000	5				
10	郭静纯	销售部	高级职员	216000	2				
11	陈义军	销售部	普通职员	234000	2				
12	陈喜娟	工程部	部门经理	252000	1				
13	曹奇	工程部	普通职员	276000	1				
14	韩梦佼	销售部	高级职员	294000	14		工资统计结果		456000

图11-2

公式解析

在条件区域中有两组条件，部门是“销售部”且职级是“高级职员”且工龄大于5

是第一组条件；部门是“人力部”且职级是“普通职员”是第二组条件。只要满足两组条件中的一组就会被计算在内。

11.2 对数据库中的数据进行常规统计

11.2.1 DAVERAGE——计算满足条件的数字的平均值

➲ 函数功能

DAVERAGE函数用于计算数据库中满足指定条件的列中数字的平均值。

➲ 函数格式

DAVERAGE(database,field,criteria)

➲ 参数说明

database：构成数据库的单元格区域。

field：需要在database中计算的列，有以下两种形式。

- 文本形式：在一对英文半角双引号中输入列标题。
- 数字形式：输入表示列号的数字。列号是database范围内的相对列号，而非整个工作表中的列号。

criteria：包含条件的单元格区域，该区域必须包含至少一个列标题及其下方作为条件的一个单元格。条件区域不能与database交叉重叠。

提示

如需对指定列中的所有单元格进行计算，可以只输入该列的标题，将该标题下方的单元格留空。

案例 03 计算符合特定条件的员工的平均月薪

本例效果如图11-3所示，在I14单元格中输入以下公式并按【Enter】键，计算工龄大于5年的所有员工的平均月薪。

=DAVERAGE(A1:E14,4,G2:I3)/12

I14 =DAVERAGE(A1:E14,4,G2:I3)/12

	A	B	C	D	E	F	G	H	I
1	姓名	部门	职级	年薪	工龄		条件区域		
2	刘树梅	人力部	普通职员	72000	3		部门	职级	工龄
3	袁芳	销售部	高级职员	90000	9				>5
4	薛力	人力部	高级职员	126000	8				
5	胡伟	人力部	部门经理	162000	5				
6	蒋超	销售部	部门经理	162000	10				
7	邓苗	工程部	普通职员	162000	4				
8	郑华	工程部	普通职员	180000	11				
9	何贝贝	工程部	高级职员	186000	5				
10	郭静纯	销售部	高级职员	216000	2				
11	陈义军	销售部	普通职员	234000	2				
12	陈喜娟	工程部	部门经理	252000	1				
13	[illegible]	工程部	普通职员	[illegible]	1				
14	韩梦佼	销售部	高级职员	294000	14		员工平均月薪		14200

图11-3

公式解析

由于本例只对工龄设置条件，因此需要将条件区域中的“部分”和“职级”两个标题下方的单元格留空；由于D列数据是年薪，因此需要将DAVERAGE函数的计算结果除以12，才能得到月薪。

11.2.2 DCOUNT——计算满足条件的包含数字的单元格个数

函数功能

DCOUNT函数用于计算数据库中满足指定条件的列中包含数字的单元格个数。

函数格式

```
DCOUNT(database,field,criteria)
```

参数说明

database：构成数据库的单元格区域。

field：需要在database中计算的列，有以下两种形式。

- 文本形式：在一对英文半角双引号中输入列标题。
- 数字形式：输入表示列号的数字。列号是database范围内的相对列号，而非整个工作表中的列号。

criteria：包含条件的单元格区域，该区域必须包含至少一个列标题及其下方作为条件的一个单元格。条件区域不能与database交叉重叠。

> **提示**
>
> 如需对指定列中的所有单元格进行计算，可以只输入该列的标题，将该标题下方的单元格留空。

案例04 计算公司各职级的员工人数

本例效果如图11-4所示，在I12、I13和I14单元格中分别输入以下公式并按【Enter】键，计算不同职位的员工人数。

```
=DCOUNT(A1:E14,5,G2:I3)
```

```
=DCOUNT(A1:E14,5,G5:I6)
```

```
=DCOUNT(A1:E14,5,G8:I9)
```

I12 =DCOUNT(A1:E14,5,G2:I3)

	A	B	C	D	E	F	G	H	I
1	姓名	部门	职级	年薪	工龄			条件区域	
2	刘树梅	人力部	普通职员	72000	3		部门	职级	工龄
3	袁芳	销售部	高级职员	90000	9			部门经理	
4	薛力	人力部	高级职员	126000	8				
5	胡伟	人力部	部门经理	162000	5		部门	职级	工龄
6	蒋超	销售部	部门经理	162000	10			高级职员	
7	邓苗	工程部	普通职员	162000	4				
8	郑华	工程部	普通职员	180000	11		部门	职级	工龄
9	何贝贝	工程部	高级职员	186000	5			普通职员	
10	郭静纯	销售部	高级职员	216000	2				
11	陈义军	销售部	普通职员	234000	2				
12	陈嘉娟	工程部	部门经理	252000	1		“部门经理”人数		3
13	育奇	工程部	普通职员	276000	1		“高级职员”人数		5
14	韩梦佼	销售部	高级职员	294000	14		“普通职员”人数		5

图11-4

11.2.3 DCOUNTA——计算满足条件的非空单元格的个数

函数功能

DCOUNTA函数用于计算数据库中满足指定条件的列中非空单元格的个数。

函数格式

```
DCOUNTA(database,field,criteria)
```

参数说明

database：构成数据库的单元格区域。

field：需要在database中计算的列，有以下两种形式。

- 文本形式：在一对英文半角双引号中输入列标题。
- 数字形式：输入表示列号的数字。列号是database范围内的相对列号，而非整个工作表中的列号。

criteria：包含条件的单元格区域，该区域必须包含至少一个列标题及其下方作为条件的一个单元格。条件区域不能与database交叉重叠。

> 提示
>
> **如需对指定列中的所有单元格进行计算，可以只输入该列的标题，将该标题下方的单元格留空。**

案例05 计算上班迟到的女性员工人数

本例效果如图11-5所示，在I14单元格中输入以下公式并按【Enter】键，计算上班迟到的女性员工人数。

```
=DCOUNTA(A1:E14,5,G2:I3)
```

I14　=DCOUNTA(A1:B14,5,G2:I3)

	A	B	C	D	E	F	G	H	I
1	姓名	性别	部门	职级	是否迟到		条件区域		
2	刘树梅	女	人力部	普通职员			性别	部门	是否迟到
3	袁芳	女	销售部	高级职员	迟到		女		
4	薛力	男	人力部	高级职员	迟到				
5	胡伟	男	人力部	部门经理					
6	蒋超	男	销售部	部门经理	迟到				
7	邓苗	女	工程部	普通职员	迟到				
8	郑华	女	工程部	普通职员					
9	何贝贝	女	工程部	高级职员	迟到				
10	郭静纯	女	销售部	高级职员	迟到				
11	陈义军	男	销售部	普通职员	迟到				
12	陈喜娟	女	工程部	部门经理	迟到				
13	宵奇	男	工程部	普通职员					
14	韩梦佼	女	销售部	高级职员			迟到的女员工人数		5

图11-5

11.2.4 DGET——返回满足条件的单个值

➲ 函数功能

DGET函数用于返回数据库中满足指定条件的列中的单个值。

➲ 函数格式

```
DGET(database,field,criteria)
```

➲ 参数说明

database：构成数据库的单元格区域。

field：需要在database中计算的列，有以下两种形式。

- 文本形式：在一对英文半角双引号中输入列标题。
- 数字形式：输入表示列号的数字。列号是database范围内的相对列号，而非整个工作表中的列号。

criteria：包含条件的单元格区域，该区域必须包含至少一个列标题及其下方作为条件的一个单元格。条件区域不能与database交叉重叠。

> 提示
>
> **如需对指定列中的所有单元格进行计算，可以只输入该列的标题，将该标题下方的单元格留空。**

➲ 注意事项

❶ 如果满足条件的值不止一个，则DGET函数将返回#NUM!错误值。

❷ 如果没有满足条件的值，则DGET函数将返回#VALUE!错误值。

案例06 提取指定商品的价格

本例效果如图11-6所示，在I14单元格中输入以下公式并按【Enter】键，提取指定销售员销售的特定品牌的商品的价格。

```
=DGET(A1:E14,4,G2:I3)
```

I14 =DGET(A1:E14,4,G2:I3)

	A	B	C	D	E	F	G	H	I
1	销售日期	商品	品牌	单价	销售员		条件区域		
2	2023/2/15	服务器	华硕	37200	陈春娟		商品	品牌	销售员
3	2023/2/15	服务器	IBM	34500	陈春娟		服务器	IBM	郭静纯
4	2023/2/15	台式计算机	华硕	7600	刘力平				
5	2023/2/15	笔记本计算机	戴尔	8700	孙东				
6	2023/2/16	服务器	IBM	33900	郭静纯				
7	2023/2/16	台式计算机	戴尔	6700	刘力平				
8	2023/2/16	笔记本计算机	华硕	10600	苏洋				
9	2023/2/17	台式计算机	华硕	11300	苏洋				
10	2023/2/17	服务器	华硕	21300	郭静纯				
11	2023/2/18	笔记本计算机	华硕	14600	刘力平				
12	2023/2/18	台式计算机	戴尔	11900	孙东				
13	2023/3/2	笔记本计算机	华硕	8300	刘力平				
14	2023/3/2	台式计算机	华硕	5600	孙东		提取商品价格		33900

图11-6

11.2.5 DMAX——返回满足条件的最大值

➲ 函数功能

DMAX函数用于返回数据库中满足指定条件的列中的最大值。

➲ 函数格式

```
DMAX(database,field,criteria)
```

➲ 参数说明

database：构成数据库的单元格区域。

field：需要在database中计算的列，有以下两种形式。

- 文本形式：在一对英文半角双引号中输入列标题。
- 数字形式：输入表示列号的数字。列号是database范围内的相对列号，而非整个工作表中的列号。

criteria：包含条件的单元格区域，该区域必须包含至少一个列标题及其下方作为条件的一个单元格。条件区域不能与database交叉重叠。

> 提示
> 如需对指定列中的所有单元格进行计算，可以只输入该列的标题，将该标题下方的单元格留空。

案例07 提取指定商品的最大销量

本例效果如图11-7所示，在I14单元格中输入公式并按【Enter】键，提取服务器的最大销量。

=DMAX(A1:E14,4,G2:I3)

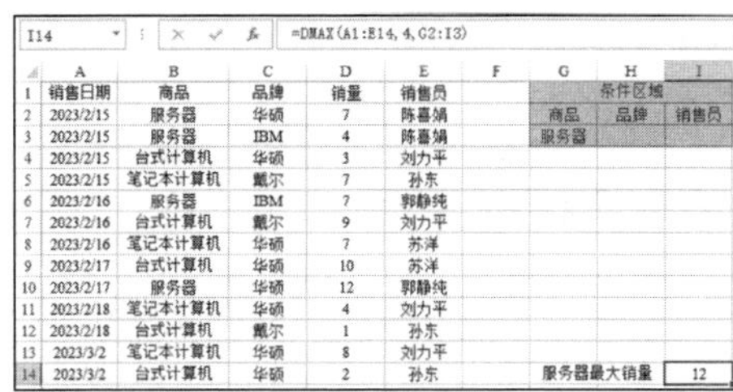

I14 =DMAX(A1:E14,4,G2:I3)

	A	B	C	D	E	F	G	H	I
1	销售日期	商品	品牌	销量	销售员		条件区域		
2	2023/2/15	服务器	华硕	7	陈喜娟		商品	品牌	销售员
3	2023/2/15	服务器	IBM	4	陈喜娟		服务器		
4	2023/2/15	台式计算机	华硕	3	刘力平				
5	2023/2/15	笔记本计算机	戴尔	7	孙东				
6	2023/2/16	服务器	IBM	7	郭静纯				
7	2023/2/16	台式计算机	戴尔	9	刘力平				
8	2023/2/16	笔记本计算机	华硕	7	苏洋				
9	2023/2/17	台式计算机	华硕	10	苏洋				
10	2023/2/17	服务器	华硕	12	郭静纯				
11	2023/2/18	笔记本计算机	华硕	4	刘力平				
12	2023/2/18	台式计算机	戴尔	1	孙东				
13	2023/3/2	笔记本计算机	华硕	8	刘力平				
14	2023/3/2	台式计算机	华硕	2	孙东		服务器最大销量		12

图11-7

11.2.6 DMIN——返回满足条件的最小值

函数功能

DMIN函数用于返回数据库中满足指定条件的列中的最小值。

函数格式

DMIN(database,field,criteria)

参数说明

database：构成数据库的单元格区域。

field：需要在database中计算的列，有以下两种形式。

- 文本形式：在一对英文半角双引号中输入列标题。
- 数字形式：输入表示列号的数字。列号是database范围内的相对列号，而非整个工作表中的列号。

criteria：包含条件的单元格区域，该区域必须包含至少一个列标题及其下方作为条件的一个单元格。条件区域不能与database交叉重叠。

提示

如需对指定列中的所有单元格进行计算，可以只输入该列的标题，将该标题下方的单元格留空。

案例08 提取指定商品的最小销量

本例效果如图11-8所示，在I14单元格中输入以下公式并按【Enter】键，提取台式计算机的最小销量。

=DMIN(A1:E14,4,G2:I3)

I14 =DMIN(A1:E14,4,G2:I3)

	A	B	C	D	E	F	G	H	I
1	销售日期	商品	品牌	销量	销售员		条件区域		
2	2023/2/15	服务器	华硕	7	陈喜娟		商品	品牌	销售员
3	2023/2/15	服务器	IBM	4	陈喜娟		台式计算机		
4	2023/2/15	台式计算机	华硕	3	刘力平				
5	2023/2/15	笔记本计算机	戴尔	7	孙东				
6	2023/2/16	服务器	IBM	7	郭静纯				
7	2023/2/16	台式计算机	戴尔	9	刘力平				
8	2023/2/16	笔记本计算机	华硕	7	苏洋				
9	2023/2/17	台式计算机	华硕	10	苏洋				
10	2023/2/17	服务器	华硕	12	郭静纯				
11	2023/2/18	笔记本计算机	华硕	4	刘力平				
12	2023/2/18	台式计算机	戴尔	1	孙东				
13	2023/3/2	笔记本计算机	华硕	8	刘力平				
14	2023/3/2	台式计算机	华硕	2	孙东		台式计算机最小销量		1

图11-8

11.3 对数据库中的数据进行散布度统计

11.3.1 DSTDEV——返回满足条件的数字作为一个样本估算出的样本标准偏差

函数功能

DSTDEV函数用于返回数据库中满足指定条件的列中的数字作为一个样本估算出的样本标准偏差。

函数格式

```
DSTDEV(database,field,criteria)
```

参数说明

database：构成数据库的单元格区域。

field：需要在database中计算的列，有以下两种形式。

- 文本形式：在一对英文半角双引号中输入列标题。
- 数字形式：输入表示列号的数字。列号是database范围内的相对列号，而非整个工作表中的列号。

criteria：包含条件的单元格区域，该区域必须包含至少一个列标题及其下方作为条件的一个单元格。条件区域不能与database交叉重叠。

> 提示
> 如需对指定列中的所有单元格进行计算，可以只输入该列的标题，将该标题下方的单元格留空。

案例09 计算男性员工工龄的样本标准偏差

本例效果如图11-9所示，在I14单元格中输入以下公式并按【Enter】键，计算男性员工工龄的样本标准偏差。

```
=DSTDEV(A1:E14,5,G2:I3)
```

I14 =DSTDEV(A1:E14,5,G2:I3)

	A	B	C	D	E	F	G	H	I
1	姓名	性别	部门	职级	工龄		条件区域		
2	刘树梅	女	人力部	普通职员	3		性别	部门	工龄
3	袁芳	女	销售部	高级职员	9		男		
4	薛力	男	人力部	高级职员	8				
5	胡伟	男	人力部	部门经理	5				
6	蒋超	男	销售部	部门经理	10				
7	邓苗	女	工程部	普通职员	4				
8	郑华	女	工程部	普通职员	11				
9	何贝贝	女	工程部	高级职员	5				
10	郭静纯	女	销售部	高级职员	2				
11	陈义军	男	销售部	普通职员	2				
12	陈喜娟	女	工程部	部门经理	1				
13	育奇	男	工程部	普通职员	1				
14	韩梦佼	女	销售部	高级职员	14		工龄的样本标准偏差		3.8340579

图11-9

> 注意 如果数据库中只有一个男性员工，则DSTDEV函数将返回#DIV/0!错误值。

交叉参考

如果样本标准偏差不包含特定条件，则可以使用STDEV函数，请参考第8章。

11.3.2 DSTDEVP——返回满足条件的数字作为样本总体计算出的总体标准偏差

函数功能

DSTDEVP函数用于返回数据库中满足指定条件的列中的数字作为样本总体计算出的总体标准偏差。

函数格式

DSTDEVP(database,field,criteria)

参数说明

database：构成数据库的单元格区域。

field：需要在database中计算的列，有以下两种形式。

- 文本形式：在一对英文半角双引号中输入列标题。
- 数字形式：输入表示列号的数字。列号是database范围内的相对列号，而非整个工作表中的列号。

criteria：包含条件的单元格区域，该区域必须包含至少一个列标题及其下方作为条件的一个单元格。条件区域不能与database交叉重叠。

提示

如需对指定列中的所有单元格进行计算，可以只输入该列的标题，将该标题下方的单元格留空。

案例 10 计算男性员工工龄的总体标准偏差

本例效果如图11-10所示，在I14单元格中输入以下公式并按【Enter】键，计算男员工工龄的总体标准偏差。

=DSTDEVP(A1:E14,5,G2:I3)

I14 =DSTDEVP(A1:E14,5,G2:I3)

	A	B	C	D	E	F	G	H	I
1	姓名	性别	部门	职级	工龄		条件区域		
2	刘树梅	女	人力部	普通职员	3		性别	部门	工龄
3	袁芳	女	销售部	高级职员	9		男		
4	薛力	男	人力部	高级职员	8				
5	胡伟	男	人力部	部门经理	5				
6	蒋超	男	销售部	部门经理	10				
7	邓苗	女	工程部	普通职员	4				
8	郑华	女	工程部	普通职员	11				
9	何贝贝	女	工程部	高级职员	5				
10	郭静纯	女	销售部	高级职员	2				
11	陈义军	男	销售部	普通职员	2				
12	陈喜娟	女	工程部	部门经理	1				
13	育奇	男	工程部	普通职员	1				
14	韩梦佼	女	销售部	高级职员	14		工龄的总体标准偏差		3.4292856

图11-10

注意 如果数据库中只有一个男性员工，则DSTDEVP函数将返回0。

交叉参考

如果样本标准偏差不包含特定条件，则可以使用STDEVP函数，请参考第8章。

11.3.3 DVAR——返回满足条件的数字作为一个样本估算出的样本总体方差

函数功能

DVAR函数用于返回数据库中满足指定条件的列中的数字作为一个样本估算出的样本总体的方差。

函数格式

```
DVAR(database,field,criteria)
```

参数说明

database：构成数据库的单元格区域。

field：需要在database中计算的列，有以下两种形式。

- 文本形式：在一对英文半角双引号中输入列标题。
- 数字形式：输入表示列号的数字。列号是database范围内的相对列号，而非整个工作表中的列号。

criteria：包含条件的单元格区域，该区域必须包含至少一个列标题及其下方作为条件的一个单元格。条件区域不能与database交叉重叠。

> 提示
>
> 如需对指定列中的所有单元格进行计算，可以只输入该列的标题，将该标题下方的单元格留空。

案例 11 计算男性员工工龄的样本总体方差

本例效果如图11-11所示，在I14单元格中输入以下公式并按【Enter】键，计算男性员工工龄的样本总体方差。

```
=DVAR(A1:E14,5,G2:I3)
```

I14 =DVAR(A1:E14,5,G2:I3)

	A	B	C	D	E	F	G	H	I
1	姓名	性别	部门	职级	工龄		条件区域		
2	刘树梅	女	人力部	普通职员	3		性别	部门	工龄
3	袁芳	女	销售部	高级职员	9		男		
4	薛力	男	人力部	高级职员	8				
5	胡伟	男	人力部	部门经理	5				
6	蒋超	男	销售部	部门经理	10				
7	邓苗	女	工程部	普通职员	4				
8	郑华	女	工程部	普通职员	11				
9	何贝贝	女	工程部	高级职员	5				
10	郭静纯	女	销售部	高级职员	2				
11	陈义军	男	销售部	普通职员	2				
12	陈喜娟	女	工程部	部门经理	1				
13	育奇	男	工程部	普通职员	1				
14	韩梦佼	女	销售部	高级职员	14		工龄的样本总体方差		14.7

图11-11

> 注意 如果数据库中只有一个男性员工，则DVAR函数将返回#DIV/0!错误值。

交叉参考

如果样本总体方差不包含特定条件，则可以使用VAR函数，请参考第8章。

11.3.4 DVARP——返回满足条件的数字作为样本总体计算出的总体方差

➲ 函数功能

DVARP函数用于返回数据库中满足指定条件的列中的数字作为样本总体计算出的总体方差。

➲ 函数格式

DVARP(database,field,criteria)

➲ 参数说明

database：构成数据库的单元格区域。

field：需要在database中计算的列，有以下两种形式。

- 文本形式：在一对英文半角双引号中输入列标题。
- 数字形式：输入表示列号的数字。列号是database范围内的相对列号，而非整个工作表中的列号。

criteria：包含条件的单元格区域，该区域必须包含至少一个列标题及其下方作为条件的一个单元格。条件区域不能与database交叉重叠。

提示

如需对指定列中的所有单元格进行计算，可以只输入该列的标题，将该标题下方的单元格留空。

案例 12 计算男性员工工龄的总体方差

本例效果如图11-12所示，在I14单元格中输入以下公式并按【Enter】键，计算男员工工龄的总体方差。

=DVARP(A1:E14,5,G2:I3)

I14 =DVARP(A1:E14,5,G2:I3)

	A	B	C	D	E	F	G	H	I
1	姓名	性别	部门	职级	工龄		条件区域		
2	刘树梅	女	人力部	普通职员	3		性别	部门	工龄
3	袁芳	女	销售部	高级职员	9		男		
4	薛力	男	人力部	高级职员	8				
5	胡伟	男	人力部	部门经理	5				
6	蒋超	男	销售部	部门经理	10				
7	邓苗	女	工程部	普通职员	4				
8	郑华	女	工程部	普通职员	11				
9	何贝贝	女	工程部	高级职员	5				
10	郭静纯	女	销售部	高级职员	2				
11	陈义军	男	销售部	普通职员	2				
12	陈喜娟	女	工程部	部门经理	1				
13	育奇	男	工程部	普通职员	1				
14	韩梦佼	女	销售部	高级职员	14		工龄的总体方差		11.76

图11-12

注意 *如果数据库中只有一个男性员工，则DVARP函数将返回0。*

➲ 交叉参考

如果总体方差不包含特定条件，则可以使用VARP函数，请参考第8章。

第12章　Web函数和宏表函数

Web函数是Excel 2013中新增的函数类别，在该类别中有3个函数，用于在Excel中获取网络数据，后续的Excel版本仍然支持Web函数。本章除了介绍Web函数之外，还将介绍3个实用的Excel宏表函数。使用宏表函数可以完成普通函数无法完成的任务。

12.1　Web函数

12.1.1　ENCODEURL——将文本转换为URL编码

函数功能

ENCODEURL函数用于将文本转换为URL编码，可以对包含中文字符的网址进行编码。

函数格式

```
ENCODEURL(text)
```

参数说明

text：需要转换的文本。

Excel版本提醒

ENCODEURL函数是Excel 2013中新增的函数，不能在Excel 2013之前的版本中使用。

12.1.2　WEBSERVICE——从Web服务中获取网络数据

函数功能

WEBSERVICE函数用于从Web服务中获取网络数据。

函数格式

```
WEBSERVICE(url)
```

参数说明

url：需要获取数据的网址。

注意事项

若出现以下情况，则WEBSERVICE函数将返回#VALUE!错误值。

- url无法返回数据。
- url中包含不支持的协议。
- url中的字符串无效或字符数大于32767。

Excel版本提醒

WEBSERVICE函数是Excel 2013中新增的函数，不能在Excel 2013之前的版本中使用。

12.1.3 FILTERXML——在XML结构化内容中获取指定路径下的信息

➲ 函数功能

FILTERXML函数用于在XML结构化内容中获取指定路径下的信息。

➲ 函数格式

FILTERXML(xml,xpath)

➲ 参数说明

xml：需要指定目标XML格式的文本。

xpath：需要查询的目标数据在XML中的标准路径。

➲ 注意事项

❶ 如果xml无效，则FILTERXML函数将返回#VALUE!错误值。

❷ 如果xml包含带有无效前缀的命名空间，则FILTERXML函数将返回#VALUE!错误值。

➲ Excel版本提醒

FILTERXML函数是Excel 2013中新增的函数，不能在Excel 2013之前的版本中使用。

12.2 宏表函数

12.2.1 GET.WORKBOOK——返回工作簿的相关信息

➲ 函数功能

GET.WORKBOOK函数用于返回工作簿的相关信息。

➲ 函数格式

GET.WORKBOOK(type_num,[name_text])

➲ 参数说明

type_num：需要获取的工作簿信息类型的编号，该参数的取值如表12-1所示。

name_text（可选）：已打开的工作簿的名称，省略该参数时其默认值是当前活动工作簿的名称。

▼表12-1 type_num参数的取值及GET.WORKBOOK函数的返回值

type_num参数值	GET.WORKBOOK函数的返回值
1	返回工作簿中所有表的名字的水平数组
3	返回工作簿中当前选择的表的名称的水平数组
4	返回工作簿中工作表的数量
16	返回工作簿的名称，不包含路径
38	返回工作簿中当前活动工作表的名称

注意事项

❶ 使用该函数前必须先创建一个名称，在名称中定义包含该函数的公式，然后在工作表的公式中使用定义的名称实现GET.WORKBOOK宏表函数的功能。

❷ 保存包含宏表函数的工作簿时，需要将工作簿保存为“Excel启用宏的工作簿”文件格式。

案例 01 统计当前工作簿包含的工作表总数（二）（GET.WORKBOOK+T+NOW）

本例效果如图12-1所示，在B1单元格中输入以下公式并按【Enter】键，统计当前工作簿包含的工作表总数。

```
=工作表&T(NOW())
```

定义的名称是“工作表”，该名称包含以下公式，如图12-2所示。

```
=GET.WORKBOOK(4)
```

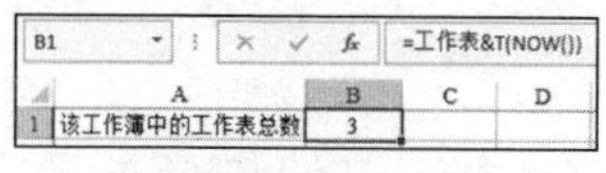

图12-1

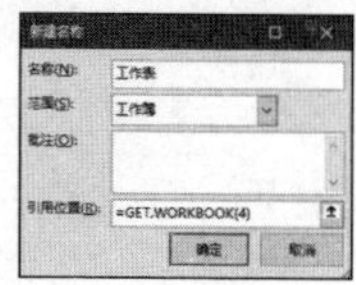

图12-2

公式解析

在定义的名称中，使用编号4作为GET.WORKBOOK宏表函数的参数，表示统计当前工作簿中的工作表总数。在B1单元格中除了输入定义的名称“工作表”之外，还输入了“&T(NOW())”，其目的是在添加或删除工作表时，可以自动更新B1单元格中的工作表总数。

> 提示
>
> 如果是在Excel 2016或Excel更高版本中操作，则可以使用SHEETS函数提取单元格中的公式。SHEETS函数请参考第7章。

12.2.2 GET.CELL——返回单元格的相关信息

函数功能

GET.CELL函数用于返回单元格的相关信息。

函数格式

```
GET.CELL(type_num,[reference])
```

参数说明

type_num：需要获得的单元格信息类型的编号，该参数的取值如表12-2所示。

reference（可选）：需要获得信息的单元格或单元格区域，省略该参数时其默认值是当前活动单元格。

▼ **表12-2 type_num参数的取值及GET.CELL函数的返回值**

type_num参数值	GET.CELL函数的返回值
5	返回指定单元格中的内容
6	返回指定单元格中的公式
7	返回指定单元格中的格式
24	返回表示单元格第一个字符字体颜色的数字（1~56），每个数字表示一种颜色。如果颜色为默认设置则返回0
53	返回当前显示的单元格中的内容，对单元格设置格式后所添加的数字或符号也包括在内
62	返回工作簿和“[book1]sheet1”形式的当前表的名称

注意事项

① 使用该函数前必须先创建一个名称，在名称中定义包含该函数的公式，然后在工作表的公式中使用定义的名称实现GET.CELL宏表函数的功能。

② 保存包含宏表函数的工作簿时，需要将工作簿保存为“Excel启用宏的工作簿”文件格式。

③ 如果参数是一个单元格区域，则GET.CELL函数将返回该区域左上角单元格的信息。

案例02 提取单元格中的公式（二）

本例效果如图12-3所示，在C2单元格中输入以下公式并按【Enter】键，然后将该公式向下复制到C8单元格，提取B列中的公式。

=公式

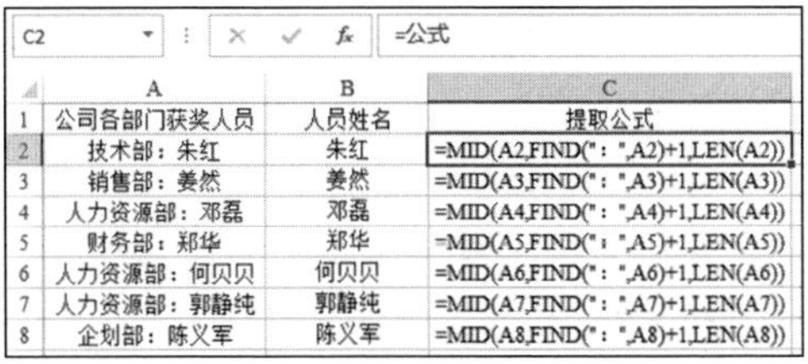

C2 =公式

	A	B	C
1	公司各部门获奖人员	人员姓名	提取公式
2	技术部：朱红	朱红	=MID(A2,FIND("：",A2)+1,LEN(A2))
3	销售部：姜然	姜然	=MID(A3,FIND("：",A3)+1,LEN(A3))
4	人力资源部：邓磊	邓磊	=MID(A4,FIND("：",A4)+1,LEN(A4))
5	财务部：郑华	郑华	=MID(A5,FIND("：",A5)+1,LEN(A5))
6	人力资源部：何贝贝	何贝贝	=MID(A6,FIND("：",A6)+1,LEN(A6))
7	人力资源部：郭静纯	郭静纯	=MID(A7,FIND("：",A7)+1,LEN(A7))
8	企划部：陈义军	陈义军	=MID(A8,FIND("：",A8)+1,LEN(A8))

图12-3

定义的名称是“公式”，该名称包含以下公式。

=GET.CELL(6,B2)

提示

如果是在Excel 2016或Excel更高版本中操作，则可以使用FORMULATEXT函数提取单元格中的公式。FORMULATEXT函数请参考第6章。

12.2.3 EVALUATE——计算包含文本的表达式的值

函数功能

EVALUATE函数用于计算包含文本的表达式的值。

函数格式

```
EVALUATE(formula_text)
```

参数说明

formula_text：需要计算的文本形式的表达式。

注意事项

❶ 使用该函数前必须先创建一个名称，在名称中定义包含该函数的公式，然后在工作表的公式中使用定义的名称实现EVALUATE宏表函数的功能。

❷ 保存包含宏表函数的工作簿时，需要将工作簿保存为“Excel启用宏的工作簿”文件格式。

案例 03 计算单元格中的文本公式

本例效果如图12-4所示，在C2单元格中输入以下公式并按【Enter】键，然后将该公式向下复制到C11单元格，计算B列中文本公式的值。

```
=计算1
```

定义的名称是“计算1”，该名称包含以下公式。

```
=EVALUATE(B2)
```

C2 =计算1

	A	B	C	D
1	编号	体积	计算结果	
2	1	20*15*5	1500	
3	2	21*16*6	2016	
4	3	22*17*7	2618	
5	4	23*18*8	3312	
6	5	24*19*9	4104	
7	6	25*20*10	5000	
8	7	26*21*11	6006	
9	8	27*22*12	7128	
10	9	28*23*13	8372	
11	10	29*24*14	9744	

图12-4

案例 04 计算不规则格式的文本公式（EVALUATE+SUBSTITUTE+ISTEXT）

本例效果如图12-5所示，在C2单元格中输入以下公式并按【Enter】键，然后将该公式向下复制到C9单元格，计算B列中不规则格式的文本公式的值。

```
=计算2
```

C2 =计算2

	A	B	C
1	编号	体积	计算结果
2	1	20（长）×25（宽）×15（高）	7500
3	2	30（长）×35（宽）×25（高）	26250
4	3	40（长）×45（宽）×35（高）	63000
5	4	50（长）×55（宽）×45（高）	123750
6	5	60（长）×65（宽）×55（高）	214500
7	6	70（长）×75（宽）×65（高）	341250
8	7	80（长）×85（宽）×75（高）	510000
9	8	90（长）×95（宽）×85（高）	726750

图12-5

定义的名称是“计算2”，该名称包含以下公式。

```
=EVALUATE(SUBSTITUTE(SUBSTITUTE(SUBSTITUTE(B2,"（","*ISTEXT("""),"）",""")"),"×","*"))
```

公式解析

B列中的文本格式的公式与上一个案例不同，其中不但包含非正规形式的运算符号“×”，还包含括号和文字，EVALUATE函数无法直接计算包含这些符号的文本公式。所以需要将B列中的左括号“（”替换为“ISTEXT("”，将右括号“)”替换为“")）”，替换后得到ISTEXT("文字")，ISTEXT函数将返回TRUE，数学运算时将TRUE当作数字1处理，所以替换后不影响公式的计算结果。最后将B列中的“×”替换为EVALUATE函数可以识别的乘号“*”即可。

> 注意 **替换时必须与B列文本公式中括号的全/半角形式保持一致。**

第13章 在条件格式、数据验证和图表中使用公式

前面章节中介绍的都是使用公式计算工作表单元格中的数据，在条件格式、数据验证和图表中也可以使用公式。利用公式自身的特性和优势，可以使条件格式、数据验证和图表的功能变得更智能、更强大。本章将介绍在条件格式、数据验证和图表中使用公式的方法。

13.1 公式在条件格式中的应用

条件格式功能用于在单元格中的数据满足指定条件时，自动为单元格设置所需的格式。

如需使条件格式发挥更灵活、更强大的作用，用户可以创建新的条件格式规则，并使用公式来定义规则。在功能区的【开始】选项卡中单击【条件格式】按钮，在弹出的菜单中选择【新建规则】命令，然后在打开的对话框中选择【使用公式确定要设置格式的单元格】，如图13-1所示。

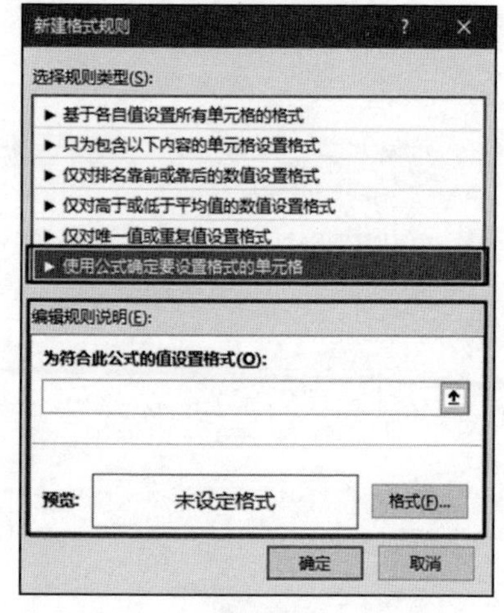

图13-1

在【为符合此公式的值设置格式】文本框中输入用于定义条件格式规则的公式，然后单击【格式】按钮，在打开的对话框中选择要为单元格设置的格式。以后只要公式的计算结果是TRUE或非0数字，就会自动为单元格设置预先指定的格式。

公式在条件格式中发挥作用是依靠公式的计算结果实现的，如果公式的计算结果是逻辑值TRUE，则表示当前单元格满足设置格式的条件，Excel就会自动为单元格设置由用户预先指定的格式；如果公式的计算结果是逻辑值FALSE，则表示当前单元格不满足设置

格式的条件，Excel不会为单元格设置任何格式。如果公式的计算结果是数字，则非0数字等价于TRUE，0等价于FALSE。

> **注意** 使用公式定义条件格式规则时需要格外注意单元格的引用类型。当在定义条件格式规则的公式中包含单元格引用时，最终为哪些单元格设置条件格式由选中的单元格区域和活动单元格之间的相对位置决定。

案例01 标记重复值

本例效果如图13-2所示，自动使用特定颜色标记重复出现的姓名。为了实现该功能，需要先选择A1:B10单元格区域，然后在图13-1所示的【为符合此公式的值设置格式】文本框中输入以下公式，再单击【格式】按钮并在【填充】选项卡中选择一种背景色，如图13-3所示。

```
=COUNTIF($A$1:$B$10,A1)>1
```

	A	B
1	杨芬	赵冰
2	吴飞	唐方
3	郑枫	吴安
4	王秦	赵冰
5	马迪	赵丹
6	杨佳	孙飞
7	吴瑾	赵冰
8	马迪	陈波
9	马辉	唐芙
10	张迪	马迪

图13-2

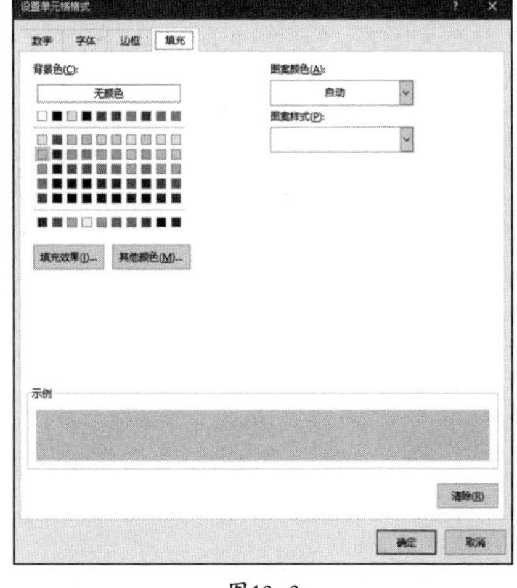

图13-3

案例02 标记最大值

本例效果如图13-4所示，自动使用特定颜色标记工资最多的姓名。为了实现该功能，需要先选择A1:B11或A1:A11单元格区域，然后在图13-1所示的【为符合此公式的值设置格式】文本框中输入以下公式，再单击【格式】按钮选择一种背景色。

```
=B1=MAX($B$1:$B$11)
```

	A	B
1	姓名	工资
2	梁芙	2485
3	赵昂	2169
4	赵超	1891
5	黄艾	4014
6	高斌	4709
7	郑昂	2874
8	王辉	2358
9	何冰	4489
10	张艾	3358
11	刘枫	3886

图13-4

案例03 隐藏错误值

本例效果如图13-5所示，自动隐藏单元格区域中的#N/A错误值。为了实现该功能，需要先选择A1:B10单元格区域，然后在图13-1所示的【为符合此公式的值设置格式】文本框中输入以下公式，再单击【格式】按钮选择白色作为背景色。

```
=ISERROR(A1)
```

> 提示
>
> 使用本例中的方法虽然可以让错误值不在单元格中显示，但是选择该单元格时，错误值仍然会显示在编辑栏中。

A2 | #N/A

	A	B	C	D
1	张芙	张华		
2	#N/A	刘军		
3	胡艾	#DIV/0!		
4	周枫	赵瑾		
5	#VALUE!	何芬		
6	郑迪	黄晨		
7	罗芬	#NAME?		
8	李安	刘宏		
9	#REF!	吴波		
10	黄辉	孙豪		

A2 | #N/A

	A	B	C	D
1	张芙	张华		
2		刘军		
3	胡艾			
4	周枫	赵瑾		
5		何芬		
6	郑迪	黄晨		
7	罗芬	#NAME?		
8	李安	刘宏		
9		吴波		
10	黄辉	孙豪		

图13-5

案例04 为奇数行数据设置灰色背景

本例效果如图13-6所示，自动使用特定颜色标记所有奇数行数据。为了实现该功能，需要先选择A1:E11单元格区域，然后在图13-1所示的【为符合此公式的值设置格式】文本框中输入公式，再单击【格式】按钮选择一种背景色。

=MOD(ROW(),2)

	A	B	C	D	E
1	姓名	性别	年龄	籍贯	职业
2	李芙	男	49	青海	律师
3	张芙	男	27	江西	金融
4	郭佳	男	43	福建	金融
5	徐京	男	41	福建	律师
6	孙豪	女	43	河南	金融
7	杨宏	女	41	河北	医疗
8	王辉	女	44	上海	律师
9	郑芬	男	32	吉林	金融
10	张宏	男	43	湖南	销售
11	王安	男	30	甘肃	律师

图13-6

案例05 设置固定不变的隔行背景色

本例效果如图13-7所示，无论是否筛选数据，自动使用特定颜色隔行标记数据。为了实现该功能，需要先选择A1:E11单元格区域，然后在图13-1所示的【为符合此公式的值设置格式】文本框中输入以下公式，再单击【格式】按钮选择一种背景色。

=MOD(SUBTOTAL(3,A$1:A1),2)

	A	B	C	D	E
1	姓名	性别	年龄	籍贯	职业
2	李芙	男	49	青海	律师
3	张芙	男	27	江西	金融
4	郭佳	男	43	福建	金融
5	徐京	男	41	福建	律师
6	孙豪	女	43	河南	金融
7	杨宏	女	41	河北	医疗
8	王辉	女	44	上海	律师
9	郑芬	男	32	吉林	金融
10	张宏	男	43	湖南	销售
11	王安	男	30	甘肃	律师

	A	B	C	D	E
1	姓名	性别	年龄	籍贯	职业
2	李芙	男	49	青海	律师
3	张芙	男	27	江西	金融
4	郭佳	男	43	福建	金融
5	徐京	男	41	福建	律师
9	郑芬	男	32	吉林	金融
10	张宏	男	43	湖南	销售
11	王安	男	30	甘肃	律师

图13-7

公式解析

首先使用SUBTOTAL函数统计A列姓名的数量，由于数据区域包含的行数会随着筛选操作而改变，因此需要将SUBTOTAL函数的第二个参数设置为A$1:A1形式，这样可以对引用的区域自动扩展。在A1单元格时引用的是A$1:A1，到了A2单元格引用将变成A$1:A2，A3单元格引用的就是A$1:A3，A列其他单元格的引用依此类推。将SUBTOTAL函数的第一个参数设置为3或103，表示统计非空单元格的数量。最后使用MOD函数实现隔行设置背景色的功能。

案例06 设置生日到期提醒

本例效果如图13-8所示，自动使用特定颜色标记当前过生日的员工，假设当前系统日期是7月20日。为了实现该功能，需要先选择A1:C11单元格区域，然后在图13-1所示的【为符合此公式的值设置格式】文本框中输入以下公式，再单击【格式】按钮选择一种背景色。

```
=TODAY()=DATE(YEAR(TODAY()),MONTH($C1),DAY($C1))
```

	A	B	C
1	姓名	性别	出生日期
2	徐芬	男	1976年10月6日
3	郑佳	女	1970年5月27日
4	孙辉	男	1968年1月7日
5	吴芙	女	1967年7月20日
6	胡方	女	1984年3月27日
7	陈丹	女	1974年12月14日
8	林晨	女	1981年7月20日
9	赵豪	男	1968年10月4日
10	马芬	男	1980年6月6日
11	张芙	女	1984年6月15日

图13-8

公式解析

首先使用MONTH和DAY函数提取C列日期中的月和日，然后与使用YEAR函数提取的当前系统日期中的年组成一个新的日期，使用该日期与当前系统日期进行比较，如果相同则说明C列中的日期是当前系统日期，即当天正好过生日。

13.2 公式在数据验证中的应用

数据验证用于检查用户正在向单元格中输入的数据是否符合指定的要求，如果符合则将数据输入单元格中，否则禁止将数据输入单元格中。为了易于识别哪些单元格设置了数据验证，可以为设置了数据验证的单元格添加提示信息，还可以在输入不符合要求的内容时显示提示或警告信息，以帮助用户更正错误。

如需设置数据验证，可以先选择需要设置数据验证的单元格或单元格区域，然后在功能区的【数据】选项卡中单击【数据验证】按钮，如图13-9所示。

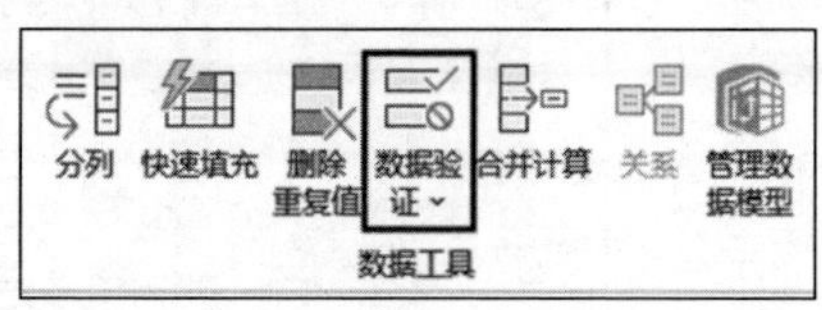

图13-9

打开图13-10所示的【数据验证】对话框，在【设置】、【输入信息】、【出错警告】和【输入法模式】4个选项卡中设置数据验证规则的相关选项，然后单击【确定】按钮，即可为选中的单元格或单元格区域设置数据验证规则。

图13-10

提示

对话框的左下角有一个【全部清除】按钮，单击该按钮将清除所有选项卡中的设置。

与使用公式定义条件格式规则类似，在使用公式定义数据验证规则时，如果公式返回逻辑值TRUE或非0数字，则表示通过数据验证，可以执行相应的操作；如果公式返回逻辑值FALSE或0，则表示未通过数据验证，不能执行相应的操作。同样也需要注意数据验证规则的公式中的单元格引用类型。

案例07 仅限输入某种类型的数据

本例效果如图13-11所示，如果在A2单元格中输入的不是数字，则将显示警告信息，并拒绝将正在输入的内容添加到单元格中。为了实现该功能，需要先选择A2单元格，然后在图13-10所示的【设置】选项卡的【公式】文本框中输入以下公式：

=ISNUMBER(A2)

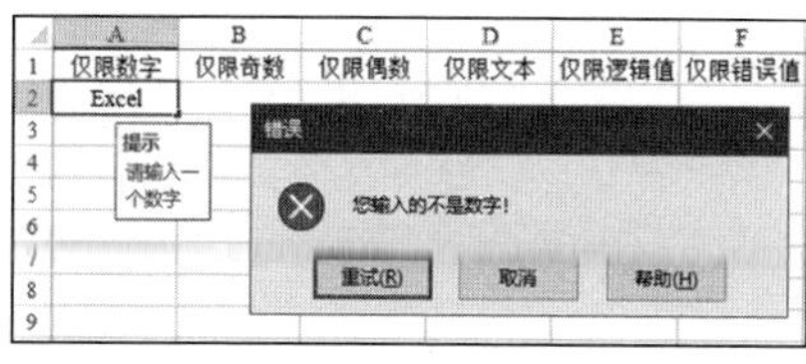

图13-11

为了在选择单元格时显示提示信息，以及在输入错误内容时显示警告信息，还需要在【输入信息】和【出错警告】两个选项卡中设置图13-12所示的选项。

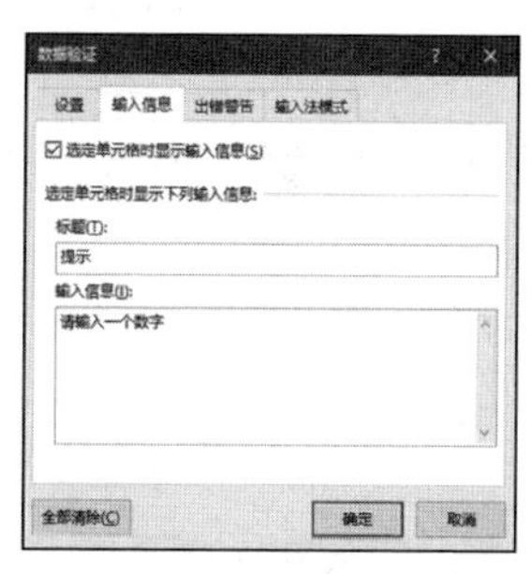

图13-12

使用类似的方法可以为第2行中的其他单元格设置数据验证，以限制输入不同类型的数据。

```
=ISODD(B2)
```

```
=ISEVEN(C2)
```

```
=ISTEXT(D2)
```

```
=ISLOGICAL(E2)
```

```
=ISERROR(F2)
```

使用OR和NOT函数可以提供更灵活的输入限制。例如，如果只能在单元格中输入文本或数字，则可以使用以下公式。

```
=OR(ISTEXT(A1),ISNUMBER(A1))
```

或者以下公式。

```
=ISTEXT(A1)+ISNUMBER(A1)
```

如果允许在单元格中输入除了数字之外的其他任何内容，则可以使用以下公式。

```
=NOT(ISNUMBER(A1))
```

案例 08 禁止输入重复值

本例效果如图13-13所示，在A1:A10单元格区域中输入重复姓名时，将显示警告信息并禁止当前的输入。为了实现该功能，需要先选择A1:A10单元格区域，然后在图13-10所示的【设置】选项卡的【公式】文本框中输入公式，并在【出错警告】选项卡中设置警告信息。

```
=COUNTIF($A$1:$A$10,A1)=1
```

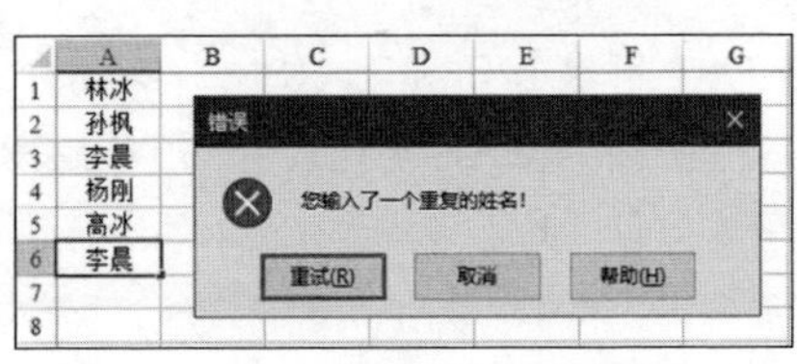

图13-13

案例 09 将输入值限制在总数内

本例效果如图13-14所示，B1:B3单元格区域包含3项预算的预计金额，它们的总和不能超过B4单元格中的总金额。每次在B1:B3单元格区域中的任意一个单元格输入数字时，Excel会动态计算该区域的数字之和，如果超过B4单元格的数字，则将显示警告信息。

为了实现该功能，需要先选择B1:B3单元格区域，然后在图13-10所示的【设置】选项卡的【公式】文本框中输入以下公式，并在【出错警告】选项卡中设置警告信息。

```
=SUM($B$1:$B$3)<=$B$4
```

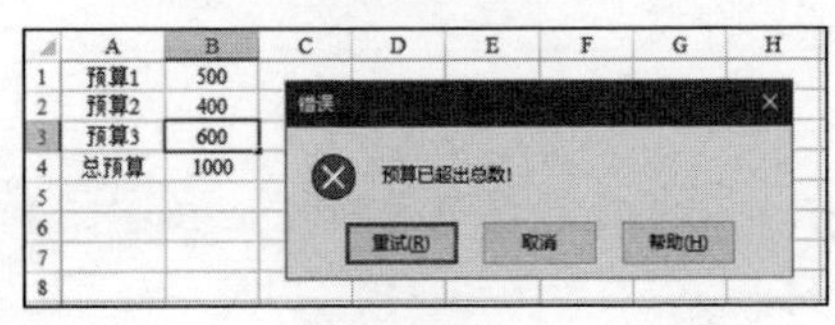

图13-14

案例10 快速切换数据列表

本例效果如图13-15所示，在A1单元格中输入1~6中的任意一个数字，在A2单元格打开的下拉列表中将显示与输入的数字所对应的列中的姓名。例如，如果在A1单元格中输入1，则在A2单元格的下拉列表中将显示D列中的姓名，因为D列是D1:I10单元格区域中的第1列。如果在A1单元格中输入3，则在A2单元格的下拉列表中将显示F列中的姓名，因为F列是D1:I10单元格区域中的第3列。

	A	B	C	D	E	F	G	H	I
1	1			唐佳	刘枫	高刚	孙佳	林安	郑冰
2				马斌	赵刚	朱方	何刚	唐飞	唐超
3				张芬	王军	孙波	黄丹	林瑾	郭刚
4	马斌			宋丹	谢佳	马迪	刘京	徐迪	林健
5	张芬			赵薇	吴军	郭芬	胡安	孙迪	宋波
6	宋丹 赵薇			张昂	张辉	罗超	梁军	徐佳	胡健
7	张昂			徐芬	张宏	赵京	梁健	何瑾	孙晨
8	徐芬			胡波	吴军	唐波	刘京	王瑾	周美
9	胡波			唐晨	周京	赵飞	黄健	高枫	吴健
10				张芬	杨健	张京	罗辉	杨宏	王枫

	A	B	C	D	E	F	G	H	I
1	3			唐佳	刘枫	高刚	孙佳	林安	郑冰
2				马斌	赵刚	朱方	何刚	唐飞	唐超
3				张芬	干军	孙波	黄丹	林瑾	郭刚
4	朱方			宋丹	谢佳	马迪	刘京	徐迪	林健
5	孙波			赵薇	吴军	郭芬	胡安	孙迪	宋波
6	马迪 郭芬			张昂	张辉	罗超	梁军	徐佳	胡健
7	罗超			徐芬	张宏	赵京	梁健	何瑾	孙晨
8	赵京			胡波	吴军	唐波	刘京	王瑾	周美
9	唐波			唐晨	周京	赵飞	黄健	高枫	吴健
10				张芬	杨健	张京	罗辉	杨宏	王枫

图13-15

为了实现该功能，需要选择A2单元格，然后在图13-10所示的【设置】选项卡的【公式】文本框中输入以下公式。

```
=OFFSET(D1:D10,,A1-1)
```

公式解析

本例以数据区域中的第1列，即D1:D10单元格区域作为OFFSET函数的基点，使用A1单元格中的值减1作为OFFSET函数中的第3个参数，即从基点向右偏移的列数，从而返回相应列中的数据。

案例11 创建可自动扩展的动态列表

本例效果如图13-16所示，A1单元格中的下拉列表中的数据来源于C列。无论C列中包含几行数据，A1单元格的下拉列表中都会自动更新以匹配C列中当前存在的数据。为了实现该功能，需要先选择A1单元格，然后在图13-10所示的【设置】选项卡的【公式】文本框中输入以下公式。

```
=OFFSET(C1,,,COUNTA(C:C))
```

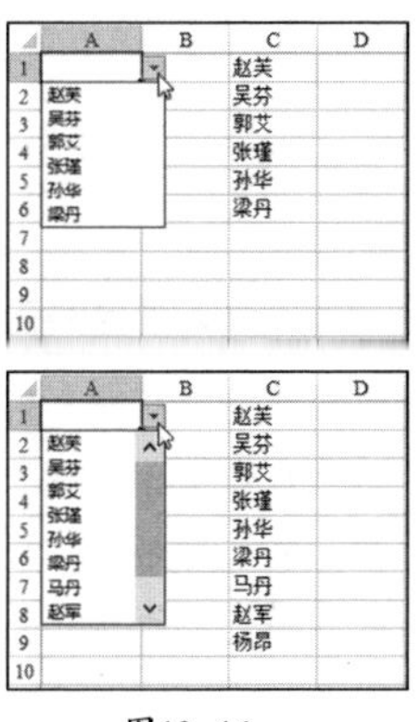

图13-16

公式解析

由于本例在A1单元格的下拉列表中显示的数据始终在C列，无须向上下左右偏移，因此可以省略OFFSET函数的第2个参数和第3个参数，此时它们的默认值是0；为了动态获取C列中的所有数据，可以使用COUNTA(C:C)统计C列中不为空的单元格数量，将其值作为OFFSET函数从C1单元格开始向下扩展的行数，并返回C列这些行中的数据。

案例12 创建二级下拉列表

本例效果如图13-17所示，从G列单元格的下拉列表中选择省份名称，在位于同行H列的单元格中打开下拉列表，其中将显示与左侧的省份名称对应的城市列表。

	A	B	C	D	E	F	G	H	I
1	陕西省	福建省	江西省	浙江省	山西省		选择省份	选择城市	
2	西安市	福州市	南昌市	杭州市	太原市		福建省	厦门市	
3	铜川市	厦门市	萍乡市	宁波市	大同市		陕西省	西安市	
4	宝鸡市	三明市	九江市	温州市	阳泉市				
5	咸阳市	莆田市	新余市	嘉兴市	长治市		江西省		
6	渭南市	泉州市	鹰潭市	绍兴市	晋城市			南昌市	
7	延安市	漳州市	赣州市	金华市	朔州市			萍乡市	
8	汉中市	南平市	吉安市	衢州市	晋中市			九江市	
9	榆林市	龙岩市	宜春市	舟山市	运城市			新余市	
10	安康市	宁德市	抚州市	台州市	忻州市			鹰潭市	
11	商洛市		上饶市	丽水市	临汾市			赣州市	
12					吕梁市			吉安市	
13								宜春市	

图13-17

为了实现该功能，需要为G、H两列中的单元格设置数据验证。选择G2:G12单元格区域，然后在图13-10所示的【设置】选项卡的【公式】文本框中输入以下公式。

```
=$A$1:$E$1
```

选择H2:H12单元格区域，然后在图13-12所示的【设置】选项卡的【公式】文本框中输入以下公式。

```
=OFFSET($A$2,,MATCH($G2,$1:$1,)-1,COUNTA(OFFSET($A$2,,MATCH($G2,$1:$1,)-1,99)))
```

公式解析

在为H2:H12单元格区域设置数据验证时的公式的原理与上一个案例类似，只是本例中的公式更加复杂，并且在其中使用了MATCH函数。使用MATCH函数的目的是查找G列中显示的省份在数据区域中是第几列，返回的列号用于确定与省份对应的城市名列表的位置，将该位置表示的列号减1，得到从A列需要向右偏移的量。与省份对应的城市名的数量仍需使用COUNTA函数确定，其原理与上一个案例相同，只不过本例不是统计整列的非空单元格数量，而是从第二行单元格开始统计。本例将OFFSET函数的第4个参数设置为99，可以使用其他数字代替99，只要数字不小于城市名的数量即可。

13.3 在图表中使用公式

使用图表可以将文本形式的数据以图形化等易于理解的方式展示出来，便于人们观察和分析数据。本节将介绍如何在图表中使用公式。

13.3.1 图表数据系列的SERIES公式

单击图表中的任意一个数据系列时，在编辑栏中会显示一个SERIES公式，如图13-18所示。SERIES公式只出现在图表中，它不能处理单元格中的数据，也不能在SERIES公式中使用前几章介绍的Excel函数。

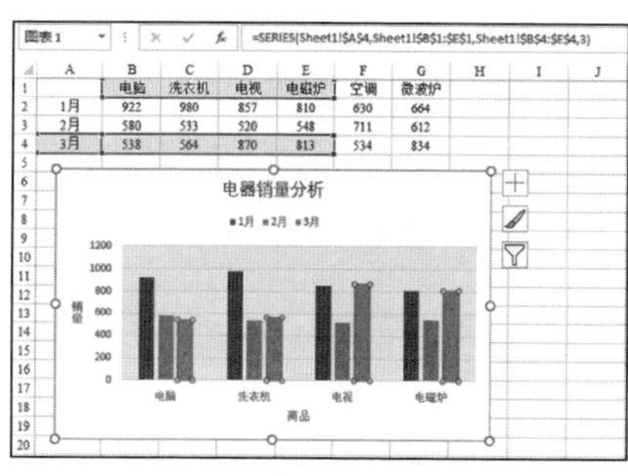

图13-18

SERIES公式的语法格式如下。

SERIES([series_name],[category_labels],values,order,sizes)

各个参数的含义如下。

- series_name（可选）：数据系列的名称，该参数是一个包含图例中的数据系列名称的单元格引用。如果图表只有一个数据系列，则该参数可用作标题。该参数也可由文本和引号组成。如果省略该参数，则Excel将为数据系列创建默认的名称，例如“系列1”。
- category_labels（可选）：分类标签，该参数是一个包含分类轴标签的单元格区域引用。如果省略该参数，则Excel将使用从1开始的连续整数作为分类标签。
- values：数据系列中的值，该参数是一个包含数据系列值的单元格区域引用。也可以引用一个不相邻的区域作为数据系列，这样的区域地址需要使用逗号分隔并用小括号括起。
- order：如果图表包含不止一个数据系列时，该参数决定在图表中绘制数据系列的顺序。
- sizes：该参数只适用于气泡图，表示气泡的大小。

图13-18中的SERIES公式如下。

=SERIES(Sheet1!$A$4,Sheet1!$B$1:$E$1,Sheet1!$B$4:$E$4,3)

该公式的含义如下。

- 将Sheet1工作表中的A4单元格中的值设置为数据系列的名称。
- 将Sheet1工作表中的B1:E1单元格区域中的值设置为图表的分类标签。
- 将Sheet1工作表中的B4:E4单元格区域中的值设置为数据系列的值。
- 将该数据系列绘制在图表中的第3个位置上。

13.3.2 公式在图表中的实际应用

案例 13 制作可自动扩展的图表

本例效果如图13-19所示，在A、B两列添加新数据时，图表会自动更新以反映数据的最新变化，而无须手动指定数据区域的范围。

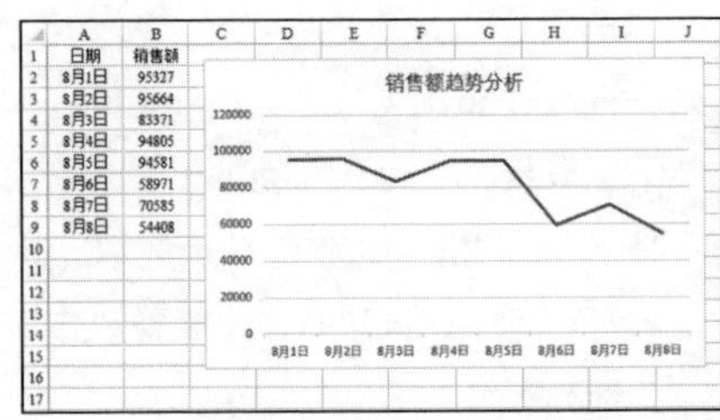

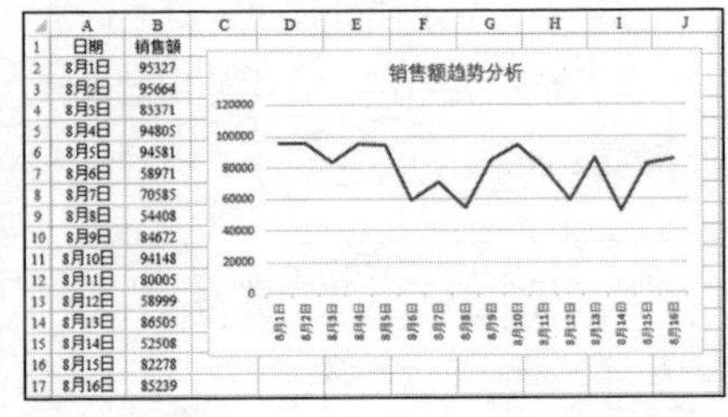

图13-19

为了实现该功能，需要先创建两个名称，本例中的两个名称分别是“日期”和“销售额”，“日期”名称包含以下公式（假设当前工作表的名称是Sheet1）。

```
=OFFSET(Sheet1!$A$2,0,0,COUNTA(Sheet1!$A:$A)-1,1)
```

“销售额”名称包含以下公式。

```
=OFFSET(Sheet1!$B$2,0,0,COUNTA(Sheet1!$B:$B)-1,1)
```

创建名称后，需要修改数据系列的SERIES公式。单击图表中的数据系列，然后将编辑栏中的“$A$2:$A$9”修改为“日期”，将“$B$2:$B$9”修改为“销售额”，如图13-20所示。修改后的SERIES公式如下。

```
=SERIES(Sheet1!$B$1,Sheet1!日期,Sheet1!销售额,1)
```

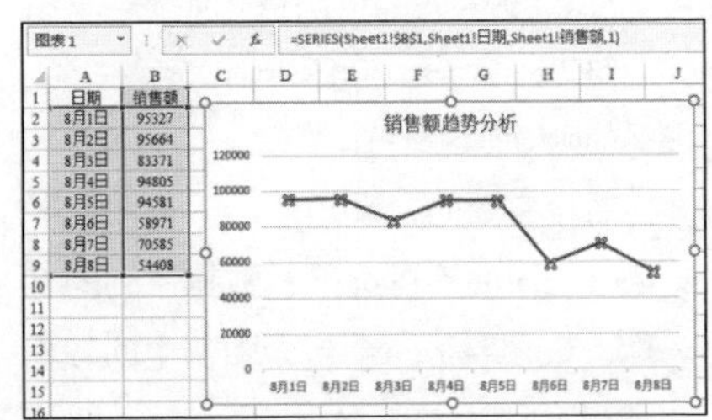

图13-20

案例14 使用下拉列表控制饼图的显示

本例效果如图13-21所示，在下拉列表中选择一个月份，在饼图中会立刻显示该月份的销售数据。

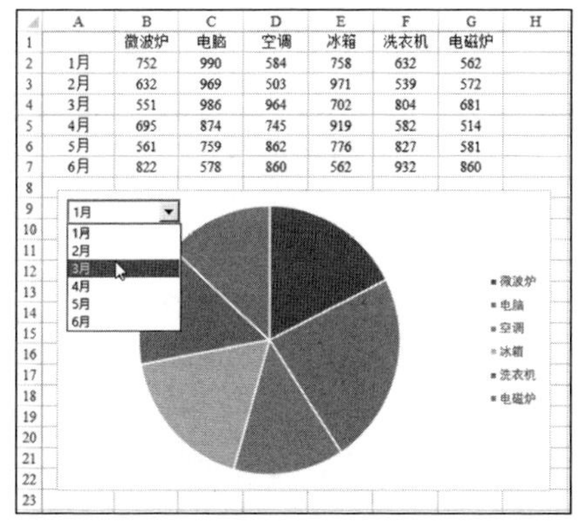

	A	B	C	D	E	F	G	H
1		微波炉	电脑	空调	冰箱	洗衣机	电磁炉	
2	1月	752	990	584	758	632	562	
3	2月	632	969	503	971	539	572	
4	3月	551	986	964	702	804	681	
5	4月	695	874	745	919	582	514	
6	5月	561	759	862	776	827	581	
7	6月	822	578	860	562	932	860	

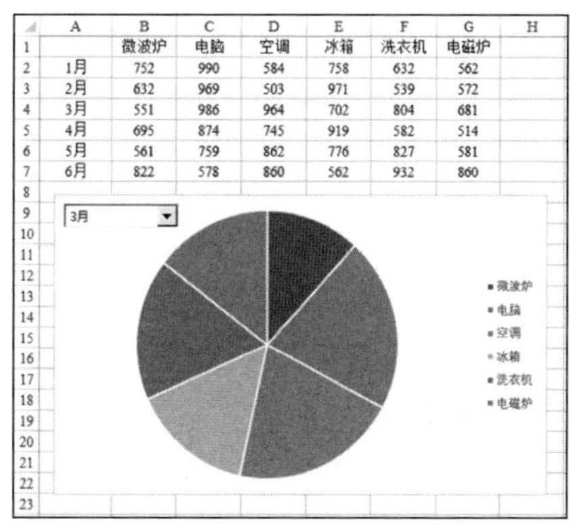

	A	B	C	D	E	F	G	H
1		微波炉	电脑	空调	冰箱	洗衣机	电磁炉	
2	1月	752	990	584	758	632	562	
3	2月	632	969	503	971	539	572	
4	3月	551	986	964	702	804	681	
5	4月	695	874	745	919	582	514	
6	5月	561	759	862	776	827	581	
7	6月	822	578	860	562	932	860	

图13-21

为了实现该功能，需要先在A9单元格中输入一个1到6之间的数字，该范围由数据区域包含的总行数决定，本例数据区域共有6行。然后在B9单元格中输入以下公式，用于在B2:B7单元格区域中查找由A9单元格中的值确定的行中的值，如图13-22所示。

=INDEX(B2:B7,$A$9)

将B9单元格中的公式向右复制到G9单元格，自动得到其他值，如图13-23所示。

B9 =INDEX(B2:B7,$A$9)

	A	B	C	D	E	F	G
1		微波炉	电脑	空调	冰箱	洗衣机	电磁炉
2	1月	752	990	584	758	632	562
3	2月	632	969	503	971	539	572
4	3月	551	986	964	702	804	681
5	4月	695	874	745	919	582	514
6	5月	561	759	862	776	827	581
7	[illegible]	[illegible]	[illegible]	[illegible]	[illegible]	[illegible]	[illegible]
8							
9	3	551					

图13-22

K19

	A	B	C	D	E	F	G
1		微波炉	电脑	空调	冰箱	洗衣机	电磁炉
2	1月	752	990	584	758	632	562
3	2月	632	969	503	971	539	572
4	3月	551	986	964	702	804	681
5	4月	695	874	745	919	582	514
6	5月	561	759	862	776	827	581
7	6月	822	578	860	562	932	860
8							
9	3	551	986	964	702	804	681

图13-23

同时选择B1:G1和B9:G9两个单元格区域，然后创建一个饼图，如图13-24所示。

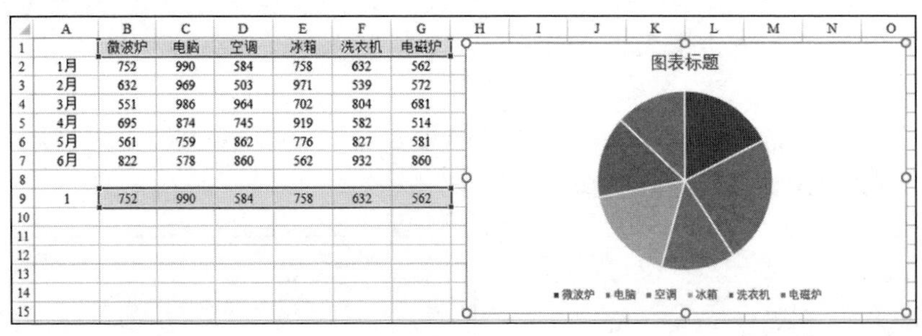

	A	B	C	D	E	F	G
1		微波炉	电脑	空调	冰箱	洗衣机	电磁炉
2	1月	752	990	584	758	632	562
3	2月	632	969	503	971	539	572
4	3月	551	986	964	702	804	681
5	4月	695	874	745	919	582	514
6	5月	561	759	862	776	827	581
7	6月	822	578	860	562	932	860
8							
9	1	752	990	584	758	632	562

图13-24

在功能区的【开发工具】选项卡中单击【插入】按钮，然后在弹出的菜单中选择【表单控件】中的【组合框（窗体控件）】，如图13-25所示，在图表的左上角拖动鼠标绘制一个组合框控件。

为了在组合框控件和数据之间建立关联，需要右击组合框控件并选择【设置控件格式】命令，然后在打开的对话框的【控制】选项卡中将【数据源区域】设置为$A$2:$A$7，将【单元格链接】设置为$A$9，完成后单击【确定】按钮，如图13-26所示。

图13-25

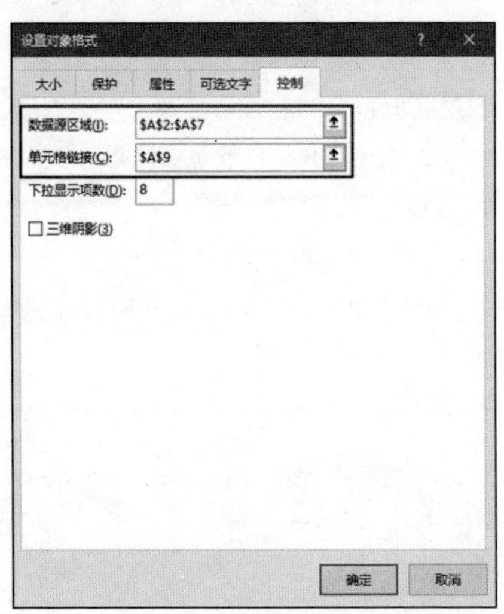

图13-26

单击组合框控件之外的任意位置，取消组合框的选中状态，然后就可以使用组合框来控制显示在饼图中的数据了。

案例15 使用滚动条控制图表的显示

本例效果如图13-27所示，拖动滚动条上的滑块时，可以动态调整显示在图表中的内容。

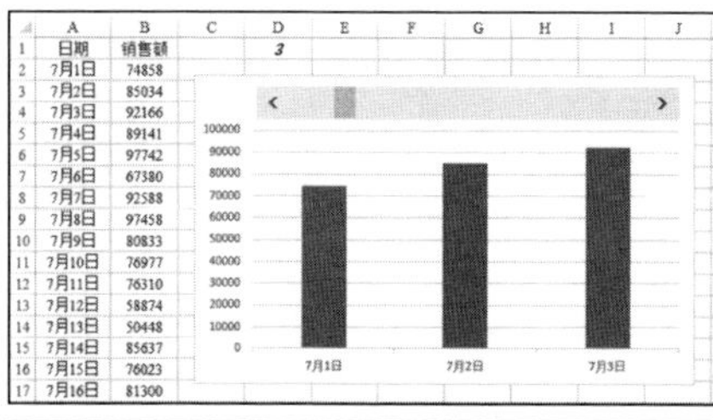

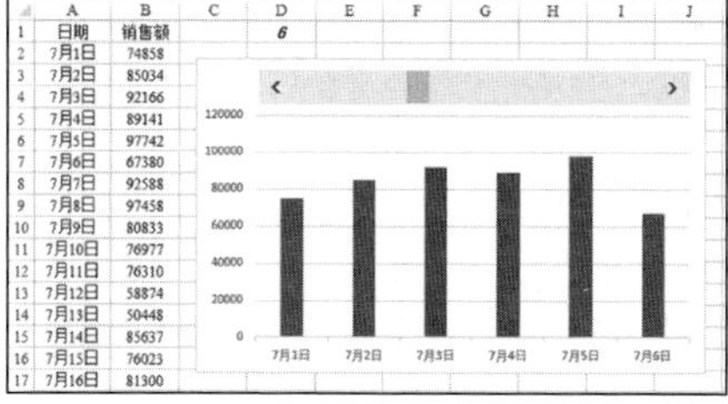

图13-27

为了实现该功能，需要先使用A1:B17单元格区域中的数据创建一个柱形图，如图13-28所示。

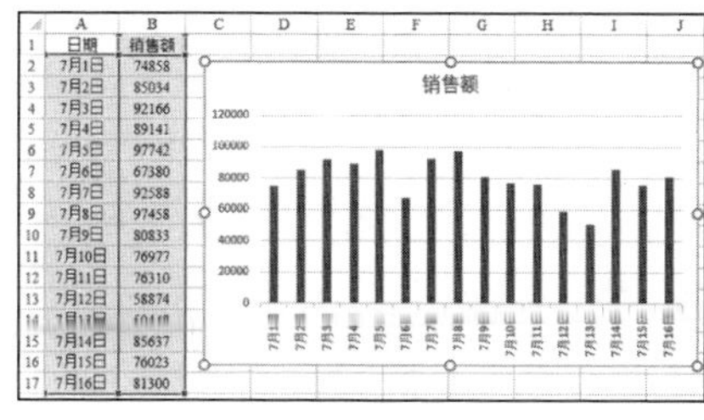

图13-28

使用与上一个案例类似的方法，在图表上绘制一个滚动条控件，如图13-29所示。然后右击滚动条控件并选择【设置控件格式】命令，在打开的对话框的【控制】选项卡中设置以下几项，如图13-30所示，完成后单击【确定】按钮。

- 将【最小值】设置为1，将【最大值】设置为16，因为数据区域中有16行数据，第一行是标题而非数据。
- 将【步长】设置为1，将【页步长】设置为4。
- 将【单元格链接】设置为$D$1。

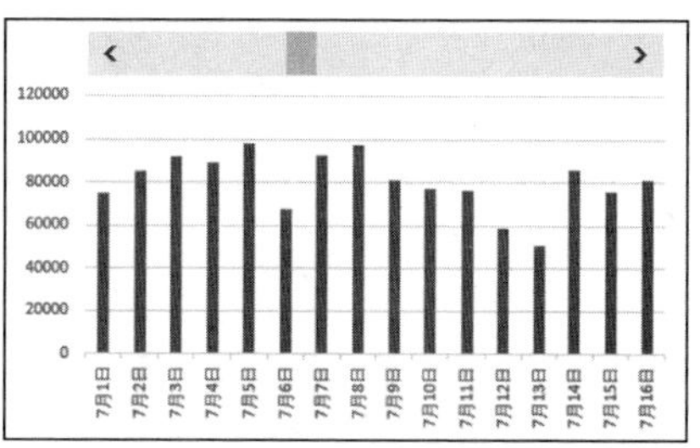

图13-29

图13-30

接下来需要创建两个名称，“日期”名称包含以下公式。

```
=OFFSET(Sheet1!$A$2,0,0,$D$1,1)
```

“销售额”名称包含以下公式。

```
=OFFSET(Sheet1!$B$2,0,0,$D$1,1)
```

创建名称后，需要修改数据系列的SERIES公式。单击图表中的数据系列，然后将编辑栏中公式修改为以下形式。以后就可以通过拖动滚动条来控制图表中显示的数据了。

```
=SERIES(Sheet1!$B$1,Sheet1!日期,Sheet1!销售额,1)
```

案例16 使用复选框控制图表中数据系列的显示状态

本例效果如图13-31所示，通过选中或取消选中表示图例的复选框，从而显示或隐藏图表中相应的数据系列。

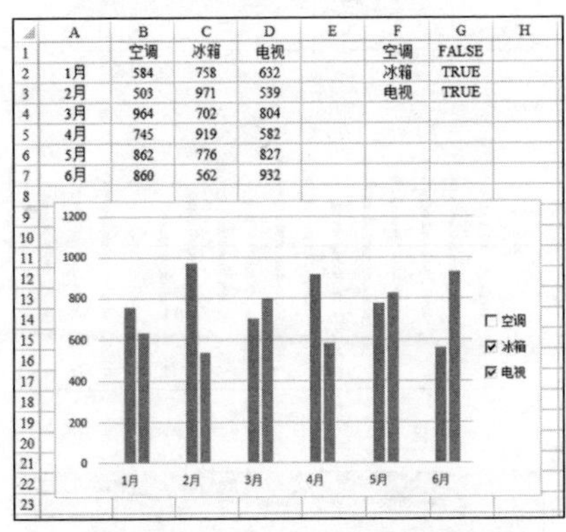

	A	B	C	D	E	F	G	H
1		空调	冰箱	电视		空调	FALSE	
2	1月	584	758	632		冰箱	TRUE	
3	2月	503	971	539		电视	TRUE	
4	3月	964	702	804				
5	4月	745	919	582				
6	5月	862	776	827				
7	6月	860	562	932				

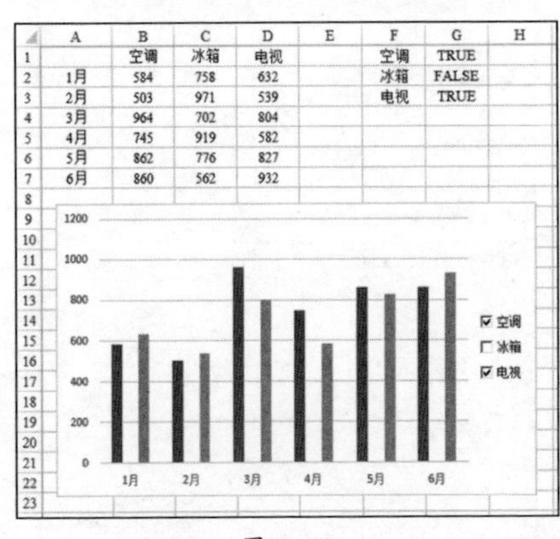

	A	B	C	D	E	F	G	H
1		空调	冰箱	电视		空调	TRUE	
2	1月	584	758	632		冰箱	FALSE	
3	2月	503	971	539		电视	TRUE	
4	3月	964	702	804				
5	4月	745	919	582				
6	5月	862	776	827				
7	6月	860	562	932				

图13-31

为了实现该功能，需要先使用A1:D7单元格区域中的数据创建一个柱形图，如图13-32所示。然后在F1:F3单元格区域中依次输入数据系列的标题。

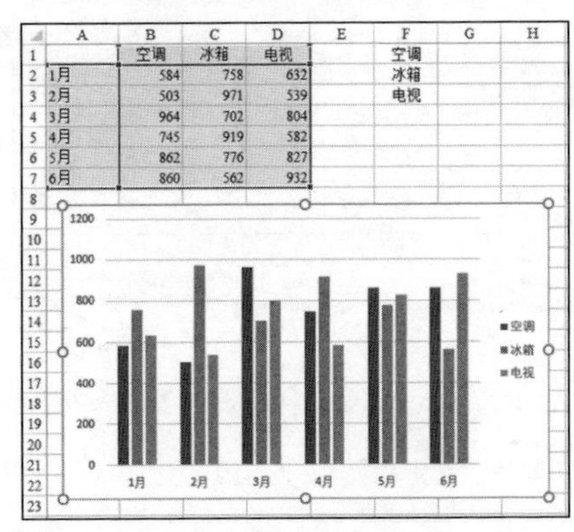

	A	B	C	D	E	F	G	H
1		空调	冰箱	电视		空调		
2	1月	584	758	632		冰箱		
3	2月	503	971	539		电视		
4	3月	964	702	804				
5	4月	745	919	582				
6	5月	862	776	827				
7	6月	860	562	932				

图13-32

在图表上绘制一个复选框控件，右击该控件并选择【编辑文字】命令，按【Delete】键将其中的文字删除，然后输入“空调”，如图13-33所示。

图13-33

右击复选框控件并选择【设置控